Mad for 과학에 미치다
SCIENCE

과학에 미치다(MAD FOR SCIENCE)

초판1쇄 발행 2009년 1월 10일
3 판1쇄 발행 2016년 4월 25일

지은이   안 동 진
펴낸이   임 순 재

펴낸곳   **한올출판사**
등 록   제11−403호
주 소   서울특별시 마포구 모래내로 83(성산동, 한올빌딩 3층)
전 화   (02)376−4298(대표)
팩 스   (02)302−8073
홈페이지   www.hanol.co.kr
e−메일   hanol@hanol.co.kr

ISBN 979−11−5685−395−4

과학에 미치다
MAD FOR SCIENCE

저 / 자 / 소 / 개

저자는 중견 무역회사의 CEO이다.
1982년에 공대를 졸업한 엔지니어로 32년간 전세계에 섬유를 수출해 왔다.

2001년, 뉴욕의 자연사 박물관을 방문한 직후, 과학에 미쳐 보겠다고 스스로 선언하였다. 이후 약 600여권의 과학책을 독파하고 이 책을 쓰게 되었다. 이 작업은 지금도 계속되고 있으며 2016년 현재 1,200권을 지나가고 있는 중이다.

저서로 '머천다이서에게 필요한 섬유지식 I, II 그리고 Textile Science 4.1영문판 등이 있다.

MA δ FOR S CIENCE

9월 어느 날, 나는 업무 차 뉴욕에 출장 중이었다. 그 날은 센트럴파크에 단풍이 들기 시작한 뉴욕의 가을. 하지만 정오의 햇살이 아직은 뜨거운 일요일이었고 쇼핑이나 관광 따위에 식상한 40중반의 중년은 가족을 떠난 고독한 시간을 때우기 위해 별 생각 없이 맨해튼의 자연사 박물관으로 발길을 청하였다.

뉴욕의 자연사 박물관은 믿을 수 없으리만큼 컸고, 장엄한 건물의 위용만큼이나 막대한 양의 중요한 고고학적 사료들로 넘쳐나고 있었다. 하지만 전시된 수많은 보물들 중, 정작 내 눈길을 사로잡은 것은 딱 2가지였다. 첫째는 50년 전, 우주로부터 우연히 지구에 떨어진 798cc 투 도어 냉장고보다 조금 작은, 약간의 니켈과 대부분 철로 된 둥그런 운석 덩어리고, 다른 하나는 톰 행크스가 내레이션 하는 당시로서는 대단히 화려한 CG로 제작된 DNA에 대한 자료다.

운석이란 그저 우주에서 날아온 돌덩어리에 불과하다고 생각해온 나의 눈앞에 놓여진, 외계로부터 날아온 분명한 실체(Entity)인 단단한 붉은 철덩어리와(이름과 달리 결코 돌이 아닌) 그때까지 수없이 보고 들어왔지만 그것이 의미하는 바를 정확히 몰랐던 DNA라는 유전물질에 대한 CG(computer Graphic)자료는 그 동안 터무니없는 무지와 무관심 속에 잠들어 있던 나의 이성을 두들겨 깨운 거대한 북소리였다.

그로부터 잠자고 있던 나의 대뇌피질에서 출발한 덜 떨어진 지성은 폭발적으로 모든 것에 대한 의문에 답할 것을 요구하기 시작했다. 그 동안 나는 우연히 거주하게 된 이 유일하고도 아름다운 행성에 대해 끔찍한 무지로 일관하며 살아왔지만 전혀 불편하지 않았었다. 하지만 그 순간, 갑자기 나는 아는 것이 아무것도 없다는 분명하고도 뚜렷한 사실이 나의 머리와 어깨를 무시무시한 힘으로 짓누르기 시작했다.

지끔껏 너를 몰라본 걸 용서해다오~

그것이 내가 과학에 대한 글들을 읽고 쓰기 시작한 계기이다. 그러나 막상 지식으로의 탐험을 시작해보니 주변에 있는 자료들은 내가 가진 의문들을 답해주기에는 턱없이 부족했고, 오류를 지적해 줄만한 뛰어난 지성도 멘토도 주변에는 없었기 때문에 나로서는 막대한 시간과 노동력이 필요한 원시적인 작업에 의지할 수밖에 없었다. 그것은 바로 책을 닥치는 대로 읽는 것이었다. 이해가 가지 않으면 2번, 3번, 10번이라도 읽는 것이다. 그리고 그런 무식하고도 야만적인 방법은 많은 시간과 뇌를 혹사하는 집중력을 필요로 했지만 가장 효과적이고도 확실한 것이었다.

만약 이런 사건이 인생 초반에 일어났다면 나는 지금쯤 천문학자나 생물학자가 되어있을 지도 모른다. 하지만 나는 그런 깨달음이 인생 후반에 일어남으로써 흥미와 작은 관심으로 시작할 수 있고 죽을 때까지 계속할 수 있는 필생의 작업을 얻게 된 작은 무역회사의 CEO라는 것을 다행으로 생각한다. 우리는 하루에도 수 없이 많은 과학적인 의문에 부딪히지만 그 모든 것들을 애써 무시하고 산다. 그런 무심한 삶이 편할 때도 있지만 견딜 수 없도록 불편하다고 생각하는 사람들도 있을 것이다. 이 글을 읽으려고 시도한 모든 독자들이 바로 후자에 속하는 부류이다.

세상의 사물이 돌아가는 정교하고 아름다운 물리의 법칙은 중 고교 과학시간에 모두 배웠다. 지옥 같은 대학시험을 치른 우리 젊은 세대들은 그런 것들을 대충 넘어갈 수조차 없었다. 실제로 당시에는 그 모든 것들을 이해했고, 또한 달달 외우기까지 했을 것이다. 하지만 그래서 냉철한 지성인 오늘날의 우리가 이제 그 모든 것들을 우리의 회색 빛 뇌세포 속에 잘 저장하고 있는가?

미국의 천문학자인, 작고한 칼 세이건 (Carl Sagan)이 쓴 〈코스모스〉라는 책은 미국에서만 100만 명이 넘게 읽었다. 혹시 그 책을 본적이 있는가? 마치 전화번호부처럼 두껍게 생긴 천문학 입문서이다. 우리나라에서 그걸 끝까지 다 읽어본 사람이 몇이나 될까? 아니 읽어보려고 관심을 가지고 시도해 본 사람이 몇이나 될까? 사실 그 책을 읽고 이해하기 위해서는 어느 정도의 기본적인 과학적 소양이 있어야 한다. 물론

칼 세이건

우리는 그런 기초를 중 고등학교 때 모두 갖추었다. 다만 단기 기억세포 안에 일시적으로 말이다. 그리고 시험이 끝난 후, 시원하게 깡그리 잊어버렸다. 따라서 이 책을 읽어본 사람들은 끝까지 읽는데 상당한 어려움이 있다는 것을 느꼈을 것이다. 사실을 말하자면 일반인은 도저히 끝까지 읽기가 어렵다.

지금 혹시 러더포드(Rutherford)가 기억나는가? '물리학 외의 과학은 우표 수집에 불과하다'고 큰소리 친 양반이다. 그래 놓고도 그 자신은 우표 수집광에 해당하는 노벨 '화학상'을 받았지만. 닐스 보어는 어떤가? 고교생들이 부모님 다음으로 존경한다는 하이젠베르크 정도는 생각나리라 믿는다. 중학교 때 배운 아보가드로나 화학의 천재 라부아지에는 어떤가? 열역학 제2법칙이 무엇이었는지 기억이 가물가물하지 않는가? 엔트로피가...... 까지 생각한 독자는 제법 머리가 좋은 편이다. 뉴턴과 아인슈타인 외는 들어본 적이 없다고 생각한 사람은 21세기를 살아 갈 문명인으로서 자격이 부족한 것이다.

이제부터 내가 그 모든 것들을 도와주려고 한다.

여러분들의 뇌세포 속에 아련히 잠자고 있을, 오랫동안 사용하지 않아 쪼그라진 조그만 기억의 편린들을 일깨워, 여러분들의 잠재의식 속에 살아서 꿈틀거리는 지적 욕구를 일부나마 채울 수 있도록 하겠다. 내 책에는 절대로 공식이 나오지 않는다. 물론 그래픽을 사용할 줄 모르기 때문에 그래프도 없다. 공식과 그래프는 명확한 사실을 전달하기에 더 없이 아름답고 좋은 수단이지만 이 골치 아픈 그림들은 과학에 관심 없는 사람들에게는 두통거리 외에 다름 아니다. 따라서 나는 이것들을 사용하지 않는다.

이제부터 나를 따라 과학여행을 떠난다. 물리와 화학을 거쳐 생물과 분자생물학은 물론, 천문학과 지구과학에 대한 얘기들을 엮어갈 것이다. 하지만 절대로 어렵지 않을 것이다. 왜냐하면 나의 지적 수준은 과학자의 그것이 아닌, 독자들과 동일한 것이기 때문이다. 독자들이 모르는 사실은 나도 당연히 몰랐으므로 분명하게 설명하고 이해해야 넘어갈 것이다. 과학책은 과학자가 쓴 것보다 독자들과 눈높이가 비슷한 나 같은 아마추어가 쓴 것이 대중들에게는 훨씬 더 다가가기 쉽다는 사실을 증명해 보일 것이다. 이 책에는 '지식의 저주'가 없다. 일단 무엇인가 알게 되면 모른다는 것이 어떤 느낌인지 알 수 없게 되는 것이 바로 '지식의 저주'이다. 예를 들면, 여기 과학자들의 지적 수준으로 된, 그들의 언어로 되어있는 글을 한번 읽어보자. TV에도 자주 나와서 대중들에게 가장 친근한 물리학자인 미치오 카구는 '초끈이론'에 의한 우주의 구조를 이렇게 설명한다.

"헤테로 형 끈은 시계방향과 반 시계방향으로 진동하기 때문에 다른 방법으로 취급해야 하는 두 가지 진동을 가지고 있는 닫힌 끈으로 구성되어 있다. 시계방향의 진동은 10차원 공간에 존재한다. 반 시계방향의 진동은 26차원 공간에서 존재하는데 그 중에 16차원은 압축된 것이다. 본래 칼루자의 5차원이론에서 다섯 번째 차원은 원으로 둘러싸는 방법으로 압축되었음을 기억할 필요가 있다."

어떤가? 어려운가? 이해하기 어려운 이런 난해한 글이 과학자들이 속삭이는 자기들만의 언어이다.

우주의 나이는 지금 137억 년으로 되어있지만 200억 년 혹은 100억 년으로 주장하는 과학자들도 있다. 지구의 나이는 45억 7천만년이라는 것이 우리가 학교에서 배우는 정설이지만 불과 350년 전에 아일랜드 교회의 제임스 어셔(James Ussher) 대주교는 지구가 태어난 것이 시간까지도 정확하게 기원전 4004년 10월 23일 정오라고 주장했고, 21세기인 아직도 그 주장에 동의하는 많은 사람들이 있다. 이 책에서 필자가 주장하는 독창적인 학설은 별로 없다. 다만 특정 학설을 지지하거나 그런 학설들이 있다는 사실만을 전제할 뿐이다. 나의 책에 자주 등장하는 과학자들의 명성과 학설에 대한 비평은 그저 나의 주관적인 판단이나 지극히 개인적인 호 불호에 따른 것이므로 독자들의 생각과 상이할 수 있다. 다만 너른 아량으로 이해해 주기를 바랄 뿐이다. 이 책은 지난 5년간 읽은 6백 권에 가까운 과학도서들에 대한 총화이자 집약이라고도 할 수 있다. 독자들은 이 책을 읽음으로써 필자가 보낸 5년의 세월을 단 사흘에 뛰어 넘을 수 있다.

마지막으로 이 책에서 발견되는 모든 오류와 실수는 온전히 저자의 책임이라는 사실을 덧붙여 둔다. 차가운 이성을 간직한 부드러움으로, 졸저가 나오는데 많은 영감과 재치 그리고 지적인 조언을 마다하지 않은 나의 아내 백미경에게 뜨거운 가슴으로 고마움을 전한다.

2016년 3월
압구정에서

M A d F O R S C I E N C E

미국 "조지 메이슨(George Mason)" 대학교의 자연철학교수인 "해럴드 모로위쯔(Harold J.Morowitz)"가 쓴 "피자의 열역학"이란 책이 있다. 일상생활에서 흔히 볼 수 있는 일들, 그리고 저자가 겪은 개인적인 일을 통해 무심히 지나치는 것을 새롭고 과학적인 시각에서 다시 음미할 수 있도록 해주는 에세이 스타일의 글이다. 착상이 기발하고 표현이 유쾌해 손곁에 두고 활자가 그리울 때마다 꺼내보고 있는데, 저자의 글을 읽는 순간 바로 이 책이 떠올랐다.

그는 사신(私信)을 통해, '난 과학자가 아니고 책이 과학자의 감수를 받은 것도 아니어서 책의 Authority가 떨어진다'고 한껏 겸손해지려 한다. 하지만 학문적 천착(穿鑿)만이 글에 가치를 부여하는 것은 아니리라. 딱딱해지기 쉬운 과학 관련 지식을 이토록 쉽게 풀어 쓸 수 있는 재능과, 챙길 게 한두 가지가 아닐 사업가로서의 바쁜 일정 중에서도 붓을 놓지 않은 노력을 감안하면 저자의 겸손은 나따위 범부 부에겐 차라리 고문에 속한다. 그러니 안 선생이여. 이런 책을 쓴 다음엔 이렇게—영국의 석학 "화이트헤드(Alfred whitehead)"처럼 말하는게 외려 좋다.

"겸손이란 것은 글 쓰는 사람이 반드시 가져야할 덕목이지만 그것이 지켜야할 의무가 있는 것이라면 합당한 것이 아니라고 생각한다."

저자는 내가 사회에서 만난 동생이다. 호가호위라고 흉 볼 테면 봐라. 난 내 자신이 무척 자랑스럽다. 잘난 인간을 동생으로 두는 것도 엄청난 일 아니냐.

- 윤세욱 / 캐나다 거주 문필가 -

과학의 사전적 의미는 '자연 및 사회에서의 사물과 과정의 구조와 성질 등을 조사하여 그 객관적 법칙을 탐구하는 인간의 이론적 인식활동과 그 소산인 체계적·이론적 지식'이다. 이렇게 의미만 놓고 볼 때는 과학은 상당히 딱딱하고 난해한 내용 같아 보이지만, 관점을 조금 바꿔보면 뉴턴의 발견과 같이 과학은 우리의 일상생활과 항상 함께하고 있으면서도 미처 깨닫지 못하고 있는, 어찌 보면 지극히 당연한 사실이기도 하다. 따라서 우리의 생활 자체를 체계적·이론적으로 관찰하는 것 자체가 하나의 과학이라 하겠다.

이 책은 비록 과학 전문도서는 아니지만, 누구나 겪는 일상의 삶 자체를 과학적 관점에서 바라보며 쓴 글들이기에 읽는 재미도 있고 또 이 책을 통해 독자들이 과학이란 학문에 쉽게 접근할 수 있을 것이라 기대한다.

- 정희순 의학박사 / 서울의대 교수 -

평범한 모든 걸 과학적 원리를 통해 기발하게 풀어 설명하는 필자의 글에 반한 후에 세상을 보는 새로운 안목을 가지게 되었다. 과학의 눈을 통해 세상을 보니 모든 게 새롭고, 사는 보람과 살아야 할 이유를 깨닫게 된다.

- 박순백 언론학박사 / 드림위즈 부사장 -

MAdFOR SCIENCE

인터넷 지식검색 수준의 답변이 전문가적 진실로 확대 재생산되는 작금의 대한민국.

원전이 결여된 풍문, 근거 없는 오도와 착각, 심지어 개인적 또는 종교적 신념까지 뒤범벅된 과학이라는 이름의 환상에서 맨 얼굴처럼 정직하고 순수한, 그러면서도 가슴 따뜻할 수 있는 과학적 진실을 만난다.

– 남재우 금융공학박사 / 국민연금연구원 –

알버트 아인슈타인은 이렇게 말한다. "나는 특별한 재능은 없다. 단지 열정적인 호기심만 있었을 뿐이다". 현재를 살고 있는 우리에게는 "열정적"이라는 단어를 집어치우고라도 호기심 조차도 없을지 모른다. 더구나 "과학"이라는 무시무시한 공포의 단어를 마주하면 아예 도망치려 할 것이다. 하지만 저자의 〈과학에 미치다〉를 보고 있노라면 "과학"이 뭔지도 모르면서 열정적인 호기심 마저 마구 발동한다. 이 책이 그렇다. 세상살이 속에서 전혀 과학적이지 않을 것 같은 내용을 과학으로 담아낸다. 누구도 과학인지 모르게 말이다.

– 신태식 / 아인슈타인 교육 CEO –

우리의 삶에 밀접히 관계하는, 그러나 미처 깨닫지 못하던 과학의 세계를 술술 읽히도록 쉽게 풀어낸 과학세대의 필독서.

가볍게 읽으면서 심오한 과학의 세계를 경험할 수 있다!

– 나원규 항공전자장비 설계 / 도담시스템스 –

인터넷을 통한 정보의 홍수 속에서 지식 검색 사이트에서는 출처 불명의 쓰레기 지식이 복제되어 넘쳐나고, 과학을 가장한 비과학이 판치는 세상이다.

글쓴이는 과학과 비과학, 논리와 비논리를 실례를 들어 쉽게 풀이하고 흥미롭게 이야기한다.

과학을 이야기하지만 소재는 우리가 무심코 흘려버리던 여러 가지 일이고, 때때로 전문가의 영역을 넘나들지만 딱딱하지 않다. 이는 곳곳에 글쓴이의 유머가 살아 있기 때문이다. 게시판에 연재할 때, 읽다가 모니터에 커피를 뿜을 뻔한 적도 여러 번 한다. 누가 들어도 재미있는 이야기이다. 특히 인터넷 시대를 살아가는 젊은이들이 꼭 읽어보기를 권한다. 이 책에 나온 여러 글 중 몇 가지만 떠올려도 데이트나 모임에서 이야기 거리가 궁할 일은 없을 것이다.

- 한상률 자동차 디자이너 / 기아 자동차 센터 -

저자의 과학 사랑이 책 곳곳에서 느껴진다.

캐번디시가 국가도 외면해버린 과학 사랑을 실천하며 역사상 처음 대중에게 과학이라는 새로운 세계를 보여준 것처럼, 전문가만의 소유 지식이 아닌 일반인마저도 공감 할 수 있는 다양하고 대중적인 소재와 언어로 생활 속의 과학으로 승화 시킨 저자의 글에 박수를 보낸다.

이 책을 읽으면서 순수 과학자가 아니어서 책의 authority가 떨어진다는 걱정은? 기우일 뿐임을 느꼈다. 순수 과학을 전공하고 현장에서 수업하는 나로서, 자연에서 흔히 보는 과학적 현상과 지식과의 괴리감에 학생들도 나도 갈증을 느껴온 건 분명한 사실이다. 어렵고 새로운 원리에 직면 했을 때 항상 학생들의 반응은 "왜 이걸 해야 하나요?" 였기 때문이다. 그러나, 물 이야기와 소문의 속도라는? 칼럼을? 제시했을 때, 일반 수업과는 달리 그 반응은 확실히 틀렸다. 어쩌면 과학을 두려워해서 근접하지 못하는 학생들에게 과학 교육에서의 활용도에 대한 가치를 업그레이드 시킬 수 있는 하나의 멘토가 되지 않을까 생각해본다.

– 박은주 강사 / 생물학 전공 –

정확한 과학적 지식을 바탕으로 일반인의 눈높이에 맞춰 이토록 쉽고도 재미있게 전해주는 글이 또 있을까? 책장을 넘기며 '인간복제 윤리'에 대하여 생각하고 '외계생명체의 존재와 물의 수 관계'에 대하여 알게 된다. 과학자가 아닌 일반인의 눈으로 쓴 재미있고 흥미로운 과학 서적이다. 이 책을 읽으며 당장 소파에 비스듬히 누워 드라마를 보고 있는 아내에게 권하고 싶을 정도로 남녀노소 누구에게나 어울리는 책이다.

– 신명근 / 무역업 –

무역 회사의 CEO인 저자는 스스로 과학에 미쳤다고 한다.

이 책을 쓰기 위해 그는 600권이 넘는 과학책을 독파했다.

이 책은 위대한 과학자들의 기발한 논리, 그리고 그들의 모험과 용기가 일반인의 시각으로 쓰였다. 그래서 재미있다.

– 김지미 / 매일경제 기자 –

차 / 례

1. DNA 이야기

8. 과학에 눈뜨다

9. 과학의 눈으로 본 세계(Travel Science)

<big>1999</big>년 5월 15일, 나는 놀라운 한편의 미국영화를 보고 충격에 빠졌다. 매트릭스(Matrix)는 참혹한 인류의 미래를 다룬 SF영화이다. 2199년, 대다수의 인간들은 기계가 만든 인공 자궁 안에서 에너지를 착취당하고 있는 자신의 처지를 까맣게 모른 채, 컴퓨터 프로그램이 창조한 가상세계인 매트릭스에서 1999년의 삶을 살아간다. 나는 그것이 실제가 아님을 안도하며 영화를 즐기고 있었다. 하지만…… 확신할 수 있는가? 우리가 살고 있는 이 세계가 매트릭스가 아니라는 것을? 만약 그것이 영화가 아니고 실제 우리의 삶이라면 어떨까? 등골을 스쳐가는

섬뜩한 기분은 단지 상상에 불과한
것일까?

사람들은 자신이 보고 느끼는 현
실세계가 진실과 정의로 채워져 합
리적으로 돌아가고 있다고 착각하
고 있다. 그러나 세상은 오류와 허
위와 왜곡과 비합리로 가득 차있는
야만적인 어둠의 매트릭스이다. 우
리가 보고 듣는 것들 중, 실제인 것
들은 빙산의 일각에 지나지 않는
다. 영화에서 그런 것처럼 우리는 그런 암흑의 매트릭스에서도 별 불만 없
이 삶을 이어가고 있다. 자신이 '무지'라는 인큐베이터 안에 갇혀있다는 사
실을 자각하지 못하기 때문이다. 사실, 각자의 가치관에 따라 그런 굴욕적
인 삶도 그리 나쁘지는 않다. '조금만 비겁하면 세상을 훨씬 더 편하게 살
수 있다.'라는 주장도 있지 않은가? 하지만 이 책을 집어 든 독자들은 네오
(Neo)처럼 붉은 캡슐을 선택한 용기 있는 사람들이다. 그들은 이제부터 모
피어스(Morpheus) 일당과 함께 매트릭스 밖으로 탈출하여 원하든 원치 않
든 진실을 보게 될 것이다. 독자들을 눈부신 광명천지로 이끌 붉은 캡슐은
바로 과학이다.

독자들은 먼저 자신이 어디서 왔는지, 어떻게 만들어졌는지에 대한 진실
을 알게 된다. 인간이란 실체는 사실 끊임없이 외부의 분자들과 교체되고
있는, 정보네트워크를 중심으로 형성된 작은 분자들의 총합이다. 그렇다면
인간 이외의 생물들은 인간과 얼마나 다를까? 1859년, 다윈(Darwin)의 '종

의 기원'은 원숭이가 사람의 조상이라는 주장으로 자존심 강한 19세기 영국 사람들을 비탄과 좌절에 빠뜨렸다. 하지만 여러분은 식물과 동물이 원래는 같은 조상으로부터 유래했다는 한층 더 충격적인 진실과 민나게 될 것이다. 사람을 포함한 모든 생물을 건설하는 DNA라는 공통의 설계도가 존재한다는 놀라운 사실에 경악하게 될 것이다. 즉, 쥐와 사람은 같은 DNA언어를 사용한다는 말이다. 박테리아는 영원한 삶을 살지만 인간은 왜 그토록 짧은 생을 살다 가야 하는지에 대한 이유도 밝혀진다. 지구상에서 가장 성공한 생명체는 결코 인간이 아니라는 굴욕적인 얘기도 독자들을 충격에 빠뜨릴 것이다. 우리가 살고 있는 행성은 어디서 왔는지 태양의 실체는 무엇인지? 우리 모두는 태양으로부터 왔으며 우리가 섭취하는 모든 에너지원은 사실은 태양으로부터 비롯된다는 놀라운 진실을 알게 된다.

이 책에 나오는 과학은 주로 흥미로운 생물학과 생명공학에 관한 내용이지만 물리학이나 화학 천문학 또한 빠지지 않고 얘기 거리로 등장하여 독자

들을 흥분의 도가니에 빠뜨릴 것이다. 이 책으로 인해 독자들은 거인의 어깨 위에 앉아있는 뉴턴이 된다. 그로써 멀리까지 세상을 바라볼 수 있다. 이제부터 알게 되겠지만 세상은 결코 누구에게나 똑같이 보이지 않는다. 세상은 다만 자신이 꼭 아는 만큼만 보일 뿐이다.

진리의 눈은 태평양보다 넓고 대서양보다 더 깊고 푸르다. 새로운 탄생으로

가는 위대한 노력은 모든 잡스러운 호기심에 대한 숭고한 포기임을 명심하자. 당신들에게 이 책을 읽기 전의 세상과 읽고 난 후의 세상은 완전히 다르게 다가올 것이다. 이 책을 읽음으로써 당신들은 세상을 덮고 있는 온갖 무지와 맹신의 어둠을 떨치고 눈부시게 날아오를 수 있다.

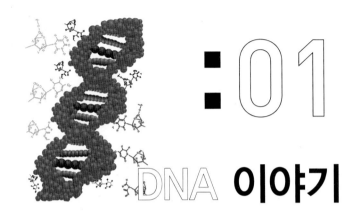

:01

DNA 이야기

세포로부터 시작하였다.

세포의 기원은 생명의 기원과 동일하며, 생명의 진화에서 가장 중요한 단계의 하나이다. 세포의 탄생은 생명 이전의 화학 물질에서 생물학적인 생물체로의 길을 만들었다.

– Wikipedia –

인간의 몸은, 누가 세어본 것은 아니지만 성인이 되었을 때의 세포가 (몸무게에 따라서) 약 60조개에서 100조개 정도가 된다. 그러나 그 60~100조개의 세포도 처음에는 단 1개로 출발 하였다.

그런데 지금 쉽게 얘기하고 있는 100조라는 숫자는 도대체 얼마나 큰 수일까? 100조는 우리 지구가 속한, 1000억 개의 별을 품고 있는 거대한 은하가 100개라는 의미와 동일한 천

문학적인 수의 개념이다. 놀랍게도 한마리 북극곰은 한 술 더 떠 900조개의 세포로 되어 있다고 알려져 있다. 그렇다면 덩치가 클수록 세포수도 많은걸까?

세포의 크기는 작은 것은 몇 백 만 분의 1 밀리미터에서 몇 센티미터에 이르기까지 아주 다양하며 길이가 1m의 절반에 이르는 섬유의 세포도 있다. 하지만 세포의 크기가 그 개체

의 덩치와 직접적인 관련이 있는 것은 아니다. 세포의 크기는 몸집과 관계없이 대부분 비슷하며 따라서 덩치가 크다고 해서 커다란 세포로 이루어진 것은 아니다. 단순히 세포의 수가 많은 것이다.

세포는 왜 일정크기 이상 커질 수 없을까? 그것은 단순히 물리적인 이유인데, 세포 내의 물질을 수용할 수 있는 원형질 막의 한계 때문이다. 세포가 커지면 커질수록 부피 대비 체표면적이 작아지기 때문에 그만큼 원형질막의 부피는 상대적으로 작아지게 되고 따라서 내용물을 수용할 수 있는 한계에 다다르게 된다. 이런 한계에 이르면 세포는 분열하여 2개가 될 것이다. 이것은 마치 알(Egg)이 어느 한계 이상 커질 수 없는 논리와 마찬가지이다. 10m가 넘는 크기의 아파토사우루스(Apatosaurus) 같은 공룡도 알을 낳았는데 이런 거대한 공룡의 알 조차도 타조의 알 크기 이상 커질 수 없었다. 이유는 세포의 예처럼 단순 물리적이다. 알이 커져 내용물이 많아지면 이것을 담고 있는 알 껍질이 내용물을 보호하기 위하여 상대적으로 더 두꺼워져야 한다. 그렇지 않으면 쉽게 깨져버리고 말 것이기 때문이다. 하지만 알 껍질이 너무 두꺼워지면 부화되어 나오는 새끼가 그렇게 두꺼워진 알 껍질을 스스로 깨고 나올 수 없게 된다. 따라서 알은 무작정 커질 수가 없다.

인체는 이처럼 수 십조 개나 되는 세포들이 군집하여 서로 네트 워크를 형성하여 협동하고 대화하며(뇌가 없는 개체끼리의 대화라니 이상하다. 하지만 정말로 그렇다. 이 얘기는 나중에 나온다.) 각자 자신이 맡은바 임무를 말 없이 수행한다. 인간은 놀라운 생명의 질서를 이루고 살아가는, 다세포 생물이라는 하나의 진화 생물학적인 경이이다.

세포란 무엇일까? 우리는 세포에 대해서 중학교 2학년 과학시간에 다 배웠고 시험에 대비하여 죽도록 외웠다. 따라서 제법 잘 알고 있다고 생각하겠지만 지금 이 순간, 세포의 정확한 의미에 대해서 알고 있는 사람들은 그리 많지 않을 것이다. 이런 것들을 망각하는 데는 그리 오랜 세월이 필요하지 않다. 또 다른 이유는 우리가 이토록 중요한 학문들을 반복을 통하여 자신의 것으로 만드는 데 실패했기 때문이다.

인간의 두뇌는 컴퓨터의 저장 방법과 달리 클릭 몇개로 해결되는 것이 아니며 반복 학습이란 상당히 고된 노동을 통해서만이 뇌세포에 장기 저장이 가능하다. 따라서 많은 시간 투자와 그에 못지 않은 노고가 필요하다.

필자가 학교에 다닐 때는 반드시 외워야 하는 중요한 것들과 전혀 외울 필요가 없는 것들을 구분하지 않고 깡그리 외워야만 했다. 그렇지 않으면 시험에서 100점을 맞을 수 없었기 때문이다. 이런 잘못된 교육은 모두, 오로지 성적으로만 학생들을 변별할 수 있으며 그 하나의 확실한 사실만이 아이들이 일류 대학에 입학할 수 있는 불변의 자격이라고 맹신하는 우리나라 일부 교육자*들의 경박한 가치관 때문이다. 그런 무성의한 교육을 받은 결과로 우리는 오늘날 세포에 대해서 묻고 있는 까만 눈의 우리 아이들에게 해줄 수 있는 말이 별로 없는 것이다.

세포(Cell)**는 살아있는 생물체의 최소 단위이다. 이것이 바로 우리가 알고 있어야 할 세포의 정의이다. 다시 말하면 살아 있는 생명체는 모두 세포로 이루어져 있고 세포보다 더 하위에 있는 단위는 생물체가 아니라는 말이다. 아메바나 플라나리아 또는 박테리아처럼 적어도 한 개의 세포는 갖고 있어야 생물체라고 할 수 있다. 식물이든 동물이든 마찬가지이다.

초등학교 5학년인 필자의 아들 조차도 잘 아는, 유전자라고도 부르는 DNA(사실 유전자라고 부르면 정확한 의미 전달에는 실패한 것이다. 이 글을 다 읽고 나면 그 이유를 알 수 있을 것이다)는 세포 속에 포함된 물질이다. 따라서 DNA는 정확하게 살아있는 물질은 아니다. 일종의 생물학적인 부품이라고

---

* 우리나라 뿐만 아니라 영국에서도 비슷한 얘기가 나오는 것을 보면 우리나라의 교육은 영국의 영향을 많이 받은 것 같다.

** 서울 약수동에 가면 '세포장'이라는 이름의 조그만 여관이 있는데 여관 주인은 도대체 무슨 생각으로 자신의 여관에 그런 재미있는 이름을 붙였을까? 항상 궁금하다.

제임스 왓슨   프랜시스 크릭

할 수 있다.

DNA는 노벨상을 받은 제임스 왓슨(James Watson)과 프랜시스 크릭(Francis Crick)에 의해 1953년에 그 구조가 확인되었는데 필자가 중학교에 다니던 해는 그 후 10년 가까이 지났을 때 였는데도 학교에서 이런 것을 가르치지 않았다. 오늘날 이 엄청난 발견을 한 위대한 과학자들의 이름을 기억하는 사람들이 별로 없다는 사실은 놀랄만하다.

위대한 발견의 이면에 암으로 일찍 죽는 바람에 노벨상도 받지 못하고 잊혀진 로잘린느 프랭클린이라는 젊은 여성 생물학자가 존재한다는 사실 역시 잘 알려져 있지 않다. 죽은 사람에게는 노벨상이 주어지지 않기 때문이다. 왓슨과 크릭은 그녀의 X선 회절 사진으로부터 DNA의 구조에 관한 결정적 아이디어를 얻었다.

세포는 핵과 세포질로 이루어져 있다. 세포질은 세포에서 핵 이외의 부분을 말하는데 여기에는 리보솜, 소포체, 골지체, 미토콘드리아 등이 해당된다. 중학교 때 다 배운 것들이다. 이런 낯익은 이름들로부터 아스라하게 먼 학생 시절 기억세포에 새겼던 기억의 편린들이 조금씩 되살아

남을 느낄 수 있을 것이다.

세포를 들여다 보면 동물과 식물 간에 엄청나게 많은 유사성이 있음을 발견하고는 깜짝 놀라게 된다. 식물은 단지 걸어 다닐 수 없다는 이유 하나로 평가절하되어 동물과는 많은 의미에서 살아 있는 생물 취급을 받는데 실패하였다. 하지만 식물과 동물은 같은 생명체로서 동등하게 취급되는 것이 마땅하다. 비록 식물에는 뇌가 없더라도 그렇다.

우리의 대뇌피질 한 구석에 수십 년 동안 조용히 비활성으로 잠자고 있었을 소중한 기억들을 불러오기 위해 조금만 더 안간힘을 써보자. 예컨대 골지체의 골지(Golgi)는 이것을 발견한 이태리 사람의 이름이었음을 기억하는 사람들이 있을 것이다. 골치 아픈 이런 이름들을 외우느라 지옥 같은 나날들을 보낸 우리 대한민국의 학생들에게 정중하게 경의를 표한다.

60조개의 설계도

세계에서 가장 높은 빌딩은 2013년 현재, 아랍에미레이트의 버즈두바이로 162층이다. 이 건물의 설계도는 몇 개일까? 700M 높이의 버즈두바이의 설계도는 단 1세트이다. 하지만 사람 1명을 만드는데는 60조개의 설계도가 필요하다.

-안동진-

인체를 만드는 설계도이며 이야기의 주인공인 DNA가 포함되어 있는 부분이 바로 핵이다. 핵을 이루고 있는 주요 물질은 바로 염색체(Chromosome)이다.

염색체란 이름 그대로 Chromo와 Soma 즉 '색이 있는 물체'이다. 이것을 그대로 우리 말로 번역한 것이다.

이런 이름이 붙은 이유는 이 투명한 것들이 원단을 염색하는 합성염료에 예쁘게 염색 되었기 때문이다.

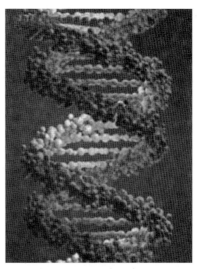

DNA 나선(Helix)

인간의 경우 염색체는 23쌍, 46개가 들어있다. 왜 46개라고 하지 않고 23쌍이라고 하느냐면 염색체는 46종류가 아니고 23가지의 종류의 염색체가 각각 한 개씩 동종의 여분, 즉 스페어(Spare)를 지니고 있는 형태이기 때문이다. 그리고 각

스페어는 같은 종류지만 내용은 전혀 다른 유전인자를 가지고 있다. 하나는 아버지로부터 그리고 다른 하나는 어머니로부터 유래한 것이다(뭔 소리인지 몰라도 그냥 넘어가자. 나중에 저절로 알게 된다).

예컨대 제이콥과 에밀리* 두 사람으로부터 태어나는 아이는 아버지로부터는 검은 눈, 어머니로부터는 파란 눈을 물려받은 유전자를 모두 가지고 있지만 대개 그 중 우성인 검은 눈을 가지게 된다. 이때 발현되지 고 숨어 있는, 파란 눈을 만드는 유전자를 열성 유전자라고 한다. 그리고 그렇게 대립되는 각각을 대립 유전자(Allele)라고 한다. 이 파란 눈의 열성 유전자는 현재는 사용되고 있지 않지만 나중 이 아이가 결혼하여 아이를 생산했을 때 다시 나타날 수도 있다. 따라서 검은 눈을 가진 사람이 파란 눈을 가진 아이를 가질 수도 있는 것이다.

눈의 색은 홍채에 존재하는 멜라닌 색소의 양으로 결정되는데 많을수록 진하고 적을수록 아름다운 그린이나 매력적인 푸른 색을 띠게 된다 멜라닌이 아예 없을 경우에는 홍채가 투명해져 눈동자는 분홍색이 된다. 분홍색이 되는 이유는 백인들의 피부가 그런 것처럼 눈으로 지나가는 혈관이 비쳐 보여서이다. 눈의 색에서는 진한 색이 우성이 된다. 물론 '교차'라는 현상으로 인하여 중간 색을 가지게 될 수도 있다. 사실 눈의 색을 결정하는 메커니즘은 대단히 복잡한 경로가 개입된다.

염색체의 23쌍은 1번부터 23번까지 크기 별로 번호가 달려있다. 이것은 마치 한 권의 책에서 각 장(Chapter)을 구분해 놓은 것과 흡사하다.

짐작하다시피 1번의 크기가 가장 크다. 따라서 가장 많은 유전자를 가지고 있다고 생각된다. 인간은 상염색체라고 부르는 1번부터, 가장 조그만 22번까지는 비슷한 종류의 염색체를 가지고 있지만 남자와 여자의 성

---

* Jacob과 Emily; 90년대 가장 흔한 미국사람의 이름이다. 우리의 철수, 영희와 마찬가지이다. 한국사람은 푸른 눈이 없기 때문에 미국판 철수와 영희를 가져왔다.

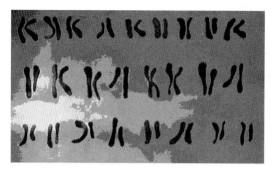

염색체

을 구별하는 마지막 23번은 조금 다른 성격의 염색체로 구성되어 있다. 그것의 이름은 성염색체이다.

21번은 겨우 225개만의 유전자를 갖고 있어서 유전자의 수에 관한 한 가장 작다고 분류할 수도 있지만 실제 크기는 545개의 유전자를 가진 22번이 더 작다. 이 작은 21번 염색체는 주로 나이 든 산모에게서 여벌로 한 개가 더 생기는 기형이 종종 발생하는데, 이유는 나이와 관계 없이 늘 신품인 정자와 달리, 난자는 여자가 태아일 때부터 갖고 있던 것으로 나이를 먹으면 노화되기 때문이다. 그렇게 되었을 때 태어나는 아기는 동서양을 막론하고, 비슷한 얼굴과 신체의 기형을 가지는 다운 증후군이라는 병을 앓게 된다. 이 아이들은 순하고 착하지만 지능에 문제가 있는 경우가 많고 대체로 심장질환을 가진다.

한글의 글자 상으로는 모음 하나만 다른, 성염색체라고 불리는 마지막 23번 염색체도 다른 염색체와 마찬가지로 2개가 한 조를 이루는 쌍으로 되어있는데 대부분, 남자의 경우는 XY, 여자의 경우는 XX라고 표시한다 (여기서 '모두'라고 하지 않고 '대부분'이라고 언급한 것을 기억하기 바란다).

그런데 조금 전에 모든 염색체의 쌍은 서로 같은 기능을 한다고 했다. 그래서 23번 성염색체가 같은 종류인 XX로 이루어진 여자의 성염색체는 다른 염색체와 마찬가지로 스페어의 구실을 할 수 있다. 하지만 남자의 그것은 X와 Y로 여자처럼 쌍을 이루지 않고 서로 다른 종류의 염색체로 되어 있다. 이 작은 차이는 사실 남자와 여자라는 큰 차이와는 별도의 중대한 결과를 만들어낸다. 예컨대 여자의 경우는 하나의 X 염색체에 문제가 생겼을 경우, 다른 하나가 스페어로 보완 역할을 할 수 있다. 하지만 남자는 보완할 스페어가 없기 때문에 문제가 되는 것이다. 따라서 남자는 X나 Y인 성염색체 상에 문제가 발생하면 그것이 고스란히 표면에 드러나게 될 것이다. 즉, 병으로 나타나게 된다. 대표적인 예가 '혈우병'이나 '색맹'이다. 사람은 망막에 두 종류의 세포가 있는데 명암을 구분하는 막대처럼 생긴 간상세포(rod cell), 그리고 색을 감지할 수 있는 콘(cone)처럼 생긴 원추세포(cone cell)라는 것을 가지고 있어서 35만 가지의 색을 구별할 수 있다. 하지만 오해할 필요는 없다. 대부분의 색맹은 개나 소 같은 대부분의 포유동물이 그런 것처럼 세상이 흑백으로 보이는 것이 아니라 붉은색과 초록색을 잘 구분할 수 없을 뿐이다. 이것을 우리는 '적록색맹'이라고 한다.

물론 온 세상이 흑백으로만 보이는 전색맹이라는 것도 있기는 하다. 또 '적록색맹'과 대비하여 '청황색맹'이라는 것도 있다. 또 각각 적 색맹과 녹 색맹 등 여러 분류가 있을 수 있지만 모두 원추세포의 기능 이상으로 생기는 것이다. 사실 이런 사람들은 운전이나 색에 관한 직업만 피하면 다른 일상 생활에는 전혀 지장이 없다. 단 한가지, 아침에 집에서 나올 때 양쪽에 각각 다른 색의 양말을 신고 출근하는 실수를 저지를 수 있으므로 이런 사람들은 양말을 살 때 모두 같은 색으로 사는 것이 좋을 것이다.

그런데 색맹을 유발하는 유전인자는 X 염색체 상에 존재하기 때문에 여자는 색맹 유전인자를 갖더라도 하나만 갖고 있는 이상, 색맹이 되지는 않는다. 나머지 멀쩡한 유전자가 스페어 역할을 해주기 때문이다. 따라서 여자는 다만 색맹인자를 보유할 뿐, 대개 색맹이 되지는 않는다. 하지만 남자의 경우는 다르다. 남자는 X염색체 상에 단 한 개만의 불량 유전자를 가져도 이를 보완해 줄 스페어가 없기 때문에 그 유전자 문제는 대책 없이 그대로 색맹으로 나타나게 된다. 그것이 바로 세상 대부분의 색맹이 남자들인 이유이다. 예컨대, 만약 대한민국 남자 20명 중, 한 명이 색맹이라면 그에 비해 여자가 색맹일 확률은 수치상 400분의 1이 된다. 그런데 실제로 여자가 색맹인 경우는 수치상으로 나타나는 숫자보다 훨씬 더 적다. 그 이유는…… 더 나가고 싶지만 책을 던져버리는 독자가 생길 것 같아 여기서 그만 접겠다.

실례를 한번 들어보자. 아버지가 색맹이고 어머니는 이상이 없는 경우를 한번 살펴보는 것이 좋겠다. 아이고, 또 지겨운 XY야.. 라고 말하는 독자가 있을 것 같다. 공식과 기호 그리고 도표는 대중을 과학에서 멀리하게 만드는 아주 효과적인 도구이다. 사실 수학에서처럼 기호와 식을 사용하는 것은 그런 기호나 식에 익숙하지 않은 사람에게는 심각한 거부감을 일으키기 마련이다. 하지만 조금만 참고 그런 기호에 한 발짝만 다가서보자. 놀랄만큼 명확하고 간결한, 기호와 공식이 주는 편의와 논리성에 감동받게 된다. 한번만 더 속아 보자.

여기에서도 우리가 학교에서 배운 대로 문제가 있는 유전자, 즉 색맹인자를 가진 유전자를 소문자 x, 그리고 정상인 유전자를 대문자 ⊗로 표시한다. 따라서 색맹 인자는 X염색체 상에 있다고 했으므로 색맹인 아버지는 xY이고 정상인 어머니는 XX가 된다. 이 계산은 멘델의 법칙 그대로 $(x+Y)(X+X)$의 곱셈을 그대로 풀면 된다.

살아 생전에는 자신의 위대한 발견을 과학계에서 제대로 인정받지도 못한 억울한 천재인 멘델은 처음으로 생물학에 통계수학을 적용한 선각자이다. 그의 놀라운 집 요함은 상상을 초월한다.

그러므로 두 사람 사이에 태어나는 자식들은 각각 25%의 확률로 xX, xX, XY, XY로 나타난다. 이것이 의미하는 바를 살펴보면, Xx는 여자이다. 하지만 한 쪽이 소문자이므로 하나의 색맹 유전자를 가지고 있는 것이다. 따라서 두 딸은 모두 Xx이므로 하나씩의 색맹인자만을 보유한다. 따라서 색맹은 없다. 그리고 XY가 된 두 아들들은 정상인 어머니 덕택에 모두 완벽하게 정상이 되었다. 결과적으로 색맹인자가 아버지로부터 자식들에게 50%의 확률로 전해지기는 했지만 아무도 색맹으로 태어나는 자식은 없는 희한한 일이 발생한다. 이렇게 해서 겉으로 보기에 색맹이라는 나쁜 유전자는, 정상인 어머니로 인하여 그 대에서 완전히 사라져 버린 것처럼 보인다.

하지만 문제는 바로 그 다음세대에 나타난다. 아들들은 어느 쪽에도 인자를 가지지 않아 다음 대에서도 역시 아무런 문제도 생기지 않는다. 결국 색맹인 아버지는 아들에게는 전혀 영향을 미치지 않는다. 왜 그럴까? 이유는 조금 있다가 설명하겠다. 하지만 색맹은 아니지만, 하나의 색맹인자를 보유한 딸들이 만약 정상인 남자와 결혼하면 어떻게 될까?

이 결혼은 표면적으로는 아무 문제가 없는 부부의 결합처럼 보이지만 사실 이 커플은 Xx 와 XY의 결합이 되므로 위에서처럼 계산하면 그 결과는 XX, XY, Xx, xY가 된다. 작은x가 둘씩이나 나타나고 있다. 즉 딸 둘 중, 하나는 보유인자도 없는 완전하게 깨끗한 상태가 되기는 하지만 다른 한 딸은 전 세대처럼 인자를 하나 보유하게 된다. 즉, 딸로 태어나는 자식의 절반은 하나의 색맹유전인자를 가지게 된다는 것이다. 아들의 경우도 인자를 물려 받기는 딸과 마찬가지이지만 불행하게도 결과는 딸들과 다르게 나타난다. 한 아이는 멀쩡하지만 다른 아이는 색맹에 걸릴 확률을 갖게 된다.

즉, 결론적으로 이런 남녀의 결합은 딸만 낳으면 색맹인 아이가 태어나지 않아 아무런 문제도 생기지 않지만 만약 아들을 낳으면 그 아들이 색맹이 될 확률이 50%가 된다는 말이다. 이렇기 때문에 되도록 근친결혼을 하면 안 되는 것이다. 근친 결혼은 만약 나쁜 유전자를 가지고 있을 경우에는, 그 나쁜 유전자가 겹쳐져서 축적되는 결과를 만들기 때문이다. 좋은 유전자는 축적되어도 별로 표시 나는 일이 아니지만 나쁜 유전자는 축적되면 평생 씻을 수 없는 고통을 안게 될, 고약한 유전병을 갖고 태어나는 비극적인 아이를 만든다.

물론 오해하지 말아야 할 사실은 이것은 단지 확률이라는 것이다. 50%의 확률이 의미하는 바는 100명의 자식을 낳았을 때 그 중 50명 정도가 평균적으로 그렇게 된다는 것을 의미할 뿐이다. 그런데 이 경우처럼 모집단이 작은 경우는 그 결과가 100% 또는 0%로 나타날 수도 있다. 딸을 둘 낳으면 무조건 한 딸은 인자를 가지고 다른 한 딸은 괜찮다는 얘기와 혼동하면 안 된다. 따라서 실제로는 두 자식 모두에게 전혀 아닐 수도 있고 모두 일수도 있다. 주사위를 던져서 6이 나올 확률은 6분의 1이지만 그것은 수 십 번, 수 백 번을 던졌을 때의 얘기이다. 주사위를 단 1번만 던진다고 했을 때의 확률은 0 아니면 100, 둘 중 하나인 것이다. 주사위를 6번 던지면 반드시 6이 한번은 나와야 한다는 것이 아니다.

아이러니컬하게도 색맹 인자를 보유한, 색맹인 남자는 멀쩡한 여자와 결혼할 경우는 색맹이 되는 자식을 1명도 만들지 않지만 인자를 보유한 여자는 그 자신은 색맹도 아니면서 아들 중 50%는 색맹을 만들고 만다. 물론 인자를 보유한 여자가 색맹인 남자와 결혼하게 되면 그 결과는 끔찍할 것이다. 이 때는 마침내 딸에게도 양쪽의 유전자에 문제가 생겨 여자 색맹인간이 출현하게 된다. 실제로 색맹인 여자아이가 25%의 확률로 태어나게 될 것이다. 그래서 결혼 전에 서로에게 문제 있는 유전자가 없는지 체크하는 일은 자식들에게 끔찍하고 잔인한 유전병을 물려주지 않기 위해 중대한 일이 된다.

앞으로 결혼 전, 서로의 유전자 검사표를 교환하는 일이 일상화될 지도 모른다. 그리고 결코 무시할 수 없는 그 결과는 과거의 남녀가 동성동본을 확인하는 일보다 훨씬 더 가혹하고 고통스러운 일이 될 전망이다.

사람의 염색체는 48개였다.

양파 16, 수박 22, 감자 48, 벼 24, 무 18, 옥수수 20, 토마토 24, 소 60, 침팬지 48, 코알라 16, 파리 8, 개구리 26, 개 78, 사자 38, 호랑이 38, 고양이 38

아버지가 아들에게는 결코 물려줄 수 없는 유전자가 있다는 사실을 아는가? 아버지는 자신의 아들에게는 본인의 X 염색체를 절대로 물려줄 수 없다. 아버지는 오로지 딸에게만 X 염색체를 물려줄 수 있다. 대신에 아들에게는 전혀 모계와 섞이지 않은 자신의 순수한 Y 염색체를 고스란히 전달한다. 이 Y 염색체는 다른 모든 염색체들이 부모, 즉 할아버지와 할머니의 염색체를 한 개씩 받은 것과는 달리 자신의 아버지, 즉 할아버지로부터만 받은 것이다. 따라서 X 염색체에 문제가 있는 색맹 같은 경우는 그 문제 유전자를 딸에게만 전달할 수 있을 뿐, 아들에게는 결코 물려줄 수 없는 것이다.

이해할 수 있는가? XY 염색체를 가지는 아들은 어머니로부터는 X를 아버지로부터는 오직 Y만을 받을 수 있다. 그래야 XY를 구성할 수 있게 된다. 아버지의 하나밖에 없는 X는 딸을 만드는 데 사용되기 때문에 아들에게 줄 수 있는 X는 없다. 따라서 딸은 아버지로부터 X 전부를, 어머니로부터는 두 개의 X 중 하나를 물려받아 XX를 구성한다.

우디 거스리

이렇게 색맹처럼 성염색체 상에서 일어나는 유전을 반성유전이라고 한다. 그런데 어떤 유전자는 스페어의 도움에도 불구하고 단 한 개에만 문제가 생겨도 병으로 나타나는 경우가 있다. 이런 불운한 경우는 나쁜 유전자가 색맹의 경우처럼 열성이 아닌, 우성으로 나타나는 경우이다. 이것을 우성 유전이라고 한다.

우리나라에는 보기 어렵지만 서양에서는 흔한, 4번 염색체 상의 돌연변이가 문제가 되는 *헌팅턴 무도(Huntington) 병이 그런 예인데, 이 병은 미국의 유명한 컨트리 가수인 우디 거스리(Woody Guthrie)가 걸려 죽게 되면서 유명해졌다.

이 병은 증세가 40대 중년에 나타나는 것이 특징으로 시간이 갈수록 뇌와 근육이 점점 기력을 잃게 되어 쇠약해지며 결국 치매로 죽게 되는 무서운 병이다. 이 경우, 부모 중 한 사람이 이 병을 가지고 있으면 자식의 반수는 남녀를 가리지 않고 병이 나타나게 된다. 만약 이 병이 있는 아버지의 정자가 가지는 4번 염색체의 대립 유전자 중, 돌연변이가 있는 유전자를 가진 놈이 난자에 가장 먼저 도착하게 되어 수정에 성공하면, 거기에서 태어나는 아이는 유감스럽게도 헌팅턴 병에 걸리게 된다. 그런 일을 막기 위해서 3억의 정자들에게 경주를 시키는 것이다. 정자의 수가 그토록 많은 이유가 이로써 부분적인 설명이 된다. 돌연변이가 있는 놈은 아무래도 경주에서 불리한 경우가 많다. 만약 그렇지 않다면 지구 상에는 수 많은 유전병 환자들로 들끓게 될 것이다.

---

* 유명한 미드 '닥터 하우스'에 이 병이 등장한다. 하우스의 staff 의사인 '13번'이 바로 이 병에 걸린 것으로 나온다.

물론 문제 없는 정자가 수정되면 당연히 문제 없는 아이가 태어날 것이다. 따라서 부모 모두에게 문제 유전자가 있다면 자식 대에서 이 병을 가지게 될 확률은 100%*가 된다(아니다! 답은 75%이다. 멘델의 계산법을 적용해 보면 둘 다 문제 있는 유전자를 가졌어도 적어도 25%는 아무 문제없는 자손이 태어날 수 있다).

이런 우성 유전의 경우, 문제 있는 유전자를 가진 여성의 임신은 영화 '디어헌터'(Deer Hunter)의 충격적인 장면에 비유된다. 이런 임신을 해야 하는 부모는 소름 끼치는 유전자의 탄환 3발을 6발들이 탄창에 무작위로 장전한 채, 아이들의 관자놀이에 들이대고 방아쇠를 당기는 '러시안 룰렛' 게임을 하는 것과 다름없는 것이다.

그런데 헌팅턴 병 같은 경우, 왜 진화는 이런 나쁜 유전자를 도태시키지 않고 지금까지 살아 남게 두었을까? 그에 대한 명확하고도 합리적인 이유는 이 병이 40대 이후에 발병한다는 것이다. 만약 이 병이 어렸을 때 생기는 병이라면 환자는 결혼 전에 죽게 되고 따라서 후손을 가질 수 없어서 결국 이런 유전자는 사라지게 된다. 하지만 안타깝게도 이 병은 환자가 결혼해서 자식을 가질 때까지 자신이 병에 걸렸다는 사실을 알 수 없기 때문에 자연스럽게 후손을 남기게 되고 이렇게 하여 헌팅턴 병 유전자는 살아 남게 되는 것이다.

유전에서 '우성이다', '열성이다'하는 것은 지금까지의 예에서 확인했듯이 그 형질이 '좋다', '나쁘다'의 개념이 아니라 해당 형질이 '나타나느냐', '그렇지 않느냐'의 차이이다. 예컨대 사람의 ABO 혈액형 유전자는 9번 염색체 상에 존재하는데 A형과 B형은 우성 그리고 O형은 열성으로 나타난다. 따라서 O형은 OO가 되지 않는 이상, AO나 BO가 되는 경우

---

* 이 이야기가 딴지일보에 나갔을 때 어느 네티즌이 지적해주었다. 우리는 부모 모두가 4번 염색체 한쌍 중 한 쪽에만 문제가 있는 경우를 다루고 있다.

01. DNA 이야기

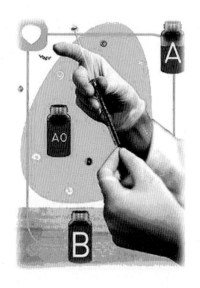

는 항상 O형이 무시되고 A나 B형으로만 나타나게 된다. 이처럼 열성과 우성이 만나 우열을 가리게 되면 표현형질은 우성인자가 나타나게 되는 것이다. 물론 이런 식으로 표출되는 우성인자는 다음 대에 영향을 미쳐, 사라진 것처럼 보이던 열성 인자인 O형이 갑자기 나타나게 될 수도 있다. 갑자기 A면 A고 O면 O지 AO는 뭐고 OO는 뭐냐고?

여기서 요즘 유행하는, 혈액형에 따른 사람의 성격이론에 대한 불합리성을 지적하고자 한다.

70억이나 되는 인류를 겨우 4가지 혈액형으로 분류해보겠다는 터무니 없는 발상은 어리석음을 넘어 끔찍하기조차 하다. 인간의 ABO 혈액형은 일단 4가지가 아니라 6가지이기 때문에 이 법칙은 시작부터 엉터리인 셈이다.

혈액형도 정확하게 멘델의 법칙을 따른다. 따라서 두 가지 대립형질을 갖게 된다. 하나는 아버지로부터 그리고 다른 하나는 어머니로부터 혈액형 유전자를 물려 받는다. 예컨대 필자는 아버지와 어머니가 모두 순수한 A형이므로 두 분은 모두 AA형이다.

따라서 필자와 형제 자매는 100% AA형 즉, 순수한 A형일 것이다. 그런데 필자의 아내와 형제들은 모두 O형이므로 이 경우 장인 장모의 혈액형은 따져 보나마나 무조건 OO이다(OA나 OB는 A나 B로 나타나기 때문에 O형이 되려면 OO가 되는 수 밖에 없다. 물론 이 또한 확률이므로 100% 장담할 수는 없다). 그리하여 아내와 나는 AA와 OO의 결합이 되므로 내 아이들은 학교에서 혈액 검사를 해 보면 모두 A형으로 나올 것이다.

그렇다 사람의 혈액형은 AA, AO, BO, OO, AB, BB 등 6가지 이다. 이중 AO, BO 는 A나 B로만 표현되기 때문에 AA나 BB와 구분되어야 한다.

하지만 없어져 버린 것으로 보이던 열성인 O형도 필자의 손자 대에서 는 그 형질이 나타나게 된다. 만약 AO형인 필자의 아들이 O형인 여자와 결혼하면 모두 A형의 자식만을 가지는 필자와는 달리, 절반의 아이들은 O형으로 나타날 것이다(앞에 색맹을 계산하던 멘델의 법칙을 참조하기 바란다. 그 결과는 AO, AO, OO, OO이다). 심지어는 같은 A형의 여자와 결혼하더라도 상 대 여자가 AA가 아닌 AO라면 4분의 1의 확률로 O형이 나타나게 된다.

한편, 인간 염색체의 정확한 개수는 1921년에 미국의 페인터(Painter)라 는 과학자가 거세당한 남자들의 고환을 얇게 잘라 현미경으로 염색체를 처음 확인했을 때는 46개가 아닌 48개라는 결론에 도달하였다.

왜 하필 고환이냐고? 염색체를 확인하려면 분열 중인 세포가 있어야 하고, 그런 세포를 다량으로 보유하는 조직은 유감스럽게도 고환뿐이다. 사실 인간의 고환은 하루에 1억 5천만 마리의 정자를 끊임없이 생산하는 곳이므로 엄청나게 많은 분열 이 일어나는 뜨거운 활화산 같은 장소이다. 그러니 항상 시원하게 유지해야 한다. 그런데 이 부분에 재미있는 사실이 있다. 많은 세포분열은 많은 오류를 의미한다. 따라서 정자는 수 많은 돌연변이와 기형이 생긴다. 60노인의 세포도 정자가 만들어 지기까지 1천 번의 분열을 거친다. 그래서 난자는 정자를 잘 선별해야 할 필요성을 느끼고 따라서 혹독한 경주를 시키는 것이다. 반면에 태아 때부터 만들어진 난세포 를 딱 24번의 분할*을 거쳐 한 달에 한 개씩만을 배란하는, 난자가 있는 곳은 차갑고 평온한 초원이다.

페인터가 염색체의 개수를 확인하는 일이 쉬운 일은 아니었다. 염색

---

* 난자는 최초 750만개로 부터 시작된다. 그 중 실제로 배란되는 난자는 일생을 통하여 겨우 400개에 불
  과하다. 물론 그 중 사람이 되는 난자는 1~2개 밖에 없다. 이는 지나친 낭비일까?

01. DNA 이야기

체들이 뒤엉켜 있어서 구분하기 어려웠기 때문이다. 따라서 페인터는 그 전에 염색체의 개수를 최초로 확인한 오스트리아의 세포학자인 비니바터가 얘기한 염색체의 개수인 48개를 그대로 인정하는 실수를 저질렀다. 영장류인 침팬지나 고릴라, 오랑우탄 등의 종류는 모두 다 염색체가 48개이니 놀랄 일도 아니다. 하지만 이런 치명적인 오류를 1955년에 트지오와 르반이라는 두 과학자들이 23쌍 46개로 그 숫자를 제대로 잡기까지 30년 동안이나 아무도 이의를 제기한 사람이 없었다는 사실은 놀랄만하다.

요즘 같았으면 이런 오류를 발표한지 5분도 채 안되어 네티즌들의 수많은 이의제기가 따랐을 것이다. 그런데 사실은 트지오와 르반에 앞서 서도각*이라는 중국인 텍사스 대학원생이 엉켜있는 염색체를 풀 수 있는 놀라운 기법을 우연히 발견하였다. 선명하게 드러난 염색체의 개수를 확인할 수 있는 이 같은 기회가 있었는데도 불구하고 눈에 뭔가가 씌워진 '서 선생'은 오래도록 믿음처럼 내려오던 48이라는 마법의 숫자에 홀려 눈 앞의 명백한 오류를 끝내 수정하지 못한다.

모든 영장류 중, 사람만이 염색체가 2개 적은 이유는, 알 수 없는 원인으로 2번 염색체가 융합되어 하나로 변해버렸기 때문이다.

한 가지 주목할만한 사실은 남자는 자식들에게 정확하게 자신이 보유하고 있는 반수의 유전자를 물려주지는 못한다는 것이다. 아들보다는 딸에게 조금 더 많은 유전자를 물려줄 수 있다. 그 이유는 딸에게만 줄 수 있고, 아들에게는 결코 줄 수 없는 남자의 X염색체 안에, Y보다는 훨씬 더 많은 유전자가 들어있기 때문이다. Y 염색체는 아주 작고 따라서 포함되어 있는 유전자도 성을 결정하는 SRY유전자(나중에 나온다.) 외는 별로 없다.

---

* '서도각'은 한국식 발음이다.

아들은 자신의 어머니로부터는 모든 종류의 유전자를 물려받지만 아버지에게서는 22종류와 X 염색체가 빠진, 남자가 되는 유전자만을 물려받았을 뿐이다. 따라서 아들의 X 염색체 상에 존재하는 모든 유전자는 100% 모계의 것이다. 색맹도 X 염색체 상에 존재하는 유전자이다. 따라서 앞에서 멘델의 법칙으로 증명하였듯이 남자가 아무리 X 염색체 상에 나쁜 유전자를 가졌어도 그것은 딸에게만 전달될 뿐, 아들에게로 전해지는 일은 없다.

동성연애자인 게이(Gay)가 후천적인 것이 아닌 유전적인 것이라는, 게이의 입지를 정당화 시켜주는 발표가 얼마 전에 있었다. 게이는 자신의 자식을 가질 수 없기 때문에 그 유전자가 이미 오래 전에 도태되어 사라져야 했음에도 불구하고 이상하게도 계속 숫자가 늘어만 가고 있다. 이런 알 수 없는 현상을 설명할 수 있는 유일한 이성적인 논리는 동성애자를 만드는 유전자가 바로 X염색체 상에 있다는 것이다. 따라서 게이는 이런 유전자를 어머니로부터 만 받을 수 있다. 위에서 말했듯이 아버지의 X는 딸에게만 전해지기 때문이다. 따라서 게이라는 유전자는 자식을 가지지 않아도 결코 사라지지 않는다. 게이는 동성애자의 유전자를 가진 어머니로부터 끊임없이 생산되어 다시 딸들에게 전달되기 때문이다.

그런데 사실 이 이론은 최근 논란에 휩싸여있다. 유전자를 전달하는 것이 X염색체로부터가 아닌 어머니의 미토콘드리아 DNA*로부터인 것 같다는 학설이 새롭게 나왔기 때문이다. 아직 확실한 것은 밝혀지지 않았다. 이 모든 흥미 있는 이야기들은 아직 증명되지 않았으므로 法則(법칙)이 아닌 說(설)에 머물러 있을 뿐이다.

---

* 미토콘드리아 DNA는 어머니로 부터만 물려 받을 수 있다. 남자의 미토콘드리아 유전자는 후대에 전달되지 않는다.

DNA 언어 1만 배의 압축

1950년에 허시와 체이스는 대장균에 감염하는 박테리오파지(단순히 파지라고도 함)를 이용한 실험을 통하여 DNA가 유전물질임을 결정적으로 밝히게 되었다.

– 한국 브리태니커 –

인간의 23쌍 염색체를 구성하고 있는 분자수준의 단위물질이 바로 디옥시 리보 핵산, 즉 DNA이다.

DNA는 한 인간의 몸을 만드는 설계도인 유전정보를 갖추고 있다고 알려져 있는데, 이것들이 모여서 하나의 염색체를 이루고 결국 한 개의 세포 안에 23쌍의 염색체 세트가 갖춰지게 되는 것이다. 이 Full 세트를 게놈(Genome)이라 부른다. 미국 사람들은 지놈이라고 부르던 말던 우리는 그렇게 부르기로 결정 했다.

사실 DNA는 처음에는 너무도 단순하고 반복적이어서 이것이 복잡한

DNA(Dioxyribo Nucleic Acid)

유전정보를 담고 있으리라고 생각한 과학자가 아무도 없었다. 결국 유명한 그리피쓰(Griffith)의 실험을 통해 DNA가 유전자를 담고 있다는 사실이 밝혀지게 되었다. 그리피쓰의 실험은 2종류의 폐렴쌍구균으로 행해진 역사적인 실험이다. 폐렴쌍구균은 두 가지가 있는데 S형 균은 살아있을 경우에 병을 일으키

고 R형 균은 살았거나 죽었거나 모두 병을 일으키지 못한다. 그런데 병을 일으키지 못하는 죽은 S형균과 역시 병을 일으킬 수 없는 살아있는 R 균을 같이 배양했을 때, 둘 모두는 이론적으로는 병을 일으킬 수 없지만 실제로 병을 일으켰다는 사실을 발견했다. 이것으로 S균의 유전자가 R 균으로 옮겨갔다는 이론이 성립한다. 이에 따라 그리피쓰는 어떤 물질이 이런 일을 했는지 세포의 부속 하나하나를 제거해가면서 반복실험을 했고 그 결과, 바로 세포의 핵이 주인공이라는 사실을 밝혀낸다. 이로써 핵을 이루는 DNA가 유전물질이라는 역사적 사실이 인류에게 알려지게 되었고 유전공학의 발전은 급 물살을 타게 되었다.

A4용지로 200만 쪽이나 되는 어마어마한 내용의 유전정보를 포함하고 있는 게놈은 세포 한 개당 전체 길이 2m가 조금 덜 되는 분량이 100만 분의 1m 단위의 작은 세포 안에 들어있다. 따라서 DNA는 스프링처럼 아주 작게 꼬여있는 형태로 존재한다. 이 작은, 꼬여있는 2중의 나선(Double Helix) 형태가 생명체의 장엄한 탄생 저변에 깔린 분자 구조인 DNA의 모습이다.

염색체는 이런 이중 나선인 실 형태의 뉴클레오티드(Nucleotide)가 히스톤(Histone)이라는 공처럼 생긴 단백질 덩어리를 실패처럼 감고서 뭉쳐있는 물질이다. 우리는 이 모습을 전자현미경으로 볼 수 있다(마치 구슬을 꿴 실처럼 보일 것이다).

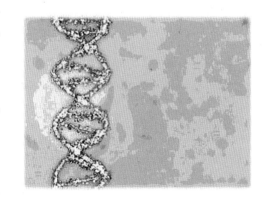

염색체가 왜 이런 모습을 하고 있는지에 대한 의문은 쉽게 추측할 수 있다. 총 연장 1.7m 정도 되는 길

01. DNA 이야기

이의 물질이 100만분의 1m 크기 안에 접혀 들어갈 수 있는 수단은 이런 교묘한 방법 말고는 찾기 어려워 보인다. 이 놀라운 압축은 그 사이즈가 무려 1만 배 이상이나 된다. 컴퓨터에서 이런 압축을 실현할 수 있다면 엄청난 혁명을 일으킬 수 있을 것이다. 따라서 DNA를 컴퓨터에 응용할 수 있다는 생각이 과학자들에게 떠오른 것은 지극히 당연한 일이라고 할 수 있다. 그렇다면 DNA는 어떤 식으로 이처럼 방대하고도 다양한 유전 정보를 그토록 조그만 공간 안에 담고 있을까?

DNA라는 정보가 가지고 있는 언어의 철자는 자음과 모음이 24자인 한글이나, 26글자의 알파벳으로 되어있는 영어와는 달리 겨우 4개로 되어있다. 그것은 인산(PO₃)과 5탄당(炭糖)*이 교대로 반복되는 뼈대에 가로질러 놓여있는 아데닌(Adenine) 티민(Thymine) 구아닌(Guanine) 시토신(Cytosine)의 4가지 염기** 중 하나로 이루어진 분자이다.

인산은 각 뉴클레오티드(Nucleotide)를 연결하는 다리 역할을 하고 리보오스가 염기를 품고 있게 된다. 즉, 뉴클레오티드는 인산과 당과 염기로 이루어진 물질이며 각 뉴클레오티드들끼리는 인산의 팔로 연결을 하고 있고 각 리보오스에는 염기가 하나씩 달려있는 구조이다.

이렇게 말로만 해서는 복잡해서 상상이 잘 안 되는 독자가 많을 것이다. 필자는 그래픽을 잘 다룰 줄 모르기 때문에 전문가를 통해서 그림을 한번 동원해 보았다. 그림을 대신 그려준 신소영 씨에게 감사한다.

다음 그림을 보면 뉴클레오티드들을 연결하고 있는 것은 인산의 팔이다. 그리고 염기들은 당에 붙어있는 것을 알 수가 있다. 각 염기들에 염

---

* 이것을 리보오스라고 하는데 여기서는 산소가 3개인 리보오스보다 하나 적은, 2개 있다는 의미의 Di-Oxi 리보오스이다. 리보오스의 수산기인 OH 대신 수소 H 가 대신 있는 구조이다. 따라서 산소가 하나 적다.
** 염기란 산과 반응하여 염이 되는 화학 물질이다. 다른 말로 알칼리라고 한다.

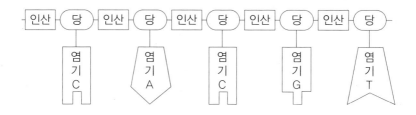

기의 종류인 머리글자가 써 있다. 그런데 염기의 모양들이 재미있다. 왜 이렇게 그렸을까? 머리 좋은 독자들은 이미 눈치챘겠지만 그 이유는 조금 있다가 설명할 것이다.

이 그림은 원래 두 줄인 DNA 중, 한 줄만을 그린 것이다. 다른 한 줄이 각 염기와 연결되어 그것이 예쁘게 나선형으로 꼬이면 DNA 구조가 완성된다(완성된 그림은 뒤에 나온다).

그런데 이 놀랍도록 단순해 보이는 ATGC 4가지만의 부호로 어떻게 그토록 방대한 유전 정보를 담을 수 있다는 말일까? 그것은 점과 선, 오로지 2가지 신호로만 된 모스(Morse) 부호로도 영어의 26알파벳을 모두 나타낼 수 있다는 점에서 충분히 이해할 만한 일이다. 예컨대 필자의 성인 AHN은 모스 부호로 (● − ●●●● − ●) 이렇게 나타낼 수 있다. 이 부호를 말로 표현하면 이렇게 된다. '또쓰또또또또쓰또' 물론 이처럼 모스 부호로는 단어의 철자가 원래보다 2~3배 이상으로 훨씬 길어지는 것이 문제이기는 하다. 하지만 아무리 복잡해도 어떤 내용이든 표현은 가능하다.

그럼 이런 내용을 가진 염기가 세포 하나에 몇 개나 있을까? 그 수는 놀랍게도 무려 30억 쌍이다(2중 나선이므로 쌍을 이루고 있다. 따라서 30억이 아닌 30억 쌍. 즉 60억이다. 지구 전체의 인구와 같다).

하지만 더욱 놀라운 것은 이중 대부분인 95~98%의 DNA는 전혀 유전 정보를 담고 있지 않는, 의미 없는 정크(Junk) DNA라는 사실이다. 겨우 3

01. DNA 이야기

만 세트 정도 염기의 조합만이 진짜 유전자코드를 가지고 있는 유전정보를 가지고 있을 따름이다.

　최근, 다시 인간의 유전자는 2만개 정도 밖에 안 된다는 의견이 일본 연구진에서 나왔고 영국의 연구소에서도 같은 결과를 네이처(Nature)지에 게재했다는 소식이 있지만 그것도 아직 100% 확실하지는 않다. 하지만 만약 인간의 유전자가 그렇게 적다면 초파리의 유전자 개수가 인간의 그것과 비슷하며 길이가 1mm 밖에 되지 않는 하등 동물인 선충의 유전자 수와도 크게 차이 나지 않는다는, 언뜻 믿을 수 없는 얘기가 성립되어야 하는 것이다.

　도대체 이 엄청난 낭비가 의미하는 것이 무엇인가? 이것이 정말로 낭비에 불과한 것인가? 아니면 우리가 알지 못하는 다른 용도가 있는가? Junk DNA의 용도에 대해서는 많은 설들이 있지만 아직 확실한 답이 나오지는 못하고 있다.

　유전자코드는 반드시 3개의 철자(염기)로 이루어져 있다. 4개 중 3개를 사용한다는 말이다. 그것이 RNA의 염기서열로 표현된 것을 코돈(Codon)이라고 부른다. RNA 염기서열은 티민인 T가 U라는 우라실(Uracil)로 바뀐 것이다. 이렇게 되는 이유는 DNA는 직접 아미노산의 생산을 지시하지 않고 RNA로 일단 바꾼 다음 생산을 지시하기 때문이다. 따라서 실제로 아미노산을 합성하는 코드는 DNA와 상보적으로 결합하는 RNA의 염기서열이 된다(상보적이라니 어려운 말이다. 이것은 아까 나온 DNA의 그림에서 각 염기들의 모양에 따라 요철에 맞게 연결된 상태를 이야기한다. 나중에 또 나온다).

　그런데 느닷없이 나타난 RNA는 또 뭔가? 이 부분을 이해하기 어려운 독자들을 위해서 별도의 지면을 할애하는 것이 좋을 것 같다.

최초의 복제자

RNA World

40억년이나 되는 아득히 먼 옛날, 어딘가에서 RNA만으로 이루어진 자기 복제계가 탄생하고, '진화'를 시작하였다. RNA의 불안전한 자기 복제로 새로운 성질을 갖춘 RNA가 태어나는 일도 있었을 것이다. 환경에 보다 잘 적응할 수 있는 성질을 가진 RNA가 많은 자손을 남기고, 더욱더 진화를 거듭해 나갔다.

RNA (Ribo Nucleic Acid)는 DNA에 앞서 세상에 나타났다. DNA와 매우 유사한 생화학적 통로를 가져서 DNA와 단지 한 끗발 정도만 틀리는 물질이다. RNA는 3가지 종류가 있는데 DNA와는 달리, 대부분 두 줄이 아닌 1개의 줄이며 DNA보다 산소가 하나 더 많다는 차이가 있다는 정도만 알면 충분하다. 즉, 당(糖)이 디옥시 리보오스가 아닌 그냥 리보오스라는 점이 DNA와 다르다. RNA가 하는 역할은 DNA라는 귀중한 유전정보가 복사를 행하는 도중 오리지널이 손상되는 것을 막기 위해 대신 복제를 행해주는 일종의 1회용 사본 같은 존재이다. 바이러스는 아예 DNA가 없이 RNA로만 이루어진 것들도 있다.

RNA는 따라서,

1) 전령의 역할을 하는 놈(Messenger라는 뜻의 m-RNA)과

2) 코돈이라는 암호를 아미노산의 제조로 해석하는 놈(Transfer(전사)라는 뜻의 t-RNA)

3) 그리고 마지막으로 단백질 제조공장인 리보솜 자체를 구성하는 놈 (Ribosomal, r-RNA)

이렇게 3가지로 나눌 수 있다. 그런데 RNA의 염기도 DNA와 마찬가지로 4가지 종류이지만 먼저 얘기한 것 처럼 DNA의 티민이 RNA에서는 우라실로 바뀐다는 것 한가지만 다르다. 이제 다시 앞으로 가서 내용을 읽어보기 바란다.

코돈이 4개의 철자 중 3개가 사용된 단어를 만들면 그 경우의 수는 모두 4^3 즉, 64개가 된다. 그렇다면 실제로 아미노산을 지시하는 단어는 모두 64개가 될까? 그렇지는 않는 것 같다. 이 64개의 단어 중 61개만이 아미노산을 지시하는 명령어이고 'UAA'나 'UAG'같은 다른 3개는 종결을 지시하는 코드가 된다. 즉, 콤마의 의미이다. DNA서열은 띄어쓰기나 마침표가 따로 없으므로 이런 것을 표시하는 코돈이 필요하게 된다(얼마나 정교하고 아름다운가?).

마침표가 있다면 그럼 반대로 開始(개시Start)를 의미하는 코드도 있을까? 당연히 그래야 할 것이다. 그것은 바로 'AUG'이다. 이 코드는 2가지의 다른 의미로 사용되는데, 메티오닌(Methionine)이라는 아미노산을 지칭하는 동시에 개시코드로도 쓰인다. 이렇게 해서 아미노산의 제조를 지시하는 실제 명령어는 모두 61개가 된다. 그런데 하나의 코돈은 하나의 아미노산을 만드는 명령어이다. 그렇다면 코돈은 3개의 종결 코드를 제외한 61가지 종류의 아미노산의 합성을 지시할까? 그렇지는 않다. 왜냐하면 인간의 생명을 구성하는 데에 관련되는 아미노산의 종류는 세상에 존재하는 백 여가지 중에서도 단 20종류만 관여하므로 61가지 코돈은 결국 여러 단어들이 중복된다. 예컨대 '다이어트 콜라'에 포함되어 단맛을 내는 인공감미료인, 아스파탐(Aspartame)은 페닐아라닌(Phenylalanine)이라는 아미노산을 포함하고 있는데, 이 페닐아라닌을 지시하는 코돈은 'UUU'와 'UUC' 두 가지 이다.

페닐아라닌은 '페닐케톤뇨증'이라는 병에 걸린 사람은 대사를 하지 못해 절대로 섭취해서는 안 되는 아미노산으로 다이어트 콜라병을 자세히 보면 페닐아라닌을 포함하고 있다는 표기를 하고 있다. 어느 식품이던 페닐아라닌이 들어간 식품은 반드시 이런 표시를 해야 한다. 지금 즉시 다이어트 콜라를 사서 확인해 보자.

아직도 이해가 가지 않는 독자를 위해서 다시 한번 정리 해 보자.

DNA의 최종목적은 단백질의 제조이다. 그리고 단백질은 아미노산으로 이루어져 있다. 따라서 특정 단백질의 제조를 명하기 위해서는 각 아미노산을 철자로 한 단백질의 이름을 지시하여야 한다.

그런데 4가지의 염기인 A T G C는 사실 알파벳의 철자에 해당하는 것은 아니다. 그 자체로는 아무 의미도 없기 때문이다. 굳이 말하자면 철자를 만들기 위한 획이라고나 할까? 그것은 크거나 작은 직선 또는 곡선 정도에 해당할 것이다. 아니면 모스 부호의 점이나 선에 해당한다. 따라서 실제로 이것이 진짜로 철자가 되려면 3개의 염기로 된 코돈이 되어야 한다. 그런데 코돈은 64가지가 있다. 따라서 실제로는 코돈이 철자가 되며, 중복을 포함하여 코돈이 지정하는 아미노산은 모두 20가지이기 때문에 26자로 이루어진 알파벳보다 6글자가 적은 알파벳이라고 생각하면 된다. 즉, 하나의 아미노산이 하나의 알파벳이 된다(실제로 아미노산은 모두 한 글자로 표시되는 약어가 있다).

따라서 유전 부호는 20가지의 코돈 철자로 만든, 수 백만 가지 단어를 만드는데 이 단어들이 바로 단백질이다. 하지만 이 단어들은 일반 영어단어처럼 단지 몇 개의 철자

로만 되어있는 것이 아니라 때로는 수 백, 또는 수천 개의 코돈(철자)으로 되어있을 수도 있다. 엄청나게 긴' 단어가 되는 것이다. 예컨대 적혈구에 있으며 몸의 각 기관에 산소를 운반하는 일을 하는 헤모글로빈은 574개의 아미노산으로 이루어진 두 종류의 단백질이다.

예를 한번 들어보자.

'AUGCCAAUAGCAUAA'라는 지시 코돈이 있다고 하자.

그야말로 황당하다. 이 지시문에는 띄어쓰기조차 없다. DNA가 바로 그렇다. 이걸로 알 수 있는 사실이 뭘까? 유의해야 할 것은 위에서 잠시 언급했듯이, 각 코돈, 즉 단어 사이에는 띄어쓰기가 전혀 없다는 것이다. 다만 한 문장의 끝은 알 수 있다. 종결코드가 문장의 마침표를 대신하기 때문이다. 따라서 이 염기서열을 제대로 읽으려면 각 코돈 별로 3개씩 끊어 읽어야 한다. 그러면 이처럼 보기 좋은 모양이 된다. 'AUG CCA AUA GCA UAA' 이것이 의미하는 바는 '시작', '플로린', '류신', '알라닌', '끝'으로 3가지 아미노산의 합성을 지시하는 것이다. 만약 띄어쓰기, 아니 띄어읽기가 잘못되면 그 내용은 원래의 것과 전혀 다른 것이 되어 버린다. 실제로 이런 실수를 리보솜이 종종 저지르고 있기 때문에 가끔 문제가 일어나고 있다. 하지만 걱정할 필요는 없다. 실수를 교정하는 시스템도 존재하기 때문이다. 이처럼 인체의 유전정보는 실로 놀랄만큼 간결하고 단순한, 아름다운 구조를 이루고 있다는 사실에 새삼 전율하게 된다.

이렇게 만들어진 단어들이 여러개 모이면 하나의 문장이 될 것이다. 그리고 각 문장이 의미하는 것은 여러 단백질이 모여서 만들어진 유전자

---

* 모스부호가 긴 이유는 그것이 '쓰'와 '또' 단 2개의 알파벳으로만 이루어져 있기 때문이다. DNA도 이와 비슷하다.

그 자체이다. 그리고 문장들이 모여서 하나의 Chapter를 이루며, Chapter는 하나의 염색체에 해당한다. 그리고 46개의 Chapter들이 모여서 하나의 책이 완성되는 것이다.

한 권의 책은 한개 세포의 핵을 구성하며 1명의 인간은 이런 세포를 60조개나 가지고 있는 거대한 도서관이다.

박테리아는 인간보다 더 고등한 동물

피부는 3∼4주면 새로운 피부로 다시 태어난다. 우리는 한달에 한번 정도 가죽 옷을 새로 입는 것이다. 사람은 죽을 때까지 이런 옷을 1,000번 정도 갈아입게 된다.

대부분의 인간 DNA는 의미 없는 반복으로 이루어져있다. 유전 정보를 가진 의미 있는 부분을 '엑손'(Exon), 그 밖의 아미노산의 생산을 지시하지 않는 의미 없는 반복적인 배열을 '인트론'(Intron)이라고 한다 ('Intron'은 때로는 수백, 수천 번의 반복을 보이기도 한다).

즉, 유전정보는 막대한 '인트론'에 둘러싸인 아주 적은 '엑손'으로 이루어져 있다고 보는 것이다. 이 모습은 마치 아침에 출근하여 PC를 켠 다음 '받은 편지함'을 열었을 때의 상황과 닮았다. 나는 아침마다 약 250개 정도의 메일을 받는데 그 중 쓸모 있는 것은 3% 정도인 7∼8개에 불과하다. 나머지는 물론 Spam Mail이다. 그 고약한 쓰레기들을 지우는 것이 이제는 아침 일과가 되어버렸다.

하지만 때때로 Spam도 쓸모 있을 때가 있듯이 '인트론'이라고 아주 쓸모가 없는 것은 아니다. 다만 정확한 용도가 밝혀지지 않은 것뿐이다. '인트론'이 복제의 효율과 관계 있다는 학설도 있다. 즉, 인트론이 없으면 복제 속도가 아주 느려진다는 것이다. 또 '인트론'이 '엑손'을 보호하는 역할을 한다는 학설도 있다.

또 박테리아가 인간보다 더 진화한 고등한 동물이라고 생각하는 일부학자들의 이색적인 주장은 박테리아가 '인트론'을 제거한 '엑손'만을 가진, 지극히 효율적인 DNA를 가졌다는 사실을 증거로 들고 있다. 이처럼 많은 학자들이 '인트론'은 알 수 없는 어떤 '중요한 일'을 할 수도 있다고 주장 했지만 실제로 쥐 같은 동물은 염색체에서 모든 인트론을 제거한 뒤에도 아무런 장애나 문제없이 살았다는 실험 보고도 존재한다.

결코 죽지 않는다는 슈퍼 박테리아

하지만 쥐와 사람은 다르다. 쥐를 이용한 동물 실험결과가 실제 인간과 다른 경우가 많기 때문에 결코 속단할 수 없는 것이다. 우리는 실제로 생명에 대해서 아직 많은 것을 모르고 있다. 아니 모르는 것이 훨씬 더 많다. 하지만 이 모든 것들을 깔끔하게 설명할 수 있는 미래가 머지않아 올 것이다.

'인트론'의 확실한 용도가 하나 있기는 하다. 범죄 현장에서 자주 거론되는 DNA 지문은 바로 개인마다 독특한 반복을 보이는 '인트론' 부분을 이용한 것이다.

따라서 인체의 세포는 10억 쌍의 철자, 3만개의 본문이 씌어있는 문장, 그리고 46장으로 된 하나의 책에 'Intron'이라는 의미 없는, 귀찮은 배너 광고가 60만개나 사이 사이에 끼어 있는 책이다. 우리는 이런 책을 무려 60조 권이나 가지고 있다. 보통 하나의 개체를 만드는 설계도는 최소 한 개에서 몇 개만 있으면 될 것 같은데 무엇 때문에 이렇게 많은 설계도를 가지고 있을까? 그 이유는 나중에 설명하겠다.

01. DNA 이야기

DNA가 하는 가장 중요한 일은 유전 정보를 전달하는 일과 끊임없이 소멸해가는 자신을 새롭게 복제하는 일이다. 인체는 심장과 뇌세포 등, 몇 가지를 제외한 모든 부분이 끊임없이 소멸하고 새롭게 재생된다. 예컨대 피부는 3~4주면 대부분 새로운 피부로 다시 태어난다. 우리는 한 달에 한번 정도 가죽옷을 새롭게 갈아입는 것이다. 사람은 죽을 때까지 이런 옷을 1,000번 정도 갈아입게 된다. 또 수삼 년의 세월이면 콘크리트보다 4배는 더 강한 단단한 뼈조차도 모두 더 이상, 원래의 뼈를 구성하던 분자가 아니다. 대략 7년이면 인체를 구성하는 모든 뼈가 완전히 새롭게 바뀐다. 위벽은 거의 3일마다 새롭게 바뀐다. 혈액을 구성하는 적혈구도 수명은 단지 120일 밖에 되지 않는다.

모친은 골수가 적혈구를 제대로된 모양으로 만들지 못해서 빈혈증세를 나타내는 '적혈구 이형성증'이라는 병을 앓고 계셨는데 이 병은 끊임없이 수혈을 계속 받아야 하는 고통을 수반한다. 그런데 계산대로라면 적혈구의 수명은 120일이므로 수혈을 120일 만에 한번 받아야 하지만 실제로는 2주~3주 만에 받고 있다. 수혈받은 혈액 내의 적혈구는 금방 만들어진 신품도 있고 수명이 다한 것들도 있을 것이다. 따라서 평균수명을 따지면 수혈받은 적혈구의 수명은 실제로는 60일 정도라고 볼 수 있다.

이처럼 인체를 이루고 있는 분자는 죽을 때까지 같은 것을 사용하는 것이 아니라 끊임없이 외부의 분자와 교환된다. 즉, '나'라는 실체는 고정된 어떤 입자가 아니라 흘러가는 파동과 닮았다. 빛은 입자이면서도 파동의 성질을 가진다. 즉 인간은 빛과 유사한 실체이다(이건 필자의 억측에 불과하다).

고기를 못 먹으면 죽는다?

1953년 시카고 대학의 밀러(Stanley Miller)라는 대학원생이 암모니아나 수소, 메탄 수증기 등으로 구성된 원시대기를 조성하여 거기에 번갯불 같은 전기 방전을 했을 때 생명체가 생기는지 실험하는 과정에서 글리신과 아라닌 두 가지의 간단한 아미노산이 저절로 생긴다는 것을 발견하였다.

DNA는 도대체 어떤 방식으로 유전 정보를 전달하게 될까? 그것은 앞에서도 언급했다시피 DNA가 생명체의 물리 화학적인 구조와 틀을 이루는 단백질의 합성을 지시하는 방식으로 이루어진다. 뼈를 제외한 인체의 대부분을 이루고 있는 단백질은 DNA처럼 작은 레고 블록들이 모여서 만들어진 거대분자 사슬이다. 이 때 단백질을 구성하는 작은 레고들이 앞에서 말한 20~22가지의 아미노산(Amino acid)이다. 지구 상에는 100여 가지의 아미노산이 존재하는데 이 중 22 종류의 아미노산만이 여러 가지의 조합으로 연결되어 생물에게 필요한 수 백만 종류, 아니 거의 무한한 종류의 단백질 사슬을 합성할 수 있다. 포유동물의 세포는 1만가지 종류의 단백질분자를 무려 100억 개 정도나 가지고 있다.

22종류의 아미노산 중, 11가지는 몸에서 스스로 합성 할 수 있다. 하지만 나머지는 외부로부터 섭취해야 한다. 이것을 필수 아미노산이라고 부른다(성인의 경우 히스티딘Histidine을 뺀 10종. 유아들은 12종). 단백질은 아미노산이라는 벽돌로 만들어진 건축물인 셈이다.

아미노산 이라는 말이 여러 차례 계속 나오고 있지만 우리는 아미노산

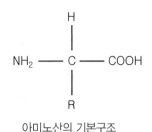

아미노산의 기본구조

이 단백질을 이루는 구성요소라는 것 외에 다른 사실들은 잘 모르고 있다. 더 확실한 이해를 위해 조금만 더 나가보기로 하겠다. 이제 싫어하는 화학식이 나온다. 하지만 세상에서 가장 간단한 화학식이니 무서워할 필요는 없다. 이런 종류의 화학식을 우리는 중학교 1학년 때 모두 배웠다. 바로 여기가 책을 덮어버리고 싶어지는 두 번째 고비이다. 하지만 조금만 더 인내하면 세상은 밝은 광명천지로 다가올 것이다.

지구 상의 모든 생명체는 대부분 유기 화합물이고 따라서 탄소가 포함되어있다. 그래서 당연히 아미노산도 그러하다. 아미노산은 탄소하나를 가운데 두고, 탄소가 가진, 결합할 수 있는 4개의 팔에 각 카르복실기(COOH)와 아민기(NH₂) 그리고 수소(H)가 붙어있는 것이 기본 구조이다. 이것을 화학식으로 그려보면 위와 같이 된다. 이것이 아미노산의 기본 구조이다. 어떤가? 화학식을 동원하니 말로 하는 것보다 훨씬 더 간결하고 명확하지 않은가?

기본구조의 남은 한 개의 팔에는 미지의 어떤 원자단이 붙어있게 된다. 위에서 'R'로 표시된 부분에 뭐가 붙느냐에 따라 어떤 아미노산이 되느냐가 결정되는 것이다. 왼쪽의 아민기나 오른쪽의 카르복실기는 우리가 관능기*라고 배웠던 것들의 일종이지만 카르복실기는 익숙한 식초즉, 초산**에 붙어있는 관능기이다. 즉, 초산은 CH_3COOH이다(중학생들은 다안다). 가장 간단한 카르복실 화합물은 개미산이다. 화학식이 HCOOH

---

* 관능기는 공통의 화학적 성질을 보이는 화합물에서 그 특성의 원인이 되는 원자단을 말한다. 잘 알려진 것으로 OH인 수산기나 NO_2인 니트로기가 있다.

** 요즘은 학교에서 초산을 아세트산이라고 배운다. 초산은 일본식 이름이다.

라는 것을 잘 알 것이다. 아민기는 주인공인 아미노산을 이루는 주요 관능기이다. 원래 질소가 들어간 화합물은 냄새가 강하다. 암모니아인 NH_3나 생선 비린내의 주범인 트리메틸아민 $NC(CH_3)_3$이 대표적인 것들이다. 여기에 위에서 R로 표시된 부분을 채워놓으면 각각 다른 아미노산이 된다.

예컨대 이 기본구조에 가장 간단한 원자인 H, 즉 수소가 붙으면 세상에서 가장 간단한 아미노산이 된다. 그 유명한 이름은 글리신(Glycine)이다. 그리고 R부분에 메틸기인 CH_3가 들어가면 아라닌(Alanine)이 된다. 이 두 가지가 세상에서 가장 단순한 아미노산이다. 그 외의 것들은 R에 붙는 것들이 너무 복잡하니 더 이상 예를 들지 않겠다.

이 아미노산들이 각 NH_2와 COOH가 서로 결합하면서 -NH-CO_로 연결되고 물 한 분자가 남아서 빠져 나온다. 이렇게 해서 단백질이 만들어지는 것이다. 다만 놀라운 것은 이 세상에 존재하는 모든 생물체의 기본을 구성하는 단백질이 이토록 통일된, 간결하고 단순한 구조를 이루고 있다는 사실이다. 마치 각각의 조각들만 있으면 모든 사물의 형체를 조립할 수 있는 레고를 닮았다는 사실이 경이롭다.

'레고'라는 말이 계속 나오고 있는데 나는 덴마크의 빌룬트(Billund)에 있는 그 회사에 가 본적이 있다. 사실 엄청나게 비싼 그 물건을 애들에게 사 주지 않는 것이 좋다. 아이들은 일단 한번 조립을 끝내고 나면 결코 다시 분해하여 재조립하는 법이 없다. 하지만 레고는 엄청나게 튼튼하고 비행기의 부품으로 사용해도 될 정도로 정교한 ABS수지로 만들어져 있어서 수백 회는 사용할 수 있다. 따라서 그런 수준의 값이 매겨져 있지만 실제로는 1회용에 불과한 것이다.

이러한 사고가 만약 모든 물질을 분자수준에서 조작할 수 있다면 그 어떠한 사물도 조립해 낼 수 있다고 생각하는 'Nanotech'의 출발이 되었을지도 모른다.

영화 쥬라기 공원을 보면 공원에 풀어놓은 공룡들의 통제를 위해 리신 (Lysine 영화에서는 라이신이라고 발음한다)이라는 아미노산을 몸에서 스스로 합성할 수 없게 유전자 조작하여 외부로부터 먹이로만 보충하게 하며 리신의 공급이 12시간 이상 끊기면 공룡을 혼수상태에 빠져 죽게 만들었다고 하는 대목이 나온다.

이것은 사실 말도 안 되는 설정이다. '리신'이라는 아미노산은 별난 것이 아니며 사람도 스스로 합성할 수 없으므로 필수 아미노산에 포함되기는 한데, 뭐 그렇게 특별하게 어렵게 구해야만 하는 것이 아니고 포유동물의 근육 단백질의 구성원이므로 그냥 고기 집에서 '참이슬'과 함께 섭취함으로써 쉽게 얻을 수 있는 아미노산이다. 위의 R에 CH_2-CH_2-CH_2-CH_2-NH_2가 붙으면 리신이 된다. 사람의 경우는 이것이 부족하면 현기증이 나고 구역질이 생길 수도 있다. 그렇다면 고기를 못 먹는 초식공룡은 어떻게 해야 할까?

아미노산은 특유의 맛을 가지고 있거나 맛을 강하게 해주는 성질을 가지고 있는데 그 중 대표적인 것이 유명한 '글루타민산'이다. 원래 다시마로부터 비롯된 이 아미노산의 나트륨염인 글루타민산 나트륨이 바로 화학 조미료의 원료가 된다. 희한한 것은 이 글루타민산 나트륨은 입체구조에 따라 2가지가 있는데 우리가 먹는 'L'형과 달리 'D'형은 전혀 아무 맛도 없다는 것이다. 즉, 이 사실이 의미하는 것은 희한하게도 우리의 미각은 아미노산의 입체구조를 식별한다는 것이다.

요즘 아미노산이 첨가된 음료수를 아이들이 마시는 것을 본 적이 있다. 초등학교 5학년짜리인 필자의 아들도 이 음료수를 무척 좋아하는데 왜 갑자기 이것이 인기를 끌고 있는지는 잘 모르겠다.

필수 아미노산을 섭취하려면 단백질을 먹은 다음 소화효소를 이용하여 단백질을 아미노산으로 바꾸는 과정이 필요하게 되는데(물론 자동으로 이루어진다) 이 아미노산 음료를 마시게 되면 그 과정이 필요 없게 되므로 신속하게 아미노산을 섭취할 수 있다. 따라서 근력운동을 하는 사람에게는 좋

은 음료수가 될 것이다. 단, 필수 아미노산 중 시스틴(Cysteine)과 트립토판(Tryptophan)은 물에 녹지 않기 때문에 이런 음료수에 포함되지 않을 수도 있다. 즉, 필수 아미노산 모두를 음료수에 담기는 쉽지 않다는 것이다 (확인을 해보지는 않았다).

그런데 다만 아미노산이 모여 단백질이 되려면 최종적으로 아미노산들이 3차원 구조로 접혀야 한다는 사실이 중요하다. 그 구조가 제대로 되지 않으면, 즉 제대로 접히지 않으면 기능을 제대로 하지 못하거나 엉뚱한 단백질이 되어버린다. 예를 들어, 계란 흰자인 단백질은 생 것일 때나 삶은 것일 때나 똑같은 아미노산의 조합이라는 화학구조로 이루어져 있다. 하지만 삶은 계란의 단백질에서는 결코 병아리가 나올 수 없다. 따라서 이 단백질은 생명이 꺼진, 죽은 것이다. 이 '죽은 것'과 '산 것' 두 가지의 차이점이 바로 두 단백질의 서로 다른 3차원 구조로 설명된다. 즉, 단백질은 특정 구조로 접혀있어야 살아있는 단백질이라고 할 수 있는 것이다.

사람은 단백질을 그 자체로 소화시키지는 못한다. 고기를 먹으면 고기를 구성하는 단백질은 몸 속에서 위 속의 트립신(Trypsin) 같은 소화효소에 의해 더 작은 단위인 아미노산으로(예컨대 리신 같은) 분해되어야 소화 흡수된다. 그리고 인체는 다시 이런 아미노산으로 또 다른 단백질을 조

립 제조할 수 있다. 간결하고 단순하게, 그러나 정확하게 작동하는, 생명을 이루는 메커니즘은 이처럼 예측 가능한, 질서 있는 구조를 이룬다.

　DNA가 제조를 명령하는 아미노산의 조합은 그 자체가 단백질이 되기도 함과 동시에 어떤 명령을 수행하는 명령어의 내용도 함께 가지고 있다. 예를 들면 인슐린이라는 호르몬이 가지고 있는 유전자의 서열은 이자(췌장) 속에서 작용하여 몸에 포도당이 들어와 혈당이 높아지면 즉각 출동하여 혈당을 조절하라는 명령어와 인슐린 단백질 그 자체를 합성하라는 내용을 담고 있다. 즉, DNA의 암호화된 정보가 소프트웨어라면 생명체를 유지하고 움직이는 단백질은 하드웨어라고 할 수 있을 것이다. 따라서 이런 비유가 가능하다.

　'생물은 요리의 재료 그 자체를 이용하여 쓴 요리책으로, 조리법(Recipe) 그 자체가 요리가 된다.'

　유전자는 건축물을 만드는 설계도 와는 다르다. 그것은 케이크를 만드는 조리법과 같다. 건축물은 크기와 모양이 바뀌면 설계도도 다르지만 케이크는 크기와 모양이 달라진다고 해서 조리법 그 자체가 달라지는 않는다.

　아까도 언급했듯이 DNA는 단백질의 합성을 대행을 통해서만 지시하지만 합성 그 자체를 스스로 행하지도 않는다. 실제로 단백질의 합성은 가장 간단한 단세포인 박테리아로부터, 그것보다 훨씬 더 복잡한 대부분의 다세포 생명체들에 똑같이 존재하는 동일한 브랜드인 리보솜(Ribosome)이라는 단백질 제조 공장에서 행해지고, DNA는 그 합성을 대행인 RNA(리보핵산)전령(Messenger)을 통해 지시할 뿐이다.

　지금 이 시간에도 우리 몸 속에 있는 RNA와 단백질로 이루어진 천문학적인 수의 리보솜들은 1초에 수천 개의 단백질을 만들어내고 있다.

그 자체가 54가지의 단백질로 이루어진 리보솜을 대부분의 생명체가 똑같이 공유한다는 사실로 미루어 리보솜은 인류가 35억년 전, 물에서 살던 태초의 단세포 시절부터 존재하던, 오래된 생화학적 기관이라고 생각되고 있다.

쥐와 사람은 같은 DNA 언어를 사용한다.

생물은 생화학적 수준에서 모두 형제이다.
효모와 인간은 분자적 수준에서 같다.

38억년 전의 지구, 자신을 복제할 수 있는 능력이 있는 생물이 생겨났고 모든 것은 복제로부터 시작하였다. 그 최초의 복제자는 RNA라고 불린다. 우리 몸의 설계도인 DNA는 어떤 방식으로 자신을 복제할 수 있을까?

한 쌍을 이루는 마주보는 두 개의 염기는 늘 자신이 손잡을 수 있는 정해진 짝이 있기 때문에 복제가 가능하다. 예컨대 아데닌(A)은 티민(T)과 그리고 구아닌(G)은 시토신(C)과 상보적(相補的)으로 결합한다. 따라서 만약 ATTTGC라는 한 줄의 염기가 있다면 이 염기는 반드시 TAAACG라는 염기와 짝을 이룬다. 이런 원리를 오스트리아 태생*의 미국 생화학자인 샤가프가 최초로 발견하여 오늘날 샤가프(Chargaff)의 법칙으로 불린다.

다시 먼저 나왔던 그림으로 되돌아가 볼 시간이다. 당과 인산의 모양은 모두 같은데 각 염기의 모양이 모두 달랐던 것이 기억날 것이다. 하지만 그것들은 그냥 다른 것이 아니다. 각각은 암과 수가 있어서 짝을 이룰 수 있게 되어있다. 자세히 보면 A는 T와 그리고 G는 C와 서로 이가 맞게

---

* 양자역학으로 유명한 물리학자 슈뢰딩거도 오스트리아 출신이다. 천재 모짜르트도 오스트리아 출신이다. 오스트리아에는 천재가 많다. 하지만 히틀러도 오스트리아 태생이다.

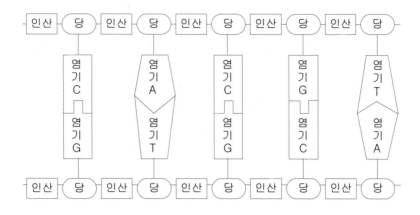

되어있다. 이제 다시 뒷장의 그림을 확인해보자. 이것이 완성된 DNA의 구조이다. 상당히 간결하고 단순한 모습이라는 것을 알 수 있다.

이 형태를 살며시 꼬아 나선형으로 만들면 그것이 DNA의 정확한 모습이 된다. 이런 원리를 이용하여 쌍을 이루고 있는 두 줄의 DNA에 열을 가하면 두 줄로 되어있던 DNA는 한 줄로 분리되며 이 때 DNA 중합효소라고 불리는, 박테리아로부터 얻어낸 '폴리메라아제'(polymerase)라는 효소를 넣어주면 한 줄로 분리된 DNA의 반대쪽에 상보적으로 결합하는(위의 그림처럼 이가 맞게) 염기가 자동으로 복제된다. 즉 DNA는 스스로 복제하는 놀라운 능력을 가지고 있는 것이다. 그 능력은 38억년을 거슬러 내려온 위대한 진화의 흔적이다.

이런 방법으로 DNA를 하룻밤 새에 수억 개로 늘릴 수 있는 기법이 바로 영화 '살인의 추억'에서도 잠깐 나왔던 PCR (Polymerase Chain Reaction)법이라는 놀라운 과학의 산물이다. 이 발견으로 인해 최근 모차르트의 오래된 유골 조각을 얻어 DNA를 검사할 수 있었고 극히 적은, 피 한 방울이나 머리카락 또는 피부의 비듬* 한 조각으로도 얼마든지 특정인과

---

* DNA 검사를 위한 가장 간편한 방법은 입천정의 조직을 면봉으로 긁어내는 것이다.

DNA를 비교할 수 있게 되었다. 오늘날 PCR기계는 미국에서는 고등학교 실험실에서도 쉽게 볼 수 있으며 가격도 상당히 저렴하여 기본적인 것은 겨우 수백 만원 정도에 구입할 수 있을 정도로 일반화 되었다.

그런데 신기한 것은 어떻게 박테리아의 DNA를 합성하는 효소가 사람에게도 똑같이 작용할 수 있을까? 하는 것이다. 놀라운 일이 아닐 수 없다. 이는 박테리아에서 효모, 느티나무, 파리나 모기에 이르기까지 모든 동식물 군이 사람과 동일한 분자체계를 이루고 있다는 경이로운 사실에 기인한다. 그래서 박테리아에서 DNA를 복제하라는 분자 언어의 명령어가 그대로 사람의 분자 언어에서도 통역 없이 수행될 수 있는 것이다. 따라서 '생물은 생화학적 수준에서 모두 형제다' 라든지 '효모와 인간은 분자적 수준에서 같다.'라는 말이 타당성을 갖게 된다. 사람과 쥐는 전혀 다른 모양의 하드웨어를 가졌지만 DNA분자 언어라는 소프트웨어는 동일한 것을 가지고 있다. 이것이 자연 속의 생명이 보여주는 엄청난 다양성을 가로지르는 놀라운 단일성이다. 지구의 생태계에는 5천만 종이 넘는 생물이 존재하지만 그 모든 것들이 동일한 레고로 조립되어 있다는 것이다. 물론 모든 단백질이 모든 동물에게서 완벽하게 똑같이 작용한다는 말은 아니다. 인척 관계가 먼 생물일수록 유사성은 떨어진다. 하지만 놀랍게도 박테리아와 사람 정도의 차이도 절반 정도는 동일한 분자언어를 가지고 있다. 재미있는 것은 이러한 DNA가 가진 유전정보는 아날로그 방식이 아니라 컴퓨터처럼 디지털 방식으로 존재한다는 것이다. 아날로그와 디지털의 차이는 쉽게 손목시계로 비유할 수 있다. 지금은 거의 사라진, 숫자로 시간이 나오는 카시오 시계는 누가 시간을 읽어도 언제나 같은 시간으로 인식한다. 즉, 4시 59분이라는 숫자가 나와있다면 남녀노소 할 것 없이 모두 4시 59분이라고 읽을 것이다. 하지만 분침과 시침으로 이루어져있는 아날로그 시계라면 읽는 사람의 성격에 따라서 각각 다르게 읽혀질 것이다. 대부분은 5시로 읽을 것이며 어떤 사람은 4시 59분으로, 무척 꼼꼼한 사람은 4시 58분 30초로 읽는 사람도 있을 것이다. 어쨌든 아무리 그렇게 하려고 해도 초침의 움직임 자체는 여러 사람이 동일하게 읽을 수 없는 구조로 되어있다. 이것이 아날로그와 디지털의 차이이다.*

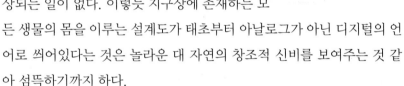

또 아날로그는 복사를 하면 할수록 그 Copy는 원본의 내용에 조금씩 손상이 생겨 나중에는 결국 원본의 내용이 완전히 사라지게 된다. 하지만 최소값의 정수 배로 이루어진 디지털 신호는 아무리 복사를 많이 해도 원본 자체의 내용이 손상되는 일이 없다. 이렇듯 지구상에 존재하는 모든 생물의 몸을 이루는 설계도가 태초부터 아날로그가 아닌 디지털의 언어로 씌어있다는 것은 놀라운 대 자연의 창조적 신비를 보여주는 것 같아 섬뜩하기까지 하다.

따라서 먼저 언급했듯이 이런 디지털의 DNA언어를 이용하여 생체 컴퓨터를 만들어보려는 움직임이 일고 있다. 무엇보다도 이런 컴퓨터는 빠른 계산과 용량을 자랑하게 될 것이다. 왜냐하면 일반 컴퓨터가 직렬

---

* LP판과 CD의 차이도 그러하다. LP판은 플라스틱위에 아날로그 신호가 돋을새김으로 새겨져있으며 매번 재생할 때 마다 바늘과 판의 마모로 다르게 들릴 것이다. 하지만 디지털 신호로 되어있는 CD는 언제나 같은 소리를 낸다. 물론 디지털 신호를 단순화한 소리이므로 LP판의 오묘하고 델리키트한 소리를 재생하는데는 한계가 있다.

01. DNA 이야기

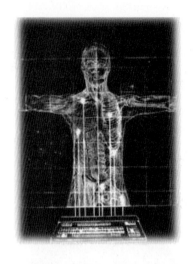

연산인데 비해 DNA컴퓨터는 병렬 연산이 가능하기 때문이다. 수억 개의 DNA가 한꺼번에 동시에 연산을 시작하면 지금의 컴퓨터보다 수 만배 빠른 컴퓨터가 탄생할 수도 있다. 용량도 마찬가지이다. DNA가 그처럼 작은 공간에 보유하고 있는 엄청나게 압축된 정보의 양을 생각한다면 인간이 만든 제아무리 작은 컴퓨터라도 도저히 쫓아갈 수 없게 된다. 예컨대 DNA 1g이면 무려 백만 장의 CD에 저장할 수 있는 용량이 나오게 된다.

그렇다면 만물의 영장인 인간은 지구상의 생물 중 가장 많은 염색체와 DNA를 가졌을까? 이상하게도 그런 것은 아니다. 도롱뇽은 아주 작은 동물이지만 그 염기는 인간의 20배인 600억 쌍이나 된다. 그보다 어머니의 화분에 피어있는 아름다운 백합은 염색체가 24개뿐이지만 DNA가 가진 염기 쌍은 무려 1,000억 개나 된다.

이처럼 지능과 DNA의 개수는 별로 상관이 없는 듯 보인다. 지구상에서 가장 적은 염색체를 가진 동물은 말의 회충으로 단 4개만의 염색체를 가지고 있다고 알려져 있다. 말은 66개의 염색체를 가졌고 재미있게도 먹고 먹히는 관계인 벼와 벼메뚜기는 똑같이 24개의 염색체를 가졌으며 이 세상에서 가장 많은 염색체를 가진 생물은 게 종류로 참게의 한 종류인 북방참집게는 무려 254개의 염색체를 가지고 있다.

46개의 염색체를 가진 인간과 48개의 염색체를 가진 영장류인 침팬지의 DNA는 98% 일치한다. 인간과 고릴라의 그것은 97%가 동일하다. 인간과 아무런 관계가 없어 보이는 초파리 같은 곤충도 절반 정도는 사람

과 같은 DNA를 공유한다. 하지만 단 2%의 차이가 유사성보다는 다른 점
이 훨씬 더 많을 것 같은 침팬지와 사람을 구분 짓는 시간과 종의 경계선
이 된다는 사실이 놀랍기만 하다.

왜 남자와 여자 두 가지 성인가?

가령 생물학자들은 애인에게 이렇게 청혼할 것이다. "저희의 유전자를 공유하는 새로운 개체를 형성할 창조적인 유성생식의 놀라운 기회를 저에게 제공 하시겠습니까?"
결혼과 섹스라는 인간사의 가장 중요하고도 성스러운 의식을 이런 식으로 표현하는 사람들이 바로 과학자들이다.

이제 우리는 염색체가 뭔지 DNA는 뭔지 확실하게 알게 되었다. 태초의 생존본능에 따라 인간은 유전정보를 담고 있는 자신의 유전자를, DNA 또는 염색체를 통해 자식에게 전달한다. 그래서 자식들은 어버이를 닮게 되고 유전자는 대를 이어 영원히 존속하게 된다. 여러분은 부모님의 단순한 복사물이 아니며 정확하게 아버지의 염색체 절반과 어머니의 염색체 절반을 갖고 태어난다. 아버지는 할아버지와 할머니의 염색체 각 절반을 갖고 태어나며 어머니는 외할아버지와 외할머니의 염색체 절반씩을 가지게 된다. 따라서 자신의 염색체는 조부모와 외조부모의 것을 모두 포함한다. 그러므로 여러분은 여섯분의 유전 인자를 갖게 된다. 여기서 더 나가면 조부모님의 각 부모님과 외 조부모님의 각 부모님으로 이어나가게 될 것이다. 이런 식으로 유전자는 수천, 수만 명 조상들의 염색체를 모두 공유하게 되는 셈이 된다. 그래서 여러분이 부모님이 아닌 외증조부의 어떤 점을 닮았다고 해도 결코 놀랄만한 일이 아니다.

그리고 더 나아가 우리 안에는 침팬지와 개구리, 물고기나 벌레 그리고 수십 억년을 거슬러 올라가 단세포 동물인 박테리아로부터의 유전자도 보유하고 있다. 따라서 오늘날 나와 박테리아도 50% 정도는 같은 유전자를 지니게 된 친척간이라고 말 할 수 있는 것이다.

유전자 생체 보트인 정자

사람은 자신의 46개의 염색체 중, 꼭 절반인 23개의 염색체를 정자 또는 난자에 실어 보낸다. 미리 언급했듯이 모든 번호의 염색체는 두 개의 쌍으로 되어있다. 그 대립유전자의 쌍을 A와 B 라고 했을 때 1번 염색체의 A나 B 중 하나, 2번 염색체의 A나 B 중 하나, 그리고... 23번 염색체의 A나 B 중 하나를 골라서 정자라는, 조그맣지만 스스로 작동하는 생체 보트에 실어 보낸다.

그래서 각 정자가 보유하는 염색체의 가짓수는 2^{23} 즉 로또의 1등 당첨 확률과 비슷한 840만가지 정도가 되는 것이다. 이렇게 해서 한번에 대략 2-3억 마리의 정자가(많으면 6억 마리까지) 때(?)가 되면 정소로부터 자신보다 무려 8천 배나 더 큰 배우자인 난자를 향해, 산소를 연료로 하는, 미토콘드리아로 추진되는 생체모터*를 이용하여 맹렬하게 헤엄치기 시작한다.

이 경이로운, 인간의 생체 모델 중 하나인 정자는 단 3일만의 삶 동안 자신의 분신을 만들어내기 위한 불꽃같은 투혼을 벌이게 된다. 여자도 같은 방식으로, 자신의 염색체의 꼭 절반인 23개를 보유하는 840만 가지 종류 중 하나인 난자를 매달 배란한다. 난자는 정자와 만나기까지 단지

---

* 정자의 이동수단은 편모(鞭毛)이다. 즉, 채찍 모양의 털이라는 의미이다.

2일 동안의 삶만 주어진다. 이 짧은 만남의 순간을 포착하지 못하면 정자도 난자도 생명으로 탄생되지 못하고 슬픈 하나의 노폐물로 폐기처분 된다.

그런데 아버지와 어머니의 염색체를 원래 그대로 물려받는 것 외, 아버지와 어머니의 염색체 일부가 약간씩 섞여서 전혀 다른 염색체가 되는 현상이 정자와 난자의 염색체가 형성될 때 발생한다. 이것을 교차라고 하는데 교차를 감안하면 실제로 정자가 만들 수 있는 염색체의 가짓수는 사실 무한하다고 볼 수 있다. 이것이 70억 인구 중, 일란성 쌍둥이를 제외하고 세상에 똑같은 사람이 하나도 없는 이유이다.

난자나 정자 같은 생식세포가 완전한 세트인 46개가 아닌 각 절반씩만 염색체를 보유하는 이유는 매우 단순하다. 생식세포가 염색체를 각 46개 모두 가지게 되면 남녀가 만나서 수정했을 때 만들어지는 개체의 염색체는 92개가 되어버리기 때문이다. 그리고 그 다음세대는 184개가 되고 이런 식으로 매 세대마다 염색체가 두 배로 늘어나버리는 모순이 생기게 된다. 따라서 이런 일을 막기 위해서 감수분열이라는 독특한 분열이 생식세포에서 일어나는 것이다. 이런 식으로 암수 두 개의 개체가 만나서 새로운 개체를 만드는 일을 유성생식이라고 한다.

하지만 박테리아처럼 이분법(둘씩 쪼개지는 방법) 즉, 무성생식으로 열 몇 시간 만에 수 억 개의 개체를 만들 수 있는 능률적인 방법을 두고 시간과 공간의 제약이 따르며 반드시 암수 두 개체가 만나야만 하고 또, 그 순간, 천적의 위협으로부터 노출될 수도 있는, 확실히 효율이 떨어지고 언뜻 복잡해 보이는 이런 생식방법을 현재의 동식물들이 택하게 된 이유는 뭘까? 여기에는 아주 중대한 목적이 있다.

무성생식을 하는 박테리아는 자신의 복제물들이 모두 일란성 쌍둥이가 된다. 다만 5~10억 개 중 하나 정도의 유전자가 오리지널과 다른 돌연변이가 생기게 될 뿐이다. 반면에 유성생식을 하는 동물은 앞에서 설명한대로 똑같은 개체가 태어나는 일은 불가능에 가까울 정도로 어려운 일이 된다. 즉, 가공할 다양성을 유지할 수 있다. 이 '다양성'이 바로 유성생식이 엄청난 비효율과 위험을 감수하며 막대한 비용을 치르고 택하게 된 중요한 단서이다. 결국 유성생식과 무성생식의 차이는 다양성을 가지느냐 그렇지 않느냐의 차이로 대변된다.

생물학적으로 다양성은 매우 중대한 의미를 함축하고 있다. 다양성은 개체가 재난을 당하거나 박테리아나 바이러스 같은 외부 생물체로부터 공격 당했을 때 멸종되지 않고 일부가 살아 남을 수 있는 단초를 제공한다. 즉, 쉽게 말해 체질이 다른 개체가 있는 덕분에 박테리아나 바이러스로부터 몸을 지킬 수 있는 일부 변종이 생겨나고 이것이 멸종을 막을 수 있는 초석이 된다. 이처럼 환경이 지속적으로 변할 수 있는 복잡한 생태계에서는 유성생식이 유리하다. 그렇게 해서 다양성은 거룩한 아름다움으로 이 행성에 존재하게 되고 다윈이 주장한 자연선택이 이 생태계를 지배하는 유일의 법칙으로 작용하는 것이다.

하지만 박테리아는 이런 경우, 모든 개체가 쌍둥이로 다 똑같기 때문에 열악한 환경에 노출될 경우, 모조리 사멸하게 된다. 따라서 무성생식은 환경변화가 적은, 상대적으로 안정된 공간에서 유리하다. 그러나 박테리아도 35억년간을 냉엄한 생태계의 정글에서 버텨온 영악하고 강한 생명인 만큼 나쁜 환경에서도 나름의 생존 방법을 가지고 있다. 그것은 바로 돌연변이(Mutation)와 폭발적인 번식이다.

모두 똑같은 DNA로 거듭 태어나는 박테리아*이지만 5억 개에서 10억 개당 1개 정도의 돌연변이가 생겨날 수 있다고 먼저 언급한 바 있다. 이 귀중한 한 마리의 돌연변이 박테리아는 예컨대 특이체질의 별종으로 독한 약이나 항생물질로부터 살아남게 되고 그에 따른 항생물질에 대해 항체를 보유하는 MVP로 거듭나게 된다. 이렇게 항체를 갖춘 박테리아는 또한 빠른 번식력으로 자신과 똑같은 MVP로만 이루어진 복제품을 무한정 양산할 수 있게 된다. 실로 가공할 위력이다. 이렇게 하여 무성생식을 하는 박테리아도 외부의 적으로부터 멸종되지 않고 이 생태계의 일원으로 당당하게 살아남을 수 있게 되는 것이다. 사실 이것이 박테리아가 항생물질에 대해 내성을 갖추게 되는 원리이다.

원래 돌연변이는 좋은 쪽 보다는 대부분 나쁜 쪽으로 작용하기 마련이지만 조그만 실수가 가능성의 문을 열 수 있는 것처럼 돌연변이가 좋은 쪽으로 작용하면 그것이 바로 진화의 출발이 된다. 좋은 돌연변이는 자주 나타날 수 없는 희귀한 케이스에 해당하지만 35억년이라는 상상을 초월하는 누적되는 긴 시간을 전제로 하면 얘기가 달라진다.

사람도 박테리아의 이분법과 같은 무성생식을 할 때가 있다. 유성생식을 이용하여 최초의 수정란이 만들어진 직 후, 그것이 60조개가 될 때까지 수를 늘려가는 것은 바로 무성생식에 해당한다. 그것을 우리는 체세포 분열이라고 부른다. DNA 한 가닥이 두 가닥으로 수를 늘려가는 것도 무성생식이라고 할 수 있다. 그런데 다세포 동물 중에서도 암수가 없이 무성생식을 하는 동물이 수 천종이나 있는데, 대표적인 것이 달팽이와 일부 곤충, 도마뱀 같은 것들로 이들은 모두 남성성을 포기한 아마조네스들이다. 이들은 암컷이 무 수정란을 낳고 거기에서 암컷만이 나온다.

---

* 박테리아는 모두 쌍둥이이므로 영원한 삶을 살 수 있다. 하지만 인간의 쌍둥이는 다르다. 의식은 똑같이 복제될 수 없기 때문이다. 따라서 복제인간으로 거듭나더라도 그 인간은 나와는 전혀 다른 별개의 인간이다.

2000년 전의 노인은 몇 살일까?

세계에서 가장 오래 사는 남자는 홍콩인이고 가장 오래 사는 여자는 일본인이다. 평균수명이
각각 남자가 74.7세, 여자가 81.8세인 한국인은 그들보다 5년 정도 빨리 죽는다.

인류의 평균수명은 불과 100년 전만해도 평균 45세(유럽 기준)에 불과했지만 지금은 70세를 훌쩍 넘겨 무려 30년 이상이나 늘어나게 되었다.

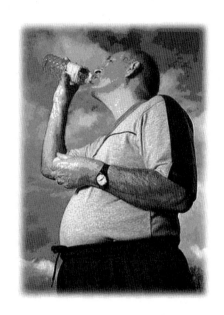

이 얘기는 그냥 겉보기처럼 인간의 수명이 그 동안 25년이나 늘어났다는 것을 의미하는 것일까? 즉, 100년 전의 인간은 대부분 45세까지만 살고 죽었다는 뜻일까? 그럼 그 때는 45세의 나이도 할아버지였을까? 그렇다면 우리가 할아버지로 인식하는, 그보다 더 먼 옛날, 2500년 전의 소크라테스나 아리스토텔레스 같은 사람들은 몇 살까지 살았을까? 문헌을 뒤져보면 아리

---

* 2007년 세계인구 현황보고서에 따르면 세계평균은 남자 64.2세 여자 68.8세이다.

스토텔레스는 62세까지 살았고 소크라테스는 71세에 사형을 당하였다. 그러니까 옛날의 노인도 지금처럼 60~70대인 것은 마찬가지인 것 같다. 그런데 당시의 평균수명이 그렇게나 낮은 이유는 무엇 때문일까? 그 이유는 옛날에는 어린아이들의 사망률이 높았기 때문이다. 어린아이들이 많이 죽으면 상대적으로 평균 나이를 엄청나게 깎아먹게 된다. 예컨대 62세에 죽은 아리스토텔레스와 71세의 소크라테스 그리고 3세에 죽은 다이영 세 사람의 평균수명은 62+71+3=136으로 평균을 위해 ÷3을 하면 45가 된다. 이유는 바로 이것이다. 현대인류의 평균수명이 높아진 이유는 바로 어린아이들의 사망률이 낮아졌기 때문이다. 따라서 이제부터는 평균수명을 1년 늘이는 것이 상당히 힘든 일이 될 것이다. 예컨대 인류가 암을 정복하면 평균수명이 겨우 3년 정도 늘어날 것이라는 계산이다. 암은 주로 노인들이 걸리기 때문에 평균수명이 크게 달라지지 않기 때문이다.

Alexander Fleming
(1881~1955)

인류 역사에 새로운 지평을 열게 된 폭발적인 인간 수명연장의 일등공신이 바로 1940년 대 초에 이루어진 항생제의 발견이다. 최초로 푸른 곰팡이를 발견한 플레밍과 그의 발명품인 페니실린(Penicillin)* 때문이다. 당시에는 감염이 왜 일어나는지 조차도 확실하게 모르던 시절이다. 결국 2차 세계대전이 끝난 후, 20세기 의학계의 최대 성과로 꼽히게 된 페니실린 덕분에 10년 후인 1969년, 미국의 외과의사 연합회에서는 "전염병과의 전쟁은 이제 끝났다."라고 성급하게 선포하기에 이른

---

* 사실 플레밍은 항생제를 발견하고도 20년 동안이나 덮어두고 있었다. 이를 페니실린으로 실용화한 사람들이 호주의 플로리와 독일의 체인이며 플레밍을 포함하여 셋 모두 노벨상을 받았다.

다. 당시 사람들은 이제는 인류가 박테리아를 완전히 정복했다고 믿었다. 하지만 그것이 중대한 착각이라는 사실이 밝혀진 것은 그로부터 얼마되지 않아서이다. 그런 선언을 한

지 1년도 채 안가 페니실린에 내성*을 가진 박테리아가 출현하기 시작한 것이다.

　의료계는 박테리아가 페니실린에 내성을 갖추게 됨에 따라서 긴급히 구원 투수인 메티실린(Methicilline)을 개발하였으며 유명한 테트라사이클린(Tetracycline)이나 클로람페니콜(Chloramphenicol) 같은 새로운 항생물질들을 계속 만들어냈지만 박테리아들은 인간이 개발하는 항생물질보다 더 빠른 속도로 진화해 나가는 것처럼 보였다. 그러한 내성 박테리아에 대항하는 인류 최후의 무기는 반코마이신(Vancomycin) 같은 고 단위의 항생제인데 결국 1996년 반코마이신에 저항하는 멀티내성 박테리아(여러 가지 항생물질에 내성을 보이는 슈퍼 박테리아)가 나타나게 되었다. 그 후 2000년도에 개발한 최신예의 항생제라고 할 수 있는 '리네졸리드'에 대해 내성을 나타내는 박테리아도 또한 이미 출현하였다.

　이런 끝을 알 수 없는 인간과 박테리아 간의 경쟁이 인류의 승리로 끝날 확률은 대단히 희박해 보인다. 이제 인류는 잘못하면 항생제라는 것이 없었던 1940년대 초의 상황 이전으로 돌아가게 될지도 모른다는 심각한 우려에 싸여 있다. 그 중에서도 특히 우리나라는 항생제의 내성이 가

---

* 내성이란 약에 저항하는 능력이다. 즉, 불리한 환경조건에 저항 할 수 있는 성질, 저항성이라고도 한다.

장 심각한 나라 중의 하나라고 알려져 있다. 말할 것도 없이 그 이유는 항생제의 남용* 때문이다.

이처럼 생태계에서 서로 밀접한 관계에 있는 생물들이 경쟁적으로 진화하는 것을 진화적 군비확장경쟁 또는 'Red Queen 효과'라고 한다. 이를테면 사람이 살충제를 개발하고 곤충은 그 살충제에 대한 내성을 확보하면서 진화하게 되고 이에 대해 사람은 더욱 더 독한 살충제를 개발하는 과정을 반복하게 되는 상황을 말한다. 예컨대 세렝게티의 치타는 톰슨가젤을 쫓기 위해 더 빨리 달리고 톰슨가젤은 그런 치타를 따돌리기 위해서 더욱 더 빨리 달릴 수 있도록 진화하는 것이다. 결국 치타는 시속 110km의 놀라운 속도로 달릴 수 있게 되었다.

치타의 수명은 12년 정도인데 더 이상 달릴 수 없으면 먹이를 잡을 수 없기 때문에 죽는다. 치타가 최대속도로 달릴 수 있는 시간은 겨우 10분 이내이다. 그 이상 달리면 심장이 파열해버린다. 마치 400km/h의 속도로 달릴 수 있는 세계에서 가장 빠른 양산차인 부가티 베이롱이 12분이면 연료가 바닥나 버리는 것과 비슷하다.

---

* 손을 씻을 때 균을 박멸한다는 '항균비누'도 쓸데없이 내성균주를 키울 수 있으므로 오히려 나쁜 영향을 줄 수도 있다.

붉은 여왕 효과

"A slow sort of country!" said the Queen. "Now, here, you see, it takes all the running you can do, to keep in the same place. If you want to get somewhere else, you must run at least twice as fast as that!"

- 거울나라의 엘리스에서 -

'Red Queen', 즉 붉은여왕'은 영국의 수학자인 루이스 캐롤(Lewis Carroll)이 쓴 '이상한 나라의 엘리스'의 후속작 '거울나라의 엘리스'에 나오는 체스 판의 말 중 하나로, 경이로운 달리기의 소유자이다. 붉은여왕이 속해있는 나라는 늘 주변경치가 움직이고 있으므로 제자리에 머물기 위해서는 계속 달리지 않으면 안 된다.

엘리스는 붉은 여왕의 손을 잡고 죽어라 하고 뛰지만 아무리 뛰어도 제자리일 뿐이다. 이런 엘리스에게 붉은 여왕은 말한다 "엘리스야 어딘가로 가고 싶다면 최소한 2배로 뛰어야 한다"고. 이런 레드퀸 효과를 다른 말로는 진화적 군비확장 경쟁(Evolutionary Arms Race)**이라고도 한다. 군비확장경쟁은 지금 40대 이상의 장년 층이 미국과 소련이 팽팽하게 대치하던 냉전 시절에 실제로 경험했듯이 절대로 끝나지 않는 게임인 것이다.

생태계에서 도태되어 멸종되는 생물들은 바로 군비확장 경쟁에 져서 탈락한 생물들이다. 따라서 진화란 어떻게 보면 보다 나은 미래를 향한 진보의 발걸음이 아니라 도태되지 않기 위하여 제자리 걸음을 계속하는

---

* Red Queen은 영국의 진화학자 매트 리들리(Matt Ridley)가 쓴 책의 제목이기도 하다.
** 1973년에 Leigh van Valen이 제시한 이론

01. DNA 이야기

것이며 결국 레드퀸을 쫓아가지 못해 제자리에 머무는 것에 실패한 생물은 지구상에서 사라지게 되는 것이다.

이런 원리로 항생물질을 필요이상으로 자주 투여하게 되면 자신의 몸속에 점점 더 강한 내성을 갖춘 박테리아를 키우는 꼴이 된다. 즉 자신의 몸이 강력한 박테리아를 키우는 인큐베이터가 된다는 뜻이다. 끔찍한 일이다. 더구나 이렇게 내성을 갖춘 박테리아는 이전보다 더욱 더 강해지는 성질을 가진다. 왜냐하면 항생제라는 탄약은 나쁜 균만 골라 죽이는 저격수의 역할을 하는 것이 아니라 그 주변의 다른 좋은 균들도 몽땅 학살해 버리는 무지막지한 수류탄 역할을 하기 때문이다. 따라서 항생제의 수류탄 폭발에서 살아남은 박테리아는 주위에 경쟁하는 다른 박테리아들이 사라진 덕분에 상대적으로 더 많은 양분을 차지하게 되어 더욱 강해지게 된다.

그런데 박테리아들을 죽이는 항생물질은 도대체 어디에서 온 것일까? 아이러니하게도 그것들은 바로 박테리아들 자신이 스스로를 보호하기 위하여 분비하는 독사의 독 같은 것이다. 노화되어 힘이 약해진 박테리아는 주위의 다른 세균들로부터 자신을 보호하기 위해 독성물질을 만들어내는데 그런 독성물질들이 항생제의 원료가 된다. 즉, 항생제는 자연으로부터 얻는 천연물질인 것이다. 따라서 인류는 항생제를 발명한 것이 아니고 발견하고 있는 것이라고 할 수 있다. 필자가 어렸을 때 가장 광범위하게 사용되었던 항생제인 '테라마이신'은 비아그라로 유명해진 화이자(Pfizer)의 설립자 화이자가 무려 2천만번의 실험 끝에 자신의 공장 근처 땅 속에서 발견한 항생제이다.

사람의 몸 속에는 몸을 지구처럼 하나의 행성으로 여기는 수 백 종류의 박테리아와 바이러스들이 산다. 우리의 선입견과는 달리 몇 퍼센트 외는 대부분이 우리에게 해를 끼치지 않는 것들이다.

어떤 것들, 예를 들면 헨리의 코와 입술 주위에 사는 헤르페스(Herpes)* 바이러스 같은 놈들은 평소에는 면역 세포의 순라활동 때문에 숨어 잠자고 있다가, 헨리가 피곤해 지거나 면역력이 조금이라도 떨어져서 순찰이 약화되면 어김없이 나타나서 활동하며 코 주위나 입술 주위에 곤혹스러운 물집을 형성한다.

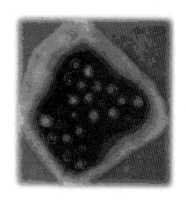

Herpes

그런데 항생제 폭탄을 사용하여 몸 속의 이로운 박테리아들을 죽이면 그 빈자리에 반드시 또 다른 이로운 박테리아가 들어오리라는 법은 없다. 새로 이주해 오는 박테리아가 때로는 아주 독성이 강한 놈일 수도 있다는 것이다. 그래서 종종 감염 때문에 장기간 항생제를 썼다가 대장에 살던 이로운 대장균들이 몰살**하게 되어 갑자기 때 아닌 설사를 만나게 되는 경우도 생긴다. 이런 일이 평소에 비 활성으로 잠복해있던 나쁜 박테리아들을 갑자기 활동하게 만드는 방아쇠를 당기게 될 수도 있다.

토미는 평소에 약간의 알러지 증세가 있었는데 얼마 전 위염과 장염이 겹쳐서 약 한달간 계속되는 항생제 투여로 갑자기 아나필락시스(Ana-phylaxis)***가 우려될 정도의 폭발적인 두드러기 증세가 나타나 병원에 입원까지 하게 된 일이 있다. 수십 가지의 검사결과에도 불구하고 원인은 불명이었지만 토미 자신은 혹시 장기간의 항생제 치료가 원인이 아니었

---

* 헤르페스가 일으키는 입 주위의 물집을 단순 포진이라고 한다. 1형과 2형이 있으며 대부분 1형이 발견되고 성기에 발생하는 2형은 성병이다.
** 장내 세균총이 붕괴되었다고 한다.
*** 항원항체 반응으로 비롯되는 생체의 과민반응, 일종의 쇼크.

01. DNA 이야기

나 의심해 보기도 한다.

　자신의 몸을 박테리아의 내성을 키우는 인큐베이터로 만들지 말기 바란다. 되도록이면 항생제를 사용하지 말라는 것이다. 병원을 필요 이상으로 너무 자주 가는 일도 삼가야 한다. 병원의 환자가 키웠을 내성이 강화된 슈퍼 박테리아 같은 것들이 병원에는 존재할 확률이 많이 있기 때문이다. 실제로 대부분의 슈퍼박테리아는 병원에서 발생하였다고 보고되고 있다.

　그런데 한가지 항생제에 관한 흥미 있는 사실이 있다. 남자들은 민물장어가 스태미나에 좋다는 말을 믿고 좋아하는데, 민물장어는 양식하는데 항생제를 많이 쓴다는 얘기를 어디선가 들은 적이 있었다. 양식장어는 평소 감염이 잘 되어서 항생제를 많이 쓴다는 것일까? 아니면 다른 이유가 있는 것일까?

　1950년대 초, 동물의 사료에 항생제를 넣으면 동물들의 생장에 크게 도움이 된다는 사실이 유럽에서 우연히 발견되었다. 그 이후로 축산업계에서 동물들을 키우는데 항생제를 사료에 첨가하는 일이 일반화 되었다. 오늘날도 사람들이 먹는 항생제와 대충 동일한 양의 항생제가 가축들에게 사용되는데 유럽에서는 그 중 3분의 1이나 되는 수천 톤의 막대한 항생제가 병치료가 아닌 가축들의 생장촉진제로 사용된다는 끔찍한 사실이 알려져 있다. 만약 그것이 사실이라면 우리는 장어를 먹는 것이 아니라 항생제*를 먹는 결과가 될 것이다. 물론 이것은 장어에만 한정된 얘기가 아니다. 어떤 가축도 여기에서 자유롭지 않을 것이다. 하지만 이것은 어디까지나 유럽의 이야기이고 우리나라의 실정에 대해서는 아는 바가 없으니 더 이상의 언급을 피하기로 한다.

---

* 물론 가축이 먹는 항생제는 대부분 간이나 신장에서 분해하여 배출되므로 장기적으로 쌓이지는 않는다.

지구상에서 가장 성공한 생명체

모로비츠(Harold Morowitz)는 우리 몸을 이룩하고 있는 분자를 조사하여 이것들을 화학 약품의 판매점에서 사려면 값이 얼마나 먹힐까 계산해 본적이 있다. 그 답은 약 1천만 달러로 나왔다. 이 숫자는 우리를 얼마간 기분 좋게 해 준다.

－ 칼 세이건 －

박테리아만큼 이 지구상에서 성공한 생명체는 없다. 박테리아는 생명의 초기 단계인 35억년 전에 이미 등장하여 지금까지 번성하고 있으며(인간의 역사는 겨우 수백 만년 밖에 되지 않음을 상기하기 바란다.) 아마도 태양이 수소와 헬륨 두 개의 난로를 지펴, 그것 때문에 거대하게 부풀어 적색 거성으로 변해 수성과 금성을 삼키게 되는 그날까지도 생존할 것이다. 진화는 박테리아보다 더 고등한 생명체를 수없이 만들어냈지만 그 대부분이 잠깐 동안 지구상의 생태계에 등장했다가 다시 흔적도 없이 사라져갔다. 하지만 박테리아는 처음부터 꿋꿋이 그 자리를 지키고 있고 오히려 그 종의 수를 늘리고 있다. 또 박테리아의 숫자에 비해 인간 같은 개체는 사실 미미하다고 할 정도로 그 숫자가 적다.

01. DNA 이야기

지구 상에는 70억의 인간이 살고 있지만 같은 공간을 공유하고 있는 박테리아는 500억 마리의 100억 배의 100억 배에 해당하는 숫자가 살고 있는 것으로 추정된다. 만약 박테리아를 '차렷' 시킨 다음 일렬 종대로 쭉 세우면 그 길이가 무려 2억 5천만 광년에 해당하게 된다(필자가 실제로 계산해 본 결과이다). 우리가 속해 있는 은하의 직경이 10만 광년이므로 이 것이 얼마나 어마어마한 숫자인지 알 수 있을 것이다. 또 박테리아는 그 어떤 생명체의 종보다 더 많은 생활 공간을 정복하였다. 어마어마한 수 압이 작용하는 1만 미터 수심*의 물 속은 물론, 산소가 없는 밀폐된 공간 과 끓는 물에 해당하는 유황 온천에서도 살아갈 수 있는 종이 있으며, 또 한 거기에 덧붙여 지구 상에 존재하는 모든 동 식물의 몸 속을 자신들의 거주 공간으로 삼을 수 있으니 당연하다고 할 것이다. 사정이 이러하니 지구 상의 많은 생명체를 일시에 말살할 수 있는 생태계의 파괴자인 인 간조차도 박테리아에 대해서는 멸종시킬 수 있는 방법을 아직 찾지 못하 고 있다. 아니 멸종 시키기는커녕 거꾸로 박테리아에 의해 멸종 당하지 않도록 계속 진화를 거듭해 나가야 할 것이다.

35억 살의 박테리아에 비해 인간이 지구상에 나타난 것은 겨우 2백 만 년**이다. 박테리아가 살아온 세월의 1,750분의 1에 해당하는 시간이다. 박테리아의 시간 관념으로는 그야말로 스쳐 지나가는 순간인 것이다. 그 동안 지구 상에 나타났다가 사라져간 수억 종의 동식물들의 탄생과 멸종을 박테리아는 팔짱을 끼고 지켜보고 있었다. 공룡이나 인간도 그 중 하나에 불과하다. 하지만 세상에 천하무적이란 없는 법. 이런 막강한

---

* 수심 10m당 1기압씩 압력이 증가하므로 1만m에서의 수압은 무려 1000기압이다. 아이들의 카시오 방수 시계가 견딜 수 있는 수압은 겨우 3기압이다. 필자의 태그 호이어는 200m의 방수를 보증하는데 그 래 봐야 겨우 20기압일 뿐이다.
** 학자에 따라 2백만년~4백만년 정도로 알려져 있다.

진화의 산물인 박테리아에게
도 천적이 있으니 그것은 이른
바 박테리아를 잡는 바이러스
인 박테리오파지(Bacteriophage)
라는 놈이다. 이건 생명체라
고 하기에도 너무 간단하고
작은, 오로지 자신의 번식 외
에는 아무 목적도 없는 듯이
행동하는(사실 인간도 그렇고 다른

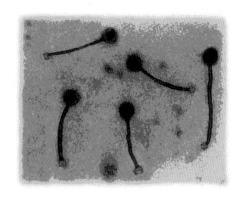

박테리오파지

모든 생물들도 결국은 그렇다고 할 수 있지만……) 몇 개의 DNA나 RNA로만 이루
어진 물질인데 이름 그대로 박테리아에 달라 붙어서 박테리아의 세포막
을 터뜨려 죽이는 무시무시한 놈이다.

　박테리오파지는 1915년 영국의 프레데릭 트워트가 발견하였는데 당
시는 항생제가 발견되기 전이어서 많은 관심을 받았지만 치료법을 개발
하는데 실패하였다. 인류는 파지를 이용한 치료법을 계속 시도해오고
있지만 아직도 이들을 제어하는 방법이 쉽지 않아 개발 수준에 머물러있
다. 하지만 이 기적의 처방이 장차 무용지물로 전락하게 될지도 모르는
항생제를 대신해 인류를 구원할 수 있는 날이 올지도 모른다.

남자와 여자는 어떻게 결정되는가?

남자와 여자라는 성별은 인간에게 붙여지는 최초의 아이콘으로 개인에 대한 그 어떤 인상보다 우선한다. 남자와 여자라는 단순한 사회통념상의 구분은, 서로 상대방을 목메어 외쳐 부르지만 영원히 건널 수 없는 깊은 협곡처럼 분단되었다.

생물학적인 관점에서의 남성은 유전적으로 수정된 여성이라는 놀라운 사실이 남자들에게는 지구가 태양 주위를 돈다는 명확한 사실보다도 더 인정하고 싶지 않은 궤변으로 들릴 것이다.

우리는 지금 어떻게 해서 남자아이가 태어나고 또는 어떻게 여자아이가 생겨나는지에 대한 생물학적 시스템을 대충이나마 이해하고 있다. 앞에서 밝힌 것처럼 어머니로부터 물려받은 마지막 23번째의 X염색체와 아버지로부터 물려받은 X 또는 Y염색체가 결합했을 때 아버지의 X염색체를 가진 정자가 수정에 성공하면 여자아이, 그 반대의 경우에는 남자아이가 생기게 된다. 그러므로 겉으로 보기에 아이의 성을 결정하는 것은 전적으로 아버지에게 달려 있는 것처럼 보인다. 과연 그럴까?

짐작처럼 일이 그렇게 단순하지만은 않은 것 같다. 난자는 잘 생긴 이웃나라 왕자의 키스를 기다리는 숲 속의 잠자는 공주가 아니라 정자가 목표물에 잘 도달할 수 있도록 끊임없이 화학물질을 보내서 유도하고 조정하는 관제탑의 구실을 하는 측천무후(중국 역사상 유일한 여제)이다. 또 성의 결정은 X염색체를 가진 정자와 Y를 가진 정자의 속도와 수명이 조금씩 다르기 때문에 모체의 환경이 영향을 미친다. 97%의 정자는 자궁에 들어가 보지도 못하고 입구인 자궁경부에서 생을 마친다. 정자는 알칼리성인데 반해 여성의 질 내는 피부의 pH*가 5.5인 것처럼 외부의 각종 이물질로부터 자신을 보호하기 위해 약산성을 띠고 있기 때문이다.

우리 몸의 pH는 평균 7.4 정도를 유지하여 중성이지만 외기와 직접 접촉하고 있어서 외부의 박테리아들에게 노출되어 있는 피부 같은 곳은 약산성을 띠고 있다. 대개의 박테리아는 산성에 약하기 때문이다. 물론 pH가 1∼2인 강산성의 위산이 분비되고 있는 위 속은 박테리아들에게는 극도로 가혹한 환경**이다. 그럼으로써 위 속으로 들어온 병균들은 대부분 죽게 된다. 요구르트 안에 든 유산균도 마찬가지이다. 이 유산균들은 장까지 살아서 가야 효력을 발생시킬 수 있는데 위 안에서 다 죽어버리면 비싸게 사 먹은 요구르트가 아무 소용 없게 된다. 그래서 캡슐 요구르트 같은 것이 팔리는 것이다.

유달리 남자가 귀한 가문이 있다. 그런 딸 부자 집들은 웬일인지 대를 이어도 계속 아들이 귀하다. 3대 독자 아들이 결국 딸만 넷을 낳는 경우를 흔하게 볼 수 있다. 왜 이렇게 편중된 현상이 일어나는 것일까? 머피의 법칙일까? 물론 여기에는 여러 가지의 이유가 있을 수 있겠지만 생물학적인 이유를 생각해 보자. 아마도 그런 집안의 남자들은 Y염색체를 가

---

* pH: 수소 이온 농도를 말한다. 즉, 산성이나 알칼리성이냐를 가늠하는 척도이다. 7을 기점으로 1∼6까지는 산성 8∼14까지는 알칼리성이다.
** 이런 가혹한 환경에서 살고있는 박테리아가 있으니 바로 유명한 헬리코박터 파일로리 균이다.

진 정자의 수가 X염색체를 지닌 정자보다 상대적으로 적거나 혹은 대등하게 있더라도 약한 체질을 가지고 있는 것인지도 모른다.

하지만 실제로 남자아이가 태어나는 것과 여자아이가 태어나는 성비 (Sex ratio)는 남자아이가 조금 더 많은 1.1 : 1이나 그 보다 더 많은 수준이다. 이 수준은 꾸준하게 유지되고 있는데 이유는 남자 아이들의 유아 사망률이 여자 아이들의 그것보다 더 높기 때문이다. 물론 남자의 수명이 여자보다 7년이나 짧다는 것도 관계가 있을 것이다. 그렇게 해서 자연은 남녀의 성비를 정확하게 통제한다. 성비'에 대한 얘기는 나중에 좀 더 자세히 다루어 보겠다.

그렇다면 과학을 이용하여 인위적으로 사람의 성비를 조절할 수 있는 방법이 있을까? 가능하다. 먼저 말했듯이 23번 염색체 중, Y염색체는 X에 비해 아주 작기 때문에 그로 인해 Y를 담고 있는 정자는 상대적으로 X를 가진 놈보다 더 작고 가볍다. 따라서 정자들을 통속에 넣고 돌리면

---

* 성비는 R.A Fischer가 제시한 이론이 유명하다.

원심력으로 인해 무거운 놈 가벼운 놈들이 저절로 분리가 된다. 이렇게 해서 가벼운 놈들만 골라서 인공 수정시키면 틀림없는 아들이 된다. 물론 이런 인위적인 성의 조정이 아무에게나 허용되는 일은 아니다.

그런데 놀랍게도 2천년 전에 기록된 유대인의 아들 낳는 법을 보면 비슷한 얘기가 나온다. 원전에 이렇게 쓰인 것은 아니지만 요즘 말로 풀이해보면 이렇다. 아들을 낳는 정자는 빠르고 수명이 짧다. 딸을 낳는 정자는 느리고 수명이 길다. 따라서 자궁 안을 알칼리화하라. 그러면 정자들이 오래 살 수 있고 그렇게만 되면 일단 빠른 놈이 먼저 골인 점에 도달할 수 있다.

수정이 일어나는 나팔관까지의 거리를 가급적 줄여라. 즉, 합방을 할 때 정자의 출발선이 나팔관과 가급적 가깝게 설정되도록 상당 기간 금욕 후 실시하는 것이 좋다. 라고 되어 있다. 이 얼마나 소름 끼치도록 과학적인가.

남자들은 속고 있다.

지구상의 모든 동식물은 DNA가 자신의 생존을 위해 프로그램한 생존기계이다.

– Richard Dawkins –

한 천재 과학자의 놀라운 통찰력에 빛나는 유전자에 관한 재미있는 학설이 있다. 영국의 리처드 도킨스(Richard Dawkins)라는 동물 행동학자는 '이기적인 유전자'(Selfish Gene)라는 자신의 책을 통해서 인간을 비롯한 동식물들이 진화해 온 역사를 자신의 의지가 아닌 유전자의 의지*로 해석하는 충격적인 학설을 내 놓았다. 즉, 지구상의 모든 동식물은 DNA가 자신을 태우고 다닐 수 있는 일종의 탈 것(Vehicle)으로, 사실 DNA가 조종하는 로봇인 빈 껍데기에 불과하다는 학설이다.

따라서 Vehicle들은 소모품으로 내구 연한이 끝나면 소멸되어 없어지지만 DNA 자신은 복제를 통하여 대를 이어 영원히 살아가는 불멸의 존재라는 것이다. Vehicle들의 종류는 우리가 타고 다니는 자동차의 종류처럼 여러 가지이지만, 그 자동차에 타는 개체는 모두 같은 인간인 것처럼 지구 상의 모든 동·식물들은 그것이 고등한 것이든 하등한 것이든 막론하고 모두 오로지 한 가지의 주체인 DNA로 이루어져 있다는 사실을 들어서 이런 주장을 펼치고 있다. 즉 다시 말하면, '지구 상의 모든

---

* 물론 정말로 유전자에 의지가 있다는 소리는 아니다. 소위 말하는 메타포(Metaphor)이다.

M A d **F O R** S **C I E N C E**

동·식물들은 DNA가 자신의 생존을 위해 프로그램한 생존 기계이다.' 라는 것이다.

이런 얘기는 언뜻 공상소설의 한 줄거리처럼 들릴 수도 있지만, 이 이론으로써 이성을 가지고 있지 않으므로 본능적으로만 행동하는 동물들이 이기적이 아닌, 이타적인 행동을 하는 것에 대한 의문에 명쾌한 설명이 가능하게 됨으로써 지금은 정설로 자리잡아가고 있는 다윈의 진화론을 강력하게 지지하는 대단히 설득력 있는 가설로 발전하고 있다.

이런 도킨스의 학설을 기초로 하여, DNA라는 주체의 입장에서 남녀 관계를 생각해 보자면 사실 남자는 상당히 소모적인 존재로 비춰진다. 남자는 아기를 낳을 수 없으므로 DNA의 번식과 종족의 보존이라는 중대한 사명에 기여하지도 못하면서, 실질적으로 가장 중요한 일을 하는 귀중한 여자들의 식량이나 축내고 있다. 남자가 필요한 때는 오로지 정자를 제공할 때 뿐, 따라서 유전자의 관점에서는 목적 달성 후 없애버려야 할 소모품이 될 수도 있다. 사실 다른 동물들의 예에서는 이런 극단적인 일이 현실로 나타나는 경우가 있다.

암컷과의 교미를 끝내면 더 이상 존재의 필요성이 없어져 즉시 죽어야 하는 수펄이나 수 사마귀 같은 경우가 바로 그런 예이다. 다행히 사람의 경우는 남자들이 여자들을 대신해 힘든 노동을 대리해 줌으로써 얼마간의 필요성이 인정되어 조금 더 오래 살 수 있게 된 것 같다.* 따라서 남자

---

* 하나의 가설이므로 너무 심각하게 받아들이지는 말자.

01. DNA 이야기

들의 생물학적 의무는 개미처럼 일해서 필생의 사업을 하는 여자들을 먹여 살리고, DNA를 후대로 전하는 아이들을 헌신적으로 보호해야 하는 것이다. 여자들이 아이를 가지고 나면 남편보다 아이들에게 더 매달리는 것이 바로 이런 생물학적인 본능 때문이다.

평일 대낮에 혹시 극장을 가본 사람이라면 남자들이 땀 뻘뻘 흘려가며 일하는 바로 그 시간에 많은 여자들이 극장 앞에 줄 서서 껌을 씹고 잡담을 나누며 차례를 기다리는 모습을 어렵지 않게 볼 수 있다. 그 대열에 남자는 단 한 명도 없다. 만약 있다면 아주 생소한 광경이 될 것이다. 표를 받는 직원 외에는…… 대낮에 영화를 감상하는 이런 뻔뻔스러운 즐거움은 여자들에게는 일상사이지만 남자들에게 평일 오후에 극장을 가는 호사는 실업자가 되기 전에는 평생 꿈도 꿀 수 없는 일인 것이다. 밤 시간도 예외는 아니다. 서울의 좋다는 레스토랑에 가 보면 대개 손님은 여자들이거나 여자를 따라온 남자이다. 이런 현상은 서울뿐만 아니라 뉴욕이나 파리 등, 전 세계적으로 발견된다. 마케팅에서 주요 타깃 고객은 언제나 여자이다. 소비를 발생시키는 동물은 대개 여자이기 때문이다.

짧은 행복*을 위해 평생을 가혹한 노동에 시달리고 결국 그로 인한 활성 산소의 축적에 따른 빠른 노화로 여자들보다 7년이나 더 먼저 죽는 불쌍한 그대의 이름은 남자 이노라.

---

* 이 가설은 필자의 개인적인 주장일 뿐, 학계에 공식으로 인정된 이론은 아니다. 이 중대한 비밀은 Matrix 에서 만족하며 살고있는 남자들에 의해 수천년간 잘 지켜지고 있다.

M A d F O R   S C I E N C E

조선의 자웅 동체 인간

임금이 좌승지(左承旨) 윤필상(尹弼商)에게 이르기를,
"이 사람은 인류(人類)가 아니다. 마땅히 모든 원예(園藝)와 떨어지고 나라 안에서 함께 할수
가 없으니, 외방(外方) 고을의 노비로 영구히 소속시키는 것이 옳다."

– 세조실록(1437년) –

조선 세조 때, 우리 역사에는 놀라운 일이 있었다. 남자와 여자의 외부성기를 동시에 가진 사방지(舍方知)라는 인물이 조선왕조실록에 소개되고 있다. 사방지는 겉으로 보기에는 어느 면으로 보나 손색 없는 여자였지만 실제로는 남자와 여자의 성기를 둘 다 가지고 있었던 엽기적인 실제 인물이다.

사방지는 세조 때 판부사인 이 순지의 여종으로, 청상*이 된 판부사의 딸과 외진 별당에서 무려 10년 간이나 성적(性的)인 유희를 즐김으로써, 반상이라는 신분의 차이를 넘어 강력한 유교문화가 지배하고 있던 조선시대의 많은 사람들에게 극단적인 혐오와 놀라움 그리고 공포를 주기에 부족함이 없었다.

---

* 청상(靑孀): 젊었을때 과부가 된 여자. 청상과부의 준말

생물학적인 지식이 부족했던 당시의 사람들은 윤리와 도덕을 떠나, 괴물처럼 보였던 이 양성인을 죽여 없애야 한다고 수 차례나 임금에게 탄원했지만, 세조는 결국 죽이지 못하고 가벼운 벌만 내리고 말았다. 왕권을 탈취하기 위해서 조카를 비롯하여 그토록 많은 피를 뿌린 세조가 이 일에는 왜 그토록 관대했는지는 아무도 모를 일이다.

남녀의 외부성기를 같이 지닌 양성인이라니… 어떻게 이런 일이 가능할 수 있었을까? 당시에는 동서양을 막론하고 어떻게 해서 이런 일이 일어났는지 알 수 없었지만 지금 우리는 그 이유를 짐작할 수 있다.

인간의 몸은 기계나 사람이 일하는 과정에서 실수를 하듯이, 수십 조 개나 되는 엄청난 수의 세포가 행하는 분열과 DNA의 복제과정에서 많은 오류와 부딪힌다. 설혹 99.9%를 자랑하는 정확도라고 하더라도 이는 0.1%의 오류를 의미한다. 0.1%는 아주 극미한 에러인 것 같지만 60조개의 세포를 만드는 과정이라면 총 600억 개의 오류를 의미한다. 이 무지막지한 숫자는 DNA 수준으로 들어가면 그보다 훨씬 더 큰 실체와 만나게 된다. 30억 쌍의 염기를 정확하게 복제하는 일은 그 정확도가 99.9%라고 하더라도 세포 한 개당 3백 만개의 오류가 발생할 수 있다는 말이다. 300만×60조 정도로 숫자가 나가면 이제는 도저히 머리 속으로는 상상하기 조차 어려운 천문학적인 개념과 만나게 된다.

이런 엄청난 오류의 가능성을 인체는 어떻게 처리하고 있을까? 다행히도 인체는 이런 오류를 수정하는 특정한 단백질이 있기 때문에 큰 문제에 부딪히지 않고 살 수 있게 만들어졌다(또 단백질이다. 생체의 모든 기능들은 단백질을 떠나서는 작동할 수 없는 것처럼 보인다).

실제로 인체가 생화학적으로 처리하는 오류는, 수치로 따지자면 100억 분의 1 일 정도로 정밀하고 아름답게 작동하는 정교함을 자랑한다. 세상에 존재하는 그 어떤 정밀기계도 흉내조차 낼 수 없는 고도의 완성도이다. 하지만 결국 놀라울 정도로 완벽한, 이렇게 적은 오류에도 불구하고 성을 결정하는 부분에 있어서는 복제과정의 실수로 인하여 문제가 생기는 사람이 대략 500명 당 1명* 꼴로 발생하게 된다.

대부분 모든 여자의 성염색체는 XX이지만 어떤 사람은 분열과정에서 X 하나를 잃게 되어 게놈 상에 X를 하나만 가지는 오류가 생길 수 있다. 즉, 염색체를 다른 사람보다 한 개 부족한 45개만 가진 상태에서 태어난다는 것이다. 또 어떤 사람은, X가 보통의 여자처럼 2개이지만 Y 하나를 추가로 더 갖게 되는 돌연변이가 생겨서 XXY로 염색체가 남보다 한 개 더 많은 47개인 사람도 있다. 그렇다면, X를 하나만 가진 사람은 여자일까 남자일까?

흥미롭게도 X가 한 개밖에 없는 사람은 겉 모습이나 속이나 어디로 보든 완전한 여자이다. 이런 사람을 터너 증후군(Turner's Syndrome)이라고 한다. 한편, XXY를 가진 사람의 경우는 어떨까?

이런 돌연변이는 정상적인 여자처럼 2개의 X 염색체를 가지고 있지만 하나의 Y를 추가로 가짐으로 인하여 남자가 된다. 과학은 이런 사람을 클라인펠터 증후군(Kleinfelter's Syndrome)이라고 부른다. 하지만 염색체가 하나 더 있거나 부족한 이 사람들에게 다른 문제는 없을까? 터너 증후군의 여자는 자궁도 있고 생식기도 모두 여자지만 난소가 제 기능을 발휘하지 못한다. 따라서 아기를 가질 수 없다. 그 밖에 생리적인 다른 기형도 가질 수 있다. 또 클라인펠터 증후군의 남자는 외관은 남자이고 작으나마 생식기도 있지만 정자를 생산하지 못한다. 그리고 나이를 먹을수록 점점 더 여성화가 가속되어간다(사실 그건 일반의 남자도 마찬가지이지만 속도의 차이가 있다).

---

* 500명당 1명이면 60억 인구 중 무려 12,000,000명이 이에 해당한다.

여기까지만 보면, 여자가 되기 위해서는 X 염색체가 단 1개만 있어도 충분하다는 사실을 알 수 있다. 또한 남자가 되려면 아무리 많은 X 염색체가 있어도 단 하나의 Y 염색체만 있으면 만족하는 것처럼 보인다. 그러나 두 경우 모두 사방지의 문제와는 다르다.

실제로 XX 염색체를 갖고 태어나서 염색체 상으로도 완벽한 여자이지만 난소대신에 정소를 가진 사방지 같은 여자가 있을 수 있다. 따라서 Y를 가지고 있다고 해서 무조건 남자가 되는 것도 아니라는 사실이 밝혀졌다. 즉, X만을 가지고 있는 사람도 남자처럼 정소를 가지고 태어나는 경우가 있음이 발견되었다. 따라서 남자를 만드는 유전자는 별도로 존재한다는 사실이다.

과학자들은 Y염색체 상에 있는 아주 작은 유전자의 조각, 이름하여 '성을 결정하는 Y염색체'(Sex determining Region of the Y chromo some)라는 존재가 있다는 사실을 최근에 밝혀 냈다. 이 유전자를 우리는 SRY 유전자라고 부른다. SRY는 원래 Y염색체 상에 존재해야 하지만, 때로는 X염색체 상에 존재할 경우도 있으며, 이렇게 되면 XX를 가진 사람이라도 남자처럼 정소를 갖고 태어나게 되고 마는 것이다.

따라서 사방지처럼 양쪽 모두의 성기를 갖게된 사람은 원래는 Y 염색체 상에 있어야 할 SRY유전자가 X 염색체 상에 존재하는 기형인 것으로 보인다. 또는 반대로 XY염색체를 가지고 태어났지만 겉 모습만 여자인 것처럼 변한 것인지도 모른다. 왜냐하면 SRY의 위치에 따라 세상에는 XX남자도 XY여자도 존재 할 수 있기 때문이다.

역사에는 사방지가 남녀의 생식기 모두를 가지고 있는 자웅동체로 나오는데, 그런 일은 실제로 가능하다. 남녀의 생식기는 원래 두 세트 모두 준비되어 있다가 하나가 퇴화되는 것처럼 작동하기 때문이다. 발생 기의 남녀는 모두 동일한 장비를 가지고 시작한다. 실제로 임신 6주되는

태아는 염색체만 다르되, 남녀 모두 생물학적으로 구별되지 않는, 완전하게 같은 존재이다.

태아는 남아든 여아든 똑같이 볼프관(Wolfian duct)과 뮐러관(Mullerian duct)이라는 1쌍의 기관을 가지고 있다가, SRY의 마스터 스위치가 'ON'이 되면 남자가 되는 일련의 연쇄반응이 시작된다. 따라서 남자아이의 생식기관은 고환으로 발달하여 뮐러관에 공급되는 호르몬을 봉쇄하여 퇴화시키고 볼프관이 발달하게 된다. 마스터 스위치가 OFF되어 작동하지 않으면 자연스럽게 뮐러관이 발달한다. 이에 따라서 남자아이에게서는 '테스토스테론'이 분비되면서 처음의 생식소는 정소(精巢)라는 기관으로 여자아이는 난소(巢卵)로 출발하게 된다.

여기서 그냥 스위치가 아니고 마스터 스위치라고 하는 이유가 있다. 스위치가 여러 개 있다는 뜻이다. 남자 아이의 경우는 SRY가 하나의 마스터 스위치로 동작하면서 거기에 관련된 모든 스위치가 마치 도미노가 넘어지듯이 하나하나 활성화되는 것처럼 작동한다. 따라서 사방지는 알 수 없는 오류로 인하여 볼프관과 뮐러관 어느 한쪽이 퇴화하지 않고 모두 발달된 결과라고 볼 수 있다. 하지만 여기서 주의해야 할 것은 SRY유전자가 성을 결정하는 단 하나의 유전자는 아니라는 사실이다. 남녀의 성을 결정하는 일에는 실제로 훨씬 더 복잡한 과정이 개입되어 있는 것으로 보인다. 사람이라는 생물학적인 기계는 우리가 생각하고 있는 것보다 훨씬 더 어마어마하게 복잡한 시스템을 가지고 있다. 우리는 우주는 물론이고 가까이 존재하는 생명에 관해서도 아직 아는 것보다는 모르는 것이 훨씬 더 많다. 말년의 뉴턴은 이런 얘기를 했다.

"나는 바닷가의 모래사장에서 몇 개의 조개 껍질을 주워 들고 신기해하는 소년이다. 아직도 발견되지 않은 수 많은 진리가 거대한 대양처럼 내 앞에 일렁이고 있다."

인간의 형성 과정은, 자연적으로 모두 여자를 만들 수 있게 준비되어 있는 것으로 보인다. 다만, 특별히 남자를 만들기 위해서는 몇 가지의 유전자를 부가하여 발생과정부터 개입한다. 즉, 인간의 기본형은 여자라는 것이다. 새나 나비의 기본형이 남자라는 점에서는 포유동물과 반대이지만. 따라서 남자를 형성하는 이런 유전자의 작동에 이상이 생기면 그 사람은 저절로 여자가 되어버리기도 한다.

하지만 또, 이런 경우도 있을 수 있다. 남자로 태어난 테드는 SRY유전자를 가지고 있어서 정소가 만들어졌고 정소에서 정상적인 남성 호르몬인 테스토스테론(Testosterone)을 생산했지만, 그 이후 연계되는 도미노 한 개가 넘어지지 않는 바람에 연결고리가 끊어져버렸다. 이 경우, 남성다움을 만들어주는 테스토스테론이 다른 남자들과 같이 정상적으로 분비되고, 이 호르몬이 테드의 혈관을 타고 힘차게 돌아다니지만, 이것을 받아들여서 반응을 일으켜야 하는 다른 기관들이 침묵하는 바람에 남자다움과 남자의 생식기를 만들지 못하고, 즉 볼프관을 발달시키는데 실패하게 되어 테드는 마치 거세당한 토끼처럼 여자가 되어버렸다. 이렇게 되면 우리는 혼란에 빠진다. 남자와 여자의 정체성을 생물학적으로 구분하는 것에는 한계가 있어 보인다. 염색체 검사로도 진정한 남자와 여자를 구분하기 힘든 상황에서 올림픽 경기에서 여자와 남자를 구분하는 방법은 무엇일까?

사방지의 경우는 상당히 복잡하다. 왜냐하면 사방지는 남자구실을 확실하게 한 여자였기 때문이다. 그렇다면 사방지는 당연히 정소를 가지고 있었을 것이고 따라서 SRY유전자를 가지고 있었던 사람이다. 그런데 왜 겉 모습은 여자가 되었을까? 사방지의 겉 모습이 여자인 이유는 아마도 여성 호르몬인 에스트로겐의 영향으로 보인다. 사방지는 설명하기 어려운 복잡한 기형을 일으켜서 양 쪽의 호르몬'을 비슷한 정도로 분비하게 된 것으로 보인다. 사방지같은 양성의 특징을 나타내는 현상을 현대의학에서는 부신성기 증후군(Adrenogenital syndrome)이라고 한다(만약 지금 사방지의 세포를 구할 수 있다면 사방지에게 일어난 일을 정확하게 설명할 수 있을 것이다).

실제로 트랜스젠더(Transgender)들이 여자다움을 갖추기 위해서 가장 먼저 하는 일이 여성 호르몬을 주입하는 일이다. 물론 여성 호르몬인 에스트로겐은 모든 남자에게도 있다. 하지만 아주 적은 양이고 이 양은 남자가 테스토스테론을 잃기 시작하는 중년이 되면 점점 더 많아진다. 그런 영향으로 남자들은 중년 이후에 배가 나오고 허리가 굵어지며 지방이 많아지는 여성화가 일어나는 것이다.

이런 배를 어떤 사람들은 도저히 뺄 수 없는 '나이 살'이라고 규정하고 빼는 것을 포기하는데, 이것은 실제로 상당히 일리가 있는 말이다. 또 술을 많이 먹는 '주당'들은 술을 잘 먹지 않는 사람들보다 정서적으로는 더

---

* 테스토스테론은 여자에게도 분비되지만 남자에게 10배나 더 많이 분비된다.

터프 해지는것 같지만, 신체적
으로는 그 반대가 된다.

주당들의 몸에는 술을 많이
먹지 않는 사람들보다 더 가속
적으로 에스트로겐이 늘어나는
데, 이것은 적당량의 에스트로
겐을 분해시켜야 할 소중한 간
이 원수 같은 술을 분해하느라
지치고 바빠서 원래 있어야 할 양보다 더 많은 에스트로겐이 불균형 분
비되어서이다.

세상에서 가장 성공한 Y 염색체

인류역사상 최고의 명장을 뽑으라면 떠오르는 인물 가운데 빠지지 않는 이름이 '징기스칸'이다. 1995년 미국 〈워싱턴포스트〉 지는 지난 1천년간 인류사에 가장 큰 영향을 준 인물로 징기스칸을 꼽았다.

이쯤에서 SRY유전자를 가진 Y염색체를 새로운 시각으로 조명해 보는 것이 상당히 재미있는 일이 될 것 같다. Y염색체는 아버지로부터 아들에게로만 전해지는 유전자이다. 딸에게는 전혀, 결코 전해지지 않는다. 따라서 이 염색체는 태아의 생성과정에서부터 어머니의 그것과 섞이지 않는, 순수한 남자들만의 비밀스러운 유전자이다.

다른 보통의 염색체들은 일부가 '교차'라는 과정을 통해서 어머니의 것과 아버지의 것이 조금씩 합쳐져서, 아버지의 것도 아니고 어머니의 것도 아닌 완전히 새로운 염색체로 태어난다. 그래서 두 사람이 합쳐서 만든 새로운 염색체는 실제로 $\dfrac{1}{8,400,000} \times \dfrac{1}{8,400,000}$ 이 아닌, 거의 무한대에 가까운 확률로 만들어진다. 하지만 교차가 일어나지 않는 순수한 Y염색체는 대대로 아버지와 아들만을 통해서 전해진다. 나의 부친은 나를 포함하여 세 아들을 두셨는데 그로부터 현재까지 3명의 손자를 보고 있다. 따라서 부친의 Y염색체는 6명에게 전해졌다. 그리고 모든 손자들이 결혼하여 딸만 낳지 않는 한, 이런 계승은 계속 이어질 것이다. 나는 형제들과 내 아들은 물론 남자 조카들과 똑같은 Y염색체를 가지고

있다. 그리고 이 Y염색체를 통해 조상을 추적해나가면, 이 Y염색체와 같은 것을 가진 나의 최초의 조상과 만나게 될 것이다. 하지만 만약 내가 우리 부친의 유일한 아들이고 또 딸만 낳았다면 부친의 Y염색체는 영원히 대가 끊기는 것이다.

염색체에 대한 지식이 전혀 없었던 우리 조상들이 그토록 대가 끊기는 것에 대한 두려움이 컸고 그에 따라 대를 잇기 위하여 대리모나 첩을 두는 등, 수단과 방법을 가리지 않는 집착을 보인 것은 생물학적인 본능으로 바로 그 실체가 Y염색체인 것이 놀랍게 느껴진다.

이런 사실도 도킨스 식 해법으로 보자면, 주체인 Y염색체가 자신을 영원히 복제하여 살아남게 하기 위하여 남자라는 생존 기계를 통해서 아들을 갖고자 하는 열망을 유도한다고 볼 수도 있다.

지구상에 가장 성공적으로 널리 자신의 Y염색체를 퍼뜨린 사람은 단연코 징기스칸으로, 그는 중국 전체와 한반도는 물론 이란과 중동 일부 또 멀리 유럽으로 진출하여 러시아의 일부와 북부 유럽, 헝가리, 폴란드까지 점령했던 전력으로 아시아와 중동, 유럽에 걸쳐 무려 1600만 명에게 자신의 Y 염색체를 전달한 것으로 알려져 있다. 오늘날 나와 똑 같은 Y염색체를 가진 사람을 유럽의 백인에게서도 찾을 수 있다는 말이다. 위대한 정복자의 씨는 멀리, 광범위하게 퍼지는 법이다.

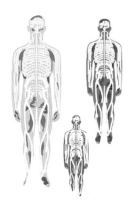

:02

복제인간

인간 복제 성공하다.

"육신을 벗는 순간까지 당신의 건강을 이용하라. 그것이 당신의 건강이 존재하는 이유다. 당신이 가지고 있는 모든 것을 죽기 전에 소비할 것이며, 당신이 살아야 할 그 이상으로 살지 마라. 영원히 살려고 하지 마라. 당신은 성공하지 못할 것이다."

– 버나드쇼(Bernard Shaw) –

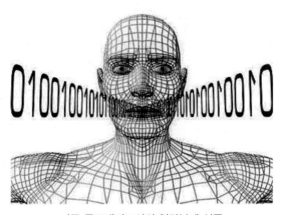

미국 클로네이드사의 인간복제 성공

· 인간복제 아기의 첫탄생을 알렸던 클로네이드가 기자회견을 열고 사실임을 공식 선언했다.(YTN, 2002-12-28)
· 클로네이드의 부아셀리아 박사는 미국인 산모의 몸을 빌려 태어난 아기의 몸무게는 3.2kg이며 지난 26일 오전에 출생했다고 밝혔다. 아기의 이름은 이브이며 출생장소는 밝히지 않았다.
· 인간복제방법은 복제양 돌리를 탄생시킨 체세포 복제방법과 동일

MAD FOR SCIENCE

· 미국의 식품의약청(FDA)에서 아기와 엄마의 유전자 DNA 검사를 할 예정(SBS, 2002-12-30)
· 현재 인간복제 진위 논란이 증폭되고 있다.(중앙일보, 2002-12-31)
· 미국 클로네이드사는 지난 26일 출생한 최초의 복제아기 "이브(Eve)" 외에 내년 2월 4명의 복제아기가 추가로 탄생할 것을 예고하고 있다.(한국경제, 2002-12-29)

클로네이드사의 해프닝은 결국 사실이 아닌 것으로 판명되었고 이후의 인간복제는 아직 공식적으로 발표되지 않았지만 현실화되는 것은 이제 시간문제라고 생각된다. 이에 대한 과학적 기반이 거의 모두 갖추어졌기 때문이다. 하지만 동물에 대한 복제는 일찍부터 이루어졌다. 그 목적은 바로 우생학(Eugenics)이다. 즉, 우수한 종자를 만들기 위해 복제라는 생물학적 기법을 사용한 것이다. 동물의 복제에 사용된 기법은 두 가지 방식으로 이루어진다.

첫 번째 방식은 수정란 복제로 이미 정자와 난자가 만난 수정란이 분화되기 전, 8~16개 정도로 분열했을 때, 즉 각 세포를 전능세포라고 부를 수 있을 때, 행하는 방식이다.

두 번째는 체세포 복제이다.

쉬운 얘기는 아닌 것 같다. 전능세포는 뭐고 분화는 또 무슨 소리일까? 체세포는 어떤 것을 말하는 것인가? 이 생소한 생물학적 언어들을 이제부터 알기 쉽게 풀이해 본다. 그리고 이 장을 다 읽었을 때는 여러분 모두 생물학자가 되어 있을 것이다. 분화란 하나의 세포가 분열을 거듭하면서 수를 늘려 몸의 각 부분을 이루는 모든 기관으로 변해가는 과정을 말한다. 전능세포는 몸의 어떤 기관이든 될 수 있는 세포이다. 체세포란 이미 분화된 세포를 말한다.

얘기를 진행하다 보면 저절로 발생에 대한 이야기가 전개된다. 거부하지 말고 그냥 편하게 따라오면 된다. 머리 속에서 막연한 의문이 꿈틀거리기 시작하면 이 글을 읽느라고 버린 귀중한 시간을 보상받을 수 있다는 신호이다.

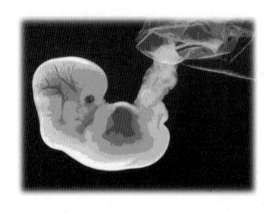

사람의 수정란은 자궁에 잘 착상되면 그때부터 분열을 시작하게 된다.

1개가 2개가 되고 2개가 4개로 분열한다. 그리고 숫자를 늘려가면서 점점 사람의 형태를 갖추게 되는 것이다. 이것은 놀랍게도 박테리아와 동일한 분열방식인 이분법이다. 33번만 분열해도 우리의 세포 수는 지구전체의 인구 수보다 더 많아진다. 그런데 더욱 놀라운 것은 최초의 발생과정에서 볼 수 있는 사람의 모습은 물고기나 새의 그것과 별로 다르지 않다는 것이다. 실제로 구분하기 어려울 정도로 거의 비슷하다. 또 태아가 자궁 안에서 성장하는 발생 과정이 인간이 어류에서 양서류로 그리고 파충류로부터 진화해 온 과정을 한편의 드라마처럼 그대로 보여주는 것 같기도 하다.

그런데 최초의 수정란을 비롯하여 그 후, 분열되어 새롭게 생겨나는 모든 세포는 모두 다 똑 같은 유전자 세트, 즉 게놈(Genome)을 가지고 있다. 그리고 게놈은 몸을 구성하는 설계도와 각 기관이 수행해야 할 지시사항을 포함한다. 하지만 분화가 일어나서 세포들이 제 자리를 찾아가게 되면 각 세포들은 자신이 맡은 바 기능에 따라서 주어진 명령어를 제외하고 나머지 정보는 모두 Off switch 해 버린다. 즉, 모든 세포들은 자신의 기능에 대한 명령어만을 접수하는 것이 아니고 다른 모든 세포들의 명령어도 함께 명시된, 이른바 설계도 전체를 받게 되며 그 중 자신에게 해당되는 명령어만 활성화하고 나머지는 모두 잠재우는 것이다. 예컨대 뇌세포가 될 세포는 헤모글로빈을 만들 수 있는 장치의 스위치가 꺼져버리게 되고 반대로 적혈구가 되는 세포는 신경전달을 할 수 있는 능력을 잃어버리게 되는 식이다.

이것이 분화가 시작되면서 각각의 세포 안에서 일어나는 일이다. 마치 세포는 자신에게 해당되는 페이지만을 펼쳐놓은 동일한 책 한 권씩을 가지고 있는 것처럼 보인다. 하지만 분화가 일어나기 전인 초기의 세포들은 어느 기간까지는 모든 설계도의 내용에 대한 Switch가 On 상태이기 때문에 몸의 어떤 부분이든 될 수가 있다는 뜻이 된다. 따라서 이런 세포를 '전능세포'라고 부른다. 이 전능세포는 심지어 하나의 독립된 개체도 될 수 있다. 즉, 16개의 전능세포가 의미하는 것은 16쌍둥이의 가능성을 말해 주는 것이다. 물론 이런 일은 동물의 세계에서는 이미 벌어지고 있다.

또한 이 상태에서 분열을 계속하여 5~6일 정도 되었을 때도 아직 쓰지 않는 기능의 스위치가 채 꺼지기 전의 상태인데, 세포 안이 일부 빈 상태로 형성된다. 이를 배반포기라고 한다. 이 상태에 이른 120여 개의 세포를 꺼내 따로 배양하면 우리 몸의 210가지 조직 어느 부분이든 형성될 수 있는 놀라운 일을 해낼 수 있게 된다. 이것을 배아줄기세포 복제라고 한다. 바로 황우석 교수가 연구하고 있던 일이다.

만약 분할이 거듭되어 분화가 진행되

게 내버려두면 각 세포의 핵에 있는 DNA는 전체 명령어의 스위치를 보유하고 있는 상태에서 점점 스위치를 하나씩 꺼 가면서 각 세포는 최종적으로 뼈가 되기도 하고 피부가 되기도 하며 장기가 되기도 하고 혈액이 되기도 한다(혈액도 물론 세포 중의 하나이다).

이와 같이 독립된 개체가 될 수 있는 전능세포 상태에서 핵을(여기에 대부분의 DNA가 있다. 모두가 아니고 대부분이라고 언급한 사실을 기억해 두기 바란다.) 빼낸 다음, 다른 여자의 미수정 난자의 핵과 치환(Transposition) 한다. 그리고 대리모의 자궁*에서 성장하게 하는 것이다. 따라서 대리모만 여럿이 준비된다면 한 사람의 난자와 정자에서 수정된 개체가 결국 8개에서 16개의 독립된 개체가 되어 8~16쌍둥이가 태어날 수도 있다는 것이다.

즉, 복제를 하기 위해서는 복제를 하고 싶은 개체의 수정란과 다른 여자의 미수정란 그리고 핵이 치환된 미수정란을 키울 대리모가 필요하다. 여기에서 셋 모두가 여자의 것이라는 사실에 주목하기 바란다.

---

* 영화에서와는 달리, 아직은 고도의 과학기술을 요하는 인공자궁이 발명되지 않았기 때문에 반드시 아기를 성장시킬 수 있는 대리모가 필요하다.

미토콘드리아 이브

캘리포니아 버클리대학(Berkeley) 생활학과의 Wilson박사(1991년 사망)를 비롯한 몇 명의 과학자는 1987년 Nature지를 통해, 5대륙을 대표하는 200여명 여성의 태반으로부터 얻은 미토콘드리아 DNA를 분석한 결과, 이들 모두가 약 20만년 전 아프리카에 살고 있었던 것으로 추정되는 한 여성으로부터 유래되었음을 알 수 있었다며 현생인류의 아프리카 기원을 주장하였다. 학자들은 이 가상의 여인에 '미토콘드리아 이브'란 이름을 붙였다.

수정란 복제는 이미 소나 가축을 이용한 실험이 오래 전에 성공한 바 있다. 소처럼 새끼를 하나만 낳는 등, 번식하기 어려운 가축에 이 방법을 도입하면 쉽게 쌍둥이를 많이 얻을 수 있기 때문이다.

이것을 인간에게 적용하게 된 계기는 이 배반포기 세포를 이용하여 인간의 특정한 장기를 배양하려는 목적이었고, 실제로 이 일은 의학적으로 아주 유용한 일이다. 그런데 이런 과정에서 태어난 복제 인간들은 그냥 일란성 쌍둥이의 개념과 같다. 왜냐하면 일란성 쌍둥이는 두 개체가 똑같은 DNA를 보유한다는 것이기 때문이다. 그러나 사실 엄밀하게 말하면 일란성 쌍둥이와 복제인간이 100% 같지는 않다. 왜냐하면 인간의 설계도인 DNA는 핵에만 있는 것이 아니고 모계로만 전해져 내려오는 약 17,000개의 염기를 가진 미토콘드리아*(Mito chondria) DNA라는 것이 있기 때문이다. '미토콘드리아'라는 학생 시절 기억의 편린 속에 아련히 잠자고 있는 친숙한 단어가 나온다. 그렇다고 생각하는 독자는 학생 때 제법 공부 꽤나 한 사람이다.

---

* 미국 사람들은 마이토콘드리아라고 발음한다.

핵의 DNA는 남자의 DNA 정보 절반과 여자의 DNA 정보 절반이 합쳐져 만들어진다. 정확하게 여자의 염색체 23개와 남자의 염색체 23개로 만들어진다. 그런데 세포의 핵 외인 세포질에 존재하면서 몸의 에너지를 담당하는 미토콘드리아는 산소를 이용하여 호흡에 관계하는데 자신만의 고유한 둥그런 모양*의 DNA가 있다(산소를 이용하지 않으면 발효가 된다. 즉, 호흡은 발효와 어느 의미에서는 반대이다). 그런데 미토콘드리아의 DNA는 여자의 것만 자손에게 전해질 수 있다. 그래서 100% 같다고 할 수 없는 것이다. 즉, 복제된 인간의 미토콘드리아 DNA는 최초의 수정란을 제공한 사람의 것이 아닌, 미 수정란을 제공한 여자의 것만을 따르게 된다는 말이다.

여기서 의문이 하나 생긴다. 왜 남자의 미토콘드리아 DNA는 아들이든 딸이든 자신의 자식들에게 전해질 수 없는 것일까?

그 이유는 매우 단순하다. 정자의 미토콘드리아는 정자가 헤엄치는데 필요한 추진 엔진으로 사용된다고 먼저 얘기한 바 있는데, 이 엔진은 난자와 수정하는 즉시, 마치 우주 로켓이 발사에 사용된 추진 엔진을 내동댕이쳐 버리듯이 난자에 도달한 후에는 떨어져 나가버린다. 이렇게 되어 남자의 미토콘드리아 DNA는 자식 대에 전해질 수가 없는 것이다(혹시 실수로 일부가 난자에 들어가게 되더라도 즉시 소멸되어 버린다. 그러니 꿈도 꾸지 말아야 할 것이다). 생물학자들은 이런 사실을 이용해서 인간의 기원을 밝히려고 한 적이 있다. 모계 쪽의 미토콘드리아 DNA를 계속 추적해 나가면 되는 일이기 때문이다. 이렇게 해서 최초의 현생 인류가 20만년 전 아프리카에 살던 한 여성인 것으로 밝혀졌는데 우리는 지금 이 여자를 미토콘드리아 이브라고 부른다. 물론 이 얘기도 아직은 여러 가지 논란이 있는

---

* 놀랍게도 박테리아나 바이러스의 DNA도 둥그런 모양을 한 것들이 있다. 그렇다면 미토콘드리아는 원래 박테리아의 한 종류였을까?

하나의 가설일 뿐이다. 우리가 진리로 잘못 알고 있는 130년이나 된 다윈의 진화론도 '論(론)'이나 '說(설)'자를 아직 떼지 못하고 있다. 확실한 증거를 찾지 못했기 때문이다. 이렇게 항상 확실한 증거를 기반으로 한 사실을 추구하는 것이 바로 과학인 것이다.

과학은 환원주의가 주종을 이루고 있다. 환원주의란 알지 못하는 크고 복잡한 체계를 이해 하기 위해서 그것을 더 작은 부분으로 나누고 그 부분들을 지배하는 법칙을 찾아 이를 통하여 전체의 작용을 예견하는 것이다. 하지만 생명을 다루는 과학은 환원주의로는 한계가 있음을 과학자들이 최근 절감하고 있다. 모든 것들을 분해하여 다시 조립하는 과정에서 알 수 없는 변수들이 너무도 많이 나타나는 것을 깨달은 것이다. 따라서 최근의 추세는 세포 상호간의 유기적인 연결과 협력을 고려하여 문제를 풀어나가는 네트워크 중심의 패러다임이 전개되고 있다.

한편, 상상하기 어려운 일이지만 만약 미 수정란을 제공하는 여자가 DNA를 제공한 사람과 모계 쪽의 친척이라면 100% 똑같은 DNA를 가진 복제 인간을 만들 수도 있다. 머리 좋은 독자들은 왜 그런지 벌써 눈치 챘을 것이다. 나와 내 형제 자매의 미토콘드리아 DNA는 아버지 쪽의 것이 제외된 어머니만의 것이기 때문이다. 그리고 어머니는 어머니의 형제나 자매들과 같은 미토콘드리아 DNA를 공유한다. 따라서 윤리적으로 있을 수 없는 일이기는 하지만 만약 나의 누이나 또는 이모가 미 수정란을 제공한다면 거기에서 발생하는 복제 인간은 100% 나와 같은 일란성 쌍둥이가 된다. 물론 우리는 시간을 거슬러 올라 갈 수 없기 때문에 태어나는 복제 인간은 나와 같은 成體(성체)가 아닌 아기이다. SF영화는 이 부분을 간과하는 경우가 많은데 복제 인간은 나와 DNA가 100% 똑같은 쌍둥이이지만 또한 나이 차이가 있는 동생 같은 존재인 것이다.

미토콘트리아가 비록 3만개의 유전자 중 겨우 37개만을 갖고 있지만 그것이 달랐을 때 어떤 차이를 가져오는지 아직 아무도 모른다. 앞서 박테리아는 인트론을 배제한 엑손만을 가진 효율적인 구조를 가지고 있다고 했다. 그런데 미토콘드리아도 이와 비슷한 구조를 가지고 있다. 미토콘드리아는 약 17000개의 염기를 가지고 있는데 크기는 작아도 이 안에 빽빽하게 들어있는 유전자의 수는 37개나 된다. 미토콘드리아의 DNA는 원형인데 이 역시 박테리아의 그것과 비슷하다. 이로써 미토콘드리아는 수 십억 년 전 박테리아의 하나로 살다가 동물이나 인간의 세포 안에 들어와 공생하게 된 존재라고 주장한 생물 학자, 린 마굴리스*(L.Margulis)의 주장이 매우 타당성 있게 들린다.

---

* 그녀는 내가 좋아하는, 작고한 칼 세이건과 결혼한 적이 있다. 유명한 마이크로 코스모스를 저작했으며 세이건과의 사이에 낳은 아들 도리언 세이건과 '생명이란 무엇인가'를 써서 유명해 졌다.

기억이식

원숭이의 머리를 이식하는 실험에 성공한 로버트 화이트라는 미국의 잔인한 의사가 있었다. 원숭이들은 약 36시간 동안이나 살아있었다.

아놀드 슈왈츠네거가 나오는 〈여섯 번째 날(The 6th day)〉이라는 영화에서는 악당들이 아놀드에게 여러 차례 죽는데도 불구하고 계속 다시 복제되어 등장한다. 영화에서는 수상한 액체가 들어 있는 배양기 같은 것을 갖추고 그 안에 대충 어른의 몸체를 형성한 껍데기 같은 인간을 넣어둔 다음, 복제할 사람의 기억과 유전자를 이 껍데기에 집어넣어 원래와 기억까지 똑같은 복제 인간을 만드는 장면이 나온다.

하지만 이런 일은 아무리 과학이 발달해도 이룰수 없는 허구에 불과하다. 어른의 성체를 원래의 사람과 똑같이 준비한다는 것 자체가 불가능한 일이기 때문이다. 사람을 속이 빈 껍데기에 넣고 배양한다는 설정자체가 무리하기 짝이 없다. 굳이 해야 한다면 껍데기가 아닌, 멀쩡하게 살아 돌아다니는 어떤 사람을 납치해서 그 사람의 기억을 빼내고 자신의 기억을 주입하던가 그것이 아니라면 처음부터 아기로 다시 태어나는 방법 밖에는 없다. 아기가 태어나서 어른으로 성장하는 과정을 속성으로 하는 방법이 개발된다면 모르겠지만…… 그 일이 성공한다고 하더라도 아이의 뇌 세포는 경험에 의해 완성되기 때문에 뇌에 기억을 주입하는 방법이 개발되기 전에는 불가능한 일이다. 사실 자신의 기억을 타인의 두뇌로 옮기는 일만해도 지금은 전혀 가능한 일이 아니며 차라리 머리를 떼어내어 이식하는 방법이 그나마 실현 가능성이 더 높은 일일 것이다.

실제로 원숭이를 이용하여 머리를 이식하는 실험에 성공한 로버트 화이트 라는 미국의 잔인한 의사가 있었다. 그 원숭이들은 약 36시간 정도 살아있었는데 으르렁 거리기도 하고 물기도 하는 등, 몸을 움직일 수 있었다고 한다. 또 원생동물인 플라나리아의 기억분자를 다른 플라나리아에게 옮기는데 성공한 제임스 맥도널이라는 과학자도 있다. 어떻게 했냐고? 간단하다. 먼저 A라는 플라나리아에게 빛을 이용하여 학습을 시킨다. 그리고 그 플라나리아를 전혀 학습이 되지 않은 B에게 먹게 한다. 그러면 그 B는 학습을 받은 플라나리아처럼 빛에 반응한다. 사람도 이런 일이 가능하다면 공부를 많이 한 사람들은 다른 사람들에게 먹히지 않도록 몸 조심해야 할 것이다.

쌍둥이 얘기를 조금 더 해보자.

쌍둥이가 1란성과 2란성이 있다는 사실을 우리는 잘 안다. 그런데 쌍둥이의 ⅔는 난자가 2개 배란되어 생긴 이란성이다. 그리고 그 중 ⅓ 정도는 하나의 난자가 수정되었지만 그것이 두 개로 분할 되었을 때 우연히 각각 독립된 개체로 발생하는 일란성이 된다. 이란성은 2개의 난자에서 비롯된 것이므로 사실 보통의 형제와 다를 것이 없다. 그냥 동시에 태어났다는 차이가 있을 뿐이다. 따라서 남녀 쌍둥이도 흔하게 볼 수 있다. 실제로 필자의 막내형제 들도 남녀의 이란성 쌍둥이이다. 그 아이들은 전혀 닮지 않았고 성격도 또한 남매라고 보기에도 어려울 정도로 다르다.

보통의 일란성 쌍둥이는 원래 하나에서 둘로 나눠진 존재이므로 사실은 박테리아 처럼 무성생식으로 복제된 것이다. 따라서 둘은 100% 같은 DNA를 가지고 있다. 즉, 복제인간인 것이다.

그렇다면 복제인간인 일란성 쌍둥이는 몸도 마음도 같을까? 대답은 노!다. 설계도가 똑 같은 두 사람이라도 마음과 성격은 물론 몸 자체도 달라진다. 왜냐하면 세포는 후천적으로 환경에도 영향을 받기 때문이다. 뇌도 마찬가지이다. 뇌의 신경 세포인 뉴런은 1,000억 개나 된다. 따라서 천억이 넘는 신경세포의 설계도를 그것보다 적은 수인 단지 30억 쌍인 우리 유전자가 모두 지정할 수는 없다. 신경세포는 자라면서 얻어지는 경험치에 의해 조금씩 다르게 형성되어 가는 것이다. 그러므로 일란성 쌍둥이라고 하더라도 뉴런은 많은 부분 다르게 형성될 것이다. 따라서 약간은 다른 성격을 가지게 된다. 이 세상에는 똑같은 경험을 공유하는 사람이 있을 수 없으므로 DNA가 100% 같다고 하더라도 100% 똑같은 사람이 존재할 수는 없게 되는 것이다. 이것이 우리가 히틀러를 복제할 수 없는 중요한 이유이다.

DNA는 몸을 이렇게 저렇게 만들라고 하는 일종의 설계도 이다. 그러므로 설계도가 같으면 같은 사람이 나올 수 있는 것이다. 물론 외부에서 이물질이 들어 왔을 때 공격을 명령하는 인체의 면역 세포인 T세포도 같은 DNA일 때는 상대를 구분 하지 못한다. 구분할 수 있으면 불순물로 인식하고 공격할 것이다. 이런 것을 거부반응이라고 한다. 힘들게 장기를 기증받아 이식했는데 면역계의 공격을 받아 장기가 못 쓰게 되는 일을 막기 위해 이식환자에게는 면역을 억제하는 면역억제제를 투여한다. 그러다 보면 면역계가 제대로 활동을 하지 못해 다른 병균들의 침투에 대비하기 어렵게 된다. 그래서 자신의 세포로 장기를 복제하면 거부반응이 없어서 장기이식의 관점에서 유리하다고 하는 것이다.

사람에게는 100억 종류의 적을 탐지하는 고성능 레이더가 있다.

내 피로 내 암을 낫게 한다.

– 2003년 면역 세포 치료를 개발한 이노셀 정현진 대표 –

모든 동식물의 세포는 영양분을 포함하고 있기 때문에 생태계 내 다른 종류의 경쟁자들로부터 영양분을 탈취하기 위한 끊임없는 약탈이 이루어진다(초식동물이 풀을 먹는 것도 식물이 태양으로부터 축적해 놓은 영양분, 즉 포도당을 도둑질한다는 의미에서 마찬가지이다). 이러한 약탈을 막기 위하여 모든 동식물은 내부에 방어막을 구축하게 되는데 이것을 면역계라고 한다. 앞서 말했듯이 항생제는 박테리아 자신들의 면역물질이다.

인체의 면역계는 실로 놀라울 정도로 정교하고 깔끔하게 작동하는 고도의 능률적인 시스템을 자랑한다.

면역계가 작동하는 1차 방어선은 외부와 직접 접촉하고 있는 피부이다. 피부는 표면을 약한 산성*으로 유지하여 박테리아의 침입으로부터 몸을 보호한다(대부분의 박테리아는 산성에 약하다).

또 인체의 내부로 들어가는 모든 입구에는 항생물질로 무장한 보초들이 지키고 있다. 입 속의 침이나 눈에는 라이소자임이라는 효소가 강력한 항생물질을 형성하고 있다. 숨 쉬는 기관지에는 갈대밭처럼 물결치는 수 많은 섬모가 있어서 점액들과 함께 이물질들의 침입을 저지한다. 혹시 몇몇 강력한 박테리아가 입 속의 저지선을 뚫고 들어온다고 하더라도, 마지막 방어선인 위 속의 강력한 염산이 박테리아들을 기다리고 있다가 철저하게 괴멸시킨다.

이런 염산의 지옥에서도 살아갈 수 있는 놀라운 박테리아가 바로 헬리코 박터 파일로리균이다. CF에도 자주 등장하는 호주의 배리마셜박사는 이 균을 발견하여 노벨상을 받았다. 그가 이 논문을 처음 발표했을 때 학계는 이를 무시하고 비웃었다. 다수가 항상 옳은 것은 아니다.

하지만 그것으로도 방어막은 완전하지 않다. 침입자인 박테리아들도 그에 따라 강력하게 진화하였기 때문이다. 이제 그 이후는 2차 방어막의 면역계가 담당한다.

2차 방어막은 두가지인데 첫째는 이물질에 대항하여 즉각적으로 기동타격대를 구성하는 인터페론이나 기동력의 향상을 위한 히스타민(Histamine) 같은 것들이 있고 특이적인 항체를 형성하여 大部隊(대부대) 즉, 本隊(본대)를 구성하여 침입자를 효과적으로 퇴치하는 두 번째 방어수단이 있다. 면역계는 통상 이 부분에 해당한다.

---

* 짜장면을 먹을 때 단무지에 식초를 치면 소독하는 효과가 있다.
  피부에 화상을 입으면 가장 먼저 감염에 대비한다. 1차 장벽이 무너졌기 때문이다.

2차 방어막인 면역계가 활동하는 곳은 인체의 도로망*인 혈관이다. 그래야 수시로 문제가 생긴 곳으로 이동하여 즉각적으로 해결사 노릇을 할 수 있다. 해결사는 당연히 혈액이다. 혈액을 이루는 적혈구나 백혈구는 발이 없기 때문에 걸어 다닐 수가 없다. 따라서 유체를 타고 혈관을 통해 흘러 다녀야 한다. 이 도로망을 통해 산소는 물론 호르몬이나 각종 효소들 그리고 영양분들도 이동할 수 있다. 이 엄청난 도로망의 길이는 12만 Km에 달한다. 지구를 3바퀴 돌아야 하는 거리이다(그런 의미에서 중국이라는 넓은 대륙에 혈관처럼 수 천Km의 운하를 깔아놓은 옛 중국의 왕들은 몹시 무모하고 또 현명하다).

면역을 담당하는 세포는 적혈구 1000개당 한 개 정도로 존재하는 백혈구이다. 백혈구에는 여러 가지가 있는데, 이물질을 잡아먹는 기능을 하는 식세포라고도 불리는 백혈구들 외에 2가지 종류의 림프구라는 것이 면역계에서 중추적인 역할을 한다. 림프구들은 하나의 세포이기 때문에 핵을 가지고 있다(포유류의 적혈구는 핵이 없다). 따라서 지시문인 유전자를 가지고 있다. 그리고 유전자인 지시문에 따라서 활동하게 된다.

먼저 B세포라는 스마트(Smart) 탐지병이 존재한다(B림프구라고도 한다). 이 탐지병들은 만약 인체에 이물질(항원이라고 한다)이 들어오면 비상 경계령을 발동한다. 이 탐지병들은 자신의 단백질은 잘 인식하고 있어서 자신의 것과 남의 것을 구분할 수 있는 능력을 가지고 있다. 하지만 이 영악한 탐지병들은 자신에 대한 정보는 모두 가지고 있는 반면, 미지의 이물질에 대한 정보를 한꺼번에 List로 지니고 있지는 않다. 이들은 오로지 각 1종류의 이물질밖에 탐지할 수 없다. 하드(Hardware)의 용량이 적기 때문일 것이다. B세포는 자신이 지니고 있는 수용체와 이물질 한 종류를

---

* 사실은 도로가 아닌 운하이다.

대조하여 잡아낼 수 있다. 즉 자신이 가진 열쇠에 맞는 자물쇠를 가진 이 물질을 캡춰(Capture)한다. 따라서 인체는 수 많은 자물쇠에 대비하여 수 많은 종류의 열쇠를 보유해야만 한다. 과연 면역계가 그런 방대한 일을 해낼 수 있을까? 놀랍게도 면역계는 100억 가지 종류의 다른 단백질을 인식할 수 있는 것으로 알려져 있다. 심지어는 자연에 존재하지 않는, 사람이 제조한 인공단백질도 B세포는 탐지할 수 있다. 사실 DNA가 각 한 개의 단백질을 만들 수 있는 겨우 2~3만개의 유전자 밖에 가지고 있지 못한 것에 비해서는 놀라운 일이다. 이렇게 해서 B세포는 1초에 수천 개씩 스스로 증식하는 자신의 복제물인 항체(Antibody)를 생산한다. 이렇게 만들어진 항체는 이물질에 대항하여 싸울 수 있는 막강한 정규군이 된다.

이제 이런 식으로 형성된 B세포의 클론(복제물)인 항체는 침입해온 이 물질에 진드기처럼 달라붙어 이물질이 잘 활동할 수 없게 하는 한편, 약화시켜 죽게 만든다. 하지만 그런 활동은 바깥에 나와서 돌아다니는 이물질에 한하여 유효할 것이다. 세포 속에 숨어 암약하고 있는 이물질은 항체의 공격을 피할 수 있다. 따라서 이런 상황에서는 조금 더 높은 난이도의 기술이 필요하다. 이제 또 다른 림프구인 'T세포'가 등장한다. T세포는 모두가 직접 이물질을 사살하는 데 동원되지는 않지만 사살을 지시하는 조수 세포의 안내로 저격병(Sniper)인 사수세포로써 즉각적으로 이물질을 포착하여 파괴한다. 그런데 문제는 이 사수세포가 M16 같은 성능 좋은 자동 화기를 가진 것이 아니기 때문에 조준율이 형편없다는 것이다. 따라서 정확하고 실수 없이, 제거해야할 이물질만을 공격하는 것이 아니고 이물질이 존재하는 부근에 수류탄을 던지는 방식으로 활동하기 때문에 한번 공격에 나서게 되면 우리 자신의 조직도 일부 희생하게 마련이다.

AIDS라고 부르는 후천성 면역결핍증이라는 병은 HIV라고 불리는 바이러스가 바로 이 조수 T세포를 파괴시켜 버린다. 이로 인해 면역계는 점차 붕괴해 버리고 결국 이물질의 침입에 무방비 상태가 되는 것이다. 따라서 면역이 극도로 약화된 노인처럼 사소한 감기에 걸려 폐렴으로 죽는 일까지 생긴다.

그런데 면역계가 여기까지의 시스템을 작동하는 데 걸리는 시간은 얼마나 될까? 사실 상당한 시간이 소요된다. B세포가 이물질을 탐지하고 대처할 수 있는 적절한 수의 항체를 생산하기까지는 보통 2~3일이 걸린다. 이 사이에, 침입한 박테리아나 바이러스는 무방비상태에서 마음껏 활동하며 자신의 복제물을 생산해낼 것이다. 따라서 인체는 면역계가 항체를 생산해서 대처할 때까지는 그저 기침하고 콧물을 줄줄 흘리며 고통을 감내하는 수 밖에 없다. 하지만 결국 시간이 가면 면역계로부터 적절한 수의 항체가 생산되고 따라서 감기는 며칠 뒤 낫게 된다. 그것을 보고 우리는 감기약이 잘 들었다고 생각한다.

그런데 한번 들어 왔던 이물질이 또 다시 침입 하면 어떻게 될까? PC에 캐쉬 메모리(Cache memory)가 있는 것처럼 인체에도 기억세포(Memory Cell)가 있어서 한번 침입했던 이물질은 지금까지의 계통을 처음부터 밟지 않아도 된다(항체의 일부는 기억세포로 작용한다). 그러므로 2-3일이 걸리지 않고도 즉각적으로 정규군인 항체를 생산할 수 있다. 따라서 별 고통 없이 이물질의 재빠른 퇴치가 가능하게 된다. 다행이 기억세포의 수명은 수십 년이 되므로 우리는 한번 걸렸던 병에 대해서는 수십 년 간 자유로울 수 있는 것이다. 하지만 인플루엔자같은 독감은 매년 걸리기도 한다. 왜 그럴까?

감기가 나으려면 일주일은 기다려야 하는 이유

바이러스는 자기 자신을 복제할 수 있다는 측면에서 생명체로 분류할 수도 있겠지만, 다른 세포의 도움 없이는 복제가 불가능하고 또한 스스로 활동을 할 수 없다는 측면에서 무생물로 분류되기도 한다.

— Wikipedia —

석호필은 헌혈을 했는데 우연히 그 다음날 교통 사고가 나서 수혈을 받는 과정에서 자신이 헌혈했던 피를 다시 수혈 받게 되었다. 어떤 일이 일어났을까? 만약 먼저 헌혈했던 피들이 밖에 나와 있는 사이에 관리 소홀로 조금이라도 다른 바이러스에 감염이 되었다면 이 피가 석호필의 몸에 다시 들어왔을 때, 이 감염된 혈액은 자신의 면역 체계가 항원으로 인식하지 못하게 된다. 그 혈액은 자신의 것이기 때문이다. 따라서 면역 체계가 작동하지 못하는 사이에 석호필은 그때 당시 침입한 병원체에 무방비 상태가 되어 굉장히 위험한 상태에 빠질 수 있다.

여기서 잠깐 바이러스에 대한 이야기를 해 보자.

바이러스는 박테리아나 세포보다 작은, 살아있는 생물체라고도 하기 어려울 만큼 지극히 간단한 구조를 가지고 있는 놈이다. 이들은 몸 안에 단지 12개 미만의 DNA나 RNA로 되어있는 유전자를 가지고 외부는 단백질의 껍질을 가지고 있는, 마치 조그만 유전자의 박스(Box) 같은 개체이다. 이들은 숙주가 되는 희생물에 침입하여 숙주의 유전자와 경쟁하여 숙주의 유전자가 작동하지 못하도록 한 다음 자신의 유전자를 퍼뜨려 자신을 복제하게 만든다. 그들은 박테리아와는 달리 스스로 복제를 행할 수는 없다는 것이다. 하지만 그들은 놀랍도록 효율적으로 활동한다. 자신에게는 있지도 않는 숙주의 기계 장치를 이용하여 자신을 복제하여 일정 수에 다다르면 숙주의 몸을 파괴하고 나와 다른 숙주의 세포를 찾아서 공격한다. 보통 8시간 내에 10만 배로 증식하여 숙주 세포를 공격한다. 이들의 활동은 48시간 내에 극에 달하게 되고 이 때 우리는 앓게 된다.

지금은 지구상에서 사라져버린 천연두 같은 바이러스는 단 한번의 예방접종으로 기억 세포가 생존해 있는 수십 년간 천연두에 걸리지 않을 수 있다. 하지만 인플루엔자 같은 독감 바이러스는 매년 시즌마다 예방주사를 맞아야 한다. 왜 그럴까?

그것은 인체의 면역계와 관계가 있다. 앞에서 얘기 하였듯이 한번 침입한 바이러스는 기억 세포가 또 다시 침입하면 즉각 타스크 포스(Task Force)팀을 발족하여 퇴치한다. 하지만 강력한 생존 기계인 인플루엔자 바이러스는 이렇게 진화해버린 인간에 대해서 자신들도 경쟁하여 다른 방식으로 진화 하기에 이르렀다. 그들은 옷을 다른 것으로 바꿔 입고 기억 세포를 속인다. 즉, 단백질의 껍질을 조금씩 변형시켜서, 기억 세포나 B세포가 전에 왔던 놈이라는 사실을 알지 못하게 만든다. 변장을 하는 것이다. 이런 방식은 제대로 먹혀 들고 그에 맞춰 진화 하는 데 실패한 인류는 따라서 매년 새로운 바이러스를 찾아서 예방접종을 다시 해야 하는, 원치 않는 진화적 군비경쟁에 빠지게 되는 것이다.

예방 접종인 백신은 원래 소를 뜻하는 라틴어에서 나온 말인데 여러 종류의 바이러스를 찾아서 죽이거나 약화시킨 다음, 약간 량을 몸에 주사하는 것이다. 그러면 면역계가 침입한 바이러스에 대한 항체를 형성하고 이들을 잘 기억해 둔다. 그리고 실제로 살아 있는 바이러스가 들어오면 즉각 퇴치할 수 있게 된다. 일종의 사전 교육 시스템이 되는 셈이다.

천연두 같은 고지식한 바이러스는 자신의 외부 껍질을 변화시킬 수 없었기 때문에 멸종하여 지구상에서 사라졌다. 변화할 수 없는 개체는 어떤 사회를 막론하고 개인이든 조직이든 모두 사라질 운명에 처해있다는 것은 피할 수 없는 사실인 모양이다. 그런데 왜 감기를 약으로는 퇴치할 수 없는 것일까?

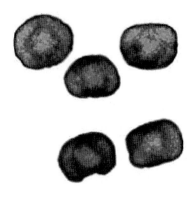

천연두 바이러스

그것은 박테리아 같은 균류를 죽일 수 있는 항생물질이 감기 바이러스는 잘 죽일 수 없기 때문이다. 따라서 우리는 면역계가 그들을 퇴치할 때까지 조용히 기다리는 수 밖에 없다. 그래서 '감기는 치료하지 않으면 낫는데 7일이 걸리고 병원에 가서 치료하면 일주일이 걸린다'는 우스개 소리가 있는 것이다. 물론 면역계가 어떤 바이러스도 다 찾아 죽일 수 있는 것은 아니다. 때로는 면역계가 질 때도 있다. 1918년에 이런 일이 일어났다. 특이한 인플루엔자가 유럽 대륙에 발생하여 이때의 바이러스로 죽은 사람은 전세계적으로 무려 2,000만 명에 달했다. 1968년에는 유명한 홍콩 독감으로 미국에서만 5,000만 명이 이 병에 걸려 7만 명이나 사망한 적도 있다. 이 때의 홍콩 독감이 지금도 조류 독감으로 불리는 인플루엔자 바이러스 종류인데 원래 조류의 바이러스는 말라리아의 원충이 그랬던 것처럼 사람에게 해를 끼치지 않았다. 그런데 갑자기 사람을 해칠 수 있는 인간과 오리의 바이러스가 합쳐진 듯한 별종의 바이러스가 나타난 것이다. 그런데 오리의 바이러스는 인체 내에서는 살수 없고 사람의 바이러스는 오리 안에서 살 수 없는데 이 둘은 어떻게 만나서 유전자를 교환하게 되었을까? 불가사의한 이 사건에 대한 열쇠는 바로 광동 돼지였다. 돼지의 몸 속에서는 이 두 개체가 같이 공존할 수 있었고 돼지와 오리 그리고 사람이 함께 사는, 인구가 1억이 넘는 중국 남부 광동성 지역의 한 켠 지저분한 농촌에서 이런 슈퍼 바이러스를 키우게 되었던 것이다. 오소리나 너구리를 비롯한 야생 동물은 물론, 고양이 같은 동물들까지도 즐겨 잡아먹는 이 동네는 지금도 한때 맹위를 떨쳤던 죽음의 바이러스인 SARS의 진원지로 알려져 있다. 인간에게 지옥인 이곳은 미생물들에게는 천국인 셈이다. 원래 돼지의 몸속에는 다른 동물보다 더 많은 미생물들이 살수있다. 맛있는 돼지고기는 사람만 좋아하는 것이 아니다. 그래서 돼지는 죽으면 다른 동물에 비해 썩기 쉽다. 즉 보존이 어려운 것이다. 이 사실이 무슬림들로 하여금 돼지는 더러우며 영양식이 되기 어렵다는 인식을 형성하여 돼지고기를 먹지 못하도록 하고 있는 것이다.

하지만 돼지는 단백질의 제공을 목적으로 하는 가축으로서는 아주 이상적인 동물이다. 한 마리의 돼지는 자신의 식물성 먹이에 포함된 에너지의 35%를 고기로 바꿀 수 있다. 이에 비해 양은 13% 소는 겨우 6.5%이다. 돼지가 1kg의 살이 찌기 위해서는 3kg 먹이가 있으면 되지만 소는 10kg이 필요하다.

텔로미어의 신비

1996년 7월, 거대한 가슴으로 유명한 미국의 컨트리 가수 '돌리 파튼(Dolly Parton)'의 이름을 딴 한 복제양이 그 전까지의 배아세포 복제와는 전혀 다른 종류의 복제로 세계를 놀라게 하였다.

체 세포 복제는 수정란 복제와는 차원이 다른 놀라운 방식의 과학이 개입되고 있다. 원래 세포가 분열을 일으키고 분화가 시작되면 자신의 전공분야 외는 각 기능의 스위치가 모두 꺼져버린다고 언급한 바 있다. 그래서 한번 분화가 일어나버린 세포는 다시는 새로운 개체가 될 수 없다고 그동안 알려져 왔다. 그런데 복제양 돌리(Dolly)를 만든 영국 로슬린 연구소의 이언 월머트가 이런 상식을 완전히 뒤엎어 버린 것이다.

즉 전능세포가 아닌, 분화되어 버린 체세포의 핵에 전기자극을 주는 방법으로 미수정란의 핵과 치환하여 살아있는 독립개체를 만들어 낸 것이다. 이 경이로운 복제는 신의 영역을 침범하는 기적 같은 일로 평가된다. 왜냐하면 이 복제의 원리에 따르면 이 세상 남자들은 모두 존재가치를 상실하게 되는 것이다. 물론 전기자극을 이용한 이 방법의 정확한 메커니즘은 아직 확인되지 않고 있다. 다만 꺼져버린 유전 정보의 스위치를 다시 되돌려 놓는 방법을 알게된 놀라운 사실은 분자생물학 역사상 최대의 발견이 아닐 수가 없다.

기실, 이와 같은 체세포 복제가 가능하다는 것에는 중대한 의미가 있다. 모든 영장류는 유성생식을 한다. 즉 암수가 있어야 새로운 개체를 만들 수 있는데 이 경우는 어느 한 쪽만 있어도, 아니 수컷 없이도 번식이 가능하다는 것이다. 이렇게 되면 남자없이 여자들만 있어도 자기들끼리 번식을 할 수 있게 된다는 사실이다. 전율하지 않을 수 없는 일이다. 그렇다면 아마조네스도 종족을 유지하기 위해 이웃의 남자 부족들을 정기적으로 그들의 침실로 초대하지 않아도 된다는 말이다.

정확하게 말해 핵을 치환할 수 있는 미수정란의 제공자와 자궁을 빌려줄 대리모인 여자만 있다면 여자들은 남자 없이도 얼마든지 식구를 늘려갈 수 있게 된다. 따라서 이제 여자들이 결코 대신할 수 없었던 가장 중요한 수컷의 역할이 이 세상에서 사라질 위기에 처해있는 것이다. 여자는 스스로 2세를 생산하여 후손(後孫)에 유전자를 전달할 수 있는 절대적인 존재이며 남자는 그 절대적인 존재를 지키고 강화하여 더 좋은 유전자를 전달하기 위한 목적으로 발생한 부차적인 개체로 전락할 위기에 처해 있는 것이다.

영화 '제 5원소'에서도 절대 존재가 나오는데 여자이다. '리루'라는 귀여운 이름을 가진 '밀라 요보비치'(Milla Jovovich)라는 러시아 출신의 아름다운 여배우는 面壁(면벽) 30년 금욕의 차가운 가슴마저도 여지없이 뒤흔들어 버릴 만큼 강렬한 관능을 가졌다. 그녀는 정말 요정의 화신처럼 생겼다.

그런데 여기에서 위대한 대 자연의 질서가 나타난다. 이 기술의 문제점은 체세포 제공자의 나이에 따라, 만들어진 클론(Clone)의 세포도 세포 제공자와 같은 나이를 가진다는 것이다. 즉, 새로운 장기를 원해서 클론을 만든다고 해도 완전히 새로운 신품의 세포를 얻는 것이 아니고 중고 세포를 얻는다는 애기인 것이다.

세포의 DNA는 50~60회 정도의 일정 수의 분열만 할 수 있는데 이것은 나이를 먹음에 따라 줄어드는 DNA안의 텔로미어(Telomere)라는 생체시계 같은 물질 때문이다. 텔로미어는 복사를 할 때마다 끝부분이 복사가 덜 되어 조금씩 원본에서 떨어져 나가는 사본처럼 작동한다. 즉, 매번 복사할 때마다 끝부분의 복사가 되지 않는 것이다. 이렇게 되면 복사가 계속 될 때마다 끝부분이 줄어들게 된다. 이렇게 해서 텔로미어는 원본인 유전자를 보호하는 역할을 하게 되는 것이다.

텔로미어는 염색체의 끝 부분에 해당하는데 복제를 거듭함에 따라 점점 짧아지다가 나중에 텔로미어가 거의 없어지면 그 세포는 죽게 된다. 갓난 아기의 신품인 텔로미어는 염색체 마다 조금씩 다르기는 하지만 약 10,000~15,000개 정도의 염기로 되어 있는데 'TTAGGG'라는 염기배열이 수천 개 반복되는 구조이다. 당연히 아미노산을 만드는 명령어가 아닌 무의미한 염기의 배열이다. 이 배열이 나중에 염기의 수가 3,000개 정도로, 즉 염기 배열이 수백 개의 수준으로 줄어들면 그 세포는 수명을 다하고 사멸하게 된다.

그래서 자신의 클론을 만들어서 장기교체를 꾀하는 사람은 문제가 생긴다(어차피 교체해 봐야 중고이므로 별로 오래 쓰지 못하고, 더구나 현재 자신에게 생긴, 같은 문제를 또 갖게 될 것이다). 실제로 복제양 돌리는 6살 먹은 양의 체세포로 복제되었는데 돌리의 세포에서 확인한 텔로미어의 길이는 보통의 양보다 20% 정도가 짧은 6살 양의 그것과 비슷한 길이였다고 한다. 결국 돌리는 명대로 살지 못하고 6년 만에 여러 종류의 노화현상에 시달리다 폐질환으로 안락사 시켜야 했다.

그렇다면 생체시계 같은 신기한 텔로미어를 다시 길어지게 하는 방법은 없을까? 만약 그렇게 할 수만 있다면 노화시계를 천천히 가도록 늦출 수 있게 되지 않을까?

그런 방법이 있다! 실제로 암세포는 바로 이것을 활성화시켜서 원래 세포가 정해진 분열 회수를 넘어 폭발적인 증식을 하는 놈이다. 그 마술 같은 물질은 바로 텔로메라아제(Telomerase)라는 단백질이다. 텔로메라아제는 'AAUCCCAAUCC'라는 배열을 가진 11개의 RNA로 되어 있어서 짧아진 텔로미어에 붙어서 상보적인 쌍을 만들 수 있다.

원래 대부분의 세포는 발달 초기의 단계에서 텔로메라아제의 합성을 멈추게 한다. 하지만 암세포 말고도 정상적으로 끝까지 텔로메라아제의 합성을 지시하는 세포가 있는데 그것이 바로 생식세포이다. 따라서 생식세포, 즉 정자는 주인이 아무리 나이를 많이 먹었어도 항상 신품인 것이다. 할아버지의 정자라고 해서 중고 아이가 태어나지는 않는 것이다.

만약 남자없이 여자들끼리만 번식을 한다면 이 세상은 어떻게 될까?

인간의 진화는 이로써 멈추게 된다. 양성이 만나서 다양성을 형성하는 기회가 상실되므로 복제 여자들만 득시글대는 인류는 박테리아나 바이러스에 의해 멸망하게 될 것이다.

영원히 사는 세포 헬라

헤이플리크 한계

헤이플리크(Leonard Hayflick)가 제안한 이 모델의 핵심은 모든 세포들이 정해진 횟수만큼 자연적으로 분열하며, 분열이 최대 한도에 도달하면 세포가 노화하여 죽는다는 것이다.

절대로 죽지 않는 불사의 세포라고 알려진 유명한 세포가 있다. 헬라세포(Hela Cell)라고 불리는, 전 세계의 실험실에서 사용되고 있는 유명한 불사의 암세포는 헨리에타 랙스(Henrietta Lacks)라는 흑인여자가 주인이다. 그녀는 53년 전인 1951년에 이미 이 세상에서 사라졌음에도 불구하고, 또한 세포는 50~60회 정도만이 분열할 수 있다는 생물학적인 공식을 깨고, 신화처럼 수천 수만 회를 분열하면서 지금까지도 살아 있는 무한히 분열할 수 있는 세포이다. 주인은 이미 죽고 없지만 지금 그녀의 세포는 원래 그녀의 몸보다 수 백배 늘어나 전 세계 곳곳에서 아직도 살아 있다*. 그 이유가 바로 텔로메라아제이다.

그렇다면 이런 사실을 이용해서 노화를 지연시키는 기술도 만들어질 수 있을 것이다. 하지만 텔로메라아제를 만들기 위해 60조개나 되는 모든 세포 하나 하나에 이 유전자를 삽입할 필요는 없다. 모든 세포는 모든 유전자의 세트를 다 가지고 있다고 했으므로 당연히 텔로메라아제를 만드는 유전자도 모든 세포가 가지고 있을 것이다. Off switch 되어 잠자고

---

* 그렇다면 랙스는 살아있는 것일까 죽은 것일까?

있을 이것을 각 세포에서 활성화 시키면 될 것이다. 실제로 이것은 현재의 과학으로 불가능한 일은 아니다.

하지만 인체가 세포의 수명을 정해놓은 놀라울 정도로 정교한 메커니즘은 수 억년을 진화해 온 생물체가 의도하는, 우리는 모르는 어떤 이유가 있을지도 모른다. 이 시스템에 손 댔을 때 생길 수 있는 모든 예기치 못하는 재난은 인간의 책임으로 돌아가게 된다.

아인슈타인을 복제 한다고?

아무리 같은 유전인자를 가졌다고 해도 각 개체의 정신세계는 완전히 다르다. 일란성 쌍둥이를 보면 알 수 있다. 일란성 쌍둥이도 30세 이상 되면 환경에 따라 얼굴마저도 달라진다.[*]

아인슈타인뿐만 아니라 히틀러도 다시는 만들 수 없다. 다만 천재성을 가진 인간을 여러 명 복제 하는 것은 가능하다. 정신세계는 다를지라도 천재성을 발휘하는 두뇌작용은 비슷할 테니까. 마찬가지로 미인이나 꽃 미남만 많이 만들 수도 있겠다. 다만 문제는 이 모든 것들의 성공률이 아직은 극히 희박하므로 많은 시행착오를 겪어야 하는데 그 여건이 쉽지 않다는 사실이다. 나중에 성공할 때까지는 무수히 많은 기형아가 생겨서 고통 받게 될 것이다. 돌리도 무려 277개의 난자 중, 살아남은 단 하나의 유일한 복제양이었다.

---

[*] 사실 5세의 일란성 쌍둥이 아이들도 생긴 것이 약간 다르다. 같은 부모, 같은 환경에서 자랐어도 그렇다. 둘의 DNA는 100% 일치하지만 경험과 사고는 각자 다르기 때문이다.

키메라와 포마토

마리아 생명공학연구소는 28일 지난해 11월 인간 배아줄기세포를 생쥐의 배아에 넣은 뒤 생쥐 대리모 자궁에 착상시켜 최근 11마리의 키메라 쥐를 만들었다고 밝혔다.

— 2003년 1월 28일자 한겨레 신문 —

키마이라

키메라라고 하면 우선 두 가지가 떠오른다. 필자에게는 80년대에 프랑스로 귀화했던 멋진 우리나라 여가수가 생각난다. 당시 그녀는 얼굴에 화려한 가면을 쓴 파격적인 분장으로 눈길을 끌었는데 사라 브라이트만(Sarah Brightman)이 유행시켰던 팝페라(Pop+Opera)라는 새로운 장르를 개척 했다고 알려진 인물이다. 그 자신의 이름도 Kim+Opera에서 출발했다.

초반에 대단한 성공을 거두었지만 지금은 거부의 남편과 함께 전 세계 각지의 유명 휴양지에 있는 별장들을 옮겨 다니며 조용히 살고 있다고 알려져 있다.

또 하나는 그리스 신화에 나오는 키마이라이다. 키마이라는 사자의 얼굴을 한 양인데 꼬리는 용이다(한때, 개의 얼굴을 한 새가 사이버상에서 인기를 끈 적이 있다). 필자가 얘기하려고 하는 키메라는 바로 후자이다. 물론 개의 얼굴을 한 새 정도로 터무니 없는 것은 아니다. 요즘의 키메라는 다른 종의 DNA를 가지고 있는, 겉보기에는 아주 평범한 동물이다. 유전공학자가 괴물을 만들기 위해 이런 엽기적인 짓을 한 것은 아니다. 병으로 고통 받는 많은 사람들을 위해서 시작한 일이다. 어떻게 이런 일이 가능한지 살펴 보기로 하자.

최근 어떤 종류의 호르몬 부족이나 효소의 부족으로 고통 받고 있는 사람들을 주위에서 쉽게 접할 수 있다. 가장 쉬운 예로 인슐린의 부족으로 고통 받는 당뇨병 환자나 성장 호르몬이 잘 나오지 않아 키가 잘 자라지 않는 사람들과 같은 경우이다. 사실 인슐린이나 헤모글로빈 같은 단백질은 이미 현대과학이 어떤 분자구조로 되어 있는지, 잘 알고 있고 또 이것들을 만들기 위한 유전 암호의 염기 서열도 모두 밝혀진 것들이지만 실험실에서 제조하지는 못하고 있다. 이 일은 백만 개의 부품이 필요한 제트 비행기를 만드는 일보다 훨씬 더 복잡한 일이기 때문이다. 하지만 놀라운 것은 이렇게 복잡한 일을 수억 년 동안 수행해 온 공장이 우리 주변에 널려 있다는 사실이다.

먼저의 이야기에서 사람은 박테리아나 심지어는 식물과도 많은 부분에서 DNA의 기능이 일치한다고 했다. 즉, 사람이 만들고 있는 단백질을 박테리아도 만들 수 있다는 것이다. 그 단적인 예가 바로 리보솜이었다. 리보솜은 세포 내의 단백질 합성공장이다. 리보솜은 다른 포유동물은 물론, 식물이나 박테리아도 가지고 있다. 따라서 사람이 인체 내에서 만드는 수만 가지 단백질을 그들도 일부는 만들 수 있다.

예를 들면 아이들을 자라게 해주는 성장 호르몬은 뇌에 있는 뇌하수체에서만 분비되지만 이 호르몬의 분비가 활발하지 않으면 아이는 잘 자라지 않게 된다. 반대로 너무 활발하면 거인증*이 되어버리고 만다. 따라서 성장이 부족한 아이에게 이 호르몬을 제공하면 아이의 키가 작아서 겪는 사회적 심리적 고통에서 벗어날 수 있다.

그런데 이 생장 호르몬을 사람에게서 구하려면 사람의 뇌하수체에 드릴로 구멍을 내야 하기 때문에 불가능하다. 결국 죽은 사람에게서 뽑아야 하는데, 두 가지의 문제가 있다. 첫째는 '감염' 그리고 둘째는 양이 너무 적다는 것이다. 실제로 70명의 사체에서 뽑은 생장 호르몬이 겨우 어린아이에게 필요한 처방의 1년 분에 해당될 뿐이다. 따라서 이 호르몬을 실험실에서 직접 합성하려고 하는 시도가 활발한 것이 결코 우연은 아닌 것이다. 하지만 복잡한 호르몬을 유기 화학적인 방법으로 제조하는 것은 불가능 하다는 것이 판명되었다. 따라서 다른 동물로부터 이것을 대량으로 얻어내려는 시도가 시작 되었다.

물론 얻을 수 있는 호르몬의 양보다 더 큰 문제는 사실 감염의 문제이고 실제로 이 문제로, 죽은 사람으로부터 성장 호르몬을 구하는 것은 법으로 금지되기에 이르렀다. 따라서 이제 남은 선택은 하나뿐이다.

물론 인간과는 다른 동물들이 비록 리보솜이라는 똑같은 형태의 공장을 갖고 있기는 해도 그 공장의 등급도 다르고 다른 포유 동물들이 사람과 똑같은 생장 호르몬을 분비하지도 않기 때문에 결국 키메라가 필요하게 된 것이다. 비결은 사람의 생장 호르몬을 만들 것을 지시하는 지시문

---

* 격투기 선수로 유명한 최홍만이 바로 그런 케이스에 해당할지도 모른다.

인 DNA를 다른 동물의 유전자에 삽입하는 것이다. 즉 사람의 유전자를 가진 동물을 만드는 것이다. 이에 비교적 적합한 대상이 바로 단세포 생물인 박테리아이다. 왜냐하면 박테리아는 2,000개 정도의 유전자만을 가지고 있어서 DNA가 단순하고 삽입하기도 쉬우며 일단 만드는데 성공하면 놀라운 번식 능력을 이용하여 대량생산하기도 쉽기 때문이다. 박테리아는 20시간 안에 단 한 마리가 지구 전체의 인구보다 더 많은 수로 늘어날 수도 있음을 기억하기 바란다. 따라서 인간의 유전자를 가진 키메라 박테리아를 잘 배양하여 해당 단백질을 수확하게 되면 되는 일인 것이다.

그런데 어떻게 박테리아의 DNA에 인간의 것을 삽입 할 수 있을까?

그런 일이 가능 하기 위해서는 박테리아의 DNA 어느 부분을 가위로 자르고 인간의 것을 연결한 다음 다시 붙이는 작업을 해야 할 것이다. 사실은 정확하게 그런 작업이 가능하다. 그것을 가능하게 한 것이 바로 제한 효소(Restriction enzyme)라는 물질이다. 제한 효소를 이용하면 원하는 DNA의 염기배열 부분을 정확하게 자를 수 있다. 즉 가위의 역할을 할 수 있다. 그리고 잘라낸 부분에 인간의 DNA를 첨가한 다음, 다시 붙이는 것도 가능하다. 그런 접착제의 역할을 가능케 하는 것이 리가제(Ligase)라고 하는 효소이다.

제한효소는 박테리아가 외부 물질로부터 자신을 방어하는 면역 수단으로 가지고 있는 이른바 효소이다. 박테리아도 박테리오파지 같은 바이러스로부터 감염될 수 있고 그런 바이러스를 물리치기 위한 방어 수단이 필요하다. 그것이 바로 200여 가지에 이르는 효소들이다. 침입해온 바이러스가 숙주인 박테리아에게 자신의 DNA를 심고 복제를 시작하게 되면 박테리아는 침입해온 외부 DNA의 염기 배열을 자신의 것과 구별하여 인식하고 파괴한다. 각 효소는 자신에게 해당되는 DNA의 특정한 염기배열을 정확하게 구분하여 절단 하기 때문에 필요한 염기배열 부분을 정확하게 자르는 데 이용할 수 있다. 예컨대 'EcoRI'라는 제한 효소는 GAATCC라는 6개의 특정 염기서열만을 인식하여 이 자리만을 자른다. 제한 효소의 발견은 생명 공학의 발전을 한 단계 업그레이드 시키는 놀라운 계기가 된다.

그런데 다만 박테리아를 이용하는 일은 다수의 복잡한 단백질을 얻는 데 있어서 역시 한계에 부딪힌다. 왜냐하면 사람의 리보솜은 비행기 공장이고 박테리아의 그것은 오토바이 공장이라는 차이가 있기 때문이다. 오토바이 공장에서 비행기를 만들 수는 없지만 일부 부품은 가능하다.

더 복잡한 단백질은 인간과 더 유사한 포유동물로부터 얻는 것이 타당한 일일 것이다. 하지만 포유동물은 박테리아보다 훨씬 더 복잡한 생물이고 많은 세포를 가지고 있기 때문에 세포에 유전자 조작을 가하기도 쉽지 않다. 또 결정적으로 번식이 느려서 대량생산에 많은 어려움이 따르는 일이다. 또한, 성공한다고 하더라도 포유동물로부터 얻고자 하는 단백질을 키메라 동물을 죽이지 않고 산채로 얻는 일도 쉽지는 않다.

그러다 과학자들은 탁월한 아이디어를 생각해 냈다. 그것은 유선세포를 이용하는 것이다. 알다시피 젖을 분비하는 유선세포는 막대한 양의 단백질을 생산하기에 좋은 인프라(Intra)를 갖춘 곳이다. 또 필요한 단백질을 수확하기 위해서 배를 째거나 동물의 몸에 주사바늘을 꽂을 필요도 없다. 살아있는 반달곰의 쓸개에 튜브를 꽂는 것 같은, 천인공로 할 만행을 저지를 필요도 없다. 그냥 두 손을 이용하여 힘주어 젖을 짜기만 하면 된다.

이런 원리로 스코틀랜드의 한 의약단백질 연구소에서는 쥐와 양을 이용하여 '알파1 항 트립신'이라는, 인체에 부족할 경우, 폐 조직이 조그맣게 사그러드는 병이 되는 중요한 단백질을 만들어 내는데 성공했다. 550마리의 암양으로부터 채취한 난자로 실험한 결과 400개가 넘는 난자가 사람의 DNA를 삽입한 후에도 살아 남았고 이 난자들로부터 100마리가 넘는 새끼양이 태어났다. 그리고 그 중 5마리의 양이 사람의 유전자를 지닌 것으로 확인되었다. 하지만 그 중 3마리만이 젖에서 알파 1 항트립신 단백질을 생산해내었고 또 그 중 오로지 한 마리만이 리터당 30g이나 되는 채산성이 맞는 양의 단백질을 생산해 내기에 이른 것이다. 따라서 이 양을 번식시키면 절반 정도의 새끼들이 엄마 양처럼 항트립신을 생산할 수 있게 될 것이다. 황금알을 낳는 거위가 바로 이런 것일 것이다.

이제는 이런 연구를 통해서 '락토페린'(Lactoferrin)이라는 모유에서만 분비되는 강력한 항생물질을 소의 젖에서 분비될 수 있도록 하는 락토페린 우유가 선보일 예정이다. 지금 이 글을 쓰는 이 시점에서는 벌써 생산되고 있다. 물론 이의 상업적인 성공 여부*는 유전공학적으로 제조된 키메라 동물에서 생산된 우유를 일반 사람들이 자신의 아이들에게 먹이느냐 마느냐에 달려있다.

돼지로부터는 사람의 유전자를 삽입하여 장기 이식을 할 때 거부반응을 없애거나 줄이도록 하는 일이나, 돼지의 혈액으로부터 사람의 단백질을 분리하는 연구도 하고 있다.

또 세포융합이라는, 두 종류의 세포를 통째로 합치는 방법도 있다. 쉬운 일은 아니지만 그렇게 해서 태어난 유명한 세포융합 식물이 바로 토마토의 열매에 뿌리는 감자가 열리는, 여러분들도 그림으로 한번쯤 보았을 포마토(Pomato)라는 유명한 식물이다.

토마토 얘기가 나왔는데 토마토의 유전자 조작에 대한 얘기를 하지 않고 넘어갈 수 없다. 다 익은 토마토는 무게에 비해 껍질이 연약하기 때문에 유통과정 중 짓물러버리는 일이 많아서 과일(채소) 판매업자들의 고민

---

* 락토페린 우유는 오늘날 엉뚱하게 멜라민 파동으로 직격탄을 맞고 있다.

이 되어왔다. 따라서 덜 익어 단단한 푸른 토마토를 유통시킬 수 밖에 없었는데 이 경우 퍼렇게 생긴 토마토는 사람들의 구매욕구를 저하시키기 때문에 판매가 원활하지 않다는 단점이 있다. 그래서 업자들은 푸른 토마토에 과일을 숙성시키는 에틸렌 가스를 쏘여 빨갛게 만든 다음 팔아왔다. 에틸렌 가스는 합성 수지나 섬유를 만드는 중간생성물이 되거나 물을 첨

가하여 알코올이 되는 화합물로 알려져 있지만 식물을 숙성시키는 식물 호르몬으로도 유명하다. 그런데 재미있는 것은 과일에 충격을 가하면 이 에틸렌 호르몬이 다량으로 나온다는 사실이다. 따라서 과일을 바닥에 떨어뜨리면 덜 익은 과일을 숙성시키는 작용을 한다. 귤은 자꾸 땅 바닥에 떨어뜨린 다음 먹으면 맛있다는 말이 일리가 있는 얘기라는 것이다. 만약 사과 상자에서 한 개의 썩은 사과가 있으면 이 사과로부터 나온 에틸렌 때문에 다른 사과들도 저절로 썩는 일이 발생할 수도 있다. 그런데 문제는 이렇게 에틸렌 가스를 쏘여 빨갛게 익게 만든 토마토는 자연적으로 태양에너지를 받아 익은 토마토 보다는 맛이 덜하고 싱겁다. 이런 고민을 덜기 위해 나온 것이 바로 유전자 조작 토마토이다. 유전자 조작 토마토는 토마토가 쉽게 물러지도록 하는 유전자를 아예 제거해버린 토마토이다. 따라서 빨갛게 익은 상태에서도 쉽게 물러지지 않고 단단한 상태를 유지할 수 있다. 맛도 억지로 에틸렌 호르몬을 쏘인 토마토처럼 싱겁지 않고 정상이 된다. 이제 업자들의 문제는 완전히 해결된 것처럼 보인다.

하지만 직접 사 먹어야 하는 소비자의 입장에서는 이것이 GMO, 즉 유전자 조작 식품이라는 것이 그리 달가운 일은 아닐 것이다. 유전자라는 것은 단 한가지의 기능만 하는 것이 아니기 때문에 특정 유전자를 제거했을 때 우리가 예상하지 못했던 다른 문제가 생길 수도 있기 때문이다.

이제 과일 매장에서 토마토를 살 때 점원에게 한번 물어보자. 맛있게 보이는 빨갛게 익은 단단한 토마토가 에틸렌 가스를 쏘여서 익힌 것인지 아니면 유전자 조작 토마토인지 말이다.

가장 지혜로운 소비자는 그냥 퍼렇게 생긴 토마토를 사는 사람이다.

세상은 아는 만큼만 보인다.

하이브리드(Hybrid) 동물

한 언론이 중국인터넷에 올려진 사진을 인용하며 마이애미 동물원의 라이거 사진이 공개되었다고 보도했다. 수컷사자와 암컷호랑이 사이에서 태어난 종을 일컫는 라이거(liger)는 가장 큰 고양이과 동물을 의미한다. 이 언론은 이 사진이 공개된 시기에 대해 언급하지는 않고 중국인터넷 망에 올라와 화제가 되고 있다고만 하고 있다. 이 기사가 언급한 바는 다음과 같다.

> 미국 마이애미 동물원내 라이거 한마리의 일상 모습이 공개되 눈길을 끌고 있다. 중국 인터넷 망에 오른 이 라이거는 수컷 사자와 암컷 호랑이 사이에서 태어났으며 몸무게만 500kg, 몸길이가 3.6m에 이르는 대형 몸집을 자랑하고 있다.

잡종이나 혼혈을 뜻하는 하이브리드는 최근 전기와 휘발유 2가지 종류의 에너지원으로 움직이는 자동차를 그렇게 부름으로 인해 대부분 자동차로 인식하고 있는, 사실은 오래된 단어이다. 하이브리드 동물이야말로 우리가 예상하고 기대했던 그런 혼합 동물이다. 보통 종이 다른 생물의 경우는 서로 교접이 어렵다. 이유는 각각이 가지는 염색체의 개수가 다르기 때문이다. 그렇게 되면 수정 자체가 어렵게 된다. 하지만 비슷한 종의 경우는 이런 교잡이 가능할 때도 있다. 그것이 바로 하이브리드 동물이다.

사자와 호랑이의 교잡인 라이거, 타이온. 사자와 표범의 교잡인 레오 폰 또는 수탕나귀와 암말로부터 비롯한 노새 같은 것이 바로 그런 예들이다. 사실 사자와 호랑이는 같은 고양이 과의 동물로 염색체의 수도 38개로 같아서 종이 다르기는 하지만 두 개체의 교잡이 그렇게 놀라운 일은 아니다(고양이도 염색체가 38개이다). 하지만 노새의 경우는 말의 염색체가 64개이며 당나귀는 62개로 염색체 개수부터가 다르다. 그런데 놀랍게도 이 두 종의 교잡이 가능하다는 것을 사람들은 오래 전에 발견한 것이다. 따라서 여기서 생기는 하이브리드인 노새는 어미인 말로부터 32개 그리고 아비인 당나귀로부터 31개의 염색체를 물려받게 되어 모두 63개의 염색체를 갖게 된다. 따라서 노새의 염색체는 홀수의 염색체가 되므로 나중에 염색체가 반으로 나뉘게 될 생식세포가 감수 분열을 제대로 할 수 없고 따라서 제대로 된 정자나 난자를 만들지 못해서 대를 이어갈 수 없게 된다*.

즉, 이런 동물들은 수태가 힘들어 더 이상의 자손 번식이 어렵게 된다. 놀랍지 않은가? 이렇게 자연은 괴물을 만들 수 없도록 스스로 조절하고 있다.

섬짓한 상상이지만 사람과 침팬지 같은 영장류와의 하이브리드는 어떨까? 사람의 염색체는 46개, 영장류는 대부분 48개이다. 겨우 2개 차이이다. 하지만 거기서 태어나는 자손은 노새의 경우처럼 47개의 염색체를 가지게 될 것이다. 글쎄 실험을 해보지 않아서 알 수 없지만 불가능할 것 같지는 않다. 하지만 이런 무모한 시도를 하는 사람은 없으리라 믿는다. 늑대와 사람 사이에 태어나 보름달만 뜨면 늑대로 변하는 상상의 괴물은 가끔 소설에 등장 하기는 하지만 이런 교잡도 늑대의 염색체가 78

---

* 하지만 아주 드물게, 수태를 하는 예외를 보이는 수도 있기는 하다.

개나 되기 때문에 46개인 사람과의 수정이 불가능하다. 결국 소설일 뿐인 것이다.

늑대나 개가 보름달이 뜨는 날에 하늘을 보고 짖는 이유가 달의 인력에 영향을 받아서라고 한다. 사람도 이에 영향을 받는지 보름달이 뜨는 날, 살인이 가장 많이 일어난다는 얘기가 오래 전부터 있었다. 항상 소문은 소문으로 끝나기 마련이지만 이 경우는 어떤 집요한 사람이 있어서 진위를 확인해 보기로 했다. 그런데 지나간 범죄 기록을 확인해본 결과, 보름달이 뜨는 날 살인이 많이 일어난다는 이야기는 완전히 사실무근이었음이 밝혀졌다. Myth Bursted!

공룡 주식회사

주라기 공원의 정체

미국과 호주 연구팀이 멸종된 동물의 유전자를 이용, 일부 복원에 성공했다.
미국 텍사스대 리처드 베링거 교수와 호주 멜버른대 앤드루 패스크 박사팀은 70년 전 멸종돼
박물관에 보관 중인 태즈메니아 호랑이 표본에서 유전자를 뽑아내 쥐에 주입한 결과 연골과
뼈 형성 기능을 한다는 사실을 확인했다고 '플로스원' 최신호에서 밝혔다. 태즈메니아 호랑이
는 호주에 주로 서식했으나 1936년 호주 호바트 동물원에서 마지막 남은 한마리가 죽은 것
으로 알려져 있다. 연구진은 멜버른의 빅토리아 박물관의 알코올 속에 보관돼 있는 100년 된
태즈메니아 호랑이의 표본을 이용했다.

– 2008년 5월 21일 파이낸셜 뉴스 –

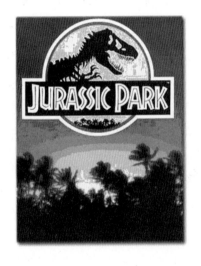

이 영화가 나온 지 이제 벌써 10
년이 넘은 것 같다. 당시 이 충
격적인 영화를 너무도 재미있게 본
기억이 난다. 하지만 나는 영화를 보
고 난 후 오히려 폭포처럼 쏟아지는
더 많은 궁금증으로 목이 탔다. 당
시의 나는 분자 생물학이나 혼돈이론
등, 여타의 과학에 대한 지식이 거의
전무하였기 때문이다. 따라서 나는
자연스럽게, 다른 많은 사람들이 걸
어간 것과 마찬가지로 원작을 찾아보게 되었다.

사실 나는 처음부터 공룡에 대한 관심은 별로 없었다(남자는 관 속에 들어
갈 때라야 철이 든다지만 아무리 그래도 공룡을 좋아할 나이는 좀 지났다). 다만 DNA
를 이용하여 멸종된 생물을 복제할 수 있다는 첨단 과학이 경이롭게 느

껴졌고 그에 따른 강렬한 호기심을 억누를 수 없었기 때문에 이 이야기에 관심을 가졌던 것이다.

과연 기대했던 대로 원작은 사실상 공룡 이야기가 아닌, 분자생물학과 유전공학, 그리고 당시에 유행했던 프랙탈(Fractal)과 혼돈(Chaos) 이론을 기반으로 한, SF 소설이었다. 거기다 매력적이고도 탄탄한 스토리 구성으로 인하여 어떤 사람이라도 이야기에 빠져들지 않을 수 없었을 것이다. 미국에서만 이 책이 천만 부가 넘게 팔렸다는 것이 그 사실을 반증하고 있다. 하지만 나는 원작을 읽고 난 후에도 대부분의 궁금증은 풀리지 않은 채 여전한 갈증으로 남아 있었다.

이제 갑자기 십 년도 더 된 고리짝 묵은 주라기 공원 얘기를 들고 나온 이유는 이 재미있는 이야기가 우리가 앞서 살펴봤던 DNA와 유전자에 대한 지식을 응용해 볼 수 있는 좋은 수단이 될 수 있기 때문이다. 원작은 대부분의 내용을 정확한 과학적 사실에 의거하여 쓰려고 노력한 흔적이 많이 보였지만 매끄러운 스토리의 구성을 위하여 작가가 동원했을 많은 허구와, 진실에 위배되는 비 과학을 상당수 발견할 수 있었다. 이제부터 지금까지의 지식을 동원하여 그것들을 한번 파헤쳐 보자.

하지만 오해는 말기 바란다. 필자는 원작자를 엉터리로 매도할 의사는 전혀 없다. 작가가 그런 사실을 모르고 쓴 것이 아니기 때문이다. 실제로 불가능한 이야기를 엮어나가려다 보니, 많은 부분 비현실적이고 비과학적인 부분과 충돌한다. 그 때마다 저자는 책 속에서 그 사실을 지적한다. 하지만 허구를 만들지 않으면 더 이상 스토리가 전개될 수 없기 때문에 어쩔 수 없는 것이다. 다만 어디까지가 사실이고 어디까지가 허구인지에 대한 경계선을 저자가 책 속에서 명확하게 지적해 주지는 않기 때문에 나름대로 필자가 그것을 발견하고 확인하여 사람들에게 이런 사실을 알려주고 싶었을 따름이다.

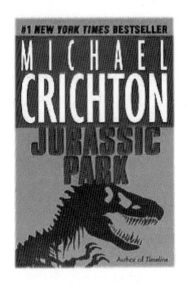

'공룡의 DNA만 있으면 공룡을 복제해 낼 수 있다.' 이것이 이 영화의 핵심이다. 하버드 대학 영문학부로 입학, 하버드 대학 인류학부 수석 졸업, 케임브리지 연구원, 하버드 의대 졸업이라는 믿을 수 없는 학력이 보여주듯이 인문과 의학, 과학을 넘나드는 화려한 지식의 무장으로 SF(Science Fiction)가 아닌 KF(Knowledge Fiction), 즉 지식소설이라는 새로운 장르를 개척한 베스트 셀러 작가 마이클 크라이튼*이 창작한 이야기이다. 그의 소설은 까다로운 분자생물학이나 양자역학 그리고 나노테크 같은 첨단의 현대과학을 대중이 쉽게 접근할 수 있도록 실마리를 제공하는, 스토리가 있는 과학책이다.

DNA로 대표되는 분자생물학이나 유전공학에 관한 대중들의 최근 지식이나 관심들은 생물학자들이나 학교가 아닌, 이 책과 영화 한편이 제공한 폭발적인 영향력 때문이다. 참신하고 기발한 이 아이디어는 생물학적으로 완전히 불가능한 것은 아니지만 현재의 기술로는 가능하지 않다는 결론에 도달한다.

그러나 불가능한 이유들이 언젠가 해결되면 실제로 공룡을 볼 수 있는 날이 올 수도 있다. 미래학자인 아서 클라크(Arthur Clark)는 2023년이 되면 공룡들이 경비견의 임무를 대신 수행할 수 있을 것이라고 했지만, 그렇게 빠른 시간 안에 이 일들이 해결될 것 같지는 않아 보인다. 우리가

---

* 이 책을 탈고하던 중인 11월, 그가 죽었다. 겨우 66세. 앞으로 다시 그의 작품을 볼 수 없다는 사실이 우리를 슬프게 한다.

M A d F O R S C I E N C E

DNA라는 생물체의 설계도에 해당하는 물질을 발견함으로써 소나 양의 복제에 이어 인간의 복제까지도 눈앞에 둔 시대에 살고 있기 때문에 수 천 만년 전에 살았던 공룡의 DNA를 구할 수만 있다면 복제도 어렵지 않을 것이라는 발상이 터무니없는 것은 아닐 것이다. 실제로 수 천년 전의 이집트 미이라에서 사람의 DNA를 구한 적도 있다.

하지만 사람은 아직도 눈 부릅뜨고 살아있지만 이미 멸종해 버린 생물을 다시 복제해 내는 일이 그렇게 쉽지만은 않을 것이다. 우리는 21세기의 현대과학문명에 살고 있지만 아직도 과학자들은 생명의 존재와 발생에 대해서 모르는 것이 아는 것보다 훨씬 더 많다.

우리는 앞서 생물학과 유전자 그리고 발생에 관한 약간의 지식을 닦았기 때문에 이 글을 읽고 이해 하는데 크게 부족함이 없을 것이다. 만약 앞의 글을 읽지 않은 독자가 있다면 먼저 그 글들을 읽어 보기를 권한다. 또 앞의 글을 읽어본 독자는 이제 전에 읽어 보았을 주라기 공원을 다시 읽어보기 바란다. 바로 '아는 만큼 보인다'라는 사실이 감동적으로 다가 올 것이다.

공룡을 복제한다는 사실은 주라기 공원에서 얘기하는 것만큼 그다지 쉬운 일은 아니다. 그 일을 위해서 우리가 먼저 극복해야 할 생물학적인 많은 과제들이 있다. 이런 과정들을 하나하나 확인하다 보면 이 대단하고 야심찬 소설이 사실 얼마나 황당하고 만화같은 얘기로 점철되어 있는지 확인할 수 있다. 하지만 또 한 이면에 원작자인 마이클 크라이튼의 고뇌와 갈등, 그리고 엄청난 과학에 대한 지식의 깊이를 이해하는 계기도 될 것이다.

화 석

1억 6천만년 동안이나 지구를 지배했던 공룡들의 존재에 대한 부인할 수 없는 물리적인 증거가 바로 화석이다. 어떤 화석은 공룡의 뼈대를 거의 90% 이상 반영하고 있는 것도 있기 때문에 공룡을 복제하기 위해서 화석으로부터 공룡의 DNA를 구하는 일을 가장 쉽게 생각해 볼 수 있다. 하지만 아쉽게도, 주위에서 그다지 구하기 어렵지 않은 공룡의 화석에서 DNA를 얻는 것은 불가능하다. 왜냐하면 이미 수천 만년이 지난 화석은 형태는 그대로 일지라도 실제로 공룡의 뼈가 남아있는 것이 아니고 유기물*이 이미 무기물화 되어버린 흔적일 뿐이다. 즉, 글자 그대로 돌**과 같이 되어버린 것이다. 뼈도 세포의 하나이므로 당연히 DNA를 가지고 있다. 하지만 화석에 DNA가 남아 있다고 하더라도 그것은 이미 DNA가 아닌 돌 그 자체이다.

대체로 모든 생물은 죽게 되면 생태계의 청소부인 박테리아들에 의해 급속도로 분해가 일어난다. 그래서 주로 단백질과 칼슘으로(근육과 뼈) 이루어진 고분자인 생체는 더 간단한 분자들로 해체되고 쪼개져서 사라지게 된다. 이렇게 자연으로 돌아간 분자나 원자들은 다시 조용히 기다리고 있다가 바위의 구성분이 되든, 아니면 또 다른 생물체의 구성원으로 돌아가든지 하게 될 것이다.

태초에 별의 발생과 항성의 핵융합으로 생겨났던, 우리 자신을 구성하는 많은 원자들은 실제로 6천 5백만년전의 공룡을 구성하던 원자가 현재 우리의 뼈나 피부를 이루는 원자중의 하나가 되었을 수도 있다. 공룡의 뼈는 다른 부분보다는 오랫동안 남아있을 수 있겠지만 결국은 오랜 세월의 무게를 이기지 못하고 하나하나의 구성원이 부근의 자연이 가지는 원

---

* 유기물은 대체로 탄소가 들어있는 물질을 말한다. 대부분의 살아있는 물질은 탄소와 수소, 산소로 되어 있다.

** 돌 같은 암석은 주로 산소와 규소로 이루어져 있다. 신기하다. 돌 속의 산소라니. 실제로 지구상에서 가장 흔한 원소는 바로 산소이다.

자와 교체된다. 이런 식으로 세상 모든 물질은 한치의 낭비*도 없이 효율적인 시스템으로 순환되는 것이다.

자, 결국 화석에서 DNA를 구하는 것은 어려운 일이라는 것을 알았다. 그래서 주라기 공원에서는 화석이 아닌 다른 방법을 생각해 낸 것이다. 그 아이디어의 시발점은 다음과 같다.

· 공룡의 피를 빨아먹은 모기가 호박(amber)**에 갇혀 있다.
· 그리고 공룡의 피가 모기의 몸 속에 남아있다면 그 공룡의 피로부터 공룡의 DNA를 채취할 수 있다. 또 Full set의 DNA가 아니라도 현대의 과학으로 그 동물을 복제할 수 있다.

따라서, 소설에서 해먼드 재단의 존 해먼드는 이를 위해 세계 각처에서 호박을 무려 1천7백만 달러어치나 사들인다(하지만 이런 짓은 재테크의 관점에서는 절대로 하지 말아야 할 무모한 짓이다). 기발한 발상이기는 하다. 하지만 생각보다 쉬운 일은 아닐 것이다. 해먼드가 돈을 제대로 투자했는지 아니면 허공에 날리게 되었는지 지금부터 그 과정을 한번 추적해 보기로 한다.

6,500만년 전의 호박

공룡은 6,500만년 전에 모두 멸종했다. 그래서 논리상 호박을 구할 때 반드시 공룡이 살아 움직이던 때인 6,500만년 이상 된 것을 구해야 한다. 모기는 6,500만년 전 이후에는 공룡의 피를 빨 수 없었다. 그런데 호박은

---

 * 겉으로 보기에 자연은 어마어마한 낭비와 과잉이 넘쳐나는 것처럼 보인다.
** 호박은 우리 한복의 마고자 단추로 많이 쓰여서 우리도 잘 안다. 속에 개미나 벌레가 들어있는 것이 좋은 제품이다. 요즘은 인공 수지로 쉽게 합성하여 만든다.

3,000만년 이상 된 것은 구하기가 힘들다. 영화에서의 도미니카 광산의 호박도 3,000만년을 넘지 않은 것들이다.

하지만 미국의 뉴저지에는 8,500만년 정도 된 지층이 있어서 만약 호박을 찾을 수만 있다면 여기서 그런 호박을 구하는 것이 가능하다고 호박 전문가가 말한다. 레바논에는 1억년이 넘는 호박이 발견된 적도 있다. 그러나 사실 호박이 오래된 지층만 있으면 아무데나 있는 물건은 결코 아니다. 이런 호박을 구하는 일은 상당히 어려운 일이 되겠지만, 그렇다고 불가능 하지는 않다. 따라서 구했다고 치고 다음 이야기를 진행해야 한다. 그렇지 않으면 여기서 이 얘기를 그만 접어야 할 것이기 때문이다.

공룡과 동기간인 모기

그 다음에는 호박 안에 하필이면 다른 많은 곤충 중, 모기가 갇혀있어야 한다. 그런데 중생대인 그 당시에 모기라는 곤충이 있기나 한 걸까? 모기는 도대체 지구 상에 언제 나타난 걸까? 모기는 진정 만물의 영장인 인류보다 더 오래된 선배일까?

호박(Amber)

모기가 지구상에 나타나게 된 때는 인간보다 한참 오래 전인 무려 2억 년 전이다. 인류역사의 100배나 된다. 따라서 모기는 공룡과 동기간이 된다. 이로써 공룡의 피를 빨 수 있는 시대적 상황에 부합된다. 실제로 호박 속에는 재빠르게 날아다니는 모기보다는 늘 기어 다니는 개미가 가장 많이 보이지만, 벌이나 모기도 가끔 호박 속에서 발견되기는 한다. 그래서 어렵기는 하지만 그런 호박을 발견했다고 치자.

하지만, 호박에서 개미가 발견되는 확률조차도 몇 천분의 1이다. 개미보다 훨씬 더 재빠른 모기가 발견되는 확률은 1만분의 1도 안 될 것이다. 더구나 그렇다고 하더라도 호박 속에 갇힌 모기가 반드시 공룡 피를 빨아먹었다는 보장도 없다. 거기다 반드시 모기는 암컷이어야만 한다. 수컷모기는 피를 빨지 않기 때문이다.

확률은 다시 반으로 줄어든다. 당시는 대부분의 큰 동물들이 공룡이었으므로 모기가 공룡의 피를 도둑질 하기는 어려운 일이 아니었을 것이다. 모기로서는 작고 잽싼 포유동물보다는 덩치 크고 느린 공룡의 피를 빠는 일이 훨씬 더 쉬웠을 것이다. 하지만 공룡의 그 두꺼운 각질층을 어떻게 모기의 침이 뚫었을까? 하긴 오늘날에도 두꺼운 청바지 입은 우리의 넓적다리를 뚫는 바닷가의 각다귀 같은 독한 종도 있기는 하지만, 공룡의 각질층은 청바지보다 두껍다. 그렇다면 아예 공룡은 물 수 조차 없었던 것은 아닐까?

아마 그렇지는 않은 것 같다.

아무리 공룡이라도 부드러운 부분은 있었을 것이다. 예컨대 눈꺼풀을 생각해보면 알 수 있다. 사람도 눈꺼풀이 피부에서 가장 얇은 곳 중의 하나인데 우리가 눈을 깜박거리는 이유는 안구를 보호하고 건조하지 않게 적시기 위해서이다. 하지만 깜박이는 속도가 느리면 시야가 단절되므로 실 생활에 불편을 가져올 것이다. 따라서 깜박이는 사실을 느끼지 못하도록 잽싸게 눈을 감았다 떠야 한다. 그 속도는 40분의 1초이다. 사람에 따라 다르기는 하지만 대체로 우리는 한 시간에 눈을 900번 정도 깜박인다. 이런 혹독한 노동을 견디려면 눈꺼풀*은 아주 부드럽고 유연해야 할 것이다. 공룡도 마찬가지이다. 공룡도 눈은 깜박여야 하므로 그 부분의 피부는 각질층으로 되어있으면 안 된다. 들판에서 풀을 뜯고 있는 소를 보면 눈꺼풀 주위에 파리가 많이 몰려있는 것을 볼 수 있다. 또 늘 움직일 때마다 다리들과 스쳐야 하는 겨드랑이는 어떨까? 아마 겨드랑이가 각질층으로 되어있었다면 움직일 때마다 겨드랑이에서 불꽃이 튀었을 것이다. 따라서 겨드랑이 같은 부분도 부드러워서 공략하기 쉬운 부분이다. 공룡은 충분히 많고 또 크기 때문에 충분히 모기의 관심대상이 되었을 것이다.

수혈과 소화의 차이

그런데 한 가지 중대한 문제가 있다. 모기가 공룡 피를 빨아먹으면 그건 모기의 혈관(사실 모기는 개방순환계이므로 모든 혈관이 사람처럼 연결되어 있지는 않지만)으로 공룡 피가 수혈**되는 것이 아니고 공룡의 피가 모기의 위장 속으로 들어가서 모기의 소화액과 함께 소화가 되는 것이다.

공룡의 피는 암놈 모기의 난소에 영양을 공급하기 위한 것이다. 공룡의 피는 대부분 적혈구로 되어 있으며 일부는 백혈구이다. 사람의 경우 적혈구의 대부분을 이루고 있는 헤모글로빈은 모기의 몸 속으로 들어가는 순간, 산소를 각 기관으로 운반하는 운송기관이 아닌, 영양가 있는 단백질 식품 그 이하도 이상도 아니다. 두 개의 단백질로 이루어진 헤모글로빈은 소화효소에 의해 다시 아미노산으로 분리되고 소화되어 모기를

---

* 눈꺼풀은 피부중 가장 노화가 빨리 일어나는 부분이기도 하다.

** 수혈은 식사와 다르다. 놀랍지만 수혈도 의학적으로는 일종의 장기 이식에 해당된다.

이루는 구성원의 일부로 사용될 것이다.

즉, 사람이 사슴의 피를 마시는 것과 같은 이치이다(그러니 사슴 피를 마시려고 하는데 사슴 피가 자신과 혈액형이 같은지 물어보는 어리석음을 범하지는 말기 바란다).

또 한가지 문제는 타이밍이다. 모기는 공룡 피를 마시고 소화되기 전의 순간에 나무의 수액에 갇혀야 하는데 불행하게도 모기는 공룡 피를 거의 몇 십분 이내에 소화시켜 버린다. 그러니 그 순간의 포착이 상당히 힘들 것 같다. 그리고 그 전에 수액에 갇혔다 하더라도 어느 정도는 죽지 않고 버둥거릴 수 있으며 죽더라도 그 사이에 모기가 먹은 피는 다 소화가 진행 되어버릴 것이다(갈수록 태산이다). 그러나 그래도 어쨌든 소화불량으로 모기의 위장에 소화되지 않고 남아있는 공룡 피가 있다고 치자.

붉은 피톨에는 DNA가 없다.

필자가 어렸을 때는 학교에서 적혈구를 우리 말로 '붉은 피톨'이라고 가르쳤다. 모기의 위장에 남아있을 공룡의 피는 대부분이 적혈구인데, 미안하지만 대부분의 동물 혈액 중에서도 적혈구에는 완전한 세트의 DNA가 없다. 적혈구에는 핵이 없기 때문이다. 적혈구는 몸 속에서 최대 120일 정도만 살 수 있는데 그 후에는 폐기되고 새로운 적혈구와 교체된다. 다만, 새의 종류인 조류에는 적혈구에도 핵이 있다(우리 몸을 이루는 60 조개의 모든 세포에는 핵이 있고 그 세포 하나 하나에마다 설계도인 DNA가 들어있다. 피도 역시 세포이다. 그래서 피를 이루는 적혈구와 백혈구 그리고 혈소판 중 면역 작용을 할 수 있는 백혈구에만 모든 게놈을 갖춘 완전한 DNA가 있다).

염색체 수

좋다. 십분 양보해서 공룡을 파충류가 아닌 조류라고 쳐서 적혈구 속에 핵이 있고 그 안에 DNA가 있다고 치자(실제로 영화에서도 공룡을 조류로

분류하는 장면이 나온다). 그리고 모든 염색체 세트가 빠짐없이 다 있다고
치자.

사람의 염색체 1세트는 46개인데 공룡은 몇 개 일까? 그것조차도 우리는 모르고
있다. 예컨대 사람과 가장 유사하게 생각되는 고릴라나 침팬지만 하더라도 48개로
사람과 염색체의 개수가 다르다. 공룡들도 종에 따라서 여러 가지 다양한 개수의 염
색체 쌍을 지녔을 것이다. 무게가 20톤이 넘고 부피가 소 50마리와 비슷한 아파토
사우러스와 닭 크기만한 콤피가 같은 염색체의 개수를 가졌다고 상상하기는 어렵
다. 물론 덩치와 염색체 수가 비례하는 것은 아니다.

공룡의 DNA를 분리하는 과정은 결코 쉽지 않다.

다음으로 생각해야 할 것은 공룡의 DNA를 모기의 몸 속으로부터 채
취 하는 일이다. 이 일은 언뜻 쉬워 보이지만 사실은 그리 만만한 일이
아니다. 눈에 보이지 않아서 그렇지 이 세상은 보이지 않는 불순물로 가
득 차 있다. 실제로 주위에는 수 많은 동물들과 식물들의 DNA가 어지럽
게 돌아다니고 있다. 방 안에는 피부에서 떨어진 각질들과 수 많은 박테
리아들로 들끓고 있고 그들은 모두 자신의 DNA를 가지고 있다. 따라서

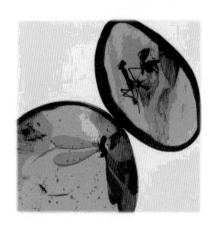

오염되지 않은 순수한 DNA를 얻
기란 몹시 힘이 드는 일이다.

실제로 그 동안 과학자들이 수
천 만년 전 선사시대의 호박에서
발견한 등에나 바구미의 몸에서
발견했다는 DNA는 모두 과학자
자신들의 DNA인 것으로 밝혀져
서 이제는 그런 주장조차도 믿지
못하게 되었다.

사실 DNA는 아무리 좋은 조건이라도 백만 년을 넘게 존재하는 것이 무리라고 생각되고 있다. 호박 속의 곤충에서 그런 일을 하는 것도 불가능한데 하물며 그 곤충의 몸 속에서 공룡의 순수한 DNA를 분리하는 것은 거의 불가능에 가까운 일로 보인다.

그러나 이 또한 완전히 불가능한 일은 아니며 보다 철저한 관리를 통해서 깨끗하고 통제된 조건을 갖추면 가까운 장래에 실현 가능하게 될 수 있는 일이다. 또 모기의 몸 속에서 모기의 피와 공룡의 피를 구분할 수 있을까? 다행이 이것은 구분 가능할 것으로 생각된다.

모기의 피는 혈관을 타고 돌아 다니는 헤모글로빈과 달리, 헤모림프라는 피를 가지고 있어서 구분된다. 하지만 또 하나의 난관이 우리를 기다리고 있다. 그것은 순수한 공룡의 적혈구 세포를 얻었다고 하더라도 그 안에서 핵만을 분리해야 하기 때문이다. DNA는 주로 핵에만 있다는 것을 우리는 잘 알고 있다. 또한 '모두'라고 하지 않고 '주로'라고 하는 이유도 알고 있다. 그것은 세포질에 존재하는, 자신의 고유한 DNA를 가지고 있는 미토콘드리아 때문이다.

하지만, 미토콘드리아 DNA는 포기하자. 그것까지 생각하면 도저히 일이 되지 않을 테니 말이다. 마침내 원심분리기를 이용해서 세포질과 핵을 분리해서 공룡의 DNA를 손에 넣는데 성공했다.

증 폭

자, 이제 공룡의 DNA를 구해서 손에 넣었다. 하지만 그 DNA는 오랜 세월 동안 분해되어 작은 조각으로 남아있다. 그 조각들은 여러 개의 게놈들이 분리되어 혼합된 것이다. 원래 모기의 몸 속에는 수백만 개의 공룡 적혈구가 있었고 각각의 적혈구에는 모두 완전한 세트의 게놈이 들어 있었다. 하지만 이것들은 모두 분해되고 풀어져서 작은 조각들로 나뉘어서 섞여있을 것이다.

지금까지 발견된 가장 오래된 동물의 DNA는 1억 2천 만년된 딱정벌레에서 추출한 것으로, 겨우 400개의 염기였다. 60조 개나 되는 우리의 세포 중 단 하나의 세포에만 해도 30억 쌍의 염기가 있다는 사실에 비추어 보면 이는 극히 작은 수이지만, 이제 몇 개 남지 않은 이것들을 증폭시키고 다시 완전한 세트로 조립해야 하는 일이 남아있다.

다행이 현대의 과학은 DNA를 증폭시키는 기계를 발명하였다. 그것은 PCR법이라는 놀라운 기술이다. 이 기계는 단 몇 시간 만에 원하는 DNA를 수 십억 배의 크기로 증폭시킬 수 있다. PCR법은 DNA를 뜨거운 온도에서 둘로 나눈 뒤, 나누어진 DNA의 염기들이 다시 상보적으로 복제되어 결합하는 성질을 이용한 것이다. 따라서 물 속에 증폭시키려는 DNA를 넣고 유리된 염기들과 함께 이런 일을 하게하는 효소인 폴리메라아제(Polymerase)를 넣으면 반응이 일어날 수 있다.

그런데 여기에서 반응을 유도하기 위해 반드시 필요한 개시제(Starter)가 있는데, 그것이 바로 프라이머(Primer)라고 불리는 20여 개의 염기로 이루어진 DNA의 절편이다. 이것이 없으면 마치 연료가 가득 들어 있는 자동차의 이그니션(Ignition) 키가 없는 것처럼 자동차는 고철 덩어리에 불과하다. 따라서 프라이머가 없으면 전혀 반응이 일어나지 못하게 된다. 하지만 우리는 공룡의 DNA 염기서열을 전혀 알지 못하고 있다. 따라서 프라이머를 합성하는 것은 불가능한 일이 된다.

그러므로 이 시점에서 생각해 볼 것은 무작위로 프라이머를 합성해 보는 방법이다. 프라이머는 20개의 염기로 되어있으므로 4가지의 염기로 만들 수 있는 경우의 수는 4^{20}이 된다. 필자의 계산기로는 4×4를 20번 해야 하기 때문에 계산해 보지 않았지만, 아마 조 단위의 숫자가 나올 것이다. 하지만 프라이머의 염기 숫자를 20개에서 더 작은 개수로 줄이면 경우의 수는 줄어 들 것이다.

　사람의 염기가 30억 쌍이라고 했을 때 공룡도 비슷하다고 생각하고 일을 해 보겠다. 이렇게 되면 20에서 15개 정도의 염기로 줄일 수 있다. 이 정도면 조 단위는 아니더라도 10억 정도의 숫자가 나오게 된다. 따라서 우리가 컨트롤 할 수 있는 숫자가 된다. 하지만 이 일은 10억 번의 PCR을 해야 한다는 말이다. 시간과 돈만 있다면 불가능한 것은 아니므로 계속 진행해 보기로 한다. 그리고 마침내 10억 개의 DNA조각이 만들어졌다.

　이 10억 개의 DNA조각을 각각 시험관에 담아서 증식시키는 작업이 남아있다. 10억 개의 시험관을 다루려면 도대체 얼마나 넓은 공간이 필요할까? 상상을 초월하는 막대한 돈이 들어갈 것이다. 하지만 주라기 공원의 설립자인 존 해먼드는 돈이 무척 많은 사람으로 보인다. 이 모든 경비를 그가 감당할 수 있었을 것이다.

조 립

　이제는 DNA의 모든 조각들이 충분한 양으로 증식되었다. 하지만 이것으로는 부족하다. 그 DNA는 완전한 세트를 이루고 있어야 한다. 이것은 마치 백과사전의 모든 페이지가 낱낱이 나눠져 있으며 뿐만 아니라, 각각의 페이지마저도 조각조각 찢어져있는 상태를 상상하면 된다. 이 조각들을 원래 공룡의 게놈에 대한 지식이 전혀 없이 맞출 수 있을까? 단연코 불가능 하다 하지만, 이 조각들이 공룡의 완전한 게놈으로부터 나온 것이라면 완전히 불가능한 것만은 아니다. 이 조각들을 맞추기 위해서는 많은 시간과 시행착오가 필요할 것이다.

　하지만 이렇게 모든 게놈의 순서를 맞출 수 있게 되었다 하더라도 또 하나의 중요한 문제가 남아있다. 인간의 게놈은 어떤 식으로 세포 속에 들어있던가? 연속적으로 들어있는 것이 아니라 염색체의 형태로 들어있다는 사실을 우리는 이제 알고 있다.

즉, 인간의 경우 46개 23쌍으로 되어있다. 따라서 게놈의 세트를 염색체의 형태로 나누어야 한다. 그렇지 않으면 수 억 개의 염기들을 하나의 세포 속에 집어넣을 방법이 없다. DNA는 염기를 이루는 뉴클레오티드들을 히스톤 이라는 단백질 공에 감은 상태로 되어있다. 그리고 나선형으로 꼬면 믿을 수 없을 만큼 작은 공간 안에 들어갈 수 있게 된다. 그러나 어디까지가 1번이고 어디까지가 20번이 될까? 그리고 도대체 몇 개의 염색체로 나누어야 할까?

우리가 구한 DNA가 어느 종류의 공룡인지 아직 확실하게 모르고 있다. 하지만 다행이 염색체의 말단에는 의미 없는 반복으로 되어있는 텔로미어라는 물질이 있으므로 이것을 감안하면 모든 DNA를 각 염색체로 나눌 수도 있게 되기는 하다. 그러나 이런 반복들은 염색체의 중간에도 있으므로 어느 것이 텔로미어인지 어느 것이 중간에 들어가야 할지 확실하게 구별하기 어렵다.

그리고 또 하나의 문제가 있다. 그것은 모든 염색체는 한 쌍으로 되어 있으며 각각 대립되는 형질을 가지고 있다는 것이다. 두 대립되는 형질들은 같은 번호에 해당하지만 조금씩 다른 내용을 가지고 있을 것이다. 이런 부분을 잘 찾아서 각 쌍으로 연결해 줘야 한다. 만약 이 쌍들을 그냥 하나의 번호를 복제해서 나머지 하나의 쌍을 만들면 어떻게 될까? 잘 알듯이 염색체가 쌍을 이루고 있는 이유는 하나의 염색체에서 문제가 생겼을 때 다른 하나의 염색체가 이 결점을 보완해 주기 위해서 이다. 하지만 똑 같은 두 개의 염색체가 한 쌍으로 만들어진 경우는 이런 보호작용이 상실되어 결국 근친결혼을 한 것 같은 결과가 생겨서 수정 자체가 어렵거나 엄청나게 많은 종류의 유전병에 노출될 수 있다.

물론 이런 과정들을 정교하게 조작하고 쌍으로 맞추어서 염색체를 배열했다고 하자. 하지만 이 과정에서 단 1%의 DNA만 원래와 틀린 것이 만들어 져도 그것은 전혀 다른 종이 되어 버릴 수도 있다. 사람과 침팬지의 게놈이 겨우 2%만 다르다는 것을 기억하기 바란다. 겸상적혈구 빈혈증이 생기는 것은 단 하나의 염기*가 달라서이다.

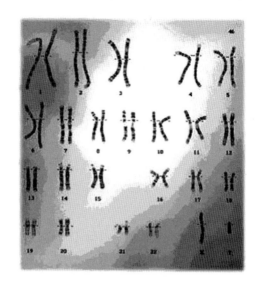

또 성염색체인 X와 Y의 문제도 있다. 성염색체는 쌍을 이루고 있지 않으므로 만약 한 쪽을 copy하여 1쌍의 염색체를 만든 경우 XX, 즉 암놈은 가능하겠지만 YY가 되면 그건 수정에 실패하게 될 것이다. 그리고 XY는 절대로 태어날 수 없게 된다. 만약 공룡이 새**의 조상이라면 반대의 경우가 된다. 새는 XY가 암컷이기 때문이다.

영화에서처럼 모든 공룡을 의도적으로 암컷으로 만들었다는 헨리 우의 얘기는 말처럼 쉽지 않다. 사실 논리적으로는 암컷보다는 모두 수컷으로 만들어 버리는 쪽이 더 쉽고 안전하다. 구태여 암컷으로 만들고 또 그로인하여 임신이 불가능하도록 조작을 할 필요도 없다. 하지만 영화의 스토리 전개상, 암컷으로 설정하는 것이 사건을 촉발할 수 있는 길이고 또 그것이 자극을 원하는 관객들의 욕구를 충족시킬 수 있다.

---

* 인간 DNA의 염기는 모두 30억 쌍이다.
** 실제로 조류의 성염색체는 ZW이며 포유류와 반대로 성이 결정된다. 즉, ZZ는 수컷, ZW는 암컷이 된다. 본문에서는 이해를 돕기 위하여 그냥 XY로 표기 하였다.

이렇게 해서 영화는 과학에서 점점 멀어져 가고 작가는 그 사실을 알면서도 속수무책으로 바라볼 수 밖에 없게 되는 것이다.

백악기 공원

중생대는 크게 트라이아스기, 쥐라기, 백악기로 나뉘며, 대략 2억 5,100만년 전부터 6,550만년 전까지에 해당한다. 백악기(白堊紀, Creataceous Period)는 중생대의 마지막 시기로 쥐라기가 끝나는 145.5±4.0백만년 전부터 신생대 팔레오세가 시작하는 65.5±0.3백만년 전 사이의 시기이다.

— Wikipedia —

치 환

얻은 공룡의 핵을 복제 하기 위해서는 전편에서 배운 대로 이 공룡과 같은 종류의 암컷으로부터 미수정란이 있어야 한다. 공룡은 다행이 알을 낳는 동물이기 때문에 문제가 조금 더 쉬워진다. 만약 포유동물처럼 새끼를 낳는 동물이었다면, 단연코 이것은 불가능하다. 왜냐하면 수정란을 키우기 위해서는 절대적으로 암컷의 자궁이 필요하게 되며, 아쉽게도 오늘날에 이르기까지 인공으로 만든 자궁은 발명되지 않았기 때문이다

(이 책에서는 해먼드가 미니 코끼리를 만드는 과정에서 인공 자궁을 사용했다는 얘기가 나오기는 하지만 그야말로 순전히 허구이다).

하지만 다른 암컷의 미수정란은 어디서 구해야 할까? 현재까지도 다른 종의 암컷을 이용해서 수정란을 키우는 것은 불가능한 것으로 되어 있다. 지금 현대의 과학으로 복제한 돌리나 소들의 경우를 보면, 핵을 이식시킬 미수정란은 해당 동물과 같은 종의 것을 사용한 것이다. 즉 소의 것은 소의 암컷을, 양의 것은 양의 암컷을 사용한 것이다.

황우석 교수도 백두산 호랑이를 복제하려는 과정에서, 호랑이의 난자는 호랑이를 죽이지 않고는 채취할 수 없는 이유로 인해, 소의 미수정란을 사용했다. 이 실험은 당연히 실패했다. 그것이 모두 실패의 원인은 아니겠지만 실패의 중대한 원인을 제공했다. 핵의 DNA는 몽땅 호랑이의 것이지만 겨우 3.5% 미만을 차지하는 미토콘드리아의 DNA는 어쨌든 호랑이의 것이 아니기 때문이다.

지금 현재의 기술로는 동종의 미수정란을 사용할 수 있는 현존하는 동물도 핵을 이식하여 복제를 하는 데 성공할 확률이 1%도 안 된다. 복제양 돌리도 434번의 실패 끝에 성공한 단 하나의 케이스였다는 사실은 잘 알려지지 않았다.

영화에서는 악어와 개구리의 수정란을 이용한다. 양서류인 개구리와 조류인 공룡과는 별로 비슷한 점이 없을 듯한데, 왜 영화에서 개구리의 DNA로 공룡 DNA의 손실된 부분을 채우게 되었는지는 나중에 나온다. 공원에서 제조한 공룡의 자연 번식을 통제하기 위해 공룡을 모두 암컷으로만 생산하였는데, 개구리처럼 나중에 이 암놈들이 수놈으로 변화하게 만드는 영화의 시나리오를 맞추기 위함이었다. 하지만 실제로 공룡의 수정란에 가장 가까운 동물은 먼저도 얘기 했듯이 새 종류가 되어야 할 것이다.

알

다음은 수정란을 키울 알 껍질을 구할 차례이다. 여기서 또 한 번 벽에 부딪힌다. 영화에서는 이 부분을 어떻게 처리했을까? 제작 측에서는 새로 개발된 플라스틱과 악어의 알을 이용했는데, 사실 악어와 공룡 두 개체 간의 공통점이라고는 알을 낳는다는 것과 피부가 울퉁불퉁하다는 정도였을 것이다. 공룡은 조류라고 해 놓고, 외모가 비슷하다고 하여 파충류인 악어의 미수정란을 사용하는 것은 또 다른 모순이다. 그런 상태에서 수정을 바라는 것은 그야말로 고목나무에서 싹이 돋기를 기다리는 것과 같을 것이다. 이 부분에서 가장 적합한 알은 역시 조류인 타조 알 정도로 생각된다.

알은 단순한 DNA의 집합이 아니라 유전 정보를 읽고 하나의 개체를 만드는 종합적인 분자의 총체이다. 따라서 이런 일이 가능하게 되려면, 알 속에는 단백질이나 효소와 같은 광범위한 생물학적 매체들이 적당한 양과 적당한 시간에 작동하는 메커니즘을 구성하고 있어야 한다. 사람을 만들 때, 남자가 되기 위해서는 정확한 타이밍에 정확한 도미노가 넘어져야 거기에 맞는 호르몬이 생성되고 따라서 볼프관이 발달한다는 사실을 상기해보자.

자연에서는 이런 생물학적인 건설 팀이 알이라는 형체 안에 모여있다.

그러면 악어 알이 공룡의 핵을 과연 키워 줄 수 있을까? 또 알은 얼마나 커야 할까? 키가 10m 넘는 아파토사우러스 같은 거대한 공룡의 알은 대체 얼마나 클까?

우리가 생각하듯이 알은 어미의 크기에 비례해서 크지는 않는 것 같다. 그것은 간단한 물리의 법칙 때문이다(앞에 한번 나온 얘기이다). 만약 알이 커지면 커진 만큼 무거워서 깨지기 쉽고, 이런 일을 막기 위해서는 알 껍질이 더 두꺼워져야 한다. 하지만 알 껍질이 너무 두꺼워지면 새끼가 두꺼운 알 껍질을 깨고 나올 수 없게 된다. 따라서 알의 크기는 무한정 커질 수가 없다. 실제로 멜론 정도가 임계 크기가 된다.

이제 알이 만들어졌다. 이 알이 과연 부화 될 수 있을까? 사실 제대로 된 공룡의 핵을 가지고 제대로 된 알 속에 집어넣는데 성공했다 하더라도 실제 성공률은 매우 낮다. 하물며 지금까지의 과정은 거의 억지에 가까운 돈과 시간과 상상력을 투입하여 비롯된 것이다. 이 알에서 공룡 새끼가 나올 확률은 사실 제로에 가까울 것이다. 하지만 아직 이야기는 끝나지 않았다.

유전자 조작

주라기 공원의 책임 과학자인 헨리 우*는 공룡들의 자체 번식을 막기 위해 2가지 방법을 동원한다고 말한다. 그 첫 번째 방법은 유전자를 조작해서 모든 공룡을 암컷으로 만든다는 것이고, 다른 하나는 그렇게 만든 암컷들을 엑스레이를 조사(照射)하여 불임으로 만들어 버린다는 내용이다. 하지만 나중에 공룡들은 개구리 같은 양서류의 DNA를 일부 사용한 종에서 일부가 수컷으로 변해서 번식에 성공한다.

하지만 앞서 말했듯이 이것은 모순이다. 유전자 조작으로 모든 공룡을 암컷으로 만드는 것은 사실 쉬운 일이 아니다. 그렇게 하기 위해서는 공룡의 게놈에서, 어느 부분이 사람처럼 성을 결정하는 SRY유전자(먼저 번 이야

---

* 중국의 성인 '우'는 우리나라의 '오'씨에 해당한다. 이 거대한 첨단 프로젝트의 책임 생물학자가 하필 중국인이라는 것이 이채롭다.

기에 나온다.)인지 알아서 그것을 제거해야 하기 때문이다.

물론 악어나 거북이 같은 변온동물은 알이 부화할 때의 온도에 따라 암놈이 되기도 하고 수놈이 되기도 한다. 즉 34도가 되면 수놈이, 30도 미만에서는 암놈이 태어난다. 이유는 온도 변화에 따른 호르몬의 차이인데 추울 때는 번식을 늘리기 위해 암컷이 태어나도록 진화한 것으로 보인다. 라고 말하고 싶은데 거북은 완전히 반대로 나타나기 때문에 그렇게 말하기 어렵다. 같은 파충류인 거북은 추울 때 수놈, 더울 때 암놈이 태어난다.

그리고 둘째로 그렇게 해서 수컷이 생겼다 하더라도 헨리 우의 얘기처럼 암컷들은 먼저 방사능에 피폭되어 알을 낳을 수 없는 상태로 만들어져 있는 2중의 장치를 마련했기 때문에 이런 일이 벌어질 수 없다.

또한 헨리 우가 해먼드에게 공룡들이 너무 빨라 통제하기 어려우니 유전자 조작을 통해서 느리게 만들자고 설득하는 재미있는 내용이 나온다. 기발한 발상이기는 하지만 모든 동물들이 주변 환경에 따라서 대사의 속도가 달라지는 변온동물이 아닌 이상, 늘 같은 체온을 유지하고 있는 정온동물에 대해서는 대사 속도를 조절하기가 힘들다. 정온동물은 늘 같은 체온을 유지해야 하며, 덕분에 주위의 온도와 관계없이 늘 같은 속도로 움직일 수 있다. 예컨대 쥐처럼 사람보다 대사가 10배 이상이나 빠른 동물을 유전자 몇 개 조작한다고 해서 코끼리처럼 움직임을 느리게 만들 수는 없다. 동물들 대부분의 대사 속도는 심장 박동의 속도와 비례해서 정해져 있는 것 같기 때문이다. 만약 공룡들이 변온동물이라면 공원 전체를 약간 춥게 만들면 간단하게 해결된다(간단하게? 거대한 에어콘이 필요한대도?).

따라서 공룡들의 뇌 기능을 비정상으로 만들지 않는 한, (예컨대 전두엽 절제 등)여기에서도 공룡은 정온동물로 규정하고 있기 때문에 그것들의 대사 속도를 조절하기는 어렵다고 봐야 한다. 냉장고에 넣은 파리는 실제로 대사 속도가 늦어지기 때문에 오래 살 수 있다. 하지만 정온 동물인 사람을 냉장고에 넣으면 추위에 대항하여 체온을 유지하기 위하여 오히려 대사 속도가 더 빨라진다.

주라기 백악기

흥미로운 또 하나의 사실은 주라기 공원에 나오는 공룡들의 대부분은 주라기 공룡이 아니고 백악기 공룡들이라는 것이다. 제목이 잘못되었다는 것이다. 중생대는 삼첩기와 주라기, 그리고 백악기로 되어 있다. 영화에서 공룡의 제왕으로 나오는 난폭한 육식 공룡인 티라노사우루스도 백악기의 공룡이다. 닭처럼 생긴 작은 공룡인 콤프소그나투스는 주라기의 공룡이지만, 영화에서 주인공들을 집요하게 쫓으며 괴롭히는 영리한 벨로시랩터도 백악기 말의 공룡이다. 등에 아름다운 삼각 뿔을 가진(영화에서 똥을 한 무더기 싸놓고 아파서 신음하던) 소처럼 순한 스테고사우루스는 주라기의 공룡이다. 따라서 차라리 중생대 공원이라고 해야 좋았을 것이다.

중생대의 대기 구성

1억 5천 만년 전의 공룡이 번성하던 때와 지금의 대기 구성은 많이 다를 것이라고 생각한다. 즉 다시 말해서, 지금보다 산소의 양이 더 많았을 거라는 것이다. 대기 중의 산소는 식물의 광합성 작용의 부산물로 만들어진 기체이다. 따라서 당시의 지구는 식물이 많아서 대기 중 산소의 양이 지금보다 더 많았을 것이다. 물론 이 가정은 선사 시대에 품었을 공기를 분석한 결과이지만 이것을 그대로 믿었을 경우이다.

지금 대기 중 산소의 양은 전체 대기의 약 21%이다. 그러나 그 때는 약 33% 정도였을 거라고 과학자들은 생각한다. 따라서 지금의 공기를 공룡

이 다시 태어나서 마신
다면 산소 부족에 시달
리게 될 수도 있다. 물
론 이런 경우, 고산 지
대에 사는 사람들이 그
러하듯이 적혈구의 수
가 늘어나는 식으로 신
체가 적응을 하게 될 수
도 있기는 하다.

이 소설에서도 그 점을 지적하고 있다. 그리고 실제로 어린 공룡들이
알에서 깨어나는 부화실을 주라기 시대의 대기로 구성해 놓기도 했다.
하지만 공룡이 태어난 후는 어떻게 조치했는지에 대해서는 전혀 언급이
없다.

만약 지구대기의 산소량이 지금보다 5% 많아진다면 어떻게 될까? 지구는 불바
다가 되어 버릴 것이다. 그만큼 화재와 연소확률이 높아지기 때문이다.

박테리아

지구 상에 존재하는 모든 동식물은 박테리아와 더불어 살고 있다. 사
람도 예외는 아니다. 인간은 몸 속에 수 천 가지 종류의 박테리아와 공생
하면서 살고 있다. 놀랍게도 어린아이들은 완전한 무균 상태로 세상에
태어난다. 그리고 끔찍한 얘기 같지만 태어나자마자 수 천 종류의 박테
리아들이 무균 상태의 순수한 아기의 몸 속으로 들어가서 자신들의 둥지
를 틀기 시작한다.

하지만 그 박테리아들은 대부분 아기의 부모와 그 조상들과 이미 우리

몸에 살 수 있도록 임대 계약을 마친, 등록된(Registered) 존재들이기 때문에, 그런 일이 생기더라도 전혀 아기의 몸에는 문제가 없다.

　35억년이 흐르는 동안 박테리아와 동식물들은 일종의 계약을 맺는다. 박테리아는 춥고 바람 부는 바깥보다는 따뜻하고 양분이 언제나 충분한 동물의 몸 속에 살고 싶어한다. 하지만 박테리아는 숙주와 얼마간의 타협을 해야 한다. 두 종이 어느 정도는 조금씩 양보를 해야 한다는 것이다. 왜냐하면 박테리아가 아무 생각 없이 자신의 욕심만을 너무 채우다 보면 결국 숙주인 동물의 몸을 상하게 하고 결국 죽음에 이르게 할 수도 있다. 사실 이는 박테리아가 바라는 바가 아니다. 숙주가 죽으면 자신도 따라서 죽을 수 밖에 없기 때문이다. 그리고 실제로 그런 일이 종종 생긴다. 그 동안 이렇게 숙주와 타협을 이루지 못하고 숙주를 죽일 수 밖에 없었던 박테리아들은 자연도태의 원칙에 의해서 동물의 몸 속에서 사라졌을 것이다. 하지만 숙주의 몸을 상하게 하지 않고 심지어는 숙주의 몸에 도움이 되는 기능을 했던 박테리아는 살아남았고 진화를 거듭했을 것이다.

　그 대표적인 것이 바로 지금 초식 동물의 몸 속에 살며 자신의 효소를 이용하여 풀이나 나무의 주성분인 Cellulose를 소화시켜 그 양분을 자신의 몸 통째로 보신하는 기능을 하는 미생물인 트리코델마(Tricoderma)이다(트리코델마를 엄밀하게 곰팡이로 분류하기도 한다).

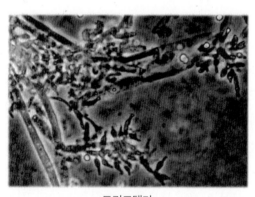

트리코델마

　소나 양 같은 반추 동물들은 풀을 뜯어먹고 살지만 사람들과 마찬가지로 그 자신들은 풀을 결코 소화시키지 못한다. 이 미생물들은 소의 위장 안에서 살면서 효소를 이용하여 소가 뜯어 먹은 풀을 자신들이 먹고 소화시킬 수 있다. 또 소는 4개씩이나 있는 위를 이용하여 이 풀을 소화시킨 트리코델마들을 다음 방으로 넘겨 소화시키면 된다. 소의 위장에는 트리코델마의 딱딱한 세포막을 깰 수 있는 라이소자임(Lysozyme)이라는 효소가 있기 때문에 이런 일이 가능하게 된다.

사실 라이소자임은 대부분의 동물에도 있는 단백질이며 사람에게도 있다. 라이소자임은 입이나 눈에 살면서 세균으로부터 생체를 지키는 아주 유용한 단백질이다. 그런데 단백질 종류는 산에 아주 약하기 때문에 위장에서 분비하는 염산이나 단백질 분해 효소를 견뎌낼 수 없다. 하지만 반추 동물의 위장 안에 있는 라이소자임은 그럴 수 있게 진화 되었다. 옛날 그런 돌연변이를 가진 동물이 우연히 생겼고 그 동물은 먹이를 쉽게 구할 수 있게 되어서 오늘날 지구상을 뒤덮을 수 있도록 번성하게 되었을 것이다. 반추동물의 위는 고도로 진화된 기관인 것이다. 이처럼 수 십 억년을 지내오는 동안 지구 상의 동물들과 공생할 수 있는 계약을 맺은 박테리아들은 살아남을 수 있었고, 그렇지 못한 박테리아들은 멸종되었거나 따뜻한 동물의 몸 속에서 살지 못하고 쫓겨나, 뜨거운 유황 온천 물이나 수백 미터 아래 바다 속 또는 땅 속 같은 혹독한 환경에서 살아야만 했을 것이다. 따라서 타협에 성공한 박테리아들은 동물들의 진화에 발 맞춰 같이 진화 했을 것이며, 그렇지 못한 박테리아는 사라져 척박한 환경으로 돌아가야만 했다.

공룡들이 번성하던 주라기와 백악기에 살던 많은 박테리아들은 당연히 공룡들과 공생하며 살고 있었을 것이다. 하지만 6,500만년 전에 멸종되어 버린 공룡들과 함께 당시 공룡들과 생을 함께 하던 박테리아들도 거의 다 죽었을 것이다. 다행히 다른 동물로 옮겨가는 데 성공한 일부 박테리아들만이 살아남았을 것이다.

그렇다면 지금 지구 상에 존재하는 박테리아들은 공룡이라는 동물이 생소할 것이다. 공룡의 몸 또한 6,500만년이라는 어마어마한 시간을 가로질러서, 지금 현재 지구 상에 존재하는 박테리아들이 생소하기는 마찬가지이다. 따라서 갑자기 생소한 수 천 가지의 박테리아*들이 공룡의 몸 속으로 들어가게 되면 공룡은 살아남기 어렵게 된다. 6,500만년이라는 시간의 거대한 대양이 가로막고 있기 때문이다.

사람의 몸도, 어쩌다 생소한 한 두 가지의 박테리아나 바이러스로 인해 앓거나 심지어는 죽게 되는 경우가 많다. 오지로 해외 여행을 할 때 소독되지 않은 물을 함부로 먹으면 설사를 한다. 설사를 하는 이유는 몸에 생소한 대장균이 들어왔기 때문이다. 따라서 몸과 미리 동거 계약을 하지 않은 그 박테리아를 인체에서는 배출해 버리려고 한다. 그런 경로가 설사를 유발하게 된다.

그런데 아예 모든 박테리아가 생소하다면 그 동물은 절대로 살아남을 수 없을 것이다. 이 책에서도 그런 지적을 하기는 한다. 다만 몸에 부스럼이 나고 설사를 하는 그런 정도의 약한 부작용은 아닐 거라는 게 필자의 생각이다. 공룡의 배설물을 전문적으로 분해하던 박테리

---

* 영화 '우주전쟁'이 이 같은 컨셉으로 시나리오를 구성한 것이다.

아도 공룡이 사라진지 6천만 년이나 지난 지금에는 이미 사라지고 없을 거라고 생각한다. 그런데 영화에 나오는 초식 공룡들도 지금의 초식 동물처럼 트리코델마가 풀들의 소화를 도와주고 있는 형태였을까? 그것은 궁금증으로 남는다. 사실 이러한 많은 지적들이 쏟아질 것에 대비해 저자는 다음과 같은 말로 책을 끝내는 용의주도함을 보인다.

"이 책은 완전한 허구다. 이 책에서 제기된 관점들은 나 자신의 것이며, 책에 있을 수도 있는, 사실과 관련된 잘못들 역시 내 책임이다."

인간의 진화를 멈추게 한 인터넷

사이버 스페이스는 우리 종의 종말을 뜻한다고 생각한다. 그것은 혁신의 종말을 뜻하기 때문이다. 전세계를 하나의 전선으로 연결하는 아이디어는 집단적인 죽음을 초래하는 것이다. 매스미디어는 다양성을 쓸어버린다.

— Ian Malcolm —

쓰 다 보니, 주라기 공원에 대한 글은 의도한 것과 달리 마치 이 책의 부정적인 면만을 지적한 것처럼 보인다. 하지만 사실, 글 중에는 놀라운 통찰력에 의한 재치 있는 영감들이 많이 나온다. 글 중에 나오는 말콤 아이언이라는 수학자는 자신의 천재성을 감추고서는 도저히 그냥 있지 못하는 사람처럼 영화 내내 떠들어댄다. 그는 이 공원이 실패할 것이라고 예언한다. 이유는 그 자신이 내세우는 혼돈 이론에 기초한다. 공원을 건설한 사람들은 공원이 치밀한 계획에 의해서 만들어져 있다는 자신감을 내세우지만, 그는 많은 예측 불가능한 변수들이 나타날 것이라는 예언을 한다. 그가 말하는 혼돈 이론은 두 가지이다.

첫째, 날씨와 같은 예측할 수 없는 복잡한 계들도 밑에 깔린 질서를 가지고 있다.

둘째는 첫 번째를 뒤집은 것으로 '단순한 계들도 복잡한 행동을 할 수 있다'는 것이다.

주전자에서 나오는 수증기의 움직임이나 날씨, 태풍과 같은 비선형 동역학에 관련된 것은 나비 효과처럼 초기의 아주 작은 조건들이 나중에

M A ð F O R S C I E N C E

가서는 엄청나게 큰 결과를 만들어내기 때문에 결코 그 결과를 예측할 수 없다는 것이다. 이런 현상은 작용하는 물체의 수가 많아 대단히 복잡하고 불규칙적인 운동을 한다. 이런 것들의 움직임을 예측하기 위해서는 비선형 방정식을 동원해야 하는데, 이 비선형 방정식은 초기 조건에 민감하여 아주 비슷한 초기 조건을 집어넣어도 나중에 결과는 전혀 다른 것으로 나오기 때문에 도저히 예측 할 수 없다.

예를 들면 Y=aX 라는 식은 선형 방정식이다. 따라서 X에 대입하는 숫자에 따라서 Y 값은 규칙적으로 비례하여 나타난다. 하지만 $\frac{1}{X^2}$ 이라는 비선형 항이 들어가면 어떻게 될까? X가 0.1일 때의 해는 100 이다. 그런데 X가 0.11일 때는 어떻게 될까? 선형 방정식인 경우 우리는 보통 소수점 둘째 자리 이하는 반올림 하거나 무시한다. 그런데 비선형 방정식에서도 그렇게 할 수 있을까? 실제로 한번 해 보자. 이건 수학이 아니다. 미리 겁먹을 것 없다. 계산기만 있으면 된다.

0.11의 제곱은 0.0121이 된다. 따라서 1 나누기 0.0121을 하면 놀랍게도 그 답은 82.64이다. 우리가 무시해 버리려고 했던 소수점 둘째 자리인 0.01이라는 숫자가 무려 17%나 다른 답을 만든 것이다. 바로 이런 것을 나비 효과라고 한다.

반대로 자동차의 움직임이라든가 낙하하는 물체에 대한 동역학은 선형 방정식으로 풀이되는, 우리가 중학교 때 배웠던 뉴턴의 물리 법칙으로 풀 수 있는 문제들이다. 하지만 그가 지적한 두 번째의 얘기처럼 우리가 예측가능하다고 생각한 선형 방정식도 결국은 '마찰은 존재하지 않는다'라거나 '평면에 굴곡은 존재하지 않는다'라는 설정을 하는 것처럼 절대적인 것이 아니고, 비선형 항을 무시한 많은 가정에 기초하고 있기 때문에, 결국 같은 비선형 동역학이 된다는 것이다.

즉, 결국 자연이란 우리가 일상적으로 받아들이는 것보다 훨씬 더 미묘*하고 복잡하다는 것이다. 우리가 보는 자연과학은 사실 대단히 단순화된 이미지를 만들어 놓고 그걸 어설프게 엮은 다음 그 간단한 사항에 대한 해법을 내 놓는 것뿐이다. 물론 이 사실은 작은 것을 연구 분석해서 결국 큰 것에 대한 예측을 한다는 과학의 환원주의를 비판하는 말도 된다. 이런 논리는 결국 모든 것을 단순화해서 표현하려던 환원주의의 과학이 최근 복잡성의 과학으로 발전하고 있다는 사실을 간접적으로 시사하고 있다.

사실 이런 얘기들은 쉽게 이해가 가는 논증들은 아니다. 나는 이런 얘기들을 장황하게 늘어놓음으로써 내 글을 다른 과학책처럼 재미없는 것으로 만들어 놓고 싶지는 않다. 말콤의 입을 빌어 가장 쉬운 예로써 모든 것이 해먼드의 계획대로 진행될 수 없다는 증거를 논리적으로 전개해 보자.

"지금의 세계는 공룡들이 살던 1억년 전의 세계와 공기가 다르고 태양빛의 방출이 다르며 땅이 다르고 벌레가 다르고 식물이 다르고 박테리아가 다르다. 모든 것이 다르다. 이런 모든 것들에 맞춰서 공원을 인위적으로 조성할 수는 없다. 이런 요소들 즉, 자연은 상상할 수 없을 정도로 복잡하기 때문이다"

말콤은 또 하나 재미있는 주장을 하는데, 그것은 인간이 환경을 걱정하는 데에 대한 하나의 색다른 관점을 제시한다. 그는 우리가 지구를 살리느니 어쩌느니 하면서 환경을 걱정할 필요가 없다고 주장한다. 왜냐하면 지구는 위험에 처해있지 않기 때문이다. 위험에 처해있는 것은 지구가 아니고 바로 인간이라는 것이다. 인간에게는 지구를 파괴시킬 힘이 없다고 그는 말한다. 동시에 구할 힘도 없다고 주장한다. 오만한 인간

---

* 과학은 무거운 물체나 가벼운 물체가 같은 속도로 떨어진다고 가르치지만 공기저항을 감안하면 실제로는 무거운 물체가 더 빨리 떨어진다. 그것이 바로 현실이다. 종단속도는 물체의 체표면적에 반비례 한다. 그래서 체표면적이 큰 개미는 높은 곳에서 떨어져도 죽지 않는다.

에 대해 지구라는 자연의 위대함을 일깨워 주는 말이다. 또한 저자는 속편 '잃어버린 세계'에서 대단한 통찰력을 발휘하여 현대의 발달한 매스미디어와 인터넷 환경에 대한 일종의 경고 메시지를 보내는 대목이 나온다. 말콤은 이렇게 얘기한다.

"사이버 스페이스는 우리 종의 종말을 뜻한다고 생각한다. 그것은 혁신의 종말을 뜻하기 때문이다. 전세계를 하나의 전선으로 연결하는 아이디어는 집단적 죽음을 초래하는 것이다. 매스 미디어는 다양성을 쓸어버린다."

매스미디어와 인터넷은 전 세계의 모든 곳을 똑같이 만들어버려서, 방콕이든 도쿄든 뉴욕이든 서울이든 어디를 가도 사람이 들끓는 곳에는 똑같은 맥도날드가 있고, 시내 중심부에는 스타벅스가 있으며, 길을 건너면 리바이스가 있는 것이다. 즉, 모두가 똑같은 문화와 똑같은 생각을 하게 되고 그 결과, 인간이 지닌 장점인 다양성을 말살하게 된다는 것이다. 결국 생물학자들의 주장처럼 종들은 고립되었을 때 빨리 진화하게 된다는 사실을 기억할 필요가 있다. 인간들은 각 대륙들이 먼 거리로 떨어져 고립되어 있을 때 중국, 인도, 메소포타미아, 이집트 등 각자의 독특한 문명을 건설하였다. 하지만 지금 같은 세상은 그런 독특함을 발휘할 수 없는 획일화 된 Global 시대가 되어버렸다는 것이다. 따라서 이제 다양성의 상실로 인간의 진화는 멈춰 버리게 되었다는 주장이다. 인간의 성은 다양성을 위해 존재한다는 사실을 기억하자.

맛보기로, 별로 중요한 사실은 아니지만 주라기공원 번역본의 해설 판에 삽입된 어떤 분의 해설에 눈에 거슬리는 부분이 있어서 지적하고자 한다. 환경학 박사인 그 분은 "사람의 DNA가닥은 그 길이가 엄청나게 길어서 그것을 한 줄로 펼치면 지구를 한 바퀴 돌 수 있는 정도가 된다"

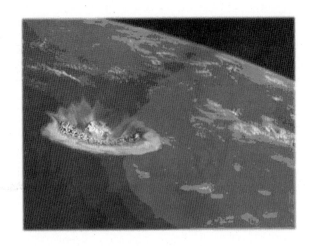

고 말하고 있다. 하지만 지구 한 바퀴는 겨우 4만 km이다. 사람의 DNA
는 하나의 세포에서만 1.7m 정도이다. 따라서 60조 개 모두의 길이는 무
려 1,000억km나 된다. DNA는 두 가닥이므로 한 가닥으로 펼치면 2,000
억km가 된다. 지구와 태양까지의 거리를 600번 이상 왕복할 수 있는, 믿
을 수 없을 만큼 긴 길이이다. 그렇다면 지구는? 한 바퀴는 커녕 무려 5
백만 바퀴를 돌 수 있다.

　마지막으로 공룡의 멸종설에 대한 흥미있는 이야기가 있다. 1억 6천
만 년 동안이나 번성하던 공룡이 갑자기 6천 5백 만년을 전후로 멸종되
어 사라진 이유에 대한 추측은 대단히 많다. 하지만 최근에는 소행성 충
돌설이 가장 설득력 있는 것으로 평가 받는 것 같다.

　"지름이 약 10km 정도의 소행성이 지구 궤도에 들어와서 멕시코의 유카탄 반도
근처의 바다에 충돌하였다. 이 충격으로 지구 대기에는 엄청난 폭발과 더불어 연기
와 먼지가 피어 올라와, 이것이 몇 달간 햇빛을 가림으로써 핵 겨울을 가져왔다. 햇
빛이 없어서 광합성을 하지 못한 식물들이 죽고, 따라서 초식 공룡들은 얼어 죽거나
굶어 죽게 되었다. 따라서 먹이가 없어진 육식 공룡들도 따라서 죽게 되었다. 포유

류처럼 덩치가 작은 동물들은 상대적으로 이런 재난에 유리하여 살아 남았다." 증거는, 무거워서 지구의 지각에서는 보기 어렵고 운석에는 많은, 백금 족의 원자번호 77번인 이리듐(Ir)이라는 원소가 바로 이때의 지층에 전 세계적으로 많이 발견된다. 라는 것이다.

이것은 잘 알려진 가설이다. 하지만 공룡의 멸종설에는 성에 관련된 기발한 가설도 있다.

인간의 성을 결정하는 것은 유전자이다. 하지만 어떤 동물들은 유전자와 상관없이 외부의 환경에 의해서 성이 결정된다. 예컨대 거북은 바다에서 나와 모래사장에 알을 낳고 돌아간다. 이때 거북의 알은 모래의 온도에 따라서 성이 결정된다. 차가운 알은 수놈이 되고 따뜻한 알은 암놈이 된다.

만약 공룡들이 파충류의 일부 유전자를 가지고 있다고 가정한다면, 공룡의 알들도 이런 식으로 성이 결정될 수도 있다. 그렇다면 기온이 급작스럽게 5도 이상 내려가는 혹독한 겨울이 닥쳤을 때, 모든 알들이 모두 한 가지의 성, 즉 수놈이 되어버리거나 또는 암놈이 되어버리면, 그 놈들은 더 이상의 번식이 어렵게 된다. 따라서 멸종하게 된다. 믿을 수 없는 얘기지만 어쨌든 재미는 있다.

이 글은 Rob Desalle의 책에서 많은 자료 도움을 받았다.

:04

신의 허락

형을 살리기 위해 태어난 아이

자연은 하나의 성공을 보장하기 위해서 2,499,999,999,999개의 패배자를 만들고 우리는 그
들을 위해 눈물을 흘릴 필요는 없다. 그들은 수정을 위한 장치의 일부였고 그로써 임무를 다
했기 때문이다.

2005년 6월 25일 KBS뉴스는 다음과 같은 놀라운 사건을
보도하였다.

　20년 전 다리에서 떨어지는 사고를 당한 후 평생을 하반신 마비로 살아온 황 모
씨가 줄기세포 치료로 인하여 미세하게나마 감각이 돌아오는 기적을 보이게 되었다
고 말했다. 그녀는 1985년 다리 밑 개천으로 떨어지는 불의의 사고로 인하여 10번
가슴척추, 뼈 부위의 척수신경부터 아래로 하반신이 마비되어 대소변을 가릴 수도
없었고, 다리 또한 완전히 마비되어 휠체어 신세를 질 수 밖에 없었다고 말했다. (후략)
　"반드시 혼자 힘으로 다시 걷는 모습을 보여드리겠습니다." 40여일 전에 탯줄혈
액 줄기세포 이식술을 받은 뒤 20년 가까이 마비된 척수신경이 부분적으로 되살아
나는 놀라운 현상을 몸소 겪고 있는 황씨(37세)는 25일 서울 신라호텔 영빈관 토파
즈홀 기자회견장에서 결연한 재활의지를 내보였다. 황씨는 이날 보조기의 도움으로
앞으로 7~8걸음, 뒤로 3~4걸음 걸어 다님으로써 자신의 장애극복 의지가 결코 빈
말에 그치지 않을 것임을 보여주었다.

　척수도 또 하나의 세포이며 이 경우처럼 손상된 세포를 대체할 수 있
는 새로운 세포를 공급 할 수만 있다면 황씨 같은 중증 장애도 치료될 수

있다. 그 대체 세포의 역할
을 할 수 있는 것이 바로 줄
기세포이다.

배아줄기세포 배양성공 기념우표

최근 배아줄기세포를 사
용한 세포재생 치료에 대하
여 각계는 찬성과 반대의
의견을 내놓고 첨예하게 대립하고 있다. 불치의 병에 걸린 사람들의 고
통을 덜 수 있다는 배아줄기 세포치료를 반대하는 이유는 무엇이며, 어
떤 사람들이 반대를 하고 있는 것일까?

인간복제에 대해서는 그 윤리적인 문제를 들어서 종교계를 비롯한 사
회 각계의 반대가 쏟아지고 있고 또한 결정적으로 인간복제를 반드시 해
야 한다는 필요와 당위성이 존재하지 않으므로 현재로서는 반대의견이
지배적인 것으로 보인다.

하지만 줄기세포의 경우는 조금 다르다. 줄기세포는 하나의 개체가
아닌 인체의 일부분을 복제하는 것이기 때문에 언뜻 보기에 윤리적으로
큰 탈이 없어 보인다. 다만 치료를 위해 사용하는 배아가 장차 아기가 될

수도 있는 수정란으로부터 비롯
된 것이기 때문에 거기에 인격
을 부여해야 한다는 논리가 성
립되고 따라서 논란이 발생하는
것이다.

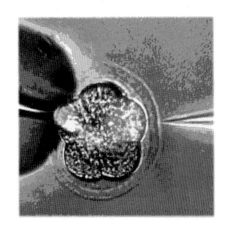

줄기세포란 대체 무엇이며 무
엇 때문에 뜨거운 냄비 속의 콩
들처럼 시끄러울까? 그리고 황
우석 교수는 이 분야에서 어떤

성과를 이루어낸 것일까?

줄기세포(Stem Cell)란, 한마디로 자기복제가 가능한 미분화(未分化) 또는 다분화(多分化) 세포라는 것이다. 미분 적분 소리만 들어도 머리 아픈 우리들은 벌써 미분화 소리에 손가락에 침을 바르고 있다. 하지만 수학의 미분과는 다르니 조금만 인내해보자.

인체는 단 한 개의 세포인 수정란이 분열하여 몸을 구성하게 되며 어른이 되었을 때는 60조~100조개라는 어마어마한 숫자로 늘어나게 된다. 그런데 이렇게 진행된 세포들은 처음의 출발과는 완전히 달라진 모습과 기능을 가지게 된다. 사람의 몸은 210개의 다른 구조와 기능을 가진 기관으로 이루어져 있으며 350가지의 서로 다른 기능을 하는 세포로 만들어져 있다. 혈관에서 부지런히 산소를 운반하는 적혈구나 혈관 그 자체 그리고 등을 곧게 지탱해주는 단단한 뼈와 항상 둥글게 말려서 신경 쓰이는 나의 반 곱슬 머리카락도 최초의 수정란에서 비롯된 새끼 세포들이다.

최초의 세포가 이처럼 여러 가지의 기능을 하는 각각의 세포로 변화하는 것을 분화라고 한다. 기능과 모습은 달라졌지만 분화된 세포들도 최초의 세포와 동일한 설계도를 내부에 가지고 있음은 이전 글에 이미 설명한 바 있다. 설계사가 10개 동의 아파트를 지으면서 각 개별 동의 설계도에 10개 동 전체의 청사진을 집어넣지는 않을 것이다. 하지만 자연은 그런 식으로 진화해 왔다. 왜 그랬을까?

그 이유는 350가지의 다른 기능을 하는 세포들에게 350가지의 각각 다른 명령문을 부여하는 일보다는 아예 똑같은 명령문을 모든 세포에게 다 준 다음 자신에게 해당되는 명령만을 수행하도록 하는 것이 오히려 덜 복잡하고 더 효율적이어서 라고 생각된다.

분화 세포란 이처럼 자신이 수행해야 할 기능이 적힌 명령문을 이미 수령한 세포를 말한다. 예컨대 혈액 중의 하나인 적혈구 세포는 '너는 4

개월 동안 헤모글로빈을 이용하여 폐에서 산소를 붙잡아 몸의 각 기관에 전달하라'는 명령문을 받고 그 일을 수행하게 된다. 그러므로 미분화 세포란 아직 어떤 부서로 발령이 날지 모르는, 대기발령 상태에 있는 세포이다. 따라서 이런 세포는 몸의 어떤 부분으로도 변화할 수 있는 가능성을 가지고 있다. 이것을 우리는 다 분화 능력, 또는 전능성이라고도 표현한다. 또 이런 일을 할 수 있는 세포를 줄기세포라고 말한다.

줄기세포는 편의상 3가지의 종류로 구분할 수 있는데,

첫째는 수정란이 4~8개 정도로 분열된 상태인 경우이다. 이 때의 세포는 몸의 어떤 기관이라도 될 수 있음은 물론, 각자가 하나의 성체로도 자라날 수 있는, 글자 그대로의 전능성을 보유한 세포이다.

두 번째는 속이 빈 배반포기의 상태로 수정란이 분열하고 4~5일이 되었을 때이며 나중에 아기로 자라날 세포덩어리가 안쪽 윗부분에 형성되고 바깥 층은 나중에 태반이 될 영양아 층이 되는 시기이다. 이 때의 세포 수는 처음의 백배, 즉 100여 개 정도로 늘어나게 된다. 현재 논란의 중심에 있는 줄기세포가 바로 이 상태의 것이다.

세 번째는 성체 줄기세포로 다 자란 어른에게도 아직 미처 분화가 되지 않은 줄기세포가 존재하며 처음에는 골수에 있는 조혈모 세포* 정도에만 이런 것이 있다고 알려져 왔으나 최근 재생능력이 있는 인체의 기관은 어디나 줄기세포를 가지고 있다는 주장이 제기 됨으로써 기대를 모으고 있는 줄기세포이다.

사실 재생능력은 대부분의 식물이나 동물이 가지고 있는 기본 능력이다. 도마뱀의 꼬리가 재생될 수 있다는 사실은 이미 상식에 속하지만 도롱뇽을 닮은 양서류인 영원은 손이나 발이 절단되어도 다시 재생될 수

---

* 조혈모 세포는 백혈구나 적혈구 혈소판 등 혈액의 구성분 어느 것이든 될 수 있는 혈액 예비군을 말한다.

있는 놀라운 불사의 능력을 가지고 있다. 그보다 더 하등동물인 플라나리아 같은 원생동물은 마치 만화에 나오는 외계인처럼 몸이 여러개로 절단되어도 각 절단된 몸이 새로운 개체로 재생될 수 있는 고도의 능력을 가지고 있다(바로 우리가 원하는 능력이 아니던가?). 사람도 진화의 과정에서 일정 부분 재생 능력을 잃긴 했지만 아직도 몸의 많은 부분에서 하루에도 백억 개씩이나 망가지거나 죽는 세포들이 있으며 우리 몸은 이를 대체할 수 있는 재생능력을 가지고 있다. 피부나 위 점막, 간이나 췌장 같은 부분들이 계속해서 새롭게 재생되고 있는 기관들이다.

이러한 재생능력을 지탱하고 있는 것이 줄기세포이며 따라서 이들 세포는 모두 줄기세포를 가지고 있다고 믿어지고 있다. 이들은 분화되지 않은 상태로 잠자고 있다가 기존의 세포가 망가지거나 손상을 입게 되면 '짜잔'하고 나타나서 헌 세포를 대체하게 된다.

그런데 만약 그것이 사실이라면 굳이 배아를 건드리지 않아도 되는 성체 줄기세포를 두고 왜 논란이 많은 배아줄기세포를 연구하느라 법석들일까? 그 이유는 성체줄기세포가 배아줄기세포에 비해서 분리하고 배양하는 일이 훨씬 더 어렵기 때문이다. 그리고 성체줄기세포는 분화의 방향이 어느 정도 정해져 있어서 아무 세포로나 변할 수 없다는 단점도 가지고 있다. 최근 뼈의 줄기세포가 근육이나 심지어는 간 세포로 변환될 수도 있다는 연구 결과가 나오기는 했지만 아직 이런 연구는 초보단계에 머물러 있는 수준이다. 하지만 배아는 오래도록 미분화 상태로 보관이 가능한 장점을 지니고 있으며 어떤 기관이라도 될 수 있는 전능성을 가지기 때문에 배아줄기 세포를 연구함으로써 분화가 진행되는 메커니즘을 밝혀내 궁극적으로 성체 줄기세포를 분리 배양하는 기술이 완성될 수 있는 기회를 제공하게 된다. 결국 각각의 줄기세포에 대한 연구는 독립된 분야가 아니라 서로 상호 보완하는 관계를 갖고 있기 때문에 어느 한

쪽만 연구하여 실체를 밝혀내기에는 너무도 많은 시간과 시행착오를 겪어야 하는 문제가 있다.

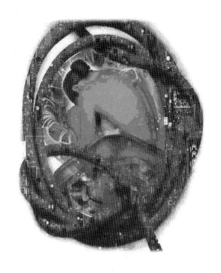

최근에는 태아의 탯줄 속에 존재하는 혈액인 제대혈*에 줄기세포가 있다는 것이 발견되어 이를 이용한 치료가 연구되고 있으며 위의 황 모씨의 경우도 제대혈에서 분리한 줄기세포를 척수에 그대로 주사하여 세포의 재생을 꾀한 것이다.

제대혈의 줄기세포가 바로 골수에 있는 조혈모 세포이다. 필자가 경영하는 회사에 근무했던 김 차장은 아들이 백혈병에 걸려서 골수 이식이 필요했는데 맞는 골수를 찾지 못하여 의사의 권고로 아이를 하나 더 낳게 되었다. 백혈병에 걸린 형을 구하기 위해서 태어난 둘째 아기는 골수가 아닌 자신의 제대혈에 있는 조혈모 세포를 형에게 제공함으로써 골수이식과 같은 효과를 발휘했다. 이것을 조혈모 세포 이식이라고 한다.

하지만 만약 형을 구하기 위해 태어난 동생도 같은 병에 걸려있으면 정말 큰 낭패일 것이고 형제는 유전자가 비슷할 것이므로 실제로 그렇게 될 개연성이 충분하다. 이런 일을 방지하기 위해서 환자의 부모는 체외수정으로 여러 개의 수정란을 만든 다음 DNA 검사를 통하여 문제가 없는 수정란을 골라낸 다음, 엄마의 배속으로 돌려보낸다. 이 때 버려지는 수정란들에 대한 윤리적인 문제도 우생학적인 관점으로 논란이 될 수 있

---

* 출산때 탯줄에서 나오는 탯줄혈액. 1988년 프랑스에서 판코니 빈혈(Fanconis anemia)을 앓고 있는 5세 아이에게 처음으로 이식하여 성공을 거두었다.

으나 일단 여기서는 접어 두기로 한다.

하지만 제대혈을 이용한 치료법은 아직 그 구조나 메커니즘이 제대로 규명되어있지 않고 실제로 쓸 수 있는 줄기세포의 수가 제한되어 있다는 점, 그리고 심한 경우 주사한 척수에서 제대혈의 줄기세포가 신경세포가 아닌 다른 조직, 즉 뼈나 간으로 성장하지 않는다는 가능성을 배제할 수 없는 상태에 머물러 있는 등, 아직도 가야할 길이 먼 상황이다. 실제로 황 씨가 확실히 치료가 되고 있는지의 여부는 앞으로 그 경과를 더 지켜봐야 한다. 하지만 결과가 재앙으로 나타난다고 하더라도 그것이 배아 줄기세포를 연구하지 말아야 하는 이유가 될 수는 없다. 성급한 일부 의료계에서 충분한 동물실험이나 임상경험을 거치지도 않은 상태에서 환자의 목숨을 담보로 모험을 감행하고 있는 지도 모르기 때문이다.

그런데 지금까지의 배아복제는 폐기하기로 예정된 냉동 수정란을 사용하고 있었다. 불임 부부들이 인공수정을 위해 체외 수정한 수정란들은 실패율을 고려하여 의도한 것보다 더 많은 숫자를 만들어둔다. 그리고 마침내 임신에 성공하게 되면 스페어(Spare)였던 냉동보관 수정란들은 폐기되는 운명을 맞게 된다. 바로 이런 수정란들이 지금까지 연구의 재료가 되어왔다. 어차피 용도 폐기될 것들이어서 연구목적으로 쓰는데 큰 부담을 가지지 않아도 된 것이다.

하지만 이렇게 윤리적인 문제를 무릅쓰고 어렵게 배양해 낸 배아줄기세포에도 문제는 있다. 그것은 바로 거부반응이라는 골치덩어리이다. 인체의 면역계는 자신의 것이 아닌 이물질이 들어왔을 경우 격렬하게 저항하도록 프로그래밍 되어 있다. 따라서 주입된 이물질을 적으로 간주하고 즉각 퇴치에 나서게 된다.

인체의 면역계는 여자의 경우, 심지어 남자의 정자나 또는 절반이 그 자신의 세포

가 아닌 태아도 이물질로 인식한다. 그에 따라 70%가 넘는 수정란이 착상에 성공하지 못하고 모태의 거부 반응에 의해서 죽게 된다.

이렇게 해서 어렵게 이식된 새로운 장기가 폐사해 버리거나 심지어는 환자의 목숨을 위협할 수도 있기 때문에 의사는 환자의 면역체계가 아예 활동할 수 없도록 극단적인 조치를 취한다. 따라서 환자는 감염으로부터 무방비가 되는 위험한 상황에 놓이게 된다.

이처럼 그 동안의 장기 이식 수술들이 실패한 가장 빈번한 원인이 바로 거부반응이었다. 하지만 최근의 분자생물학의 발달은 이러한 거부반응 문제를 해결할 수 있는 새로운 의학기술의 지평을 열었다.

그것은 남의 것이 아닌, 자기 자신의 세포를 이식하는 것이다. 자신의 몸을 이루고 있는 것과 똑같은 세포를 이용하여 만든 배아줄기세포를 사용하면 거부반응의 문제를 해결할 수 있는 것이다.

환자의 미수정 난자를 채취하여 본인의 체세포로부터 얻은 핵을 미 수정 난자의 핵과 치환하여 그것이 분열할 수 있도록 배양하면 거기에서 얻은 배아 줄기세포는 환자 자신의 세포와 100% 같은 DNA를 가진 동일한 세포가 된다. 따라서 면역계는 그 줄기세포를 자신의 것으로 인식한다.

이 일은 종교적인 관점에서도 논란을 벗어날 수 있는 중대한 점을 시사하고 있다. 왜냐하면 종교계에서는 인간이라는 인격을 부여할 수 있는 생명체의 출발을 정자와 난자가 만나서 각자의 DNA를 합치게 되는 시점인 수정란으로 보고 있기 때문이다.

이 경우는 정자가 필요 없기 때문에 줄기세포가 수정란에서 비롯된 것이라고 볼 수 없으며, 어차피 미수정 난자는 여성들이 평생 동안 만들어낼 수 있는 400여 개 중, 2~3개만 사용하고는 모두 폐기해야 하는 (중국의 경우는 일생에 단 1개만 사용할 수 있도록 법적으로 지정되어 있음)것들이므로 그렇게 사라질 운명에 놓인 미수정 난자들을 유용하게 쓸 수 있으며, 더욱이 난치병 환자를 치료하는데 사용한다는 것은 이른바 생명공학이라는 숭고하고도 거창한 이름에 걸맞는 중대한 사업이 된다.

하지만 문제는 아직 이 일의 성공률이 극도로 낮다는 것이다. 황 교수의 경우에도 총 242개의 난자를 이용하여 겨우 30개만이 배반포기까지 배양할 수 있었고 그 중에서 20개의 세포를 사용하여 단 한 개의 줄기세포주*를 만들 수 있었다(지금은 이 마저도 사실이 아닌 것으로 밝혀졌지만).

그런데 여자는 스스로 자신의 난자를 사용하면 된다지만 쓸모도 없는 (?) 정자만 잔뜩 갖고 있는 불쌍한 남자들은 어떻게 해야 할까. 이 경우는 어느 자비로운 여자가 환자에게 건강한 난자를 제공해야 하며 거기에 환자 자신의 체세포 핵을 치환하기만 하면 훌륭한 배아 줄기세포를 만들 수 있다. 하지만 이 경우, 여자와는 달리 남자는 자신과 100% 똑같은 DNA를 얻지는 못한다. 바로 미토콘드리아 DNA 때문이다. 대략 17,000 개 정도 존재하는 미토콘드리아의 DNA가 미수정란을 제공한 여성의 것으로 세포질(세포에서 핵 외의 부분)에 남아 있으므로 일부분은 자신과 다른 줄기세포가 만들어지게 된다. 그럴 경우 거부 반응이나 다른 문제가 전혀 없는지는 앞으로 더 연구해봐야 할 일이다.

우리나라에서도 생명윤리법안이 국회에 상정된지 몇 년 만에 겨우 통과되었다. 학계와 종교계나 시민단체의 의견이 각각 첨예하게 대립되고 있기 때문이다. 종교계나 일부 시민단체에서는 배아도 하나의 생명이라는 것을 전제로 그것을 이용한 연구를 계속하면 안 된다는 입장을 고수하고 있다.

하지만 우리가 생명을 가진 인간으로서의 인격을 부여할 수 있는 시점

---

* 株자가 붙은 것은 몇 번의 분열을 마치고 죽어버리는 일반 세포와는 달리 영원히 분열할 수 있는 세포

이 어디냐 하는 것이 확실하게 객관적으로 정해진 바는 없기 때문에, 그것이 인간을 죽이거나 모독하는 행위에 해당하느냐 아니냐 하는 것들이 쟁점으로 떠오르고 있는 것이다.

필자는 당연히 찬성 쪽으로 무게 중심을 두고 있다.

첫째, 잠재적으로 사람이 될 수 있는 가능성을 가진 것과 이미 사람이 된 인간은 생물학적으로 완전히 다른 존재이다. 잠재적인 사람은 이 세상에 태어나기 전까지는 어디까지나 아직 사람이 아니다. 이를 외면하고 불치병으로 고통 받고 있는 현재의 사람들을 외면한다는 것은 일견 모순이 있어 보인다. 잠재적 인간의 권익도 중요하지만 불치병을 앓는 살아있는 사람의 권익은 더 확실하게 중요하기 때문이다. 하지만 나의 이 주장에는 수 많은 논란이 따를 것이다. 생명을 보는 각자의 견해들이 상이하기 때문이다.

종교계에서는 수정된 수정란부터 하나의 사람으로 보는 시각이 일반화되어 있다. 또 학계의 어떤 사람들은 수정되어 최초의 원시선이 나타나는 14일 이후부터 생명으로 간주하자는 의견도 있다. 또 어떤 과학자는 의식이 성립하기 시작하는, 즉 뇌 세포가 구성되기 시작하는 시기인 임신 10주부터를, 또 어떤 생물학자는 인큐베이터에 들어가면 살 수 있는 7~8개월의 상태, 즉 어머니의 자궁을 벗어나서도 살 수 있는 체외 생존 가능성을 가진 기간, 또 어떤 이는 탄생순간을 기점으로 하자는 의견 등 다양한 얘기들이 오가고 있다.

우리나라는 전통적으로 어머니 배속에서의 나이를 존중하는 것으로 임신 시점부터 생명으로 여기고 있다는 것을 알 수 있다. 그래서 우리는 태어나는 시점이 서양의 다른 나라들처럼 0살이 아니고 1살인 것이다. 만약 난자와 정자들이 그리고 수정란들이 잠재적인 인격이라면 인류의 모든 피임 행위들도 살인에 해당된다. 어차피 인간은 평생 배란하는 400개의 난자 중 평균 1~2개만이 선택되며 그것들이 모두 사람이 되지는 않는다. 또 사람이 되어서도 안 될 것이다(지구는 이미 만원이다).

그것은 우리 인간들이 현재 살아있는 인간들의 편의와 생존을 위하여 조절하며 통제하고 있는 일이기도 하다. 배란되는 모든 난자들이 사람이 된다면 현재 살아있는 사람들의 안위와 생존을 위협하기 때문이다. 따라서 선택되지 못하는 난자와 정자들은 궁극적으로 폐기되는 운명에 처해있다. 그렇다면 배아복제를 반대하는 이들은, 온전한 사람이 될 권리와 완전한 생물학적 기능을 갖춘 그 모든 정자와 난자들이 모두 사람이 되어야 한다고 주장하지는 않는지 궁금하다.

결국 그렇게 사라지게 될 운명의 정자와 난자를 수백 가지의 세포 중 오로지 생식세포라는 이유 하나로 연구에 이용될 수 없다는 논리는 받아

들이기 힘들다.

　대서양 대구는 한번에 9백 만개의 알을 낳아 바다에 풀어 버린다. 그리고 그 중 극 소수만이 대구로 자라날 수 있다. 인간의 정자는 한 사람의 정소에서 평생 동안 2조 5천억 마리가 만들어지지만 그 중 단, 한 두 마리만이 소기의 목적을 달성할 수 있을 뿐이다. 그 넘치는 과잉과 낭비와 희생이 요구되는 시스템은 이 생태계에서는 필연적인 것이다.

　다세포 생물인 인체 조차도 수 많은 세포들의 희생과 죽음을 바탕으로 건설되고 지탱된다. 만약 세포가 죽지 않고 영원히 분열한다면 그것은 곧 바로 재앙이 될 것이다. 바로 암 세포를 의미하기 때문이다. 따라서 세포의 죽음은 때로는 희생이 아니라 진정한 축복이다.

　둘째는, 장차 가장 유망한 산업이 되어 우리나라를 단번에 선진국으로 이끌 수 있는 BT산업분야에서 우리가 세계적으로 주도할 수 있는 위치에 서 있는 지금, 그것을 근거가 불충분한 윤리적인 이유로 포기한다는 것은 국가적인 차원에서 엄청난 손실이라는 것이다.

　지금은 논란이 많지만 어차피 조만간 세계 모든 나라가 엄청난 돈이 보이는 이 매력적인 연구에 참여하게 될 것이다. 여기서 우리가 주춤하고 있는 사이에 다른 나라들에게 주도권을 빼앗긴다면 우리나라가 선진국으로 도약할 수 있는 절호의 기회는 상당기간 우리에게 주어지지 않을지도 모른다. 그런 자만과 방치는 반국가적인 행위에 해당할지도 모른다.

　셋째는 고통 받고 있는 당사자인 환자의 입장을 고려해야 한다는 것이다. 자신이 당사자가 아니라면 쉽게 도덕과 윤리를 따질 수 있지만 과연 자신의 아버지나 어머니 또는 형제가 무하마드 알리나 클론의 강원래처럼 파킨슨병이나 척수 마비로 고통 받고 있다면 그런 사람들이 태연하게 배아의 인권이나 따지고 있을 수 있을까?

배아연구를 반대하는 사람들은 이 연구가 곧 인간복제로 이어지게 될 것이라고 우려한다. 실제로 줄기세포연구의 성공은 남성이 없이도 여성 혼자 자신의 복제 인간을 만들 수 있다는 것을 의미 한다. 30개의 배반포기에 이른 세포들을 그대로 대리모 또는 자신의 자궁에 착상시켜 임신에 성공한다면 그 자체가 곧 바로 인간 복제에 성공하는 것이기 때문이다.

　　그러나 그래서 어쨌다는 것인가? 그렇게 해서 어떤 중대한 이득을 얻을 수 있을까? 누군가 자신의 복제인간을 만들어서 나중에 병들었을 때 장기를 꺼내서 쓴다고? 누군가 히틀러를 복제해서 못 다한 세계정복을 꾀한다고? 복제인간이 느낄 정체성의 혼란은 어떻게 하느냐고?

　　복제인간의 의식은 어떻게 될까 하고 궁금해 하는 사람들이 많다. 똑같이 생긴 두 사람이 똑같은 생각을 하고 있다면 혼란이 오지 않겠느냐 하며 걱정한다. 미안하지만 조물주가 만든(?) 놀랍도록 정교한 이 세상에서 그런 일은 일어나지 않는다.

　　복제인간도 그냥 하나의 사람일 뿐이다. 혹시 일란성 쌍둥이 아이들의 정체성을 의심하는 사람은 없을 것이다. 일란성 쌍둥이는 100% DNA가 똑같은 그야말로 천연의 복제인간 이다.

　　그렇다면 그 아이들은 늘 같은 생각을 하고 똑같은 행동을 하게 될까? 전혀 그렇지 않다. 그들은 지문조차도 다르다. 나이가 들어가면서 키나 몸무게 두뇌도 다르게 형성된다. 그들이 겪게될 경험과 환경에 의해서 달라지는 것이다.

　　복제인간과 쌍둥이가 다른 점은 태어난 시차가 다르다는 것이다. 쌍둥이는 동시에 태어나지만 복제인간은 시차를 두고 태어난다. 그것만이 다른 점일 뿐이다. 물론 같은 어머니의 자궁을 통해서 태어나지는 않지만 그것으로 인한 차이점은 거의 없다.*

---

* 사실은 차이점이 많다고 알려진다. 자궁속의 경험조차도 뇌세포의 형성에 많은 영향을 끼친다.

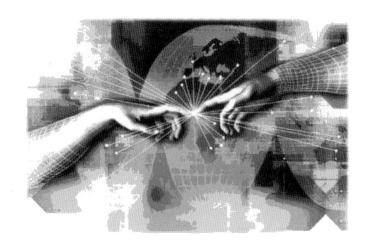

복제인간은 나와 쌍둥이 형제일 뿐이다. 그 쌍둥이 형제의 장기를 빼다 쓴다고? 자고 있는 동생의 싱싱한 간을 몰래 빼내어 자신의 몸에 넣는 파렴치한 사람이 이 행성에 그리 많지는 않을 것이다. 만약 히틀러의 무덤을 뒤져 그의 DNA를 채취하여 복제 한다면 과거와 같은 히틀러를 만들 수 있을까? 어림도 없는 일이다. 아마도 그 복제인간은 히틀러가 되려다 못한 화가가 될지도 모른다. 그리고 조그만 카드에 열심히 그림을 그려 빈의 뒷골목에서 1장에 2유로씩 받고 관광객들에게 팔고 있을지도 모른다.

사실상 복제인간을 만들어서 유용한 일은 별로 없어 보인다. 떼 돈을 벌 수도 없을 것 같다. 다만 인구가 조금 더 늘어날 것이다. 그리고 물리적으로 남자들의 정체성이 위협을 받게 되는 것은 사실이다. 여자들끼리 아이를 만들 수도 있으니 말이다.

하지만 세상 그 어느 여자가 멋진 남자와 결혼하겠다는 소박하지만 실현 가능성 높은 꿈을 버리고 골방에서 자신의 신체적인 단점을 그대로 빼어 닮게 될 쌍둥이 여동생을 낳아 기르고 싶어할까?

인간복제는 신의 영역을 침범하는 신성모독이라고 종교계에서는 주장하고 있다. 나는 종교계에서의 이 같은 주장에 반론을 제기하고 싶은 생각이 추호도 없다. 하지만 일천한 나의 소견으로는 인간이 구사할 수 있는 모든 과학적 능력이나 성과 역시 신이 준 값진 선물이라는 것이다. 신이 허락하지 않은 것을 인간이 가질 수도 있다는 생각을 나는 한 순간도 해보지 않았다. 어떤 능력을 인간이 사용할 수 있게 된다면 그것 자체가 신의 허락을 의미하는 것이라는 생각이다.

전지전능의 신이 자신의 창조물들이 벌이는 장난을 두려워하며 조마조마해 하고 있지는 않을 것이기 때문이다. 전지전능의 신은 신성모독조차도 허락하지 않을 수 있다.

여자가 남자보다 오래사는 이유

여자는 사람을 읽고, 남자는 매뉴얼을 읽는다.
남자는 길을 묻지 않고, 여자는 남자의 충고를 달가워하지 않는다.
여자는 도무지 알 수 없는 존재고, 남자는 지나치게 현실적인 존재다.

－ 월트 & 바브 래리모어 '그 남자의 테스토스테론 vs. 그 여자의 에스트로겐'에서 －

2004년 여름 석류 과즙 열풍이 한반도를 휩쓴 바 있다. 아니 정확하게, 한반도 인구의 절반이 조금 더 되며, 대한민국이란 조그만 생태계의 실질적 주인인 여성들의 세계(이건 생물학적인 얘기 이므로 너무 반발하시지 말기 바란다. 어차피 남자가 여자에 비해 생물학적으로 열등하다는 것은 잘 알려진 사실이다.)를 조용히 들끓게 하고 있었다.

지금까지 그 어떤 식물의 과즙도 이런 폭발적인 반응을 나타낸 적이 없었다. 과연 이 식물 속에서 투명하게 빛나는 붉은 루비 모양의 앙증맞은 씨가, 어떻게 이 가탈스러운 반도의 아줌마들을 사로잡을 수 있었을까?

불행하게도 이런 종류의 신드롬에는 반드시 우리에게 알려져 있지 않은, 사기성 있는 숫자의 조작이 내재해 있다는 것을 나는 그 동안의 경험으로

미루어 잘 알고 있다. 그리고 이런 일이 있을 때마다, 특종을 위해서 라면 어떤 파렴치한 짓도 서슴지 않는 천박한 일부 미디어와 사이비 황색 저널리즘의 무지함에 기인하는 오도가 빠질 수 없다. 이런 언론들의 행태는 우매한 대중들의 건강을 향한 맹목적인 광란과 동조되어, 더욱 더 열풍을 가속화 한다. 무지함과 우매함은 한편이지만, 결국 마지막에, 광란의 춤이 휩쓸고 지나간 쓸쓸한 벌판에 홀로 남게 되는 최종적인 피해자는, 빈 주머니만 남은 대중들 뿐이다. 우리가 이들 중 한 사람이 되지 않기 위해서는 좀 알고 살아야 하겠다는 생각이 든다.

석류가 여성들의 호르몬으로 대표되는 에스트로겐(Estrogen)을 많이, 상당량 포함하고 있다고 한다.

그러나 정신 차리자! 항상 정확한 숫자가 뒷받침되지 않은 두리뭉실한 표현을 전제로 하는 사실은 무언가 수상한 점을 숨기고 있다는 것을 간과해서는 안 된다. 그것이 이 모진 세상을 비교적 안전하게 살아가는 지혜요, 방책인 것이다.

동시에, 마치 이런 사실을 뒷받침이라도 하듯, 많은 언론과 미디어는 뻔뻔한 무지함으로 무장한 채 흥미 위주의 단편적인 사실들을 특종인 양 떠들어대기 시작한다. 뒤이어, 이런 것들을 별 여과 없이 받아들이는 대중들의 소리 없는 구전이 발 없는 말이 되어 천리만리로 동심원을 그리며 뻗어나간다. 그 동안 이런 류의 열풍은 주로 남자들만의 것이었다. 소위 스태미나 식이라고 알려진 것들을 향한 마초(macho)들의, 상상을 초월하는 집착으로 인한 해프닝 말이다. 하지만 이번 석류 신드롬은 대부분의 가정 경제권을 장악하고 있는, 남성들보다 가처분 소득이 훨씬 더 많으며, 따로 자금을 결제 받을 필요가 없는 구매력을 갖춘 여성들을 위한 것이라는 사실로 인해 지금까지와는 달리 파괴적인 것이라고 하겠다(이 말에 반론을 제기하고 싶은 남성들은 아주 잘난 사람들일 것이다). 혹시 평일 오후에

혹시 평일 날 오후에 백화점에 가본 적이 있는가?

백화점에 가본 남성이 있는가?

필자는 섬유 패션일을 하는 사람이므로 가끔 시장 조사차 백화점에 갈 때가 있다. 착 가라앉은 평화로운 분위기의 화요일 오후에 들러본 L백화점은 수많은 여성 고객들로 붐비고 있었다. 하지만 그 많은 인파 중에 쇼핑을 하러 온 남자는 눈을 씻고 찾아봐도 없다. 불쌍한 남자들이 땀 뻘뻘 흘려가며 일하고 있는 그 황금 대의 시간에 여성들은 우아하게 차려 입고 느긋하게 쇼핑을 즐기면서 오후 시간을 보내고 있었다.

남성들이여 아니꼬운가? 그러나 섣부른 오해는 금물이다. 왜냐하면 모든 여성들이 여기에 해당되는 것은 아니기 때문이다. 따라서 괜히 씩씩거리고 집에 가서 마누라들 족치지 마시라. 오로지 능력 있는 남자들의 사모님들만 이런 호사를 누릴 수 있음이다.

본 얘기로 돌아가자. 에스트로겐이 도대체 뭔데 이렇게 여자들이 열광하는지부터 알아봐야 할 것 같다. 에스트로겐은 프로게스테론(Proges terone 황체 호르몬—여자들은 잘 안다)과 함께 대표적인 여성 호르몬으로서,

04. 신의 허락

성에 관계된 호르몬(Hormone)이다. 다른 말로 난포 호르몬, 조금 듣기 거북한 말로 발정 호르몬이라고도 한다. 즉, 동물체의 번식에 직접적으로 관계된 호르몬이다. 여자를 여자답게 만들어 주는 호르몬이며, 여자의 성징에도 직ㆍ간접적으로 관여하는 호르몬이다. 따라서 이 중요한 호르몬은 주로 아기에게 먹일 젖을 비롯하여 아기집의 발달과 성장에도 지대한 영향을 미치게 될 것이다.

에스트로겐은 호르몬이므로 당연히 지방의 한 형태이다. 필자가 지방에 대하여 쓴 글을 참조해 보시라. 지방은 탄소와 수소가 길게 연결된, 오직 탄소와 수소의 2가지 원소로만 된 일종의 산이다. 여기에, 화장품의 원료이자 다이나마이트의 원료로도 쓰이는 글리세롤(Glycerol)이 붙어 있으면 지방이 된다. 에스트로겐 역시 탄소와 수소로 되어있으며 스테로이드라고도 할 수 있는, 콜레스테롤*로부터 만들어지는 지방이 변형된 물질이다. 그럼 비만한 여성은 이것도 많을까? 그렇다. 하지만 아니다. 이 얘기는 나중에 또 나온다. 호르몬(Hormone)이란, 내분비선이라고 부르는 선을 타고 몸의 구석구석을 다니며, 기관의 활동이나 생리적인 과정에 영향을 행사하는 물질이다. 이것이 내부가 아닌 외부로 흐르면 개미들의 의사 소통 수단인 페로몬(Pheromone)이 된다(호르몬이나 페로몬이나 철자가 다 같이 mone으로 끝남을 주의하라. 솔로몬은 전혀 관계없다).

여성의 성과 관계된 호르몬이므로 에스트로겐은 여성의 난소**에서 주로 분비되며 생식에 관계되는 순간부터 여성의 몸에 영향력을 행사한다. 400가지가 넘는 기능 중에서 에스트로겐의 가장 중요한 작용은 자궁내막을 이루는 세포의 증식이다(남자들에게는 이해하기 벅찬, 어려운 말 같지만

---

* 남성호르몬의 대표격인 테스토스테론(Testosterone)도 콜레스테롤로부터 만들어지는 스테로이드의 일종이다.
** 남자의 그것은 정소이다. 둘은 같은 기관에서 출발했다.

잘 생각해 보면 별거 아니다. 이게 무슨 뜻인지는 밑에 또 나온다).

인체는 다시는 재생되지 않는 두뇌의 신경세포나 심장의 세포 등 중요한 몇 가지를 제외하고는 끊임없이 사멸하고 또 재생된다. 지금 인체를 구성 하는 60조개의 세포는 5년 전의 그것들과는 몇 가지를 제외하고 전혀 다른 놈들이다.

사실 세포 자체는 모두 핵을 포함하고 있고 핵 안의 염색체는 남성과 여성이 구별되어 있으므로, 나의 세포들은 모두 '놈'에 해당한다. 하지만 여성들도 가끔 '놈'을 가질 수 있다. 그것은 아들을 임신한 여성의 경우이다. 다세포 생물의 구성원인 세포는 대량으로, 그것도 무서운 속도로 죽는다. 이들은 우리가 태어나기 전, 몸의 구조를 형성하기 위해서뿐 만이 아니라 삶의 전 과정에 걸쳐서 죽는다. 우리의 손은 어머니의 배속에 있을 때는 물갈퀴가 있었지만 태어나기 전에 소멸한다. 그런 것이 바로 'Apoptosis'라고 불리는 세포의 자살이다. 잘못 발음하면 혀 깨문다.

매일 인체의 혈액, 두뇌, 장기, 피부, 그리고 자궁벽에서 죽어가는 세포의 숫자는 하루에 100억 개에 이른다. 그리고 이들 대부분은 다시 재생됨으로써 부활한다. 다시는 재생되지 않는, 뉴런(Neuron)이라고 불리는 뇌세포도 하루 10만개씩 죽어간다. 하지만 걱정할 필요는 없다. 뇌세포 수는 140억 개나 되므로, 매일 10만개씩 없어져도 380년 동안 쓸 수 있는 양이기 때문이다.

자궁 내막은, 임신에 실패하면 역시 모두 사멸하여 생리로 배출된다. 따라서 다음 배란기에 자궁 내막의 세포를 증식시켜 임신을 준비해야 하는 과정에 에스트로겐이 직접적으로 관여 하는 것이다. 하지만 실제로 에스트로겐이 몸에 관계되는 작용은 이것 뿐이 아니다.

일례로 여성들은 50세가 되기 전에 심장 질환에 걸릴 위험이 남자의 그것보다 40분의 1이나 적다. 바로 에스트로겐 때문이다. 에스트로겐이 콜레스테롤의 LDL(나쁜 콜레스테롤)*의 수치는 낮추고, HDL의 수치를 높여주는 작용을 하며 심장도 보호하기 때문이다. 35세인 L여사는 가끔 심장이 불규칙적으로 뛰는, 이른 바 부정맥을 경험한 적 있다. 그래서 병원에서 검사를 해 봤지만 이상이 없다는 판정을 받았다. 그런데 진찰 과정에서 의사가 한 말이 매우 의미심장하다.

"30대나 40대 초반의 여자가 심장에 이상이 있을 확률은 극히 적습니다. 그러니 너무 걱정하지 않으셔도 됩니다"

내과 의사의 이 말이 바로 에스트로겐의 활동을 암시하는 말이다. 또 에스트로겐은 면역 시스템이나 골 밀도에도 관계한다. 여성들의 골다공증이 폐경 후에 자주 나타나는 것은 결코 우연이 아니다.

사실 심장병에 관계되는 호르몬에 관한 한, 남성의 경우는 이와 반대의 현상이 나타난다. 남성 호르몬의 대표격인, 남자다움을 만들어 주는 터프가이의 상징, 테스토스테론(Testosterone)은 여성들의 그것이 심장병을 방어해 주는 것과는 반대로, 오히려 심장병의 위험 인자로 작용한다. 따라서 남자를 거세하면 심장병의 위험이 감소하게 되고, 여성의 난소를

---

* 콜레스테롤은 리포단백질이란 물질과 결합되어 존재하는데 리포단백질은 저밀도(Low density)와 고밀도(High density)가 있다. 이 중 혈전을 형성하여 동맥경화를 일으키는 놈이 LDL이다.

제거하면 심장병의 위험이 증가한다는 것은 이미 확인된 사실이다. 내시들은 심장병에 잘 걸리지 않았다. 확인해보지 않아도 이것은 사실이다.

이처럼 세포의 증식에 사용되는 에스트로겐의 브레이크 역할을 하는 물질이, 황체 호르몬인 프로게스테론(Progesterone)이다. 세포의 재생에 관여하는 재생 촉진 물질인 에스트로겐을 제어하는 브레이크가 고장나면, 즉 에스트로겐을 조정하는 기관에 문제가 생기면 세포가 미친 듯이 증식하는, 이른바 암으로 발전할 수 있는 것이다. 그 때 프로게스테론은 이 작용을 억제하는 기능을 한다. 암이 발생하는 것은 가속 페달인 에스트로겐과 브레이크인 프로게스테론이 동시에 고장났을 때뿐일 것이다.

위에서 보니 에스트로겐이 스테로이드(Steroid)의 일종이라고 한다. 스테로이드, 어디서 많이 들어봤다. 스테로이드는 탄소가 17개 그리고 수소가 28개로 이루어진 화합물의 총칭이다. 이렇게 만들어진 분자를 필자는 지방이라고 한 적이 있다. 바로 그렇다. 스테로이드는 호르몬과 마찬가지로 지방의 변형인 것이다. 또, 인체에서 만들어내는 호르몬이나 쓸개즙 또는 콜레스테롤과 같은 생리 작용에 관계하는 물질들에 대한 광범위한 이름이기도 하다.

쓸개즙은 소화관 안에서 수용성이 아닌 음식, 즉 물에 녹지 않는 음식을 녹이는 일을 한다. 드라이 클리닝처럼 기름때는 기름만이 녹일 수 있다는 사실(Like dissolves likes)은 우리 몸에서도 해당되는, 완벽하고 아름다운 화학법칙이다. 스테로이드*라고 하면 가장 유명한 것이 '부신 피질 호르몬'이다. 이름처럼 몸에서 분비되지만 인공으로도 합성할 수 있어서 피부 연고나 안약의 주 성분으로 사용된다. 대단히 효과적이고도 강력한 항 염증 작용을 하지만, 적정량을 초과하면 셀 수 없을 만큼 많은 부작용을 초래한다고 알려진, 마치 아편 같은 호르몬이다.

필자의 아이들이 아토피(Atopy) 피부염으로 고생한 적이 있는데, 그 때 효과적인 치료약이 바로 스테로이드 연고였다. 태양의 자외선으로부터 피부를 지키기 위해 바르는 자외선 차단제에도 스테로이드가 들어 있다.

아테네 올림픽에 출전하는 선수들에게 뜨겁고 눈부신 에게 해의 강렬한 햇빛에도 불구하고 자외선 차단제를 바르지 말라고 충고했었다. 도핑검사(Doping test)에 걸릴 우려가 있기 때문이었다.

아놀드 슈왈츠네거 같은 최고의 근육질 몸매도 스테로이드를 사용하면 훨씬 더 쉽게 만들 수 있다. 최근 바디빌딩 챔피언들의 근육은 약을 쓰지 않고서는 도저히 인간으로서는 만들 수 없는, 믿을 수 없는 경지에 도달해 있다. 필자는 15년간 바디빌딩(Body building)을 해왔기 때문에 그

들의 그런 근육이 약 없이는 불가능하다는 것을 잘 안다.

물론 이 부신 피질 호르몬과 에스트로겐은 같은 스테로이드 성분이지만, 그 효과와 미치는 영향은 전혀 다르다. 남자에게도 적은 양이지만 에스트로겐이

---

* 통풍(Gout)처럼 엄청난 고통을 수반하는 통증도 스테로이드로 가볍게 다스릴 수 있다.

있다.

이제 석류 얘기를 해보자. 석류에 주로 들어있는 식물성 에스트로겐의 진짜 이름은, 우리에게 항암물질로 많이 알려져 있으며, 주로 콩에 많이 있다는 이소플라본(Isoflavone)이다. 이소플라본은 에스트로겐과 유사하게 생겼으며 따라서 유사한 작용을 한다고 알려져 있는 대표적인 식물성 호르몬이다.

그런데 대체 뭐가 문제인가? 왜 여성들이 몸 속에서 잘 분비되고 있는 에스트로겐을 밖으로부터 섭취하려고 집착하는가? 그 이유 중의 하나는 에스트로겐이 여성들이 번식하는 능력을 잃는 순간, 그 대부분인 90% 정도가 사라져버리기 때문이다. '번식하는 능력을 잃는 순간'이란 바로 폐경을 가리킨다.

여자들은 이미 3개월된 태아 시절에 평생 사용할 난자를 700만개나 난모 세포에 형성하여 가지고 있다. 그리고 이후부터 이 제한된 숫자는 급속히 사멸하기 시작하여, 여자 아기가 태어날 시점에는 500만개 이상의 난자를 잃게 된다. 그리고 배란이 시작되는 사춘기에 이르면 겨우 25만개 정도의 난자만이 남게 되며, 나머지 난자를 가지고 대략 50세까지, 매달 1번씩 종족 보존을 위한 배란을 하게 되고, 동원되지 않은 난자는 역시 사멸하게 된다. 폐경이 오는 것은 더 이상 배란할 난자가 남아있지 않을 때이다.

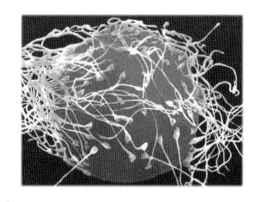

여성들이 남자들보다 7년 이상 더 살 수 있는 중요한 요인 중의 하나로 에스트로겐의 작용을 꼽을

04. 신의 허락

수 있다. 왜냐하면 에스트로겐이 왕성하게 분비되는 시절에는 여성들이 남자들보다 훨씬 더 건강하며 HDL콜레스테롤이 많이 분비되어 심장이나 순환계의 질병에 상대적으로 강하기 때문이다. 여성들이 남자들보다 지속적으로 오래 사는 추세는 10대부터 70대까지 평생 달라지지 않지만(결코, 어떠한 경우라도 남자가 앞지르는 법은 없다). 폐경 후에는 빠른 속도로 그 비율이 떨어지게 된다.

아주 천천히, 매년 1%씩 테스토스테론을 잃어가는 남자들과 달리 여성들은 폐경 후 급속도로 대부분의 에스트로겐을 잃게 되며, 이로 인해 사망할 확률이 폐경 전과 후에 확실한 고비를 맞이하기 때문이다.

실제로 에스트로겐의 상실 직후, 여자들의 30% 정도는 병원에 다녀야 할 정도로 적지 않은 고통에 시달리게 된다. 골 밀도가 급격하게 줄어들어 골다공증에 시달리게 될 확률이 높아지며, 심장 질환에 노출되는 위험이 커지고, 관절의 고통도 심해진다. 이 모든 이유가 바로 에스트로겐의 결핍 때문이다. 따라서 이런 경우 에스트로겐을 투여하는 호르몬 요법은 모든 고통을 한꺼번에 덜어주는 구세주 같은 해결책이 된다.

그러나 만병통치 약이란 없는 것. 이 신묘한 처방에도 상응하는 위험과 부작용이 따른다. 여성들에게만 발생하는 유방암(남자도 드물지만 0.05%나 있다)이나 자궁암과 같은 부인암(이건 남자들에게는 없겠지?)의 경우, 발병의 주요 이유는 바로, 세포의 생성과 소멸이 반복되면서 발생하는 DNA 형성에 의한 오류 반복 때문이다. 아기를 만들기 위해 준비된 배란이 실패하면, 준비에 동원되었던 세포들이 모두 소멸하게 된다. 즉, 자궁 내막과 유선 등이 그것들인데 이 세포들은 모두 여성이 임신에 실패하게 되면 다시 원래의 상태로 되돌아오게 된다. 이 과정에서 각 세포의 핵에 있는 DNA는 하루에도 수천 번의 손상을 입게된다. 물론 정교하게 조정되는 세포의 작용에 의해 즉각적으로 수리가 되기는 하지만, 몇몇은 수리가 되기 전에 세포 분열이 일어나고, 그 결과는 돌연변이(Mutation)로 나타나게 된다.

따라서 세포의 분열이 많을수록 돌연변이가 나타날 확률도 그만큼 커지는 것이다. 결국 이런 식의 반복이

계속되고 오류가 축적되면 그만큼 암의 위험성이 증가하게 되는 것이다. 따라서 당연히 이런 사이클의 중심에 서 있는 호르몬인 에스트로겐이나 프로게스테론은, 실질적으로 여성들에게 발생하는 부인암의 발생에 직접적으로 관여한다.

만약 임신에 성공하게 되면, 이런 소멸과 재생의 사이클이 멈추게 되고, 그만큼의 오류 빈도가 적어지게 되어 위험성이 감소하게 된다. 즉, 쉽게 말해서 생리의 사이클이 짧으면 짧을수록, 여성암의 발생이 줄어든다는 것이다. 이런 이유로 초경은 늦게 할수록 폐경은 일찍 올수록 유리하다는 논리가 성립한다. 또, 임신은 어린 나이에 빨리 할수록 유리하다(요즘은 만혼이 유행인데 이건 생물학적인 본능에 역행하는 행위이다). 다만, 임신을 여러번 많이 한다고 해도 유리해 지지는 않는다(얼마나 다행인가?).

선진국으로 갈수록 초경이 시작되는 나이가 빨라진다. 이는 영양의 과다와 운동 부족에 기인한다. 후진국의 아이들이 선진국 아이들보다 초경이 느리다는 것은 잘 알려진 사실이다. 가까운 거리도 차를 타고 다니는 선진국 아이들은 그렇지 못한 후진국의 아이들보다 초경이 빠르다. 이는 운동량과도 관계가 있는데, 따라서, 같은 선진국이나 후진국의 아이들이라도 상대적으로 운동량이 많은 아이들은 그렇지 않은 친구들보다 초경이 느려질 것이다. 주위를 한번 살펴 보라. 부산하게 많이 움직

이는 ADHD아이들은 분명히 초경이 느릴 것이다.

ADHD는 'Attention Deficit Hyperactivity Disorder' 집중력 결핍 과잉 행동 장애를 말한다. 필자도 어렸을 때는 ADHD아이였는데 그 때는 이것이 병이 아니었다. 요즘은 ADHD를 병으로 규정하고 치료한다. 윈스턴 처칠이 바로 대표적인 ADHD환자였다. ADHD 아이들은 에너지가 넘친다. 다만 문제는 넘치는 에너지를 어렸을 때는 잘 통제하지 못한다는 것이다.

그러니 딸아이가 초경이 느리다고 새삼 걱정할 필요는 없다.

이런 논리가 맞는다면, 세포의 죽음과 재생이 끝나는 폐경 이후에는 이런 부인암의 발생이 오히려 줄어들어야 할까?

바로 그렇다. 에스트로겐과 프로게스테론이 소멸되는 순간부터 부인암의 발생 확률은 급격하게 줄어들게 된다. 보통 폐경 전의 여성은 3년마다 유방암에 걸릴 확률이 2배로 증가하는데, 폐경 후가 되면 2배로 증가하는 데 걸리는 시간이 무려 13년이나 된다. 4분의 1로 줄어든다고 해야 할 것이다. 따라서 에스트로겐을 다시 보충하는 호르몬 요법은, 이렇게 줄어든 여성암의 발생 비율을 다시 높일 수 있다는 사실이 바로 아킬레스 건(Achilles Tendon)인 것이다. 그래서 호르몬 요법을 시행하는 의사들은 에스트로겐의 브레이크 역할을 하는 프로게스테론을 함께 처방하여 암 발생의 위험을 줄이려고 시도한다. 실제로 이 처방은 사람에 따라 효과가 있는 것으로 나타난다.

재미있는 사실은 비만과의 모순적인 관계이다. 호르몬은 앞서 얘기한 것처럼 지방의 일종이다. 따라서 비만한 여성에게서는 에스트로겐의 생성이 마른 여성에 비해서 더 쉽다고 할 수 있다. 따라서 젊었을 때 즉, 폐경 전에 비만한 여성은 상대적으로 마른 여성보다 유방암에 걸릴 확률이 더 크다고 생각할 수 있다. 그런데 희한하게도 실제로는 그 반대의 현상이 나타난다. 이유는 비만이 오히려 생리 사이클을 억제 시킬 수 있기 때문에 실제로는 비만한 여성의 호르몬의 생성이 적게 나타나기 때문이다. 그런데 폐경 후는 생리라는 변수가 없기 때문에 그대로 마른 여성보다 비만한 여성에게 더 많은 호르몬이 생성되고, 따라서 유방암의 발생빈도가 높아질 수 있다. 하지만 그 이면에는 비만한 여성은 폐경 후의 갱년기 현상에 강하다고 할 수 있는 반론이 성립한다. 참고로 폐경 후, 여성의 3분의 1이 병원에 가야 할 정도로 혹독하게 고생하는 반면, 3분의 1 정도는 힘들지만 병원에 가야 할 정도는 아니고, 또 나머지 3분의 1은 아무런 증상이 없을 수도 있다. 바로 이런 것이 비효율적으로 보이는 유성생식이 지닌 장점인, 개체의 다양성이라고 하는 것이다. AIDS 같은 무서운 바이러스가 통하지 않는 사람도 어디선가 존재할 수 있다는 것이 다양성이 가지는 진화학적인 유리함이다. 결국, 반드시 두 개체가 만나야 생식이 가능한, 이런 복잡하고 비효율적으로 보이는 포유 동물들의 번식 방법은 바로 박테리아나 바이러스 같은 미생물들에 대한 방어 수단으로 비롯된 것이라고 할 수 있다.

하지만 반대로 호르몬 요법은 폐경 직후, 에스트로겐을 잃음으로써 폭증하게 될 심장 질환을 폐경 전의 상태로 만들어 줄 수 있다는 점에서는 일장일단이 있다고 하겠다. 실제로 여성들의 사망에 관계하는 요인은, 부인 암보다는 심장 질환*이 10배나 더 큰 것이 사실이다. 따라서 부인암이 발생할 위험을 무릅쓰고 라도 호르몬 요법을 처방할 만한 충분한 가치는 있는 셈이다.

---

* 최근, 호르몬 요법이 오히려 심장질환의 가능성을 높일 수 있다는 보고도 있다. 만약 그렇다면 호르몬 요법은 잘못된 처방으로 퇴출의 위기를 맞게 된다. 하지만 호르몬 요법은 갱년기에 나타나는 관절통을 매우 잘 다스릴 수 있다. 노인들에게는 관절통이 죽음보다 견디기 힘든 고통일 수도 있다.

세상 이치라는 것이 항상 이렇다. 얻는 것이 있으면 반드시 잃는 것도 생기는 법이다. 항생제가 우리를 괴롭히는 병균들을 죽이는 작용을 하여 많은 생명을 구하기는 하지만, 이 역시 몸에 이로운 세균들을 함께 죽이는 작용을 하여 더 많은, 다른 부작용을 수반하기도 한다. 모든 약은 苦肉之策(고육지책)의 수단인 것이다.

그런데 이런 복잡한 상황에서 갑자기 기적 같은 석류가 등장한 것이다. 석류가 놀랍게도 여성들이 난소에서 분비하는 것과 같은 에스트로겐을 함유하고 있다는 것이다. 실제로 석류가 갖고 있는 성분은 식물성 에스트로겐으로 정확하게 에스트로겐과 같은 물질은 아니다. 비슷한 물질이며 따라서 비슷한 작용을 할거라고 예상을 하는 것이다. 다만, 이것이 병원에서 처방하는 합성 에스트로겐과는 달리 자연산이므로, 호르몬 요법으로 인한 부작용이 없다고 주장하는 상업 광고가, 위에서 언급한 부작용 때문에 갈등하는 수많은, 호르몬 요법을 받고 있는 폐경기 여성들의 눈을 번쩍 뜨게 만든 것이다.

과연 효과가 있는 것일까? 석류에 포함되어있는 여러 가지 식물성 에스트로겐 중 가장 중요한 이소플라본(Isoflavone)은 이른바 '전구 물질'이라고 하는, 대사 과정에서 에스트로겐 성분으로 변할 수 있는 물질이다. 그렇다면 이것이 난소에서 생성되는 에스트로겐과 얼마만큼의 차이가 있는 것일까? 이 전구 물질은 몸속에서 얼마나 활성화할 수 있고 얼마만큼 배출되는 것일까?

어떤 근거로, 석류를 파는 이들은 이 전구 물질이 유방암 발생을 촉진하는 인공 에스트로겐과 다르다는 주장을 펴는 것일까? 이런 의문들을 확인할 도구도 연구소도 나는 가지지 못했지만, 확인된 자료나 정보로 추측을 해볼 수는 있을 것이다.

실제로 석류에 포함된 전구 물질은 1kg당 겨우 18mg이다. 석류 한 개가 350g 정도라고 했을 때 석류 한 개에 포함되어 있는 에스트로겐 전구 물질은 겨우 6mg이다. 그런데 이 에스트로겐 전구 물질은 석류에만 있는 것일까? 그렇지 않다. 식물성 에스트로겐은 식물성 기름이자 불포화지방인 아마유에 가장 많으며 1kg당 무려 3,600mg이나 들어있다. 석류의 200배나 들어있다는 말이다. 그리고 우리가 가장 흔하게 접하는 콩인 대두에 1Kg당 적게는 700에서 많게는 2,000mg 이상 들어있다. 그러므로 콩 한 컵 정도를 먹으면 적어도 70mg 이상의 식물성 에스트로겐을 섭취할 수 있다는 계산이 나온다. 실제로 〈WHO〉에서는 에스트로겐의 역할을 제대로 하기 위해서는 하루 권장량이 120mg은 되어야 한다고 주장하고 있다. 그렇다면 대두 250g 정도를 먹으면 된다는 얘기이다.*

약국에서 살수 있는 호르몬 요법제의 용량은, 하루에 적으면 0.3mg에서 많아야 1.25mg을 처방하고 있다. 그렇다는 얘기는 약으로 만들어진 순수한 에스트로겐과 식물성 에스트로겐의 전구물질이 가지고 있는 실제 효과를 나타내는 비율은 거의 100배 정도라고 추측할 수 있다(이건 확인되지 않은, 그냥 자료에 따른 논리적인 추측일 뿐이다).

그런 계산이라면 같은 양의 에스트로겐을 석류로부터 섭취하려면 대략 6.7kg의 석류를 먹어야 한다. 무려 19개를 먹어야 한다는 말이다. 혹시, 어른 이빨보다 더 큰 석류 알이 300개가 넘게 들어있는, 거짓말 조금

---

* 물론 콩기름을 먹으면 된다.

보태서 아이들 머리통만한 이란산 석류를 먹어봤다면, 이 거대한 석류를 19개씩이나 먹는다는 것이 얼마나 터무니 없는 일인지 잘 알 것이다.

문제는 또 있다. 식물성 에스트로겐은 석류의 새콤달콤한 맛있는 과즙에 있는 것이 아니고 딱딱한 석류씨에 들어있다. 식물성 에스트로겐은 처음에 얘기했던 대로 지방의 일종이므로 당연히 씨 안에 포함되어 있을 것이다. 따라서 19개의 석류를 씨째 먹어야 한다. 이건 도저히 불가능한 일이다. 딱딱한 석류씨는 아무리 이빨이 강철같은 사람이라도 씹을 수 없다. 그렇다면, 수박씨처럼 그냥 삼킨다면 어떨까? 우리 소화관이 소나 염소의 그것이 아닌 한, 이 딱딱한 셀룰로오스(Cellulose)와 리그닌 '(Lignin 나무의 수지를 말한다) 재질을 소화 흡수할 수 없어 당연히 그냥 배출될 것이다. 소용없다는 말이다.

도저히 석류를 통째로 사서 그대로 먹기는 힘든 것 같다. 그럼 즙으로 만들어서 파는 쪽은 어떨까? 씨를 포함하고 있기는 한 것일까?"

석류로부터 나온 식물성 에스트로겐은 유방암 등 부인암을 발생시키는 부작용이 없다고 주장한다. 그 이유는 이것이 자연으로부터 온 것이라는 것이다. 물론 이런 이야기는 매우 비과학적이며 비논리적인 이야기이다. 천연이건, 사람이 만들었건 화학적으로 같은 물질이라면 그건 같은 물질이다. 천연 물질은 무조건 사람에게 좋을 것이라고 생각하는 것은 매우 위험한, 비과학적인 맹신이다.

사람을 환각과 지옥의 나락으로 떨어지게 하는 양귀비나, 만병의 근원이라고 일컫는 담배로부터 나오는 물질인 니코틴과 타르, 또는 우리가

---

* 리그닌: 나무의 수지를 말한다. 나무를 딱딱하게 하는 역할을 한다. 나무에서 리그닌을 제거하면 셀룰로오스만 남게 되는데 그것을 펄프라고 한다. 펄프는 종이의 원료이지만 녹여서 실로 뽑으면 레이온(viscose rayon)이 된다.

** 석류씨를 기름으로 짜서 먹으면 된다.

M A ᕫ F O R S C I E N C E

매일 마시는 커피의 카페인도 모두 천연 물질이다. 이것들이 과연 자연산이므로 우리 몸에 좋다고 할 수 있을까?

플라시보

만약, 석류에서 나온 그것은 부작용이 없고, 약으로 먹는 것에서는 부작용이 발견된다면 그 이유는 명백하다. 용량이 부족한 것이다. 약이 몸에서 제대로 작용하려면 최소한의 양이 필요하다.

이것이 임계 용량이다. 임계 용량에 도달하지 못하는 약은 전혀 쓸모가 없다. 즉, 약효가 없다는 말이다(그러니 약을 반으로 쪼개먹으면 효과가 반만 있을 거라고 믿는 것은 착각이다). 당연히 약효가 없으니 그에 따른 부작용도 있을 리가 없다. 실제로 일이 그렇게 전개된다면 정말로 터무니 없는 일이 아닐 수가 없다. 용량에 미달하는 약을 먹고 효과가 있다고 생각하는 많은 사람들의 이야기는, 플라시보(위약/Placebo) 효과에 다름 아닐 것이다.

나는 실제로 확인을 해보기 위해, 아내가 먹으려고 사 놓은 석류 즙을 조사해 보았다. "터키산 석류 과즙 100% 12Brix 100ml" 이것이 내가 석류즙 봉지로부터 얻을 수 있는 정보의 전부였다. 여기에는 식물성 에스트로겐이 얼마나 들어있는지, 씨는 포함하고 있는 건지, 얼만큼 먹어야 효과가 있는지에 대한 정보는 전무했다. 그저 과즙, 즉 식품이라는 정보가 모두였다는 말이다. 팔기 전의 그 찬란하고 화려한, 에스트로겐에 대한 과학적 근거는 간 곳 없고, 그저 과즙이라는 확실한 증거만이 봉지에 남아있다. 차후에 발생할 지도 모르는 법적인 말썽을 피하기 위한 조처일지도 모른다.

Brix라는 용어는 당도를 나타내는 말이다. 석류의 경우는 100%인 경우 12Brix 정도이고, 50%라면 6Brix라고 보면 된다. 물론 농축하면 당도는 더 높아진다. 매실의 경우는 100%의 당도가 6 정도 된다. 달디단 농축 매실은 보통 9배 정도이므로 대략 54Brix 정도 될 것이다.

이 100% 과즙 한포가 100cc였다. 석류씨와 과즙이 차지하고 있는 중량이 대략 170g이라고 했을 때, 이 한포는 대략 석류 반개가 조금 더 된다는 계산이 나온다. 물론 이것은 씨를 모두 갈아 넣었을 때의 얘기이다. 하지만 이 과즙 안에, 갈아 넣은 것 같은 씨는 발견할 수가 없었다. 약간의 침전 물질이 있을 뿐이다. 물론 내가 직접 확인할 수는 없으므로 확실한 사실은 아니다. 그러나 그들은 씨 채로 갈아 넣은 것이라고 주장했다.

그렇다면 아내는 속고 있는 것인가?

잠깐 우리가 잊고 있는 것이 있다. 에스트로겐이 여성에게 정말로 중요한 호르몬인 것은 사실이다. 그래서 그것을 보충하기 위해서 석류를 먹고자 한다. 그런데 생리를 하고 있는 여성은 몸에 충분한 양의 에스트로겐이 이미 생산되고 있다. 오로지 폐경 후의 여성만이 호르몬 요법에 반응을 보일 것이다. 따라서 만약 폐경 전의 여성이 석류로부터 호르몬 요법에 해당하는 충분한 양의 호르몬을 섭취한다면 유방암이나 부인암에 걸릴 개연성만 2배로 커진다는 얘기가 된다.

여보 나 속은 거야??

실제로 호르몬 요법을 실시하고 있는 폐경기 여성들은 매 6개월마다 암 검진을 실시하고 있다. 그만큼 에스트로겐을 투여한다는 것 자체가 상당한 위험성을 내포하고 있다는 말이다. 따라서 의사의 처방도 없이, 아무런 근거 없는 식물성 에스트로겐(Phyto-estrogen)의 섭취는, 더군다나 에스트로겐이 정상적으로 분비되고 있는 생리 중인 여성의 경우는 위험 천만하기 그지 없는 일이 된다. 이런 것이 대체 의학이 가지는 위험성이다. 병원에서 처방 받는 약은 의사의 감시를 받지만, 대체 의학의 약은 그것이 천연 물질이기 때문에 부작용이 없을 거라는 착각으로 인해 항상 위험에 노출되어 있다. 만약, 다행히 함량 미달이라면 큰 문제가 일어나지는 않을 것이다. 그냥 적지 않은 돈만 잃으면 그만이다. 몸까지 버릴 일은 없다. 그러나 함량이 실제로 호르몬 요법에서 처방하는 정도의 양에 이른다면 이건 정말 큰 일이 아닐 수 없다.

여성들이 다만 식물성 에스트로겐을 먹음으로써 피부가 고와진다거나(피부와 관련이 있다는 임상 소견은 없다.), 건강에 좋다는 식의, 여성이 먹으면 무조건 좋다는 막연한, 잘못된 믿음이 이 땅에 석류 열풍을 만들어 냈지도 모른다.

그런데 과연 식물성 에스트로겐은 석류에만 있는 것일까?

위에서도 지적했듯이 만약 식물성 에스트로겐을 섭취해서 폐경기 이후의 고지혈증이나 심장 질환 등 갱년기 증상을 완화하고 싶은 사람이라면, 석류보다 차라리 이소플라본(Isoflavone)이 1Kg당 700~2,000mg으로 80배나 더 많이 함유되어 있는 콩을 먹는 것이 더 낫다는 것이다. 물론, 콩도 그것이 정말로 에스트로겐의 역할을 충실하게 수행한다면, 부작용으로 유방암의 발생을 크게 할 수 있다는 것은 움직일 수 없는 사실인 것이다. 콩은 천연 물질이기 때문에 부작용이 없다는 말은 설득력이 부족하다. 그것들이 탄소와 산소 또는 수소로 되어 있는 동일한 구조로 되어있

는 한, 천연인지 아니면 합성된 것인지 몸은 구분하지 못 한다. 인체는 지구와 똑같이, 별(항성)의 핵 융합 반응으로 만들어진 원소로 구성되어 있으며, 땅과 암석에 가장 흔한 원소가 산소이듯이, 몸에서 가장 흔한 원소도 산소이고, 암석의 산소나 우리 몸의 산소는 100% 같은 물질이다.

얼마 전 신문에 옥수수 같은 탄수화물을 많이 섭취하는 여성은 유방암에 걸릴 확률이 높아진다고 나왔다. 콩에 이소플라본이 있는 한, 다른 곡류에도 이소플라본이 들어있다는 증거를 보여주고 있는 사실일 것이다. 또 하나 재미있는 사실은, 이소플라본이 항암 작용을 한다는 것인데 만약 그것이 사실이라면 지금까지의 주장과는 배치되는 일이 아닐 수 없다. 이소플라본이 에스트로겐과 같은 작용을 한다면 오히려 유방암의 위험을 증가시켜야 한다. 그런데 그 반대라니?

답은 바로 이소플라본의 희한한 작용에 있다. 이소플라본은 호르몬으로서의 작용도 하지만, 거꾸로 항호르몬 작용도 같이한다는 점이다. 따라서 이소플라본이 항호르몬 작용을 할 때는 항암제로서의 작용이 가능하다는 얘기이다.

콩을 파는 분들의 얘기에 의하면, 콩의 이소플라본은 에스트로겐이 모자라면 활성화 시키고, 거기에 따른 부작용으로 암 발생 확률이 높아지려고 하면, 거꾸로 에스트로겐의 작용을 둔화시켜서 양 쪽에 날이 있는 칼처럼 편리하게 작용한다고 주장한다. 하지만, 이것이 거꾸로 작용하지 않는다고 누가 장담할 수 있을까?

또 하나 지적해야 할 일은, 호르몬은 정규적으로 보충하고 장기간 복용해야 장점을 발휘할 수 있다는 것이다. 병원에서 시행하는 호르몬 치료도 그러할진대 가정에서 대체 요법으로 다만 몇 십 포의 석류를 몇 달 동안 먹는다고 해서 좋아질 수 있을까? 물론 석류에는 이소플라본 말고도 다른 좋은 물질들이 있으니 그것과는 다르다고 주장할 수는 있다.

그런데 식물성 에스트로겐은 좋기만 한 물질인가?

사실 식물성 에스트로겐은 임상학적으로는 내분비계 교란 물질로 분류된다. 내분비계 교란물질이란 체내로 유입되어 마치 호르몬처럼 행동하여 내분비계의 정상적인 기능을 방해하는 화학 물질을 말한다. 대표적인 내분비계 교란 물질이 그 유명한 다이옥신이다. 결국 식물성 에스트로겐은 환경 호르몬이라는 말이다. 다만 교란 물질이 반드시 나쁘게만 작용하는 것은 아니라는 점을 부각시키고 있는 것이다. 만약 식물성 에스트로겐이 항암성을 지니고 있다면 그것이 의미하는 바는, 그것이 몸에서 분비하는 진짜 에스트로겐의 기능을 방해한다는 뜻이 된다. 결국 항암성과 갱년기 증상 완화라는 두 마리 토끼를 한꺼번에 잡을 수 있는 것은 아니라는 말이다.

그렇다면 남자들의 경우는 어떨까? 남자들의 상징인 테스토스테론(Testosterone)은 폐경처럼 한꺼번에 상실되는 경우가 없다. 거의 매년 1% 정도의 완만한 속도로 줄어든다. 아니 어떤 사람은 나이가 들어도 전혀 줄어들지 않는 사람도 있다. 남자들은 일생 동안 전혀 노화되지 않은 상태의 정자를 생산할 수 있다. 70세 노인의 정자라고 해서 늙은 아이가 태어나는 것은 아니라는 말이다. 하지만 70세가 넘으면 남자들의 절반은 생식 능력을 잃게 된다. 다만, 남자들이 테스토스테론을 잃어가고 있는, 이른바 갱년기에는 심리적인 노화를 겪는 수는 있다. 그 증상 중의 하나가 스포츠카를 좋아하게 된다는 것이다. 실제로 스포츠카를 소유한 미국 사람의 대부분은 젊은이들보다는 노인들이다.

BMW Z4

인간복제의 치명적 오류

키가 12인치인 플라스틱제 틴에이저 인형 '바비'는 역사상 가장 널리 알려지고 가장 많이 팔린 인형이다. 1959년에 처음 소개된 이래 그 동안 전세계의 바비 인형 인구는 1200만 명에 달해 로스엔젤리스나 런던 또는 파리의 인구를 상회하게 되었다. 어린 소녀들이 바비를 좋아하는 것은 이 인형이 매우 사실적인 데다가 여러 가지 옷을 갈아 입힐 수 있도록 만들어졌기 때문이다.

– 앨빈토플러의 일회용 사회에서 –

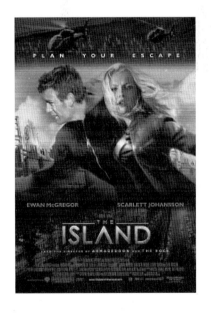

'아마겟돈'과 '진주만'으로 유명한 마이클 베이 감독의 아일랜드라는 영화가 있다.

간결하고 시원스러운 화면 처리와 함께 잠시도 쉴 틈을 주지 않고 터지는 폭발적인 액션으로 영화 상영 2시간 내내 시시각각으로 조여오는 팽팽한 긴장감을 늦출 수 없는 재미있는 영화이다.

인간 복제라는 독특한 스토리가 없더라도 영상과 액션만으로도 충분한 감동을 줄만큼 화려한 그래픽과 거대한 구조물들의 붕괴 장면 등, 생동감 있는 화면 전개들이 인상 깊다.

나는 좋은 영화를 평가하는 내 나름의 잣대가 두 가지 있는데, 첫째가

긴장감, 둘째가 재미이다. 일단 긴장감이 없으면 리얼리티(Reality)가 떨어지게 되므로 그 영화는 좋은 영화가 아니라고 본다. 제 아무리 돈 많이 쓴, 잘 된 영화라도 재미가 없으면 무슨 맛으로 볼 것인가. 그런 면에서 일전에 많은 기대를 가지고 본 박찬욱 감독의 '친절한 금자씨'는 그전에 재미있게 보았던 '올드보이'나 '복수는 나의 것'에 비해 긴장감도 재미도 떨어지는 영화라고 평가한다. 글쎄 예술성이 있을지, 그래서 베니스 영화제에 나갈 수 있을지는 나도 모르겠다. 예술성에 대한 시각은 내가 영화를 감상하는 척도에 포함되어 있지 않다.

영화 이야기에 무슨 쓸데 없는 과학적인 고찰이냐고 하겠지만 그렇게 파헤쳐 보는 것도 나름대로의 재미는 있다. 사람이 꼭 쓸데 있는 일만 하는 것은 아니지 않는가.

연전에 어느 지인이 밥 먹다가 말고 '태정태세문단세'를 외우고 있는 한 직원을 보고 이런 소리를 한 적이 있다. 그게 뭐니? 그 직원 왈, 조선 시대 왕들 이름이요. 그러자 그 분은 "그거 어디다 쓰니. 그런걸 왜, 무엇 때문에 외우는 거니."라고 하였다. 나는 할 말을 잃었다. 조선 시대의 왕들 이름이 우리가 살아가는 데, 돈 버는데 필요한 지식은 아니다. 하지만 입에 풀칠하는 데 필요한 지식만 알고 살아야 한다면 사람이 짐승과 다른 것이 무엇이랴. 우리 은하의 직경이 10만 광년이고 지구의 무게가 6×10^{21} 톤이든 말든 그런 것을 알아야 할 필요가 전혀 없다고 생각되는 사람은 이 글을 반드시 읽어봐야 한다. 밥 먹다 말고 조선 왕조의 계통을 외우는 친구를 이해할 수 없는 인간들의 호기심은 이제 긴잠으로 부터 깨어났다. 지금부터 쓸데없는 일에 관심과 호기심을 갖고 있는 인간다운 독자들과 지식의 탐구 여행을 한번 떠나보자.

영화에서의 비 과학적인 스토리 전개는 제법 종종 발견되는데 스티븐 스필버그가 감독했으며 지식 소설(Knowledge Fiction)이라는 새로운 장르를 개척한 주라기 공원 같은 수작의 영화에도 많은 비과학적 사실들이 발견된다.

그 이유는 하나다. 영화에서 지식의 전달보다 더 중요한 것은 바로 '재미'이기 때문이다. 따라서 재미와 지식이 충돌 하는 장면이 나오게 되면 지식은 어쩔 수 없이 자리를 양보해야만 한다. 신문이나 방송도 마찬가지이다. 우리가 오해하고 있는 것처럼 그들의 목적은 결코 지식이나 사실의 전달이 아니다. 따라서 신문과 방송에서 엉터리 정보들이 태산을 이루더라도 그들의 책임은 아니다.

어느 것이 진실이고 또 어느 것이 왜곡된 것인지 영화는 알려주지 않기 때문에 영화를 보는 우리는 어느 것이 참이고 어느 것이 거짓인지 구별하기 어렵다. 영화에서는 많은 지식과 허구가 난무하며 교차한다. 따라서 잘못하면 비싼 돈들여 영화보고 나서 바보 되기 십상이다. 그런 불상사를 막기 위해 우리는 이 글을 읽고 있는 것이다. 물론 이 영화를 단 한번 밖에 보지 못한 필자가 영화 전체를 다 기억할 수 없기 때문에 누락되거나 오해가 있을 수 있는 부분도 있을 것이다. 그런 부분을 발견하면 필자에게도 알려주면 고맙겠다. 한편, 때로는 그럴 필요가 전혀 없는데도 지식이 양보를 하는 경우도 있다. 그런 부분에서는 스토리 작가의 지적인 기반이 약간 의심되기도 한다. 하지만 어차피 작가가 과학자는 아닌 것이다.

자 이제 이야기를 시작해 보자.

가장 중요한 것은 우리가 잘못 알고 있는 인간 복제에 대한 상식이다. 이 부분에 대한 오해가 우리를 곧잘 바보로 만든다. 이 영화에서는 인간을 복제하여 그 장기를 돈 많은 사람들에게 팔아 넘기는 부도덕한 과학자와 그의 연구소의 악행에 대한 권선징악적인 내용을 담고 있다. 그로인해 전 세계인들에게 우리나라가 주도하고 있는(지금은 과거사가 되고 말았다.) 배아 줄기 세포의 연구에 불필요한 부정적인 이미지를 줄 가능성도 있다는 얘기까지 비약하려고 하지는 않겠다. 다만 필자가 여기에서 과학적인 진실을 밝힘으로써 이 글을 읽는 사람이나마 잘못된 부정적인 이미지를 불식시킬 수 있다고 생각한다.

　사실 이 영화는 지금까지의 인간 복제를 다뤘던 '블레이드 러너'나 '여섯 번째 날' 등 그 어떤 다른 영화보다도 더 사실적인 과학에 토대를 두고 있다. 영화의 장면으로 들어가 보자.

　컴퓨터 기술자인 맥코드(스티브 부세미)는 가까스로 연구소를 탈출한 복제인간 링컨에게 "너와 나는 다르다. 너는 인간이 아니라 클론이다"라고 말하는 장면이 나온다. 이 부분부터 손을 한번 대 보자. 이 말의 진실에 대해서 의심하는 사람들은 별로 없으리라고 보는 만큼, 많은 사람들

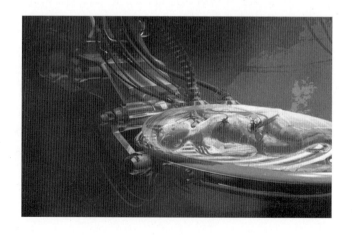

M A d F O R S C I E N C E

이 오해하고 있는 부분이기 때문이다.

인간과 클론, 즉 복제 인간은 우리와 다른 존재인가?

만약 다르다면 어떻게, 왜 다르다는 것인가?

영화에서는 클론을 만드는 과정이 자세하게 나와있지는 않다. 하지만 별 설명 없이 부분적인 화면을 제공함으로써 관객들로 하여금 스스로 그 과정을 상상하고 오해할 수 있도록 구성되어 있다.

우리가 가지기 쉬운 가장 큰 비 과학적 오류는 '클론은 어른으로 태어날 수 있다'는 것이다. 영화에서는 터무니 없게도 둥그런 비닐 주머니 안에서 사람을 배양하는 것 같은 장면이 나온다. 그리고 실제로 그 주머니로부터 어른이 태어난다. 따라서 별로 견고해 보이지 않는, 1회용처럼 보이는 그 비닐 주머니로부터 배양기간이 얼마 되지 않을 것이라는 추측을 가능하게 해 준다.

문제는 인간을 그만한 크기로 복제하려면 그만한 나이만큼의 세월이 필요하다는 것이다. 그 어떤 기술도 사람은 커녕 모기 한 마리 조차도 속성으로 키울 수는 없다. 초파리가 유전적인 연구 대상이 된 이유는 초파리는 그만큼 빨리 자라고 빨리 죽기 때문이다. 즉, 한 세대가 극도로 짧기* 때문이다.

　사실 장기 제공을 목적으로 하는 '제품'인 복제 인간을 굳이 어른으로 만들 필요는 없다. 인간을 복제할 수 있다고 하는 것은 바로 DNA라는 물질 때문이다. 그 자체가 인간을 만들 수 있는 설계도이기 때문이다. 하지만 인간을 만들 수 있는 설계도를 가지고 있다고 하더라도 그것은 인간의 태아를 만들 수 있는 설계도이지, 다 큰 성인의 설계도란 있을 수 없다. 자동차 공장은 신차만 만들 뿐 중고차를 생산할 수 없는 것과 같다. 중고차가 되려면 실제로 그 세월만큼 차가 달려야만 하는 것이다.

　영화에서는 마치 DNA의 Full set인 게놈만 있으면 대충 만들어 놓은, 껍데기만 있는 살덩어리에 그것을 주입하여 복제 인간을 만들 수 있는 것처럼 오해하도록 설정되어 있다. 하지만 대충 만들어 놓은 살덩어리는 도대체 어디서 온 것인가? 그런 것은 있을 수 없다. 아무리 작은 살덩어리라도 그 안에는 게놈이 있어야 한다. 그렇지 않으면 존재 자체가 불가능하다. 사람도 알고 보면 그런 작은 살덩어리인 세포들이 60조개에서 100조개가 모여서 만들어진 것이다. 그 최초의 살덩어리인 세포를 우리는 실험실에서도 만들 수 있다. 그것을 만들기 위해서는 반드시 여자가 필요하다. 물론 반드시 남자가 필요한 건 아니다.

　여자의 성숙한 미 수정 난자와 남자든 여자든 복제하려는 사람의 체세포만 있으면 그 사람의 복제 인간을 만들 수 있다. 물론 최초의 세포를 만드는 것이다. 인간이 할 수 있는 일은 거기까지이다. 그리고 그 최초의 세포가 인간의 몸을 형성할 수 있도록, 하나의 세포가 수십 조개가 될 때까지 배양하는 일도 전부를 실험실에서 해 내지는 못한다. 즉 반드시 인

---

* 파리의 한 세대는 겨우 2주이다.

간의 자궁이 필요하다는 말이다. 물론 그 자궁을 빌려주는 사람이 난자를 제공하는 사람과 같을 필요는 없다.

그렇다면 복제 인간과 일반인이 다른 점은 무엇일까?

일반인의 세포에 들어있는 DNA와 그것들이 모여 구성하고 있는 염색체는 부모로부터 온 것이다. 즉, 아버지로부터 정확하게 50% 그리고 어머니로부터 정확하게 50%가 왔다. 그래서 그 자식은 아버지와도 어머니와도 절반은 닮았을지언정 같지 않다. 물론 형제들과도 똑 같지는 않다. 그것이 암과 수가 있어야 하는 유성생식의 결과이다. 즉 다양성이라는 것이다. 70억의 지구 사람 중, 나와 똑같은 사람은 단 한 명도 없다. 하지만 복제 인간은 두 사람으로부터 조합된 새로운 인간이 아니라 한 사람의 DNA를 그대로 복제한 것이다. 물론 여자에게로만 전달 되는 미토콘드리아 DNA로 인하여 100% 같지는 않다. 어느 여자로부터인가 제공된 난자의 미토콘드리아 DNA가 복제 인간에게 전달되기 때문이다. 즉 내가 남자라면 내 복제 인간의 미토콘드리아 DNA는 내 것과 같지 않다. 남자는 그것을 전달할 수 없다. 물론 방법이 없는 것은 아니다. 윤리적인 문제가 따르겠지만 난자를 제공한 여자가 나의 누이나 모계 쪽의 형제라면 미토콘드리아 DNA조차도 같게 할 수는 있다.

이렇게 해서 복제 인간과 일반인은 사뭇 달라 보인다. 정말 그럴까? 그런데 이미 세상에는 수 없이 많은 천연의 복제 인간이 존재한다면?

놀랄 필요는 없다. 아직 우리가 그런 복제 인간을 실험실에서 만들지는 않았지만 자연적인 복제 인간은 이미 존재한다. 그것이 바로 일란성 쌍둥이이다. 실제로 일란성 쌍둥이들은 서로를 100% 닮아있다. 두 사람의 DNA는 100% 같다. 두 사람은 서로의 복제 인간인 셈이다.

복제 인간이란 결국 나의 쌍둥이 형제이다. 물론 내가 어른이 되어서 나의 클론을 만들었다면 그 쌍둥이 형제는 나보다 어린 쌍둥이가 되는 것이다.

따라서 복제 인간이라고 해도 맥코드가 얘기한 것처럼 '너는 나와는 다르다'라고 얘기할 만큼 그렇게 특별난 존재가 아닌 것이다. 유전공학적으로만 다를 뿐이다.

자 다시 영화로 돌아가 보자.

그렇게 복제 인간을 만들어서 그들의 장기를 꺼내서 팔아먹는다.

엽기적인 상상이지만 불가능한 것은 아니다. 이 논제는 복제 인간의 윤리적인 문제를 따짐에 있어서 찬성론자들을 잠 재우는 반대론자들의 전술 핵에 해당하는 강력한 무기이다.

하지만 여기에는 함정이 있다. 첫째는 자신의 복제 인간은 자신의 자식이나 형제와 비슷한 개념의 사람이고 또 결정적으로 아기이다. 여기에서 복제 인간이 반드시 '아기'라는 것은 매우 중대한 사실이다.

그 어떤 사악한 인간이 자신의 건강 보전을 위하여 자신을 닮은 아기를 만들어 그로부터 간이나 심장을 꺼내어 사용하고 아기를 죽일 것인가? 그럴 리는 없겠지만 만약 그런 일이 허용된다고 하더라도 그런 짓을 할 사람이 얼마나 될까? 그런 것이 사업이 될 정도로 사람들의 인기를 끌 수 있게 될까?

미안하지만 소비자로 하여금 도덕적인 수치감이나 비윤리적인 일을 강요하도록 되어 있는 사업은 절대로 성공할 수 없다는 것이 경제의 기본 원칙이다. 따라서 영화에서는 이처럼 도저히 용인될 수 없는 상황을 피하기 위하여 복제 인간을 아이가 아닌 어른으로 만드는 무리수를 둔 것이다.

문제가 생긴 나의 장기를 갈아 끼우는데 아기 보다는 어른이 그래도 좀 나아 보인다. 물론 복제 인간을 어른으로 만들 수는 없지만 키울 수는 있다. 어떤 사람이 태어났을 때 바로 체세포를 복제하여 복제 인간을 만들어서 같이 성장시켜도 된다(어떻게?는 물론 의문으로 남는다).

그러면 그 복제 인간의 의식은 어떻게 할 것인가? 정체성은?

그 문제를 해결하기 위하여 영화에서는 그 사람들에게 조작된 기억을 이식하고 집단 수용한다. 그렇지 않으면 그 복제 아기는 정상적인 인간으로 태어나 지극히 정상적인 사고와 정체성을 가질 것이다. 일반 사람과 전혀 차이가 없다. 하지만 그것이 가능하다고 하더라도 그 누가 정상적인 사람을 '낙원' 따위의 허황된 사탕발림으로 수 십 년씩 가둬 놓을 수 있단 말인가. 영화는 할 수 없이 무리한 거짓말을 계속해야 한다. 조작된 기억을 인간의 뇌세포에 주입한다는 것은 먼 미래에는 가능할지 모르지만 실제로 가능하다고 해도 그럴 필요가 없다. 어차피 장기를 제공하고 죽게 될 복제 인간에게 의식이 필요할까? 처음부터 그냥 식물인간으로 만들면 된다. 그리고 식물인간을 먹이는 것이 훨씬 통제하기 쉽고 더 싸다. 의식이 없으므로 죄책감도 덜하다.

또 하나의 문제가 있다.

영화에서는 오리지널이 사고를 당하거나 병이 들게 되었을 때 클론의 장기를 꺼내어 사용하도록 설정되어 있다. 물론 사고의 경우는 문제가 없다. 하지만 어딘가 치명적인 질병에 걸려서 교체를 하려는 경우를 생각해 보자. 오리지널과 클론의 DNA는 같기 때문에 한 사람에게 유전적으로 문제가 생기면 다른 사람의 것도 문제가 있을 확률이 많다. 내가 기질적으로 심장이 약하다면 내 클론의 심장도 100%는 아니지만 약할 것이다. 결국 정작 내게 필요한 장기의 유효 기간은 생각보다 상당히 짧을

지도 모른다(환경적인 차이로 인하여 100% 같은 DNA를 가졌어도 100% 같은 질병이 생기지는 않는다).

영화에서는 대리모도 등장하는데 한 여성 클론이 다른 사람들의 아기를 대신 낳아주고는 금방 죽임을 당한다. 이 부분은 그야말로 쓸데없는 망상에 불과하다.

대리모를 쓴다는 것은 자궁을 빌린다는 것이다. 사실 그것을 위해 클론은 필요 없다. 돈이 필요한, 가난하고 성숙한 가임 여성이라면 누구나 자궁을 빌려줄 수 있기 때문이다. 그것이 씨받이와 다른 점은 대리모는 자신의 자궁만 빌려줄 뿐이고 난자까지 빌려줄 필요는 없다는 사실이다. 즉 그 자신이 낳는 아이는 자신의 혈육이 아닌 자신과 전혀 상관없는 아이이다. 그리고 여성의 자궁은 일회용이 아니기 때문에 단 한번 사용하고 죽일 필요는 더 더욱 없다. 대리모로 사용하기 위해 클론을 만드는 것은 비용 면에서도 비 경제적이다. 어차피 그런 비윤리적인 상황 아래에서는 사람을 죽이는 것보다 차라리 어린아이를 납치해 키우는 것이 더 낫다(지금도 수많은 어린이들이 실종되고 있다).

영화에서는 연구소를 탈출한 링컨이 자신의 오리지널과 그의 집에서 마주치는 장면이 나온다. 그 장면은 이 영화의 주제가 어떤 것이었는지를 관객에게 새삼 깨닫게 해 주려는 것처럼 상당 시간 동안 두 사람에게 카메라의 앵글을 할애한다.

두 사람은 마주보고 서로를 확인한다.

첫째 의문, 두 사람의 이마 한가운데 있는 사마귀가 똑같은 크기로 같은 자리에 있다. 그럴 수 있을까?

둘째 의문, 두 사람은 홍채의 무늬가 같다. 링컨이 집에 들어갈 때 홍채 인식 자물쇠를 통과하는 장면이 나온다.

셋째 의문, 두 사람의 지문이 같다. 쌍둥이는 서로 지문이 같을까?

넷째 의문, 하지만 오리지널 링컨의 키가 클론보다 조금 더 작다.

위의 사실 중 오류가 아닌 것은 어떤 것일까?

위의 사실 중 진실에 가까운 것은 네 번째 뿐이다. 하지만 그 조차도 실제의 통계에서 일란성 쌍둥이의 키는 비슷한 것이 더 정상적이라고 봤을 때 맞는 사실이 하나도 없는 것 같다.

두 사람의 DNA가 정확하게 일치한다고 하더라도 최초의 태아를 이루는 세포들은 같았겠지만 후천적인 환경에 따라 달라지는 세포들, 이를테면 근육이나 점, 사마귀 등이 같을 수는 없다. 실제로 일란성 쌍둥이의 지문과 홍채는 서로 다르다. 일란성 쌍둥이는 원래 하나였던 세포가 원인을 알 수 없는 이유로 인하여 둘로 쪼개져서 두 사람이 된 케이스에 해당한다. 따라서 두 사람의 DNA는 정확하게 일치한다. 즉, 설계도가 같은 것이다. 그렇다면 두 사람의 의식은 어떨까? 둘은 같은 생각과 정체성을 가질까?

그것이 전혀 아니라는 것은 주위에서 쌍둥이를 한번이라도 본 사람들은 알 것이다. 의식을 형성 하기 위한 뇌세포의 분화는 최초의 설계도로 완성되는 것이 아니고 대충 굵은 가지만 설계해서 던져놓으면 나머지는

04. 신의 허락

그 사람의 경험이나 지내온 세월에 따라서 다르게 분포하며 새롭게 형성된다. 따라서 두 사람의 의식이나 정체성은 같을 수가 없다. 그런일은 상상조차 하기 어렵다.

황우석 교수가 개를 복제 하는 데 성공했다고 한다.

그래서 자신의 애완용 개를 복제하기 위한 꿈에 부푼 돈 많은 개 주인들의 환호를 받고 있으며 그것이 유망한 사업이 될 수도 있다라고 떠드는 신문도 있다. 원래 개는 길어야 15년 밖에 못사는 단명의 동물이기 때문에 같이 살던 자식 같은 애완견을 일찍 떠나 보내야 한다는 사실을 아쉽게 생각하는 애호가들이 많았다. 그런데 애완용 개를 복제할 수 있다면 자신과 비슷한 수명을 살게 할 수도 있다고 생각한다. 그리고 그것이 좋은 사업이 될 것이라고 예상한다.

과연 그럴까?

앞에서도 얘기 했듯이 아무리 자신의 사랑하는 개를 복제한다 하더라도 그것은 그 개와 외모가 똑같은 쌍둥이를 만드는 것일 뿐, 그 개 자체는 아니다. 따라서 애완견 가게에 가서 그것과 비슷한 놈을 사는 것과 전혀 다르지 않다. 개 조차도 오리지널이 복제 개와 의식과 기억을 공유하지는 않을 것이기 때문이다. 따라서 개 주인들이 기대하는 일은 결코 일어나지 않는다. 그것이 좋은 사업이 될 수 있을 지에 대한 가능성은 물론 별개의 문제이다(세상에는 사기 마케팅도 많고 그 중 성공적인 것도

최초의 복제 개 스누피

다수 존재한다).

복제 개가 처음에는 주인을 몰라보고 어리둥절한 이유를 적당히 만들어 놓기만 하면, 며칠 안 가 그 복제 개는 이미 친숙해진 주인을 향하여 꼬리를 흔들 것이다.

복제 인간인 링컨이 오리지널 링컨의 의식 속에 있는 배를 스케치하고 꿈까지 꾼다. 그리고 배우지도 않았던 오토바이를 능숙하게 몬다. 이는 사실 심각한 과학적 오류이다. 우리가 중학교 때 배운 '습득 형질은 유전하지 않는다.*'라는 이론을 기억할 것이다. 자신의 유전자를 그대로 물려받은 클론이라도 DNA만 줄 수 있을 뿐 그 외의 것은 줄 수 없다. 즉 내가 평생 동안 열심히 배운 컴퓨터 실력을 내 자식에게 그대로 물려줄 수 없는 것과 같다. 차두리는 아버지로부터 빨리 달릴 수 있는 능력과 강한 하체를 물려받을 수 있을지언정 축구 그 자체를 잘 할 수 있는 재능을 물려받지는 못한다. 정신 세계는 오로지 자신만의 것이며 그것은 뇌세포 밖에서는 존재하지 못한다.

사실 필자는 놓친 부분인데 어떤 이가 장기 이식이 목적이라면 장기 복제를 하면 되지 왜 인간 복제까지 하느냐 하는 것에 대한 이유를 설명하는 장면이 영화에 있다고 지적해 줬다. 그리고 그 이유가 거부 반응이라고 하는데…… 그것은 사실이 아니다. 거부 반응의 문제는 장기 복제로 얼마든지 해결 할 수 있다.

황 교수가 하려고 했던 일이 바로 그것이다. 거부 반응은 면역계가 외부로부터의 이물질을 제거하기 위한 공격으로부터 비롯된다. 따라서 이물질이 아닌 자신의 것을 이식하면 거부 반응의 문제를 해결할 수 있다.

---

* 라마르크의 용불용설은 습득형질이 유전한다고 보았다. 오늘날 라마르크의 이론은 사실이 아니라는 것이 밝혀졌다. 습득형질은 좋은것만 있는 것이 아니다. 도둑질을 잘 할 수 있는 능력은 누구라도 물려받고 싶지 않을 것이다.

황 교수의 배아 줄기 세포에 대한 연구가 바로 이것의 연장선상에 있다. 이식되는 장기가 이물질이 아닌 자신의 것이 되기 위해서는 이식하려는 세포의 DNA가 자신의 그것과 같으면 될 것이다. 그렇게 하기 위해서 황 교수는 체세포 복제를 연구한 것이다.

마지막으로 만약 윤리와 도덕을 무시하고 장기를 복제 인간의 그것으로 몽땅 이식할 수만 있다면 영생할 수 있을까?

쉽지않다. 문제는 뇌*이다. 복제 장기를 통하여 인체의 210가지 장기들을 모두 교체할 수는 있지만 뇌만은 불가능하다. 뇌를 바꾸는 순간 그것은 이미 나 자신이 아니기 때문이다. 내 몸의 모든 부분품을 스페어로 가지고 있다고 하더라도 뇌를 교체할 수 없는 한, 다른 것들은 별로 소용이 없게 된다. 뇌의 모든 내용, 즉 소프트웨어를 이식할 수 있다면 물론 영생도 가능할 것이다. 하지만 그 일은 상당히 어려운 일이며 영원히 불가능 할지도 모른다.

그렇다면 뇌의 수명은 얼마나 될까?

현재의 통계에 따르면 인간은 85세가 넘으면 약 절반 정도가 치매에 걸리게 된다고 한다. 우리 몸은 잘 관리하면 120년까지도 쓸 수 있다. 뇌는 몸의 다른 부분보다 오히려 수명이 짧은 것 같다.

---

* 뇌는 몸무게의 2%에 불과하지만 전체산소 필요량의 15%를 소비하며 혈당의 40%를 소모한다.

:05

다이어트 과학

놀라운 지방 이야기

지방의 정체

　도대체 지방 같은 쓸모 없어 보이는 물질은 왜 생겨서 아름다움을 추구하는 현대의 여성들이나 복부에 울퉁불퉁한 식스팩을 갖고 싶은 마초들을 곤혹스럽게 만드는 걸까? 인간은 생물 진화의 종착역이라면서 왜이런 불필요해 보이는 물질이 도태되어 사라지지 않은 걸까? 만약 당신

이 정말로 진화에 관심이 있다면 그 대답은 바로 지방이 쓸데없기는커녕 사람에게 엄청나게 중요하기 때문이다.

사람의 연료

식물을 포함한 모든 살아있는 생물은 삶을 영위하기 위해 에너지를 필요로 한다. 심지어는 살아있지 않은 물체라도 움직이기 위해서는 에너지가 필요하다. 그리고 에너지를 내기 위한 연료는 대개 비슷한 종류의 물질로 이루어져있다. 그 연료는 포도당(Glucose)이다. 인간은 연료를 스스로 생산할 수 없기 때문에 할 수 없이 다른 데서 공급받아야 한다. 즉 약탈하여야 한다. 놀랍게도 식물은 스스로 연료를 생산하여 비축하기까지 한다. 그래서 식물은 걸어 다닐 필요가 없는 것이다. 그 에너지원은 태양이며 식물은 1억5천만 km나 떨어져 있는 불타는 수소의 핵융합 물질로부터 복사된 에너지를 배터리처럼 스스로의 몸에 비축할 수 있다. 이 놀라운 배터리는 인간이 만든 그것처럼 저절로 방전되지도 않는다.

식물의 연료

35억년 역사를 가진 그 위대한 화학활동이 바로 광합성(Photosynthesis)이다. 식물은 태양에너지 588칼로리로 180g의 포도당을 만들 수 있다. 문제는 포도당이 보존이 어렵고 식물의 입장에서는 약탈당하기도 쉽다는 것이다. 그래서 식물은 물에도 녹지 않고 달콤하지도 않으며 동물의 위장 속에서 소화되지도 않는 강력한 포도당 분자를 합성하였는데 그것이 바로 셀룰로오스라는 물질이다. 쉽게 말해 섬유질이다. 이 과정을 중합(Polymerization)이라고 한다. 사람이 만든 최초의 중합물질이 바로 캐로더스가 합성한 나일론이다. 이 얘기는 나중에 좀 더 하자.

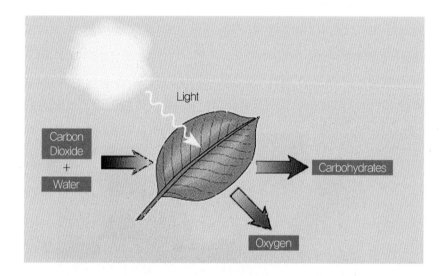

인간의 연료

포도당을 우리는 탄수화물이라고도 하는데 인체의 기본적인 연료이다. 이외에 단백질과 지방이라는 에너지원이 있다. 단백질은 모든 호르몬과 효소를 형성하고 인간의 몸체를 건설하는 중요 자재로써 그 자체로

에너지원이 되기도 한다. 지방도 면
역이나 혈관의 형성 세포막들을 구
성하는 중요한 기능이 있지만 가장
중요한 것은 그것이 2배로 압축된
에너지원이라는 것이다.

지방과 단백질의 부피 차이

압축

농업이 형성되기 전의 인간들은 수렵이나 채집이 에너지원을 획득하
기 위한 주요활동이었다. 이런 활동의 문제점은 지속적인 에너지원의
공급이 어렵다는 것이다. 따라서 사냥이나 채집이 어려울 때는 상당 기
간 굶주려야 했다. 하지만 늘 같은 체온을 유지해야 하는 항온 동물인 인
간은 이런 불규칙적인 연료 공급이 문제가 된다. 그렇다고 식량이 생겼
을 때 미리 많이 먹어 영양분을 비축할 수도 없는 노릇이다(그래서 위장은
10배까지 늘어날 수 있기는 하지만 이것이 문제를 해결 하지는 못한다). 따라서 장기
간의 기아에 대비한 압축된 영양소가 필요했고 100% 압축된 영양소가
바로 지방이다.

배터리

탄수화물은 1g으로 4.5칼로리(kcal)의 열량을 낼 수 있으며 지방은 두
배인 9칼로리를 얻을 수 있다. 따라서 인체는 연료가 충분하
면 이후의 잉여분에 대해서는 지방으로 저장하는 것이
가장 효율적이며 장기간의 기아에도 살아남
을 수 있는 비결이 되었을 것이다. 마치 예비
배터리 같다. 하지만 지방은 배터리와 달리

저장용량의 한계가 없다. 지방은 놀랍게도 거의 무한히 저장된다. 살아서 수용할 수 있는 한…… 650kg이 넘는 인간이 생존한 적이 있다. 지구상에……

지방이 물을 만든다고?

사막의 배로 불리는 낙타는 두 달 동안 아무것도 먹지 않고 버틸 수 있는데 그 원천은 바로 낙타 등의 혹에 있는 지방 때문이다. 우리는 직관적으로 그 혹 속에 물이 들어있기를 바라지만 기름투성이 지방이 들어있다는 데서 실망한다. 하지만 농구공 3개의 크기 정도인 낙타의 혹에 물을 담기보다는 지방을 담는 것이 훨씬 더 압축된, 효율적인 저장 시스템이다. 그럼 물은 어디서 나냐고? 지방은 물을 만들기도 한다. 식물이 광합성을 하기 위해 물이 필요하고 그 부산물로 산소를 발생하듯이 거꾸로 동물이 지방을 대사, 즉 태우려면 산소가 필요하며 그 부산물로 물을 만들어 낸다. 대략 탄수화물은 1g당 0.6cc의 물을 만들며 지방은 거의 두 배인 1.1 cc가 생긴다.

좋은 유전자 나쁜 유전자

물론 탄수화물을 되도록 지방으로 잘 저장할 수 있는 유전자와 그러지 못하는 유전자가 존재한다. 따라서 과거의 인간에게 먹은 것을 지방으로 잘 저장할 수 있는 유전자는 생존에 매우 유리한 유전자였을 것이다. 그것이 지금처럼 에너지원이 지천에 널린 식량과잉

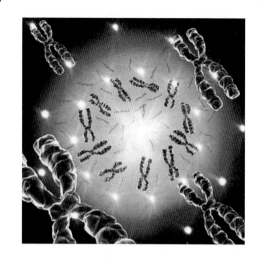

시대에서는 목숨을 위협하는 악성 유전자가 되어버린 것이다.

지방과 지방산

여기서 잠깐 둘의 차이를 알고 넘어가는 것이 좋겠다. 둘의 개념을 모르면 이런 얘기를 할 때 바보 소리를 듣기 십상이다. 지방은 3개의 지방

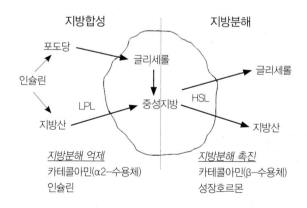

산이 글리세롤과 함께 형성한 물질이다. 지방은 포괄적인 개념이며 우리가 얘기하는 포화지방인 스테아린산, 불포화지방인 올레산 리놀레산이니 하는 개념들은 지방산을 말한다. 글리세롤은 지방을 끈적하게 해주는 화장품의 주성분이다. 이것이 지방산과 결합하여 지방이 된다. 지방산은 탄소와 수소 두 가지로만 된 화합물이다. 탄소에 수소가 몇 개 빠져서 불안정해진 지방산이 바로 불포화 지방산이다.

기적의 약 제니칼

우리가 잘못 알고 있는 사실 하나는 지방을 섭취하면 그것이 곧바로 몸에서 지방의 일부가 된다고 생각하는 것이다. 사실은 남의 지방이 내 몸의 지방이 되려면 그 전에 미리 잘게 부수어져 소화가 되어야 한다. 소화가 되지 않은 지방은 몸 밖으로 배출된다. 단백질도 아미노산으로 분해된 다음 다시 단백질로 바뀌는 과정을 거쳐야 한다(콜라겐도 그렇다 그러니 콜라겐을 아무리 많이 먹어도 그것이 소화가 된 후 피부층의 일부가 될지 아니면 발톱이 될지 알 수 없다). 지방을 소화하려면 리파아제라는 효소가 필요한데 바로 여성들에게 기적을 일으키는 제니칼이 리파아제의 활동을 둔화시키는 작용을 한다. 따라서 제니칼을 먹으면 지방이 소화되지 않고 그대로 장을 통과해 버린다. 효과는 다음날 화장실에서 확인이 가능할 정도이다. 괄약근의 한계로 잘못하면 화장실에 가지 않았는데도 지방을 느끼

는 수가 있다. 따라서 지방은 지방을 잘 소화시킬 수 있는 사람만이 지방으로 만들 수 있다. 하지만 탄수화물이 지방이 되는 속도보다는 지방이 지방으로 되는 속도가 2배는 더 빠른 것이 사실이다.

황제 다이어트

단백질도 과잉 되면 지방으로 갈 수도 있지만 이 역시 소화 과정을 거쳐야 하며 단백질이 지방으로 변하는 과정은 복잡하고 또 이에 따른 자체에너지도 필요하므로 크게 걱정할 필요는 없다. 미국의 학자 앳킨스가 창안한 황제 다이어트는 바로 이러한 사실에 착안한 것이다. 고기만 먹고 탄수화물을 먹지 않으면 정말로 살이 빠진다. 이는 사실이다. 하지만 영양의 균형이 깨질 수도 있으니 함부로 시도할 일은 아니다.

좋은 지방 나쁜 지방

지방이 멋진 몸매를 갈망하는 여자들을 공포에 떨게 하는 것 말고도 중요한 사실이 있다. 그것은 지방이 심장병의 주범이라는 것이다. 그 이유는 지방이 콜레스테롤을 많이 생산하기 때문이다. 콜레스테롤은 몸에 없어서는 안 될 호르몬을 만드는 중요한 지질이다. 하지만 과다한 지방은 과다한 콜레스테롤을 만든다. 그리고 그것이 동맥을 막는 원인이 된다. 우리가 알고 있는 LDL이나 HDL은 콜레스테롤 그 자체가 아니라 콜레스테롤의 운반체인 구형 단백질이다(헤모글로빈이 적혈구를 타고 이동하는 것과 같다). 포화지방이 혈관을 막는 LDL을 주로 생성한다. 불포화지방은 대개 그 반대 작용을 하는 HDL을 생성한다는 것은 이제 상식이다. 우리

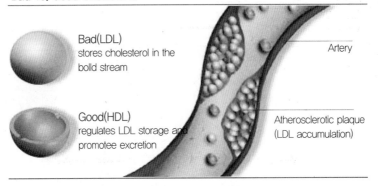

Bad vs. Good Cholesterol

Bad(LDL)
stores cholesterol in the
bolld stream

Good(HDL)
regulates LDL storage and
promotee excretion

Artery

Atherosclerotic plaque
(LDL accumulation)

는 모든 지방을 포화와 불포화로 단순 구분하는 실수를 저지르는데 실제로 포화지방이나 불포화지방만으로 된 지방이라는 것은 없다.

식물성 버터

지방은 소위 산패라고 부르는 산화 과정을 거치면 악취가 나며 못쓰게 된다. 특히 튀김기름처럼 상온에서 액체인 지방은 열에 의해서도 쉽게 산패한다. 따라서 대개가 불포화지방인 식물성 지방은 이처럼 보관이 어려운 문제가 있어서 18세기 사람들을 괴롭혔다. 이를 해결한 것이 불포화지방에 수소를 첨가하여 고체로 만든 마가린이다.

마가린

개고기, 오리 고기의 지방은 몸에 좋다고?

포화지방은 고체이고 또 쉽게 산화되지 않는다는 점에서 오래 사는 동물에게서 많이 발견된다. 사람도 예외는 아닐 것이다. 스페인 레이다 대학의 연구진의 조사에 의해 이의 상관관계가 나타나기도 했다. 불포화지방은 그 반대이다. 따라서 크기에 비해 단명한 개는 불포화 지방을 많이 포함하고 있으며 오리도 마찬가지이다. 라고 생각 하겠지만 이게 실제로는 그렇지 않다. 오리는 30년 이상을 산다. 그렇다면 오리의 불포화지방 함량은 우리가 생각하는 것만큼 대단한 것이 아닐지도 모른다. 우리가 생각하기에 최악의 포화지방을 갖고 있을 거라고 생각하는 돼지삼겹살을 먼저 보자. 돼지비계의 불포화/포화 비*는 놀랍게도 1.57이다. 불포화 지방이 더 많다는 소리이다. 베이컨은 1.66이다. 그렇다면 오리고기는 우리를 실망시키지 않을까? 오리 고기가 확실히 1등이기는 하다 하지만 그 수치는 겨우 1.79이다. 미미한 수준이다. 이걸로 오리고기는 불포화 지방이 대부분이니 다른 고기보다 몸에 좋다고 주장할 수 있을까?

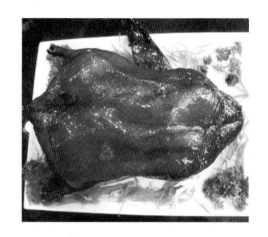

가장 좋은 동물성 지방

사람의 경우는 어떨까? 사람의 지방은 34 : 66이다. 즉 포화 34 불포화

---

* 비율이 1이 넘으면 불포화 지방이 더 많다.

05. 다이어트 과학

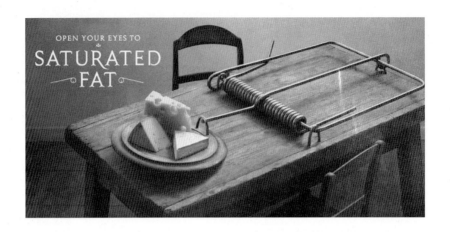

66인 것이다. 비율이 1.94로 오리고기보다 낮다고 할 수 있다. 이걸 신문에 알리면 틀림없이 사람고기 요리가 등장하게 될 것이므로 이 얘기는 비밀로 한다. 개고기도 불포화 지방이 많다고 해서 건강식으로 유명하지만 데이터가 없어서 여기서는 얘기하지 못하겠다. 사람들이 불포화지방이 많다고 생각하는 근거가 숫자에 의한 것이 아니고 단지 느낌 때문이라는 사실이 놀랍다.

오메가 3 오메가 6이 뭔데?
돼지고기 뱃살 (삼겹살 부위) 100g에는 전체 지방성분이 53.01g 그 중에

서 포화지방산이 19.33g, 단일 불포화지방산이 24.70g, 다중 불포화지방산이 5.65g 들어있다. 또한 베이컨 100g에는 전체 지방성분이 45.04g 그 중에서 포화지방산이 14.993g, 단일 불포화지방산이 20.047g, 다중 불포화지방산이 4.821g 들어있다.

위의 데이터는 미국 USDA에서 기초한 수치이니 믿을 만 하다.

그런데 위에서 얘기한 불포화 지방산 중, 단일 불포화니 다중 불포화니 하는 생소한 용어가 있다. 이 용어는 오메가 3를 이해하기 위해서 필요한 개념이니 알고 넘어가자. 불포화는 알다시피 지방산의 탄소에 수소가 빠져서 이중결합이 있는 지방산을 말한다. 그런데 이중결합이 한 개인 경우를 단일 불포화 여러 개인 경우를 다중 불포화라고 한다. 오메가 3니 6이니 또는 5니 9니 하는 것들은 바로 이중결합이 있는 장소를 얘기하는 것이다. 즉 오메가 3는 세번째 탄소에 이중결합이 있는 경우이다 (정말로 알 필요가 없는 지식 같다).

그런데 이것들이 왜 중요할까? 많은 제약회사들이 오메가 3나 오메가 6을 먹지 않으면 큰일이라도 날것처럼 호들갑을 떤다. 그것들이 불포화 지방산이기 때문에 몸에 좋을 것 같기는 하다.

필수지방산

고등동물의 성장 또는 건강상태의 유지를 위하여 체외로부터 섭취해야 할 지방산으로 비타민 F라고도 한다. 지방은 체내에서 주로 에너지원이 되므로 다른 것으로부터 칼로리를 취하면 지방은 필요 없지 않은가 하는 의문이 생긴다. 그러나 음식 속에 지방이 전혀 없으면 동물의 성장이 정지하고 특유한 피부염이 생긴다. 이 증세는 리놀산·리놀렌산·아라키돈산 중 어느 것을 함유하는 지방을 투여하면 치유된다. 그래서 이들 지방을 아미노산의 예에 따라 필수지방산이라고 한다.

이들 지방을 필수 지방산이라고 부르는 까닭은 비타민 C 처럼 몸에서 합성하지 못하여 외부로부터 섭취해야 하기 때문이다. 따라서 비타민 C 를 적정량 섭취하지 않으면 괴혈병에 걸리는 것처럼 이들이 부족하면 여러 가지 생리 활성에 필요한 호르몬인 프로스타글란딘을 생성하지 못한다.

트랜스 지방이 나쁘다고?

여기서 한가지 짚고 넘어갈 것은 트랜스 지방에 관한 것이다.

트랜스 지방은 엄연한 불포화 지방이다. 그런데 그것이 최근 대중의 지탄을 받는 이유는 하버드 보건 대학원의 Walter Willett의 연구 때문이다. 1994년 그는 트랜스 지방산이 심장병과 관련이 있다는 역학적 증거를 내놓았다. 하지만 모든 과학자가 윌렛의 연구에 동의를 표시한 것은 아니다. 심지어는 정 반대의 결과로 반박한 학자도 있었다. 아직 트랜스 지방의 위해성은 밝혀지지 않았지만 오늘날 불포화 지방산에 수소를 첨가하는 제조업자들은 트랜스 지방의 비율을 1% 이내로 줄이는 방법을 이미 개발하였다. 따라서 논쟁은 사라지게 되었다.

단것에 대한 이야기(All that sweet)

1771년, 국의 화학자 조지프 프리스틀리는 밀폐된 용기 안의 식물에서 어떤 기체(후에 산소로 밝혀짐)가 나와 초가 계속 탄다는 것을 발견했다. 1779년 네덜란드의 얀 잉겐호우스는 프리스틀리의 생각을 발전시켜, 가연성의 기체(산소)가 나오려면 식물이 빛을 받아야 하며 이때 식물의 녹색조직이 필요하다는 사실을 밝혔다. 1782년, 산소와 더불어 또 다른 기체(즉 이산화탄소)가 관여한다는 것이 알려졌고, 1845년에는 광합성이 빛 에너지가 화학 에너지로 바뀌는 작용임이 밝혀졌다.
— 광합성 발견의 역사 —

달콤한 것은 사랑스러운 존재이다. 서양사람들은 단 것이 얼마나 좋았으면 애인을 일컬어 sweetie 또는 Sweetheart이라고 하고 또 Honey라고 부르게 되었을까? 또 신혼여행은 '꿀달(Honey moon)'이라는 재미있는 표현을 사용한다.

K는 최근 여러 가지로 內憂外患(내우외환)에 시달려, 잘 되는 일이 없어 우울하게 지내고 있다. 이럴 때 K에게 간절한 것은 술도 아니고 미국에서 아스피린 다음으로 많이 팔린다는 항우울제인 프로작(Prozac)도 아닌, 아주 단 초콜릿이다. 혈당이 올라가면 기분이 좋아진다. 뇌 속의 세로토닌(Serotonin)이 늘어나기 때문일 것이다. 어쨌든 잠시라도 즐거워진

다. 필자는 부친이 당뇨병을 앓고 계시기 때문에 단것에 대해서 무척 조심하고 있는 편이지만 그 악마같은 유혹을 떨치기가 몹시 어렵다는 것을 안다.

　세상에서 동물과 그렇지 않은 것을 구분하라고 했을 때, 두 번째 리스트에 오를 수 있는 것이 바로 단맛의 추구일 것이다. 세상에 있는, 곤충을 포함한 모든 동물들은 단맛을 좋아한다. 가끔 단것을 싫어하는 사람도 있는 것 같지만 그것은 상대적인 것이며 정상적인 동물인 경우 단것을 아주 싫어하는 일은 없다. 그렇다면 단 맛은 대체 어디로부터 오는 것일까? 세상의 모든 단맛은 單糖類(단당류)와 二糖類(이당류)로부터 나온다. 이 것들은 대부분의 식물들이 그런 것처럼 탄소와 산소 그리고 수소원자로 되어있다. 나는 이런 얘기를 반복적으로 자주 함으로써 세상은 지극히 간단하고도 아름다운, 간결한 기본구조로 되어있다는 것을 강조하고 있다.

　糖은 단당류와 이당류 그리고 다당류가 있지만 같은 당이라도 다당류는 이상하게 하나도 달지 않다. 다당류는 쌀의 주성분인 전분(녹말)이나 대부분 식물의 몸체를 구성하고 있는 물질인 셀룰로오스이다. 예컨대 면은 98%의 셀룰로오스로 구성되어있다. 혹시 綿(면)을 씹어본 적이 있는가? 면은 전혀 달지 않다. 즉, 다당류는 달지 않다.

　사람의 몸을 움직이고 활동하게 해 주는 원료는 ATP(Adenosine Tri Phosphate)라는 물질이지만 그것을 만드는 원료가 당이기 때문에 인체의 연료는 바로 糖(당)이라고 할 수 있다. 모든 동물이 본능적으로 당을 좋아하는 이유가 바로 이것이다. 그렇다면 우리는 매일 설탕을 퍼먹는 것도 아닌데 어떤 경로로 연료인 당을 공급할까? 그것은 바로 탄수화물이다. 단백질은 몸의 구조물이거나 효소로 작용하지만 탄수화물은 연료인 당을 공급하는 공급원이다. 따라서 단백질만 먹고 탄수화물을 먹지 않으면 에너지 공급이 어려워진다. 따라서 살이 빠지게 된다. 그 원리를 이용한 것이 바로 앳킨슨의 황제 다이어트*이다.

  탄수화물은 이름 그대로 탄소와 물의 화합물이고 대부분 당과 녹말 그리고 셀룰로오스의 형태로 되어 있다. 포도당 분자를 포함하고 있는 녹말은 다당류이므로 그대로 당 자체라고 해도 틀린 말이 아니다. 다당류인 녹말을 섭취하면 이당류인 맥아당을 거쳐 수천 개의 단당류인 포도당으로 바뀌면서 연료가 된다. 인간은 탄수화물을 식물로부터 얻고 있다. 즉, 약탈하고 있다. 인체는 식물처럼 연료인 탄수화물을 자체적으로 생산하지 못하기 때문이다. 그렇다면 식물들은 탄수화물을 자체 생산할까? 바로 그렇다. 식물들은 자신들의 몸을 가동시킬 수 있는 연료를 스스로 생산할 수 있기 때문에 사람처럼 음식을 구하려고 돌아다닐 필요가 없다. 따라서 뇌도 필요 없다. 동물은 뇌가 있는데 식물은 왜 뇌가 없는지에 대한 설명은 이로써 충분하다.

  식물이 연료를 생산할 수 있는 시스템은 바로 광합성, 탄소동화작용이다. 식물은 물과 이산화탄소 그리고 햇빛이 있으면 그것으로 포도당을 만들 수 있다. 그로부터 부산물인 산소가 나온다. 알다시피 물과 이산화탄소는 그 자체로는 에너지가 아니다. 진짜 에너지원인 포도당은 바로 햇빛. 즉, 태양에너지이다. 놀랍게도 식물은 688kcal의 태양에너지를 이용하여 1Mol**= 180g의 포도당을 제조해낸다. 이렇게 만든 포도당을 지구

---

* 탄수화물은 과잉되면 대개 지방으로 변환되어 몸에 비축되지만 단백질은 그렇지 않다.
** Mol이란 단위는 아보가드로 수로서 6×10의 23승 개의 분자만큼의 양을 나타내는 단위이다.

05. 다이어트 과학

상에 있는 모든 생물체가 살아 움직이는데 필요한 연료로 사용한다.

이것은 마치 688Kcal의 태양에너지가 동물이나 식물이 사용할 수 있는, 한 개의 에너지 통조림으로 바뀌는 것이라고 생각할 수 있다. 그리고 그 통조림을 생산하는 공장이 바로 식물이다. 포도당이 실제로 인체를 움직이게 할 수 있는 연료라면 포도당만으로 사람은 먹지 않고도 살 수 있을까? 한번 확인해 보자.

병원에 입원했을 때, 음식을 먹을 수 없는 경우에는 포도당 수액을 몸 안에 주사한다. 하루에 필요로 하는 에너지는 사람마다 다르지만 성인 남자의 경우 대략 2,500kcal가 된다. 이중 몸을 움직이지 않고도 써버리는 열량을 기초대사량*이라고 하는데 그 양은 대략 몸무게 1Kg당 한 시간에 1Kcal 정도이다. 몸이 큰 경우는 대형차의 배기량이 큰 것처럼 그것을 움직이기 위해서 더 많은 열량을 필요로 할 것이다.

물론 뚱뚱하기만 한 경우는 상대적인 체표면적이 적기 때문에 실제보다 기초 대사량이 더 적게 들어간다. 따라서 그만큼 열량을 덜 쓰게 되고 같은 양을 먹었더라도 초과되는 열량이 지방으로 변하는 비율이 마른 사람보다 더 클 것이다. 그래서 한번 뚱뚱해지면 갈수록 더 가속화된다.

체표면적**은 바깥에 드러난 부분의 면적이므로 덩치가 작을수록 그리고 마를수록 반대로 커지게 된다. 체온은 외기보다 항상 더 높다. 따라서 체온보다 낮은 외부의 공기와 평형을 이루기 위하여 체온이 외기로 이동, 결국 체온을 빼앗기게 된다. 이렇게 빼앗긴 체온을 보충하기 위해 인체는 열량을 소비해야 하므로 마른 사람은 뚱뚱한 사람보다 상대적인 기초대사량이 더 커질 것이다.

---

* 기초대사량은 사람마다 다르지만 대략 60~70% 정도된다. 근육이 많으면 기초대사량도 많다.
** 일정 무게당 체표면적을 말한다.

대략 몸무게가 53kg인 여성의 경우 기초대사량은 1,270kcal이다. 물론 같은 몸무게에서 키가 더 큰 경우는 체표면적이 넓기 때문에 기초대사량도 더 많아지지만 어쨌든 평균 1,200kcal라고 했을 때 얼만큼의 포도당을 필요로 할까? 포도당 1mol은 180g이다. 왜냐하면 포도당의 분자식은 $C_6H_{12}O_6$이기 때문이다(까다로운 독자를 위해서 계산 과정을 따라가 보자(탄소원자 12×6=72, 수소원자 1×12=12, 산소원자 16×6=96 셋을 합치면 180이 된다)).

아까 태양 한 깡통의 에너지는 688kcal라고 했다. 그러면 180g이 688Kcal를 낸다는 얘기가 되므로 1,200kcal를 내려면 포도당이 314g 필요하다. 그런데 병원에서 사용하는 링거 수액은 농도가 10% 정도이다. 따라서 10배인 3,140cc의 링거를 맞으면 된다. 1.5L짜리 페트병으로 2개가 넘는 분량이다. 누워만 있는데도 이 정도로 많은 포도당이 필요하다.

우리를 기분 좋게 하는 달콤한 단당류는 포도당과 과당이 있다. 그리고 다른 종류의 단맛을 내는 이당류는 단당류가 2개 합쳐진 것으로 포도당과 과당의 화합물인 설탕으로도 불리는 자당과 맥아당이다. 과당이 천연의 물질 중에서는 세상에서 가장 달콤한 물질이다. 과일의 수액에 들어 있는 달콤한 그것이 바로 과당이다. 설탕보다도 30%나 더 달다. 이것을 효모균이 발효시키면 알코올이 된다. 바로 과일주*이다.

맥아당은 엿당이라고도 하고 말토오스(Maltose)라고도 한다. 이 역시 뚜

---

* 알코올은 탄수화물이나 단백질보다 열량이 높다. 1g에 7kcal로 9kcal인 지방보다 약간 낮은 수준이다. 하지만 지방으로 비축되는 일은 없어서 빈 열량(empty calories)이라고 한다. 하지만 술을 많이 먹으면 다른 탄수화물이나 단백질의 열량 대신 알코올이 사용되기 때문에 결국 비만의 원인이 된다.

05. 다이어트 과학

렷한 단맛이 있다. 조청이 바로 그것이다. 맥아당의 단맛은 설탕의 40%에 불과하다. 그래서 조청은 많이 먹어도 그다지 달지 않다. 밥을 씹으면 밥의 녹말이 침에서 나오는 효소인 프티알린과 반응하여 녹말을 엿당으로 만들어준다. 그래서 밥을 먹다 보면 단맛이 생기는 것을 알 수 있다. 포도당은 그보다는 조금 더 달다. 설탕의 50% 정도 된다.

올리고 당(Oligo)이라는 것이 있는데 이것은 단당류와 다당류의 중간쯤 되는 것으로 2당에서 10당까지의 총칭을 말한다. 최근에 올리고 당이라고 하면 기능성을 목적으로 개발한 여러 가지 기능성 당을 일컫는데 올리고 당은 물에 잘 녹지도 않는데다 소화효소가 분해를 하기 어려워 먹어도 대부분 대장까지 그대로 소화가 되지 않은 상태로 내려간다. 이것을 장에 사는 유용한 유산균인 비피더스(Bifidus)가 먹이로 삼는다. 따라서 올리고 당이 장 속에 많으면 비피더스 균의 증식이 빨라지고 그럼으로써 몸에, 특히 대장에 좋을 것이다.

아기는 무균 상태로 태어나는데 이때 모유에는 아기가 전혀 분해할 수 없는 당이 들어있다. 이는 태아를 위한 것이 아니고 대장에 서식할 균을 위한 것이다. 즉, 어머니는 자신의 아이에게 특정 균이 살 수 있도록 미리 환경을 조성하는 셈이다.

변비를 예방하거나 장을 깨끗하게 유지하려면 비피더스 균을 장 속에 많이 길러야 하는데 그러기 위해서는 비피더스 균을 공급해주거나 또는 비피더스가 많이 번식할 수 있도록 먹이를 많이 주거나 둘 중 한가지 일을 해야 한다. 전자는 요구르트를 먹는 것이지만 그 균들이 살아서 장까지 가려면 많은 난관을 거쳐야 한다. 그래서 캡슐 어쩌고 하는 요구르트가 나와서 유산균들을 살아서 장까지 보낼 수 있다고 광고한다. 올리고당은 대부분의 식물에 들어있지만 양이 너무 적어서 인공적으로 만들어진 것을 먹는 수밖에 없다. 자당인 설탕은 대부분 사탕수수에서 얻어진다. 사탕수수를 압착해서 나온 즙을 끓여서 졸이면 밤색의 결정이 남는데 그것을 탈수기와 같은 원심 분리기에 넣고 돌린다. 이때 설탕의 찌꺼기인 걸쭉한 당밀이 빠져나가고 누런 결정이 남는데 그것이 바로 생사탕이다. 당밀에도 설탕 성분이 30~40%는 남아있는데 그래서 과자의 원료나 발효 식품 등에 쓰이기도 한다. 마시면 머리 아픈 럼주가 바로 사탕수수에서 발효시킨 술이다. 당밀은 그 자체로 팬케익을 먹을 때 발라주는 식탁용 시럽이 되기도 한다. 사탕 단풍나무로 만든 메이플 시럽은 캐나다산이 70%이다. 그 잎을 국기에 그려 넣을만하다.

설탕 만드는 일을 계속해 보자. 생사탕을 다시 세척하고 물에 녹여 끓인 다음 두 차례 더 원심분리기에 돌려서 계속해서 당밀을 빼내면 마침내 하얀 결정이 나오는데 이것이 백설탕, 즉 정제설탕이다. 따라서 흑설탕은 당밀이 포함된 설탕을 말한다. 당밀에는 여러 가지 비타민과 무기질이 들어있기 때문에 건강에 이롭다고 생각하고 있어서 흑설탕을 사람들이 선호한다.

하지만 사탕수수에서 설탕 성분과 불순물인 당 두 가지로 성분을 나누어서 순수한 설탕을 백설탕이라고 하고 불순물이 포함된 것을 흑설탕이라고 하는데 왜 백설탕만 몸에 나쁜 것인지는 이해할 수 없다. 사실 흑설탕의 당에 포함된 비타민이나 무기질은 무시해도 좋을 정도로 미미하다. 마치 증류수와 미네랄 워터의 차이로 생각해도 될 것이다. 홍콩 사람들은 대부분 평생 증류수를 마신다. 그렇다고 그것 때문에 홍콩 사람들이 특별히 비타민이 부족하다거나 무기질이 부족해서 문제가 되었다는 소리는 한번도 들어본 적이 없다. 사실 홍콩 사람들은 세계에서 가장 오래 사는 사람들이다. 유명한 광천수인 '에비앙'을 만드는 프랑스 사람들이 무기질이나 비타민이 많아 특히 건강하다고 보고된 적도 없다.

요즘 코카콜라에서 나오는 증류수는 광물질인 미네랄을 첨가해서 광천수와 비슷하게 만들어서 판다고 하는데 그 물은 광천수와 똑같은 미네랄을 포함하고 있어서 영양가 면에서는 비슷한데 이상하게 맛은 다르다고 한다. 만약 흑설탕으로부터 몸에 필요한 비타민이나 무기질을 섭취하려고 한다면 큰 군대 숟가락으로 30숟가락 이상을 먹어야 할 것이다. 그나마도 요즘 시중에 나오는 흑설탕 중 일부는 정제되지 않은 설탕 그 자체가 아니라 백설탕 입자를 크게 만든 다음 당밀을 스프레이로 뿌려 색깔만 누렇게 만든 거라고 한다. 이쯤 되면 정말로 흑설탕을 사먹을 이유가 없어진다. 만약 가격이 더 비싸다면 더 더욱 그렇다.

설탕은 몸에 해롭고 벌꿀은 몸에 좋다고 생각하는 사람도 많은데 실제로 벌꿀조차도 설탕과 크게 다르지 않다. 꽃에서 나오는 당분은 사탕수수에서 나오는 그것과 똑같다. 설탕과 똑같은 성분인 과당과 포도당으로 된 이당류인 자당인데 이를 벌꿀이 자신의 효소로 분해시켜 단당류인

과당과 포도당으로 바꾼 것이다. 따라서 꿀은 과당과 포도당이 함께 섞여 있는 이당류이다. 그래서 꿀도 많이 먹으면 살찌고 당뇨병을 유발하는 것은 마찬가지이다. 설탕을 녹여 만든 가짜 꿀도 사실 진짜 꿀과 화학적으로는 크게 다를 것*이 없다는 말이다. 그런데 요즘처럼 당분을 많이 소비하는 시대에 사탕 수수는 공급에 지장이 없을 만큼 많이 재배되고 있는 것일까? 가장 소비가 많을 것으로 생각되는 탄산음료의 당분을 한번 보자.

요즘은 사탕수수로 만든 설탕을 집어넣는 음료수는 거의 없다. 대신에 옥수수에 들어 있는 다당류인 전분을 분해하여 만든 것으로 대체하고 있다. 실제로 사탕수수의 주산지만 빼고는 전세계에서 만드는 모든 코카콜라의 당분은 옥수수로부터 온 것이다. 어떻게 옥수수로 설탕처럼 단맛을 만들 수 있을까?

전분이라고도 부르는 녹말은 다당류로 단당류가 수백, 수천개 결합하여 만들어진 것이다. 면 섬유인 셀룰로오스(Cellulose)도 Glucose(포도당)인 단당류가 모인 다당류이다. 따라서 녹말을 침속의 효소인 프티알린이 분해해서 단당류로 바꾸는 것처럼 이 다당류의 결합고리를 화학적으로 끊을 수 있다면** 수백 수천 개의 단당류로 만들 수 있다. 이렇게 해서 옥수수로 단맛을 낼 수 있게 된다. 옥수수로 설탕의 약 60% 정도까지 당도를 낼 수 있다. 그러니 설탕과 동일한 당도를 유지하기 위해서는 설탕보다 더 많은 양이 들어가야 할 것이다.

따라서 옥수수로 단 맛을 낸 콜라나 사탕수수를 넣은 코카콜라가 당도가 같다면 옥수수 쪽이 더 많이 살찔 것이다. 왠지 모르지만 멕시코에서 먹어본 코카콜라는 우리나라 것보다 더 단 것 같다는 생각이 들었다. 사

---

* 물론 벌꿀 속에 포함되어 있는 프로폴리스(proplis) 같은 항생물질은 별개이다.
** 해당이라고 한다.

탕수수를 사용해서 일까? 아니면 멕시코 사람들이 단 것을 좋아해서 당도를 우리 나라의 그것보다 더 높여서 일까?

설탕이나 탄수화물이나 결국 몸에 들어가면 모두 같은 포도당으로 변하는데 왜 설탕은 많이 먹으면 나쁘고 탄수화물은 많이 먹어도 나쁘다는 소리를 하는 사람이 아무도 없을까?

그것은 몸에서 받아들이는 효율의 차이 때문이다. 탄수화물은 지나치게 먹으면 남는 칼로리는 지방으로 축적된다. 지방 1g은 단백질이나 탄수화물의 두 배가 넘는 9cal의 열량을 낸다. 그런데 설탕은 먹었을 때 단당류로 분해되는 과정이 생략되기 때문에 지방으로 가는 대신, 바로 혈관으로 들어가 혈당량이 급격하게 증가하게 된다. 혈당량이 증가하면 인체는 혈당을 조절하기 위해 인슐린을 분비한다. 인슐린은 포도당을 글리코겐으로 저장하거나 지방으로 전환한다. 따라서 인슐린이 급하게 많이 분비되면 지방이 늘어난다. 또 설탕을 많이 먹으면 위액의 분비도 많아진다. 위산과다로 속이 쓰릴 수도 있다.

탄수화물 로딩(Loading)이라는 마라톤 선수들에게 적용하는 식이요법이 있다. 이 시스템을 이해하면 탄수화물 즉, 포도당이 인체의 에너지원이라는 사실을 극명하게 보여줄 수 있다.

탄수화물은 평소 식사를 규칙적으로 하지 않고 공복 상태를 오랫동안 유지했을 때 그 자신의 System이 살아남기 위한 비상장치를 작동할 수 있도록 진화하였다. 몸을 오랫동안, 또는 잦은 공복 상태를 만든 후 탄수화물을 섭취하면 인체의 시스템은 섭취하는 탄수화물을 몽땅 지방으로 저장하려고 한다. 왜냐하면 지방은 같은 무게의 탄수화물보다 g당 2배가 넘는 9칼로리의 열량을 낼 수 있기 때문이다. 즉 고급 에너지원인 것이다(탄수화물이나 단백질의 열량은 똑같이 4.5칼로리이다). 따라서 적은 양으로 발휘할 수 있는 최대의 효율을 추구하도록 소화계라는 정교한 시스템은 자체 프로그래밍 되어있는 것이다.

이런 놀라운 기능은 38억년 동안 진화해온 지구 생명체가 지닌, 완벽하고 아름답게 작동해온 생물학적인 경이 이다. 이런 경우, 몸은 음식을 먹는 족족, 배출을 최대한 자제하고 섭취된 모든 탄수화물을 지방으로 축적하려고 한다. 이렇게 해서 몸은 양방으로 나빠지게 되는 것이다. 첫째 지방이 늘어나게 되며, 둘째로는 변비에 시달리게 된다.

사실 많이 먹어도 많이 싸면 문제가 없다. 반대로 적게 먹는다 하더라도 제대로 싸지 못한다면 결국 많이 먹는 것만 못하게 된다. 여성들이 다이어트를 한다고 음식을 절제하게 되면 이것이 변비와 연결되는 이유가 그 때문이다. 먹는 것이 없으면 나오는 것이 없는 것은 당연한 이치이다. 따라서 변비에 걸렸을 때 시도해야 하는 첫번째 방법은 일단 많이 먹는 일이다. 다만 먹을 때 식이섬유를 포함한 섬유질 위주의 음식(예컨대 고구마 같은)을 먹으면 밀어내기가 쉽게 이루어질 것이다. 이것으로 의사들이 왜 그토록 식사를 규칙적으로 해야 한다고 외치는지 이해될 것이다.

그런데 어떻게 탄수화물이 생김새도 맛도 전혀 달라 보이는 지방으로 변할 수 있을까? 지방과 다이어트의 관계에 관심 많은 독자들을 위해 지방 얘기를 조금 장황하게 늘어놔야 할 것 같다.

지방이란 지방산이라고 불리는 약한 산이 모인 물질인데 지방산은 탄소원자가 길게 연결되어 있고 그 위에 수소가 붙어있는 CH_2의 형태로 되어있는 고분자이다. 황산에 붙어있는 관능기인 슬폰기나(SO_4) 초산의 카르복실기 가($COOH$) 붙어 있으므로 산이 된다는 것은 지금 중학교 2학년 아이들 이라면 잘 이해할 것이다.

여기서 수소가 4개의 팔을 가진 탄소에 빈틈없이(사용된 수소는 결국은 2개가 된다. 남은 2개는 다른 탄소와 손을 잡고 있으므로 이미 사용되었다.) 붙어있으면 이것을 포화 지방산이라고 한다. 반대로 빈 틈이 있으면 불포화 지방산이며 이것이 몸에 좋은 지방이다. 불포화 되어있는 지방산은 대개 딱딱하지 않고 부드러우므로 주로 액체 형태이다. 그래서 불포화 지방산이 대부분인 올리브 기름이 몸에 좋다고 알려져 있는 것이다. 이런 지방산이 3개 모여 한 개의 글리세롤*이라는 분자에 붙어있는 것이 지방이다. 글리세롤도 탄수화물처럼 탄소와 수소 그리고 산소로 되어 있다.

결국 지방은 탄소와 수소 그리고 산소로 이루어진 분자이며, 포도당의 분자들이 모여서 만들어진 다당류인 탄수화물 또한 탄소와 수소 그리고 산소로 이루어진 물질이므로 쉽게 호환될 수 있다. 그래서 기름이나 돼지비계인 지방을 직접 먹지 않고 밥만 먹어도 살이 찌는 것이며 남는 살의 대부분은 어김없이 지방인 것이다.

고대 로마의 여인들은 버터를 화장품으로 사용했다고 한다. 이건 터

---

* 글리세롤(Glycerol): 우리가 글리세린이라고 알고 있는 화장품을 진득하게 하는 원료. 혈관을 확장하는 작용을 한다. 3가의 알코올, 이것으로 다이나마이트도 만든다! 중국에서 감기약에 들어가는 이것을 에틸렌 글리콜로 바꿔 넣어 문제가 된 적이 있다.

M A d F O R S C I E N C E

무늬 없는 짓이 아니다. 버터는 지방이므로 당연히 글리세롤(Glycerol)을 포함하고 있다. 화장품이 진득한 이유도 원료가 글리세롤이기 때문이라고 위에 언급했다. 화장품*이 진득해야 하는 이유는 그것이 그렇지 않은 것에 비해 대기 중에서 증발이 덜 일어나기 때문이다. 즉 증기압이 낮기 때문이다. 기껏 바른 비싼 화장품이 금방 다 날아가버리는 것을 원하는 여성은 없을 것이다. 이는 또한 피부의 수분이 증발하는 것도 막아준다.

마라톤 선수는 시합에 나가기 직전에 탄수화물 로딩(Loading)을 실시한다. 근육이 평소 저장하고 있는 탄수화물의 저장 형태인 글리코겐은 약 400g으로, 이는 먹지 않고도 약 30Km 정도를 뛸 수 있는 분량이다. 따라서 그 이상 뛰게 되면 몸의 비축 에너지원이 고갈되어 더 이상 뛸 수 없는 상태에 이르게 되고 마침내 탈진하고 만다.

마라톤 선수는 시합에 나가기 1주일 전에 3~4일 동안 전력질주 훈련을 하여 자신의 몸에 비축 되어 있는 글리코겐을 모두 소진시켜 버린다. 그리고 공복상태에서 탄수화물의 공급을 끊고 고기 위주의 단백질 식사를 하는 것이다. 이렇게 되면 몸의 근육에 비축된 글리코겐은 완전 고갈상태에 이르게 되고 대뇌피질에서는 바닥난 에너지를 보충해 달라고 아우성치게 된다. 그리고 이후에 탄수화물이 공급되면, 재차 그러한 기

---

* 뉴트로지나(Neutrogena)는 미국에서 만든 화장품인데 세상에서 가장 진득한 물질인 것 같다.

05. 다이어트 과학

근이 올 것을 우려하는 뇌는 1단계로 원래의 메모리를 수정하여 근육에 평소보다 훨씬 더 많은 양의 탄수화물을 글리코겐의 상태로 저장하게 된다. 이렇게 해서 마라토너의 근육에는 대량의 에너지원이 장전(Loading)되고(무려 2배!) 마침내 40km를 무난히 뛸 수 있게 된다. 인체의 적응력이 놀랍지 않은가?

아테네의 명장 '미티아데스'(Miltiades)가 페르시아를 대파한 마라톤 전쟁에서 승전소식을 알리기 위해서 맨발로 뛴 아테네의 전령 '페이디피데스*'는 탄수화물 로딩을 하지 않았기 때문에 아테네에 도착하고 나서 탈진하여 사망한 것이다.

최근, 칼로리가 거의 없거나 전혀 없는 인공감미료가 많이 소개되고 있다. 인공감미료는 아스파탐(Aspartame), 잘 알려진 사카린(Saccharine), 그리고 수크랄로즈(Suxral rose) 등이 있다.

필자는 다이어트 콜라를 좋아하는데 이 콜라는 칼로리가 '0'이라고 소개하고 있다. 다이어트 콜라는 설탕을 넣지 않고 아스파탐(Aspartame)으로 단맛을 내고 있는데 아스파탐은 강한 단맛을 내는 단백질이다. 설탕보다도 무려 200배나 더 달다. 1965년에 미국의 화학자에 의해 발견되었고 지금은 감미료 공장에서 합성하여 만들고 있다. 설탕 종류는 모두 탄수화물인데 비해 아스파탐은 단백질이라는 사실이 재미있다. 단 두 가지의 아미노산을 합성하여 이 단백질을 만드는데 그것은 콩나물에 많이 들어있는 아스파트산(Aspartic acid)과 페닐아라닌(Phenylalanine)이라는 아미노산의 합성물이다. 원래 아미노산은 맛을 강하게 하는 작용을 한다. 다시마 맛을 내는 조미료의 원료 글루타민 산 나트륨이 아미노산인 '글루타민산'의 '나트륨염'이다.

---

* 페이디피데스는 평소 200km도 뛴 전력이 있는 용사로 이 얘기가 뉴턴의 사과나 갈릴레오의 중력 시험처럼 꾸며낸 것이라는 주장도 있다.

아스파탐은 단백질이기 때문에 열량은 탄수화물과 똑같이 g당 4.5칼로리 이다. 그러므로 엄밀하게 다이어트 콜라는 0칼로리는 아니다. 그러나 설탕보다 200배나 더 달기 때문에 설탕의 200분의 1만 넣으면 되므로 무시할 만큼 적은 양이어서 0으로 표기해도 된다. 아스파탐은 보통 사람의 경우는 몸에 해를 끼치지 않는다고 알려져 있지만, '페닐케톤뇨증(PKU)'이라는, '페닐아라닌'을 대사하는 효소가 없이 태어난 유전병을 가진 아이는 '페닐아라닌'을 섭취하면 안되므로 다이어트 콜라를 마시면 큰일난다. 그래서 어떤 음식이든 '페닐아라닌'이라는 아미노산이 들어가면 외부 포장지에 반드시 표시를 하도록 의무화하고 있다.

사카린(Saccharine)은 설탕의 무려 500배나 되는 단맛을 가진 화학 물질이다. 사카린은 몸에서 분해되지 않기 때문에 이것은 진짜 0cal이다. 따라서 인체에서 열량으로 쓰이지 못하고 그대로 몸 밖으로 배출 된다. 설탕이 귀하던 시절, 설탕 대용품으로 100년 이상 사용되어왔지만 그동안 방광암을 비롯한 여러 건강상 위험성이 제기되었고 뒷맛이 쓰기 때문에 요즘은 잘 쓰지 않지만 최근, 건강에 해를 끼치지 않는다는 연구결과가 나왔다. 사실 사카린이라는 말 자체가 당을 뜻하는 말이다. 예컨대 단당류는 영어로 '모노 사카라이드'(Monosaccharide)이다. 수크랄로즈는 설탕보다 600배 단 맛이 나는 매우 단 물질이다. 이것은 설탕인 자당을 화학적으로 변화시킨 것으로 역시 몸에서 분해되지 않아서 0 칼로리가 된다.

세상에서 가장 단, 단맛의 제왕은 단연코 네오탐(Neotame)이다. 네오탐은 인공감미료인데 설탕보다 무려 1만배가 달다. 칼로리가 있다고 하더라도 설탕의 1만분의 1만 넣으면 같은 맛을 내므로 살이 찌거나 혈당이 높아지는 문제가 있을 수 없다. 설탕보다 1만배 달다는 것이 어느 정도냐 하면 네오탐을 꺼내기 위해 뚜껑을 열고 스푼으로 뜨면 미처 음식에 넣기도 전에 즉시 단맛이 날 정도이다.

오렌지주스를 살 때 보면 '무가당'이라고 써 있는 것이 있다. 무가당은 설탕을 넣지 않았다는 말이지만 그 때문에 전혀 달지 않다고 해석하는 사람이 많다. 이런 오해는 과일 자체에 들어있는 과당을 간과하고 있기 때문에 비롯된다. 과일을 먹는 것과 주스를 먹는 것은 전혀 다른데 과일은 그 자체에 포함된 다량의 섬유소 때문에 과당이 몸에 흡수될 때 브레이크 역할을 하지만 주스는 혈당을 급격하게 높이기 때문에 마치 설탕을 먹는 것과 같다. 오렌지주스의 혈당지수(GI)는 53이다.

자일리톨(Xylitol)은 핀란드 사람들이 자기 전에 씹고 잔다고 해서 유명해진, 충치를 예방한다는 천연감미료이다. 자일리톨은 포도당이 6탄당인데 비해 탄소가 하나 부족한 5탄당이다. 그런데 대표적인 충치균인 뮤탄스(Mutans)가 5탄당을 소화시키지 못하므로 충치예방을 가능하게 해준다. 재미있는 것은 뮤탄스가 자일리톨을 보통의 당분으로 알고 먹는데 결국 이를 소화를 시키지 못해 영양실조로 죽는다는 사실이다(사람에게 사카린도 마찬가지).

5탄당은 DNA를 이루는 성분이기도 하다. 자일리톨은 단맛이 강하지만 칼로리가 g당 2.4kcal로 4.5kcal인 일반 탄수화물보다 적어서 다이어트에도 도움이 될 것이다. 다만 이를 닦지 않고 자일리톨 검만을 씹는 것은 치아건강에 도움이 되지 않는다. 왜냐하면 다른 당분이 없는 상태라야만 뮤탄스 균에게 자일리톨을 먹여 영양실조를 유도할 수 있다.

단것은 기분을 전환시켜주는 아주 좋은 음식인데도 여러 가지 이유로 인 해 마음껏 먹을 수 없음이 안타깝다. 필자는 크리스피크림 도너츠를 매우 좋아하는데 쫄깃쫄깃한 이 도너츠는 너무 끔찍하게 달다는 것이 단점이다. 아무리 먹고 싶어도 눈물을 머금고 자제해야만 한다. 단것을 마음껏 먹을 수 있는 세상이 곧 오기를 바란다.

지방 태우기(Burning fat)

고기는 왜 붉을까? 고기의 색을 연출하는 것은 대부분이 미오글로빈(myoglobin)이라고 불리는 단백질 분자 때문이다. 대부분이라고 한 것은 고기의 색소 단백질에는 미오글로빈 외에 헤모글로빈(hemoglobin), 카타라제(catalase), 싸이토크롬(cytochrome)효소 등도 있기 때문이다. 살아있는 동안, 동물의 육색은 헤모글로빈이 우세하지만, 도축 후, 대부분의 혈색소는 방출되므로, 음식점의 불판 위에 놓인 고기의 색을 결정하는 것은 미오글로빈이다.

택 시는 거리, 시간 병산제 요금으로 움직인다.
이것이 정확하게 무엇을 의미하는지 생각해 본적이 있는가?

택시가 서 있을 때는 거리가 아닌, 시간에 의해 요금이 계산된다는 것은 이해할 수 있다. 하지만 택시가 조금이라도 움직인다면 오로지 거리에 의해서만 요금 계산이 될까? 그렇다면 아무리 막히는 길이라도 차가 조금씩이라도 움직이기만 하면 거리에 따른 계산이 되므로 택시운전수에게는 막대한 손해가 될 것이다. 과연 그럴까?

택시는 평상시 시내를 주행하는 승용차의 평균 속도를 기준으로 거리, 시간 병산제를 적용 한다. 무슨 뜻이냐면 서울 시내를 주행하는 승용차들의 평균 시속이 30Km라면, 시속 30Km까지는

언제나 거리를 기준으로 요금이 올라간다. 그리고 시속 30Km 이하로 속도가 내려가면 그때부터는 거리와 상관없이 흘러가는 시간에 의해 요금이 올라가도록 되어있는 것이다. 사실 이런 시스템은 뉴욕의 택시에 적용되고 있는 것인데 우리나라도 예외는 아닐 것이다. 재미있는 것은 인체도 이것과 비슷한 시스템을 가지고 있다는 사실이다.

혹시 매일 아침 운동을 하는 사람이 있다면 트레이너로부터 다음과 같은 얘기를 들은 적이 있을 것이다. "지방을 태우기 위해서라면 너무 빨리 달리지 말고 그냥 빠른 걸음으로 걸으시오." 라고 말이다. 이상한 말이다. 우리 생각에는 그저 빨리 달리면 그만큼 에너지를 많이 소모하므로 결국 더 많은 지방을 태우는 결과가 될 것이라는 것이 논리적일 것 같다. 하지만 트레이너의 말은 사실이다. 그것은 실험으로도 입증된 것이므로 믿어도 좋다. 왜 그럴까?

사람의 연료는 糖(당)이다. 실제로 사람을 움직일 수 있게 하는 에너지의 원천은 ATP(Adenosine tri phosphate)라고 하는 물질이다. 이것이 에너지의 화폐 단위가 되어 사람을 움직이게 하는 원동력이 되는 것이다. ATP는 재활용이 가능하다. ATP가 에너지를 사용하고 나면 ADP(TP는 3개의 인산이라는 뜻인데 2개의 인산으로 바뀌면서 Di Phosphate가 된다)로 변하고 그것이 다시 ATP로 되돌아오면 재활용이 가능한 상태가 된다. 즉, ATP가 되면 충전된 상태, ADP는 방전된 상태가 되는 것이다.

여기에서 ATP를 만들거나 이미 사용된 ADP를 충전시키는 작용을 하는 것이 바로 당이다. 물론 당 그 자체는 아니고, 당으로부터 수소를 뽑아서 사용하는 것이다. 그리고 이 과정에서 물과 이산화탄소가 발생한다. 식물의 광합성과는 정반대가 된다. 식물은 물과 이산화탄소 그리고 햇빛을 이용해서 당을 만들어낸다. 한 쪽의 노폐물을 사용하여 다른 쪽의 에너지를 만들게 되므로 마치 영구기관 같다는 생각이 든다. 결국 열역학 제 1법칙인 에너지 불변의 법칙을 보여주는 증거가 된다.

자동차의 연료인 휘발유는 탄화수소인데, 그것이 산소와 결합하여 연소되고 나면 에너지와 물 그리고 이산화탄소가 생기는 것과 같은 이치이다. 놀랍도록 유사하지 않는가? 결국 생체 에너지의 원천은 '수소'라는 말이 된다.

'산소와 결합한다' 이것을 우리는 연소라고 배웠다. 그리고 그것이 에너지의 원천이라고 이해한다. '산소와 결합하는 것'을 생물학에서는 '연소'라고 하지 않고 '호흡'이라고 한다. 그렇다면 지구 상의 모든 살아있는 생물은 호흡을 할 것이다. 하지만 정말 그럴까? 희한하게도 지구상에는 호흡을 하지 않는 생물도 많다. 즉 산소가 필요하지 않은 생물도 있다는 것이다. 이런 생물을 우리는 혐기성 생물이라고 한다. 물론 아주 작은 박테리아 같은 미생물의 세계에서만 찾아볼 수 있다.

산소가 필요한 화학작용인 연소나 호흡은 매우 효율적인 시스템이다. 산소가 지구 대기에 처음 등장했을 때는 매우 치명적인 독가스였다. 하지만 그 독을 자신에게 유리하도록 적응한 지금의 생물들이 지구의 지배자로 나서게 된 것이다. 지금도 산소는 78%의 질소와 섞여서 희석된 상태로 우리에게 해가 없으며 100% 순수한 산소를 일정 시간 마시면 어떤 동물이든 살아남지 못한다(물 속에 들어갈 때 메고 들어가는 아쿠아랑은 산소통이 아니고 공기통이다).

실제로 산소 없이 ATP를 만드는

시스템에서는 1분자의 포도당에서 겨우 2분자의 ATP를 만들지만 산소를 사용하면 20개의 ATP를 만들 수 있다. 따라서 유산소 시스템[*]은 무산소 시스템에 비해 10배나 더 효율적인 시스템인 것이다. 산소를 이용하여 에너지를 얻는 것을 '호흡' 그렇지 않은 것을 '발효'라고 한다.

재미있는 것은, 앞에서도 지적했듯이 인체는 산소를 이용하여 에너지를 얻지만, 정작 에너지를 창조하는 데 사용되는 것은 산소가 아니라 수소라는 사실이다. 그리고 산소는 끊임없이 사용된 수소를 연속적으로 배출하는 데 사용되는 쓰레기차 역할을 한다. 즉, 산소가 없으면 쓰레기가 쌓여서 더 이상 시스템이 작동하지 못하게 되는 것이다.

잡담이지만 현재 지구 대기의 산소는 21%인데 혹시 지금보다 산소가 더 많아지면 어떻게 될까? 숨쉬기가 편해질까? 아마도 그럴 것이다. 하지만 산소가 1% 더 많아지더라도 지구 상에서 일어나는 화재의 가능성은 현재보다 70%나 더 증가하게 된다. 만약 4% 만큼 더 많아진다면, 즉 지구 대기에 산소가 25% 정도 존재한다면 지구 전체가 즉각 화염에 휩싸이게 되어 생명체는 아무 것도 살아남을 수 없게 된다. 즉, 현재의 산소 21%는 지구를 유지하기 위하여 아주 적합한 농도이다.

뉴욕으로 출장 가서 업무가 끝나는 저녁시간이 되면 기대하는 작은 즐거움이 하나 있다. 그것은 저녁 식사로 맛있는 뉴욕 스테이크를 먹는 것이다. 뉴욕 7th Ave의 51번 가에 있는 'Ruth's Chris'에 가면 세상에서 제일 맛있는 스테이크를 먹을 수 있다.

그런데 스테이크에 익숙하지 않은 과거의 한국 사람들은 이 음식을 주문할 때 굽는 정도로 늘 'Well done'을 외쳤다. 우리의 전통 고기인 너비아니 구이가 바로 그렇기 때문이다. 하지만 스테이크의 진짜 맛은

---

[*] 큰 동물들은 덩치를 유지하기 위해서 반드시 산소시스템이 필요하다. 혐기성 동물은 모두 크기가 작은 단세포 생물이라는 공통점이 있다.

붉은 피가 뚝뚝 떨어지는 'Rare'가 진수이다. 잠깐! 그런데 Rare Steak에서 보이는 붉은 액체는 우리가 그렇게 생각하듯이 피일까? 피라면 당연히 시간이 가면 응고 되어야 하는데 스테이크 먹으면서 피 딱지를 본 적은 없는 것 같다. 그 피처럼 보이는 붉은 물질은 미오글로빈(Myoglobin)이라고 하는, 산소를 저장하는 단백질이다. 이른바 산소 저장 탱크인 것이다.

우리가 호흡을 할 때는 헤모글로빈이 몸의 각 근육에 산소를 운반하여 에너지가 공급될 수 있도록 한다. 하지만 심한 운동을 하거나 빨리 달리면 어떻게 될까? 격한 운동을 하면 심장이 빨리 뛰어 호흡을 빠르게 한다. 따라서 근육에 더 많은 산소가 공급될 수 있도록 하지만 이 시스템에는 한계가 있다.

때로 근육에 걸리는 강한 부하는 심장을 두 배의 속도로 가동해도 당해내지 못할 만큼 큰 에너지를 필요로 하기 때문이다. 따라서 다른 보조 기구가 필요하다. 그것이 바로 미오글로빈이다. 그런 이유로, 자주 사용되는 근육은 미오글로빈이 많아서 붉은 색을 띠고 그렇지 않은 근육은 하얀 색일 것이다. 닭고기가 하얀 이유는 바로 그것 때문이다. 지상에서 끊임없이 중력을 이겨내야 하는 육상동물들의 근육은 대개 미오글로빈을 필요로 한다. 하지만 중력이 작용하지

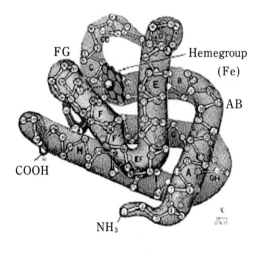

헤모글로빈

않는 물속에서는 운동량이 그리 많지 않아 미오글로빈이 필요하지 않고 따라서 생선살이 하얀 색을 띠는 타당한 이유가 된다. 폭포를 거슬러 올라가야 하는 연어의 아름다운 주황색 살도 이로써 설명될 것이다.

이처럼 산소를 필요로 하는 근육 운동은 호흡과 미오글로빈으로 연료를 충당할 수 있다. 하지만 미오글로빈으로도 해결이 불가능한 격렬한 운동을 할 때는 어떻게 해야 할까? 근육의 미오신 단백질에는 두 가지가 있는데 빠른 근섬유와 느린 근섬유가 그것이다. 느린 근섬유는 지방을 연소시켜 에너지를 얻는다. 그리고 산소가 필요하다. 하지만 빠른 근육은 느려터진 산소 공급으로는 작동되기 어려우므로 산소가 필요 없는 글리코겐을 즉시 꺼내서 사용하게 된다. 글리코겐은 필요 시, 급히 사용할 수 있도록 저장된 포도당이라고 할 수 있다.

밥을 먹으면 탄수화물인 다당류가 분해되어 포도당이 되고 혈액 속의 포도당이 늘어나면 그것을 혈당이 높아졌다고 한다. 혈당은 몸의 210가지 기관에 필요한 에너지를 공급하지만 과다해지면 인슐린이 출동한다. 그리고 과잉 섭취된 포도당을 저장가능한 다당류인 글리코겐으로 만들어서 근육이나 간에 저장한다. 그리고 필요시에는 글리코겐이 다시 포도당으로 바뀌면서 에너지원으로 활용된다. 만약 축적된 글리코겐을 운동으로 사용하지 않으면 지방으로 저장된다.

근육이나 간은 글리코겐을 저장하는 한계가 있는데 탄수화물을 너무 많이 섭취하여 혈당량이 급격하게 높아지면 글리코겐을 사용하는 속도보다 만드는 속도가 더 빨라져서 마침내 넘치는 포도당은 지방으로 가게 된다. 그 과정에 개입하는 인슐린은 체지방을 사용하는 과정을 방해하는 작용을 하기도 한다. 따라서 인슐린은 살찌는 호르몬이라고도 할 수 있다. 원시시절, 장시간의 기아를 견뎌내기 위하여 진화한 생존 전략이었지만 먹을 것이 풍부한 현대에는 우리의 생명을 위협하는 악성 진화가 되고 말았다.

나는 아침마다, 누워서 역기를 드는 벤치프레스나, 역기를 어깨 위에 올려놓고 일어섰다 앉았다 하는 스쿼트(Squat) 같은 운동을 하는데 이때 사용되는 근육은 빠른 근육이다. 이렇게 빠른 근육을 사용하게 되면 글리코겐을 소모하게 되므로 유산소가 아닌 무산소 운동이 되는 것이다.

빨리 달릴 때도 마찬가지 상태가 되어 심박수의 70% 이상을 사용하여 달릴 때는 지방을 별로 태우지 않고, 주로 근육에 저장된 글리코겐을 사용하는 무산소 운동이 된다.

이때 빠른 근섬유에는 산소가 필요 없으므로 미오글로빈의 존재가 불필요하다. 하지만 빠른 근섬유는 오랫동안 움직일 수는 없으므로 평생을 한번도 쉬지 않고 끊임없이 움직여야 하는 심장근육처럼 지구력을 요하는 운동에 개입하지는 못한다.

즉, 다시 말해서 빨리 달리면 몸은 에너지원으로 대부분 글리코겐을 사용하며 지방을 태우지 않는다. 천천히 걷는다면 글리코겐을 적게 사

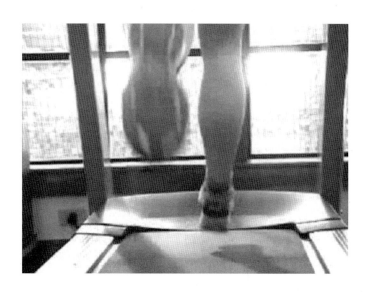

05. 다이어트 과학

용하는 대신 몸에 저장된 지방을 태우는 것이다. 따라서 다음과 같은 도표가 성립된다.

강도 1 (최대심박수 50~60%)	탄수화물 10~25%	지방 70~85%	단백질 5%	320kcal
강도 2 (최대심박수 60~70%)	탄수화물 25~50%	지방 50~70%	단백질 5%	480kcal
강도 3 (최대심박수 70~80%)	탄수화물 50~85%	지방 40~60%	단백질 5%	660kcal
강도 4 (최대심박수 80~90%)	탄수화물 80~90%	지방 10~20%	단백질 5%	800kcal

보기에는 강도1 최대 심박수의 50~60%로만 운동하는 것이 지방을 가장 많이 소모하는 것으로 보인다. 하지만 심박수가 내려갈수록 운동 강도가 내려간다는 것을 감안하면 소모되는 전체 열량이 너무 적으므로 실제로 1의 강도로 운동을 하면 현실적이지 못하다. 따라서 대략 1시간 정도 트레드밀을 탈 시간이 있다고 했을 때 강도 1로 운동하면 지방을 연소하는 양이 220~270칼로리 정도인데 비해 강도 2로 하면 230~340칼로리까지 올라간다. 강도 3으로 높이면 260~390으로 전체적으로 소모되는 칼로리에 비해 지방을 태우는 비율이 얼마 안 된다는 것을 알 수 있다. 따라서 가장 적당한 심박수대는 운동 강도 2가 되는 것이다. 그렇다면 지방만 태우고 탄수화물, 즉 글리코겐은 사용하지 않으면 어떻게 될까? 결국 남는 글리코겐은 지방으로 전환되므로 소용이 없다. 따라서 늘 적당량의 글리코겐과 지방을 소모해야 하는 것이다.

하지만 사실, 그 무엇보다도 중요한 것은 이런 계산보다는 중단 없이 꾸준히 운동하는 것이다. 인체가 하루에 필요한 열량은 대략 2500칼로리인데 섭취하는 열량은 그것보다 훨씬 더 많은 고칼로리의 시대에 우리가 살고 있기 때문이다. 얼마 전에 영국의 BBC는 혈당이 정상치보다 높은 사람이 약 20초간의 초고강도 달리기를 하루에 3회, 1주일에 3세트를 한달만 해도 과잉 혈당이 40% 가까이 떨어진다고 주장하였다. 즉 한달에 단 12분 운동으로 혈당을 파격적으로 낮출 수 있다고 한다. 초고강도 운동은 무산소 운동이 되어 급격하게 글리코겐을 소모하게 되므로 뇌에서 글리코겐의 평소 보유량을 증가시키기 때문이라고 설명한다. 글리코겐의 원료는 혈당이므로 글리코겐이 늘어남으로써 혈당이 감소한다는 논리이다. 달리기 대신 실내자전거 타기(Exercise bike)를 해도 된다. 자신이 할 수 있는 한, 최고 속도로 달려야 한다.

물만 먹어도 살이 찐다.

베르크만의 규칙

1847년 독일의 생물학자 C.베르크만은 추운 지방에 사는 정온동물의 체중이 따뜻한 지방에서 생활하는 같은 종의 체중보다 크다는 사실을 발견하였다. 큰 동물은 체중에 대한 체표면적의 비율이 작아져서 체열의 발산이 방지되므로, 이 놀라운 현상은 한랭한 지방에 사는 항온동물의 체온 유지에 대한 적응이라고 설명되고 있다.

K의 딸인 광희는 키가 168cm인데 몸무게가 68kg이나 나간다. 따라서 요즘의 트렌드로 봐서는 영락없이 뚱녀에 다름 아니다. 그런데 광희는 사실 매우 억울하다. 그녀는 결코 많이 먹지 않기 때문이다. 오히려 친구인 158cm에 47kg의 말라깽이 희명보다 훨씬 덜 먹는다. 그런데도 살이 찌는 것이다. 세상에 이렇게 불공평한 일이 있는가? 그녀는 살이 찔까 봐 콜라 한잔도 제대로 마시지 못하는데도 친구인 희명은 삼겹살은 물론, 지독하게 단 크리스피 크림 도너츠를 입에 달고 산다. 그래도 그녀는 살이 찌지 않는 것이다. 도대체 무슨 비결이 있는 것일까? 광희는 요즘 아침마다 2시간씩 운동을 하고 있다. 희명은 운동조차도 하지 않는다. 이제 광희는 자신이 물만 먹어도 살이 찐다고 생각한다. 사실 물은 칼로리가 0이다. 당연히 살이 찔 리가 없다. 그런데도 그런 생각이 드는 것이다.

광희에게는 두 가지의 문제가 있다.

첫째 그녀는 지방을 잘 축적하는 유전자를 가지고 있다. 과연 그녀의 어머니는 물론 아버지도 상당히 뚱뚱한 편에 속한다. 먹는 것을 곧 바로 지방으로 축적하려고 하는 유전자는 과거에는 우수한 유전자였다. 지방은 탄수화물이나 단백질에 비해 같은 무게로 2배의 칼로리를 내기 때문에 지방을 많이 가진 사람은 남보다 2배의 열량을 저축하고 있는 셈이어서 예고 없이 닥치는 기아에서도 살아 남을 수 있었다. 그래서 그런 유전자를 가진 사람들은 자연으로부터 선택되어 번창하고 진화할 수 있었다. 그녀는 그 슈퍼 유전자를 가진 사람들의 후손인 것이다.

둘째는 대사량의 문제이다.

희명은 ADHD*이다. 그녀는 규칙적으로 운동을 한 적이 없지만 보통 사람보다 훨씬 더 많이 움직인다. 광희는 발 밑에 떨어진 100원 동전을 보고 항상 주울까 말까 망설인다. 허리를 굽히는 것이 싫어서이다. 하지만 희명은 10원짜리 동전이라도 전혀 망설이는 법이 없다. 그녀는 움직이는 것을 전혀 두려워하지 않는다. 하지만 그런 식의 작은 움직임의 차이가 하루 15시간 깨어있는 동안 엄청난 운동량의 차이를 보이는 것이다. 전혀 운동을 하지 않는 희명이지만 광희보다 운동대사량이 더 높을 것이다.

날씬한 희명은 언제나 미니스커트를 입고 다닌다. 어제처럼 영하 10도인 추운 날에도 그녀는 미니스커트를 입고 거리를 활보했다. 하지만 두툼한 다리통과 허리를 내 보이고 싶지 않은 광희는 한 여름에도 긴 바지를 입고 다닌다. 그 결과는 더욱 더 두 사람의 차이를 가속시킨다. 몸집이 작은 희명은 광희에 비해 무게당 체표면적이 훨씬 더 크다. 두부 한 모를 반으로 쪼개 놓은 쪽과 그렇지 않은 쪽은 무게가 같지만 체표면적은 반으로 쪼개놓은 것이 더 크다. 만약 두부를 수백 조각으로 쪼개놓는다면 두부의 체표면적은 수 십 배로 늘어 날 수도 있다. 이와 같이 크기

---

* ADHD(Attention Dificit Hyperactivity Disorder) 주의력 결핍과잉행동장애: 부산한 아이들을 굳이 이런 병명으로 부른다.

가 작을수록 상대적인 체표면적은 커진다는 것을 알 수 있다. 그것이 살이 찌는 것과 무슨 관계가 있을까? 관계가 있다.

사람은 정온동물이다. 항온동물이라고도 한다. 동물은 두 가지 체온의 타입으로 진화하였는데 정온동물과 변온동물이 그것이다. 둘의 차이는 필요할 때만 모터를 가동시키느냐 하루 종일 끊임없이 모터를 가동시키느냐의 차이이다.

악어와 같은 변온동물은 주위의 기온에 따라 체온이 달라진다. 즉 주위가 추워지면 그에 따라 체온이 내려가며 온 몸의 대사도 느려지고 에너지 소비도 적어진다. 물론 그 결과로 움직임도 둔해진다. 따라서 겨울에는 사냥을 할 수 없기 때문에 겨울잠을 자야 한다. 대신 동면하는 동안은 수명으로 치지 않는다. 잠시 죽어있는 것과 마찬가지인 것이다.

하지만 정온동물은 주위의 온도와 상관없이 늘 일정한 체온을 유지한다. 따라서 배가 불러 사냥을 할 필요가 없을 때에도, 잠을 잘 때도 끊임없이 에너지를 소비해야 한다. 대신 주위의 환경과 관계없이 언제 어느 때라도 사냥에 나설 수 있고 움직임이 둔해지지도 않는다.

정온동물인 사람의 체온은 정상일 때가 36.5도인데 주위의 기온은 대개 그보다 낮다. 사람은 지속적으로 주위에 체온을 빼앗기고 있는 것이다. 따라서 빼앗긴 체온을 보충하고 유지하기 위해서는 끊임없이 칼로리를 소모해야 한다. 어느 쪽이 더 효율적인 기관이라고 할 수 있을까?

주위에 체온을 빼앗기고 있을 때 체표면적이 관여한다. 당연히 체표면적이 큰 쪽이 외기에 더 많이 노출되어 있으므로 체온을 더 많이 빼앗기

북극곰은 체표면적이 작다

게 되고 그만큼 칼로리를 더 많이 소모하게 될 것이다. 따라서 아이들은 어른들보다 추위를 더 많이 탄다. 마른 사람이 뚱뚱한 사람보다 추위를 더 많이 타는 것이 단지 지방의 문제는 아닌 것이다. 그것은 체표면적의 문제이다. 따라서 크기가 작은 동물일수록 끊임없이 외기에 빼앗기는 체온을 보충해 주기 위해서 쉴새 없이 먹어야 한다. 쥐 같은 정온동물의 식욕이 놀라울 정도로 좋은 이유가 바로 그것이다. 반대로 몸집이 큰 동물은 체표면적이 작기 때문에 외기에 의해 빼앗기는 칼로리의 양이 적다. 즉, 몸집이 크면 클수록 단위부피당 에너지의 소모량은 적어진다. 이 것을 베르크만의 규칙(Bergmann's rule)이라고 한다.

최근 TV의 어린이 학습지용 CF를 보면 이런 내용이 나오는 것을 볼 수 있다. 키가 15cm밖에 되지 않는 난쟁이들이 사는 소인국인 릴리퍼트에 도착한 걸리버는 그 나라에서 한끼에 1,728인분을 먹었다. 왜일까? 어떻게 그런 계산이 나온 것일까? 학습지는 계산과정을 소개하면서 아이들에게 동화를 읽으며 공부할 수 있는 좋은 교재라면서 광고를 하고 있었다. 하지만 결론부터 얘기하면 그 계산은 틀렸다.

걸리버의 키는 180cm이다. 따라서 15cm에 불과한 릴리퍼트 사람들보다 12배가 크다. 걸리버의 몸무게는 부피에 비례하고 부피는 길이의 3제곱이므로 12×12×12가 된다. 따라서 걸리버는 1,728인분을 먹어야한다 라고 생각한 것이다. 상당히 수학적이기는 하지만 이 계산은 생

물학적으로는 엉터리이다. 체중이 10배 나간다고 해서 밥도 10배를 먹어야 하는 것은 아니다. 실제로 '에너지 소모량은 체중의 4분의 3 제곱에 비례한다. 즉, 체중이 2배인 경우 에너지 소비량은 1.68에 불과하다. 따라서 몸집이 큰 동물은 중량대비 에너지 소비가 적다. 그런 결과로 추운 지방에 사는 동물은 낮은 기온으로 인하여 끊임없이 에너지 소모가 일어나므로 덩치가 큰 쪽이 유리하다. 그때문에 백곰이 더운 지방에 사는 다른 곰들보다 덩치가 더 큰 것이다. 그것이 바로 베르크만의 규칙이다.

즉, 몸무게가 100배 더 많으면 에너지 소비는 100배가 아닌 32배가 되고 1,000배면 178배가 된다. 따라서 걸리버는 $1728^{\frac{3}{4}}$ 즉, 268명 분의 식사만 하면 된다는 결론이 나오는 것이다. 이것을 거꾸로 생각하면 덩치가 작을수록 에너지 소비가 많으므로 더 많이 먹어야 한다는 이론이 성립한다. 따라서 희명은 광희보다 체구가 더 작아도 운동량을 포함하면 전체 에너지 소비는 오히려 광희보다 많을 수 있는 것이다.

68kg이 나가는 광희네의 세인트 버나드 종인 '아도'는 40g 나가는 생쥐보다 몸무게가 170배나 더 많지만 '아도'가 생쥐 식사량의 170배를 먹는다면 당장 배가 터져 죽고 말 것이다. 실제로 '아도'는 생쥐가 먹는 식사량의 47배만 먹어도 된다. 포유동물 중 가장 작은 뽀족뒤쥐는 하루에 자기 몸무게의 3배를 먹어야 살 수 있다.

날씬한 여자가 예뻐 보이는 생물학적 이유

복부비만 여부를 확인하는 가장 간단한 지표는 허리둘레이다. 남자는 35인치, 여자는 33인치 이상이면 복부비만으로 분류된다. 이보다 더 신뢰할만한 지표는 엉덩이 둘레에 대한 복부 둘레의 비율(WHR: Waist Hip Ratio) 이다.

2007년 12월 심장혈관학 학술지인 '순환(Circulation)'에는 비만의 지표로 가장 많이 쓰이는 체질량지수(BMI: Body Mass Index: 체중을 키의 제곱으로 나눈 수, kg/㎡)보다 WHR가 심장병 위험을 예고하는 보다 믿을 만한 지표라는 연구 결과가 실렸다.

— 한국경제 2008년 4월 25일자 기사 —

홍적세의 인간은 무식한 것이 정상이었다. 당시에는 공항에서 자신의 손자를 바구니에 담아 X 레이 통과대를 지나가게 한 할머니의 무지라는 것이 존재할 수 없었다. 하지만 현대의 기준으로는 무식이 끔찍한 죄악이다. 비만도 루벤스(Rubens)의 시대에는 아름다움이었지만 요즘은 죄악이다. 미국의 로버타 세이드(Roberta Seid)는 날씬함(thinness)이 50년대에는 '편견'이었고 60년대에는 '신화' 70년대에는 '강박관념'이었으며 80년대에는 '종교'라고 하였다. 물론 이는 서양의 가치관에 따른 기준이므로 우리에게는 여기에 20년 정도를 보태는 것이 좋을 것이다.

비만은 단순히 비주얼의 문제만이 아니다. 실제로 건강에도 해롭기 때문에 어쨌든 나쁜 것이다. 인

간의 4백 만년 역사를 통틀어 지금처럼 비대한 사람들이 많이 존재했던 사회는 없었다. 그것은 지구 상에 먹을 것이 풍족해졌기 때문이라는 지극히 단순한 사실로부터 기인한다. 200년 전까지만 해도 여성의 미에 대한 기준은 약간 살이 찐 7 사이즈의 몸매였다. 하지만 지금은 6은 커녕 5도 모자라 4를 추구하는 극단적인 마른 몸매를 선호한다. 영국의 윈저 공작부인은 "여자는 부자이거나 날씬할수록 좋다"라는 말로 명성을 얻었다. 하지만 그런 그녀라도 지금의 마른 모델들을 보면 놀랄 것이다. 미의 기준이 과거와 현재, 왜 이렇게 달라졌을까? 이에 대한 생물학적인 조명을 해 보려고 한다.

지구상의 모든 생물은 진화한다. 주위 환경에 맞게 변화하는 것이다. 하지만 진화란 언제나 좋은 방향으로만 가는 것은 아니다. 다만 환경에 가장 적합하도록, 그리하여 궁극적으로 살아남을 수 있도록 스스로를 개조해나가는 것이다. 놀랍게도 진화에 어떤 의지란 존재하지 않는다. 자연선택이라는 실체가 그저 자신에게 적합한 생물만을 선택할 뿐이다. 거기에 의지는 전혀 개입되지 않는다. 바로 눈먼 시계공인 것이다.

지금도 대부분의 동물들은 먹기 위해서 종일 일해야 한다. 동물의 제왕인 사자도 아침 일찍 일어나 식사를 해결하기 위해서 분주히 뛰어다니지 않으면 굶는다. 동물들의 하루 일과는 대개 먹을 것을 구하는 시간으로 채워진다. 인간도 농업이 발명되기 전까지는 다른 동물들과 별로 다를 것이 없었다. 운이 좋은 날은 배불리 먹을 때도 있었지만 다음 번 식사가 언제가 될지는 아무도 장담할 수 없었다. 굶주림은 예고 없이 찾아왔고 어떤 때는 위험할 정도로 오랫동안 기아상태가 계속되는 적도 있었다. 인간은 정온 동물이므로 체온을 유지하기 위해 지속적으로 에너지를 투입하여야 한다. 인간이 체온을 유지하기 위해 사용하는 에너지는 전체 에너지의 25%가 넘는다. 가만히 누워만 있어도 그만한 에너지가 필요한 것이다. 따라서 인체의 210가지 기관을 한 순간의 멈춤도 없이 가동하고 유지하기 위해서는 지속적이고도 강력한 에너지를 저장하는 배터리가 필요하다. 에너지는 지속적으로 필요한 반면 공급은 전혀 지속적이지 못하기 때문이다. 인체는 그 문제를 어떻게 해결했을까?

식물은 동물들과 달리 에너지를 구하기 위하여 아침 일찍 일어나 돌아다닐 필요가 없다. 1억5천만km나 떨어진 항성으로부터 쏟아지는 무제한의 공짜 에너지를 마음껏 사용할 수 있기 때문이다. 그 일을 가능케 해주는 놀라운 에너지 변환 시스템이 광합성이다. 하지만 햇빛 역시 언제나 지속적으로 공급되는 것은 아니다. 따라서 식물들도 에너지를 저장하는 수단을 가져야 한다. 식물에게 필요한 에너지는 동물과 마찬가지로 포도당이라는 공통된 화폐이다. 하지만 포도당은 저장하기가 매우 까다롭다. 물에 잘 녹으며 단 맛이 나기 때문에 주위의 다른 동물들에게 약탈당하기도 쉬운 자원이다. 그래서 식물들은 포도당 분자들을 연결해 두 가지의 다른 저장 형태로 만들었다. 그 하나가 녹말이며 다른 하나는 셀룰로오스이다. 녹말은 포도당의 고분자이며 에너지원이 되기 위해서는 다시 포도당 분자로 분절되어야 한다. 사람

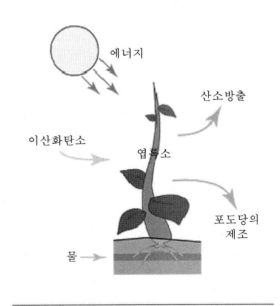

에너지

산소방출

이산화탄소

엽록소

포도당의 제조

물

광합성

이 밥을 먹으면 침과 위장이 하는 일도 바로 그것이다. 인체가 에너지원인 단백질을 몸체(살~)로도 사용하는 것처럼 셀룰로오스는 식물의 몸을 이루는 데 사용된다. 그것은 녹말처럼 포도당의 고분자이지만 물에 녹지도 않고 동물의 위장에서 소화되지도 않는 고도로 안정된 분자이다.

한편, 광합성을 할 수 없는 생물들은 광합성으로 에너지를 생산하는 다른 생물들의 영양분을 약탈한다. 탄수화물과 단백질은 똑같이 4.5칼로리의 열량을 낸다. 따라서 식물뿐 아니라 다른 동물의 고기를 섭취하는 것도 에너지를 취득하는 좋은 수단이 된다.

에너지의 공급이 끊긴 상태에서 인체를 유지하기 위해서는 배터리가 필요하다. 그 배터리는 말할 것도 없이 장기간 잘 작동되어야 하고 되도록 강력한 힘을 내야 할 것이다. 니켈 수소 배터리처럼 과도한 열을 발생한다던가 하는 따위의 부작용이 있어서도 안 된다. 우리 몸에는 두 가지 배터리가 있는데 첫 번째는 글리코겐이라는 물질이다. 글리코겐은 변형 탄수화물이며 근육이나 간에 저장되어 필요할 때마다 끄집어내서 쓰는 좋은 배터리이다.

다른 하나는 지방이다. 글리코겐의 비축량이 한계에 달하면 즉 1차 배터리가 만충되면 인체는 글리코겐을 장기 저장형태로 돌려야 한다. 그것이 지방이다. 물론 장기 저장하기 위해서는 적은 양으로 많은 열량을 낼 수 있는 기능을 가지는 것이 좋을 것이다. 지방이 바로 그런 물질이다. 지방은 고 효율의 2차 배터리인 것이다. 그에 따라 자신이 취득한 영양분을 쉽게 지방으로 변환시킬 수 있는 능력을 가진 개체는 장기간의 기아에도 견딜 수 있으므로 자연은 그런 개체를 선택하고 그런 개체들은 번영한다. 즉 먹은 것을 신속하게 지방으로 비축할 수 있는 유전자는 매우 우수한 유전자였다.

아름다움이란 개념은 어디로부터 오는 것일까?

M A d F O R S C I E N C E

인간은 어떤 것을 아름답다고 하고 어떤 것을 추하다고 느끼는 것일까? 동물들도 아름다움이라는 개념이 있을까? 있다면 동물들은 어떤 것을 아름답다고 할까? 이 글의 주제에 따라 대상의 주체를 남자 또는 수컷으로 한정하고 있음을 이해하기 바란다.

동물들이 선호하는 배우자는 바로 성적인 매력이 풍기는 개체이다. 성적인 매력이야말로 동물들이 지상의 목표로 삼는 번식에 가장 유리한 무기이기 때문이다. 인간도 마찬가지일까? 경제 원칙에 입각하여 스스로 자손 번식을 통제하고 있는 인간은 여기에서 예외일 것 같다. 하지만 사람도 배우자를 선택할 때는 이성만이 아닌 생물학적인 잣대를 들이대고 있다는 사실이다. 그것은 바로 본능이다. 우리가 결혼하여 아이를 가지려고 하는 마음은 이성으로부터 비롯된 것 같지만 그건 전적으로 본능이다. 아기를 가지는 것은 결코 강요된 의무가 아니다. 하지만 대부분의 사람들은, 지식인이거나 문맹이거나 부자이거나 또는 지독한 빈자라도 별 저항 없이 그렇게 결정한다. 사실 아이를 가진다는 것은 과거와 달리 막대한 비용이 요구되는 큰 공사다. Dink(Double Income No Kids)족으로 살면 우아한 삶이 보장되는데도 불구하고 그런 막대한 비용과 엄청난 시간에 대한 투자가 초래되는 프로젝트를 눈 하나 깜짝하지 않고 결정할 수 있는 원천은 바로 번식에 대한 본능이다. 심지어 자신의 삶을 자식들을 위해 포기하는 '기러기아빠'라는 도저히 이해할 수 없는 극단적인 케이스도 종종 발견된다. 그렇게 투자한 자원이 가까운 미래에 자신에게 돌아온다는 직접적인 보장 없이도 기꺼이 그런 의사 결정을 내린다. 전혀 이성적인 사고라고 볼 수 없는 행동들이다. 따라서 인간도 번식의 본능에 관한 한, 다른 동물들과 크게 다르지 않은 것 같다.

그렇다면 어떤 요인이 대상을 성적으로 매력 있게 보이게 할까? 그것은 당연하게도 건강미일 것이다. 좋은 자손을 많이 가지려면 배우자가 건강해야 한다. 따라서 건강한 개체는 성적인 매력을 풍길 것이다. 위기 극복에 강한 것도 유리한 점이며 따라서 매력적으로 보일 것이다. 하지만 건강하다는 객관적인 자료를 얻기 힘든 동물의 세계에서 어떤 상대가 건강한지 어떻게 알 수 있을까?

건강하다는 것을 과시하기 위하여 수컷 공작은 자신의 신변이 위태로울 정도로 큰 꼬리를 진화시켰다. 천적*에게 쫓길 때 큰 꼬리는 장애물에 다름 아니다. 하지만 성적 매력은 기꺼이 목숨을 걸 정도로 그들에게 중요한 이슈인 것이다. 아이러니하게도 목숨을 위협하는 거추장스러우리만큼 큰 꼬리는 자신이 그런 고 위험에 노출되어 있음에도 불구하고 생존에 성공하고 있다는 사실 자체로 스스로 건강하다는 것을 과시하는 증거가 되는 것이다. 물론 암컷은 다행히도 그 가치를 잘 깨닫고 있다. 한편 인간의 경우는 어떨까?

홍적세처럼 지속적인 영양공급이 불안정한 환경에서는 지방을 잘 저장하는 유전자가 좋은 유전자이며 가장 건강하고 오래 살아남을 수 있었다. 따라서 지방 축적의 유전자는 바로 아름다움을 의미하게 된 것이다. 하지만 영양과잉인 지금의 환경에서는 지방을 잘 축적하는 유전자가 오

---

* 1975년, 자하비(Amotz and Avishag Zahavi) 부부는 이런 논리를 핸디캡 원리라고 하였다.

히려 불리하게 되었다. 과다한 지방이 과다한 콜레스테롤을 부르고 과다한 콜레스테롤이 심장 발작이나 동맥 경화를 유발하여 건강에 오히려 해로운 인자로 작용하게 된 것이다. 따라서 요즘처럼 영양이 넘치는 공급과잉 시대에는 적게 먹고, 먹은 것을 지방으로 잘 변환시키지 않는 유전자가 건강한 개체를 만들 수 있으며 따라서 이런 개체는 성적 매력을 풍기게 된다.

배우자에게 보여줄 수 있는, 지방을 축적하지 않는 유전자라는 객관적인 증거는 바로 날씬한 몸매이다. 그리고 그것은 건강함을 보여주는 지표이다. 그 확실한 정보가 우리의 대뇌피질에 '아름다움'이라는 환상을 그려내는 것이다. 그리고 남자들은 날씬한 여자들에 대해 공통으로 '아름답다'고 생각하는 것이다. 즉 우리는 무의식적으로 건강한 개체에 끌린다.

하지만 여기서 우리는 한 가지 모순에 부딪힌다.

만약 동물들의 본능이 번식이라면 (물론 인간도 예외는 아니다) 우리의 생물학적인 잣대는 번식에 유리한 유전자를 선택해야 자연스럽다. 하지만 날씬하다는 사실은 건강하기는 하지만 그것이 번식과 직결되는 문제는 아니다. 오히려 그 반대가 될 가능성을 가지고 있다. 말랐다는 것은 지방이 적다는 것이고 지방이 너무 적은 여자는 아이를 가지기 어렵다. 여자는 평균적으로 15%의 체지방만 부족해도 불임이 될 수 있다. 따라서 마른 여자를 고르는 것은 자식을 가장 적게 낳을 여자를 고르는 확실한 방법이 된다. 건강과 번식이 충돌하는 이 모순을 어떻게 해야 할까?

남자와 여자는 각각 상대방이 좋아하리라고 생각하는 기준에 대하여 중대한 착각을 하고 있다는 사실이 밝혀졌다. 즉 남자는 여자들이 실제로 선호하는 몸매보다 더 굵은 몸매가 이상적이라고 생각하고 있으며 여자들은 반대로 남자들이 실제로 선호하는 몸매보다 더 마른 것이 이상적이라고 잘못 생각한다는 것이다. 실제로 여자들이 그렇게 생각하는 것처럼 남자들은 44사이즈를 선호하지 않는다. 너무 극단적으로 마른 몸매를 좋아하지 않는다는 말이다. 그 이유는 미의 기준에 대한 관념보다는 바로 번식에 대한 본능이다. 뚱뚱하면 건강하지는 않지만 많은 자손을 가지는 데는 도움이 된다. 그 반대는 건강하지만 자손을 가지기 어렵다. 남자들은 어떤 선택을 해야 할까?

남자들의 생물학적 본능이 말해주는 배우자의 선호도에 대한 기준은 놀랍게도 몸무게보다 허리와 엉덩이 둘레에 대한 비율(WHR)이다. 남자들이 선호하는 가장 이상적인 WHR은 0.7인 것으로 알려져 있다. 죽기 전의 마릴린 몬로는 61 : 91로 0.67이었으며 젊었을 때의 오드리 헵번은 (56 : 80) 0.7로 지극히 이상적인 몸매를 가졌다.

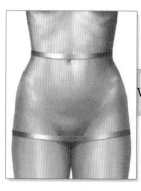

가장 가는
부분을 측정

$$WHR = \frac{허리}{엉덩이}$$

가장 굵은
부분을 측정

이에 대한 연구는 인도의 심리학자인 디벤드라 싱(Devendra Singh)의 논문에서 확인할 수 있다. 그의 이론에 따르면 남자는 여자의 허리가 엉덩이에 비해 훨씬 가늘기만 하면 여자의 몸무게와 상관없이 매력을 느낀다고 한다. 터무니없게 들리는가? 여
기 실제 실험에 대한 결과가 있
다. 젊은 남자들을 통한 실험의
결과는 놀랄만한 것이었다. 남자
들은 마르고 엉덩이에 대한 허리
비율이 낮은 여자가 아니라 오히
려 약간 뚱뚱하면서도 엉덩이에
대한 허리비율이 낮은 여자를 선
호한 것이다. 즉 이상적인 형태
는 마른 몸매가 아닌 엉덩이에
대한 허리의 비율이 낮은 것이었
다. 이 결과는 우리가 알고 있는 사실과는 배치되는 것 같다. 그렇다면
남자들은 착각에 빠져있는 것일까? 상대적으로 가는 허리는 엉덩이를
더 크게 보이게 하는 시각효과가 있다. 실제로 빅토리아 시대의 여자들
은 18인치의 허리를 유지하기 위해서 갈비뼈 한 쌍을 제거하는 수술도
마다하지 않았다.

엉덩이가 크다는 사실이 중요한 이유는 그것이 왕성한 호르몬의 작용
에 의한 것이며 따라서 번식에 유리하다는 증거이고 또 산도*가 넓어 안
전하게 아기를 낳을 수 있는 유리한 신체 조건을 타고 났다는 것이다.

사람은 수명에 비해 임신 기간이 짧다. 그래서 사람의 아기는 태어나서 걷기는 커
녕 기지도 못한다. 왜 그럴까? 그에 대한 가장 직접적이고 설득력 있는 이유는 뇌의
크기 때문이다. 사람의 뇌는 다른 동물들보다 더 크다. 그러므로 다른 동물들처럼,
태어나서 바로 자립할 수 있는 사람 뇌의 사이즈는 산도를 통과할 수 없다. 따라서

---

* 아기가 태어날 때 통과하는 길

태아는 뇌의 크기가 자립할 수 있는 사이즈의 절반도 되지 않은 미숙아일 때에 산도를 통과해야 하는 절대 절명의 운명을 타고난 것이다.

 즉 큰 엉덩이는 수태가 쉽고 태아의 안전을 보장한다는 의미에서 남자들로 하여금 생물학적인 충동을 일으키게 하는 것이다.

 하지만 허리와 엉덩이 사이즈의 비율을 작게 하는 것이 단순히 다이어트나 운동을 한다고 해결되는 일은 아니다. 다이어트나 운동도 물론 쉬운 일은 아니지만. 여성의 몸매가 그런 모래 시계*의 형태를 띠려면 실제로 호르몬의 작용이 왕성한 매우 건강한 신체를 가져야 한다. 인위적으로 엉덩이와 가슴을 크게 하면서 허리는 최소한으로 유지하는 것은 수술이 아니고는 불가능하다. 그렇다면 선택은 두 가지이다. 엉덩이가 크면서 약간 뚱뚱한 몸매를 유지할 것이냐 아니면 엉덩이가 조금 작더라도 마른 몸매를 유지할 것이냐?

 우리는 그 답을 알고 있다.

---

* 여성이 그나마 이런 몸매를 유지할 수 있는 기간은 전 생애의 25% 밖에 되지 않는다.

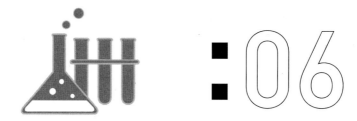

살아 숨쉬는 과학

보호색은 정말 존재할까?

야생동물은 사람과 달리 노쇠하여 죽는 경우가 거의 없다. 노화되기 전에 굶어 죽거나 병들고 포식자에게 먹히기 때문이다. 따라서 많은 동물들이 포식자를 물리치기 위한 보호책을 가지고 있다. 아우토메리스 코레수스(automeris coresus) 나방은 날개 뒷부분에 깜짝 놀랄 정도로 멋진 가짜 눈을 가지고 있다. 이 나방이 쉬고 있을 때는 눈이 보이지 않지만 나방을 자극하면 순간 앞날개가 펼쳐지면서 가짜 눈이 튀어나온다. 이런 가짜 눈이 무슨 역할을 할 수 있을까? 과학자들은 나방의 천적인 새들이 가장 크게 놀란 경우는 바로 가짜 눈을 보여줄 때라는 것을 밝혀냈다. 그런 부릅뜬 눈은 자신을 삼키는 포식자가 다가올 때처럼 긴

박한 경우가 많기 때문에 본능적
으로 그런 눈을 피한다는 것이다.
마치 나방이 명석한 두뇌를 가진
것처럼 생각되지 않는가? 그런 놀
라운 보호장비를 만들어낸 기적은
바로 진화의 힘이다.

  파브르의 곤충기를 보면 여러
곤충에게서 보호색이 등장한다.
하지만 나는 강한 의혹이 생겼다.
과연 동물의 보호색이란 정말로 존재하는 것일까? 실제로 자벌레나 나
방의 유충인 배추벌레처럼 절묘한 보호색을 가진 동물들이 많이 있기는
하지만 자연을 자세히 살펴보면 보호색이 없는 동물이 훨씬 더 많다는
사실을 알 수 있다. 심지어 보호색은 커녕 열대어나 아마존의 앵무새처
럼 화려한 색깔로 눈에 띄는 동물들이 더 많음을 알 수 있다. 이것은 어
떻게 된 일일까? 한가지의 설명은 그것이 '경고색'이라는 것이다. 어떤
종류의 나비는 구역질 나는 맛이 난다. 그것들은 보통 선명하고 눈에 잘

뜨이는 색깔과 무늬
를 하고 있어서 새들
은 그것들을 경고의
의미로 받아들이며
피한다. 반면에 맛이
나쁘지 않은 나비들
은 쉽게 잡아 먹히게
되므로 이 화려한 나
비들을 흉내 내어 진

06. 살아 숨쉬는 과학

화한다. 나비의 이러한 시도는 대부분 성공하여 새는 물론 생물학자까지 속일 수 있다.

또 다른 가능한 설명은 이스라엘의 생물학자 자하비가 주장한 핸디캡 이론이다. 공작의 수컷은 극도로 화려하고 아름다운 꼬리를 자랑한다. 이렇게 크고 길고 무거우며 화려한 꼬리는 포식자를 피하기는커녕 오히려 불러들이는 역할을 한다. 그리고 대체로 이렇게 크고 거추장스러운 꼬리 때문에 야생의 공작은 포식자에게 죽음을 당하기 일쑤이다. 그렇다면 왜 공작은 보호색은 커녕 그에 반하는 거대한 꼬리를 진화시켰을까? 공작의 수컷이 그런 꼬리를 진화시킨 단 하나의 이유는 바로 번식이다. 번식과 생존 중 번식을 택한 것이다. 즉 번식이 생존보다 더 중요하다는 뜻이 된다.

공작이나 다른 하렘을 거느리는 동물들은 대개 수컷이 화려한 모양을 띤다. 하렘은 소수의 수컷이 많은 수의 암컷을 거느리는 집단을 형성한다. 따라서 수컷들은 소수의 무리에 끼기 위해 어떻게든 주도권을 쥔 암컷에게 잘 보여야 한다. 그 목적을 위해 죽음을 무릅쓰고 화려한 외모를 진화시킨 것이다. 즉 살아있는 생물의 목적은 생존보다는 번식이다. 이기적인 유전자를 쓴 리처드 도킨스의 주장처럼 "모든 생물들은 DNA가 대를 이어가기 위한 '탈 것 Vehicle'에 불과하다."라는 주장이 설득력을 가지지 않는가?

인간 여자들이 결혼 후, 막대한 비용을 초래하는 아이를 가지려고 기를 쓰고 노력하는 것을 생각해보자. 내가 아는 한 여성은 40에 처녀 결혼하였는데 아이가 잘 생기지 않자 인공 수정을 해서라도 꼭 아이를 가지고 싶어했다. 그녀는 다음 달에 5번째 인공 수정을 준비하기 위해 몸을 만들고 있는 중이다.

다시 공작 얘기로 돌아가자. 공작은 꼬리가 화려하고 무거울수록 큰 핸디캡을 지니고 있는 것이며 그런 가운데서도 살아남을 수 있었다는 것은 그 수컷이 그만큼 강하다는 반증이 된다. 이것이 자하비 박사(Amotz Zahabi)의 핸디캡이론이다. 이처럼 적은 수의 수컷이 대다수의 암컷을 거느리는 하렘을 형성하는 동물군은 생존이 곧 번식과 직결되지 않기 때문에 생존보다는 번식을 위한 진화가 더 중요하게 된 것이다. 살아남아 봤자 자손을 남길 수 없다면 아무런 생존의 가치가 없다는 생물학적 본능(이기적인 유전자)에 지배당하고 있다고 할 수 있다. 모든 동물이 보호색을 띠고 있지 않은 타당한 이유가 된다.

각도에 따라 색깔이 달리 보이는 우아한 청동색 날개를 가진 폭탄 먼지벌레는 얌전히 있다가도 사람이 살짝 건드리면 '펑' 하는 깜짝 놀랄만한 폭발음을 내며 분비물을 내뿜는다. 그 소리가 어찌나 큰지 대부분은 깜짝 놀라 잡고 있던 폭탄먼지벌레를 놓치게 된다. 이 벌레가 내뿜는 분비물은 벤조퀴논이라는 물질로 아주 매스꺼운 냄새가 나는 물질이다.

폭탄먼지벌레

이처럼 자신을 보호할 수 있는 다른 방법을 가진 동물들은 보호색을 가지고 있지 않으며 오히려 선명한 색깔로 경고색을 띠는 경우가 많다.

얼면서 열을 낸다.

냉장고에서 콜라 병을 꺼내 따자 갑자기 콜라가 순식간에 얼면서 슬러쉬로 변했다. 왜 그럴까? 용융체(溶融體)나 액체가 평형상태에서의 상(相) 변화 온도 이하까지 냉각되어도 변화를 일으키지 않는 현상을 과냉각이라고 한다. 원래 물은 0도에서 얼어야 하는데 콜라는 순수한 물이 아니므로 영하 2도 정도에서 언다고 치자. 냉장고를 영하 10도까지 내려가게 하면 콜라는 당연히 얼어야 하지만 얼지 않고 그대로 있다. 이것이 과냉각이다. 콜라를 냉장고에서 꺼내 뚜껑을 열면 콜라 내부의 압력이 떨어지면서 과냉각 상태가 해제 된다.

– 과학에 미치다 –

초등학교 5학년짜리인 아이가 요즘 한창 유행하고 있는 손난로를 집에 사 들고 와서 매일 주물럭거리며 놀고 있는 것을 본 적이 있다. 아이들은 이런 물건을 무척 신기해 한다(사실은 어른도 남자라면 그런 일에 신기해하는 것이 마땅하다. 필자는 1999년에 홍콩의 스탠리 베이라는 곳을 갔는데 그곳의 시장에서 이런 물건을 파는 것을 보고 한참을 신기해서 들여다 본적이 있었다).

이 손난로는 원래는 하얀 소금 같은 결정의 축축한 고체로 되어있지만 뜨거운 물에 넣으면 마치 진한 설탕물처럼 진득한 점성 있는 액체로 변한다. 물론 처음에는 뜨겁지만 계속 놔두면 차가워져도 그대로 액체 상태로 남아있다. 그런데 이 작은 난로 안에 50원짜리 동전만한 금속 조각이 들어있다. 이 금속을 눌러서 '또각' 하는 소리를 내주면 실로 놀라운 일이 일어난다. 레토르 팩에 담겨있는 설탕물 같던 진득한 액체는 순식간에 하얀 고체로 변하면서 뜨겁게 열을 내기 시작한다. 약 40분 정도 이렇게 열을 내다가 내용물이 서서히 굳어지면서 식어가고 다시 원래의 차가운 하

얀 고체로 돌아간다. 이것이 손난로이다. 어떻게 이런 일이 일어 날 수 있을까?

이 조그만 500원짜리 손난로에 놀라운 과학이 숨어있다.

이 레토르 팩에 담겨있는 물질은 '아세트산 나트륨'이라는 화합물이다. 화학식은 지독하게 싫겠지만 CH_3COONa이다. 상당히 낯익은 식일 것이다. 자장면을 먹을 때 필요한 식초의 화학식이 CH_3COOH이다. 마지막의 H(수소) 대신에 Na(나트륨)가 들어있다.

자장면을 먹을 때 식초를 단무지나 양파에 넣는 이유가 무엇일까? 그것은 두 가지이다. 첫째는 소독하기 위해서이다. 대부분의 박테리아들은 산성에 약하다. 그런 이유로 피부는 외부의 박테리아들로부터 보호하기 위하여 약산성인 pH* 5.5를 유지한다. 여성들의 소중한 부분도 마찬가지의 이유로 산성을 띤다. 사람의 위장 속은 산성도가 무려 1~2에 달할 만큼 박테리아들에게는 혹독한 염산의 지옥이다. 둘째 이유는 입맛을 내기 위해서이다. 신맛은 식욕을 유발한다. 대부분의 애피타이저는 신맛이 난다. 자장면이 나오기를 기다리면서 우리는 무심코 단무지를 젓가락으로 집어내어 먹게 된다. 그 한가지 행동으로 우리는 일거양득의 효과를 얻는 것이다.

이 물질은 원래 고체이지만 물에 넣으면 녹기 때문에 소금물처럼 수용액을 만들 수 있다. 소금물도 소금을 너무 많이 넣으면 어느 순간부터는 녹지 않고 바닥에 쌓이기 시작한다. 하지만 물을 뜨겁게 덥히면 더 많은 소금을 녹일 수 있다. 마찬가지로 이 물질을 물에 녹일 때 수용액을 뜨겁게 덥히면 포화상태가 넘어서도록 과도하게 넣을 수 있다. 단, 물 속에 조그만 먼지 같은 불순물이 들어가지 않도록 조심해야 한다. 이 과정에

---

* pH를 '피에이치'라고 읽으면 안된다. '페하'라고 읽을 것 앞의 P는 반드시 소문자 뒤의 H는 대문자를 써야 한다.

성공하면 수용액은 끈적한 조청처럼 변한다. 이 상태를 '과포화'라고 한다. 그런데 이 과포화용액은 온도가 내려가도 그대로 액체 상태를 유지하고 있지만 그대로는 상당히 불안정하다. 용액 안의 아세트산 나트륨은 과포화상태를 벗어나려는 강한 압력이 작용한다. 바로 이때, 외부로부터 물리적인 충격이 있으면 수용액 안의 과도하게 녹은 아세트산 나트륨은 순식간에 결정을 이루며 자라기 시작한다. 즉, 고체가 되는 것이다.

이런 현상은 실생활의 다른 곳에서도 쉽게 볼 수 있는데 바로 과냉각이라고 하는 현상이다. 이름 그대로 과도하게 냉각된다는 뜻이다. 물도 과냉각을 보일 수 있다. 물은 0도가 되면 얼어서 고체가 되어야 마땅하지만 정상적인 빙점인 0도 이하에서 얼지 않고 액체로 남아있을 수 있다. 순수한 물을 조심스럽게 얼리면 영하 40도에서도 얼지 않은 상태를 유지할 수 있다. 물론 실험실 같은 고도로 잘 관리된 조건 하에서이다. 이것을 '과냉각'이라고 한다. 과냉각 상태는 매우 불안정하므로 외부에서 물리적인 충격을 줌으로써 불안정한 상태를 해제할 수 있다. '퍽'하고 한대 치면 안정된 상태인 얼음으로 급속하게 돌아가는 것이다. 과냉각 현상을 쉽게 볼 수 있는 곳은 바로 스키장이다. 눈이 충분히 오지 않으면 스키장에서는 인공 눈을 만들어야 하는데 이때 바로 과냉각된 물을 사용한다. 영하의 과냉각된 물을 압축공기를 이용하여 가는 노즐로 쏘면 과냉각된 물방울은 음속에 가까운 속도로 노즐을 빠져나가면서 그 충격으로 순식간에 얼음이 된다. 부근의 날씨가 추워서 그렇게 되는 것이 아니다.

물과 마찬가지로 주머니 난로인 아세트산 나트륨도 상온에서는 원래 고체 상태이므로 식으면 얼음처럼 얼어붙어 고체가 되어야 하는데 충격이 없으므로 과냉각되어 액체 상태로 남아 있는 것이다. 다만 아세트산 나트륨은 과냉각의 조건이 물에 비해서 쉽게 일어난다는 것이 다르다.

이 반응은 우리들이 보듯이 폭발적이고 빠르다. 손난로 안의 금속 조각을 손으로 꺾으면 과포화 상태인 아세트산 나트륨은 순식간에 하얀 결정으로 자라나면서, 즉 얼면서 열을 낸다. '얼면서 열을 낸다'라는 얘기는 상당히 흥미로운 현상인 것 같다. 우리 주위에서도 이런 일이 일어난다. 바로 눈이 내리면 포근해 진다는 것이 바로 그것이다. 그건 조금 있다가 다시 설명하기로 한다.

자 여기까지는 좋다. 그런데 이 과정에서 열은 왜 나는 것일까? 모든 액체는 고체가 되면 열을 내놓는다. 바로 발열반응이다. 반대로 고체가 액체로 변하게 되면 열을 흡수한다. 차가워지는 것이다. 이유는 간단하다. 분자의 운동은 액체일 때가 고체일 때보다 훨씬 더 활발하다. 말할 것도 없이 기체일 때는 더 활발할 것이다.

액체가 고체가 되면 분자의 운동이 느려진다는 뜻이 된다. 고체라도 분자의 운동이 아주 멈추지는 않는다. 고체 안에서도 분자는 운동을 하며 그것을 우리는 진동이라고 부른다. 온도가 절대온도 0도인 영하 273도가 되어야 비로소 분자의 운동이 멈출 수 있다. 그런데 이 온도는 인간의 힘으로는 만들 수가 없는 불가능한 온도이기 때문에 분자의 운동을 멈출 방법이 없다. 분자의 운동이 느려짐에 따라 총 운동량에서 여분의 에너지가 발생한다. 빠른 운동이 느려지면 남는 에너지는 뭔가로 변해야 한다. 즉 형태를 바꾼 다른 에너지로 변하게 된다. 그것이 바로 '에너지 보존의 법칙'이다. 우리가 중 3 물상 시간에 배운 열역학 제 1법칙이다(요즘도 물상이라는 말을 쓰나?). 그 남는 에너지는 바로 열에너지로 바뀐다. 그래서 열을 내놓게 된다. 이런 이유로 우리는 영구기관을 만들 수 없는 것이다. 아무리 효율이 좋은 기계라도 결국은 분자간 마찰이 일어나게 되고 그 마찰은 열에너지로 바뀐다. 이렇게 바뀐 열에너지는 다른 에너지의 투입 없이 다시 운동에너지로 바꾸기 어렵기 때문에 영구기관을 만들 수 없는 것이다.

이 세상의 모든 쓸모 있는 에너지는 쓸모 없는 에너지로 바뀌면서 흘러간다. 이것을 과학자들은 엔트로피(Entropy)라는 어려운 개념으로 표현한다.

이제 세상에서 가장 중요한 물리의 법칙이 나온다. '열역학 제 2법칙'이다. 열역학 제 2법칙은 이렇게 정의 된다. '닫힌 계에서의 엔트로피는 항상 증가하는 방향으로 흐른다'. 엔트로피가 증가한다는 것이 무슨 뜻 일까? 그것은 질서가 무질서로, 쓸모 있는 에너지가 그렇지 않은 것으로 변해가는 것을 의미한다(사실 두 이야기는 정확하게 같은 것을 의미하는 것은 아니다. 엔트로피를 질서와 무질서로 표현한 볼츠만의 설명은 열 역학 차원의 성질과 완전히 맞아 떨어지는 것은 아니기 때문이다. 너무 어렵나? 조금 더 살펴 보는 것이 좋겠다).

높은 곳에 있는 물은 항상 낮은 곳으로만 흐른다. 높은 곳에 있는 물은 위치에너지를 가지고 있다. 그 위치에너지는 결국 폭포가 물 아래로 떨어짐으로 인해서 소멸된다. 아니 다른 에너지로 바뀐다. 그것은 열이나 소리 등, 다른 에너지의 형태로 바뀌게 된다. 하지만 대부분 우리가 쓸 수 없는, 쓸모 없는 에너지이다. 이 과정이 엔트로피가 증가하는 과정이다. 우주에 존재하는 모든 것은 엔트로피가 증가하는 쪽으로 움직인다. 따라서 결국 우주의 모든 쓸모 있는 에너지는 쓸모 없는 에너지로 바뀌어가고 있는 중인 것이다.

06. 살아 숨쉬는 과학

하지만 이것들은 평형상태에서 일어나는 일이고 우리가 사는 우주는 평형에서 멀리 떨어져 있는 상태이기 때문에 엔트로피가 감소하는 방향으로 일어나는 일도 있다. 무슨 말일까? 알쏭달쏭하다. 이 얘기를 꺼내는 이유는 지구 상에 생명이 발생하여 번영하고 있는 현상은 사실 열역학 제 2법칙을 정면으로 위반한 것처럼 보이기 때문이다. 단 하나의 세포가 수 조개로 분열하고 그것들이 정확하게 배열되어 정확한 시간에 다른 구조들과 맞물려 한치의 빈틈도 없이 작동한다는 사실, 그 자체는 질서가 무질서로 가기는커녕 무질서가 질서로 변하는 표본이기 때문이다. 너무 어려운 얘기가 되는 것 같아서 결론부터 얘기하면 "생명 발생의 현상도 역시 엔트로피가 감소하는 현상은 아니다"라는 것을, 1977년에 노벨상을 받은 일리야 프리고진(Illya Prigogine)이라는 과학자가 무산구조라는 예를 들어서 명쾌하게 설명하였다. 쉬운 설명을 위해 무산구조라는 더욱 더 어려운 개념이 나왔는데 '무산구조'란 흩어져버리는 구조라는 뜻으로 어떤 계가 무질서하게 가는 과정에 카오스 현상처럼 때로는 예측할 수 없는 안정된 질서도 나타난다는 것이다.

닫힌 계(Closed system)라는 것은 무슨 의미일까? 그것은 서로 열을 주고 받을 수 없는 고립된 계(Isolated system)라는 뜻이다. 다만 닫힌 계는 질량의 교환은 없이 에너지만을 주고 받을 수 있는 계이고 고립 계는 그것마저도 차단된 계를 말한다.

즉, 우주는 에너지가 늘거나 줄지 않고 전체가 항상 일정한 에너지를 유지하고 있는 고립 계이다. 지구라는 하나의 작은 계는 태양에너지가 유입되고 또 그렇게 받은 에너지가 다시 지구 밖으로 일정하게 흘러나가서 일정한 에너지가 유지되는 일종의 닫힌 계라고 볼 수 있다. 따라서 지구상의 엔트로피도 역시 열역학 제 2법칙을 따라 증가하게 된다.

그럼 열역학 제 3법칙은 뭘까? 호기심 많은 독자를 위해서 잠깐 지면을 할애하면, 절대온도, 즉 영하 섭씨 273도에서는 엔트로피 값이 0이 된다는 것이다. 엔트로피 값이 0이라는 얘기는 '분자의 화학변화나 운동이 완전히 정지하게 된다.'라는 것이다. 즉, 열은 분자의 운동을 나타내는 지표이므로 분자의 운동이 멈추면 열이 없다는 의미가 되므로 절대온도보다 더 낮은 온도는 있을 수 없게 된다.

아이들의 주머니 난로얘기가 비약해서 열역학의 3가지 법칙까지 끌고나오게 되었다. 다시 원래의 이야기로 돌아가자. 아까 얘기하려고 했던 눈에 대한 얘기가 좀더 설득력이 있을 것 같다. 작년 크리스마스에도 눈을 구경하지는 못했지만 그래도 이번 겨울의 첫눈은 상당히 빨리 온 것 같다. 눈이란 어떤 것일까? 사실 눈은 하늘에서 내리는 비가 떨어지면서 얼어서 고체가 되는 현상이다. 여기서도 마찬가지로 비라는 액체가 눈이라는 고체로 변하는 과정이기 때문에 물 분자들의 줄어든 운동에너지만큼 열 에너지로 변해 열을 발생시킬 것이다. 정말 그럴까?

겨울에 눈이 내리는 날은 갑자기 눈이 내리기 전보다 더 따뜻해진 것 같다는 느낌을 경험한 적이 있을 것이다. 그런데 그것은 느낌이 아니라 사실이다. 실제로 비 1cc가 눈으로 변하면 80kcal의 열을 발생한다. 그래서 그만큼 주위가 따뜻해지는 것이다. 이 열량은 사실 상당한 양이다. 성인남자가 하루 동안 섭취하는 열량은 약 2,500Kcal이다. 이만한 열량을 내기 위해서는 겨우 1.5리터짜리 페트병 21개 정도 분량의 비가 눈이 되면 가능한 일이다.

이와 반대의 경우도 있다. 즉, 고체가 다시 액체가 되거나 액체가 기체 상태로 변하면 느리게 움직이던 분자의 운동이 활발해져서 이제는 발열반응의 반대가 되는 흡열반응이 일어난다. 즉, 열을 흡수한다. 차가워지는 것이다. 그 가까운 예가 바로 여름에 땀을 흘리는 시스템이다.

우리가 흘린 땀은 액체이지만 기화, 즉 증발이 되면서 기체로 변하기도 한다. 액체 상태에서의 느려터진 분자들은 기체가 되면서 자유로워지고 빨라진다. 그런데 이렇게 빨라진 분자의 운동은 어디서 에너지를 얻어야 할까? 바로 주위의 열이다. 물 분자들은 주위로부터 열을 빼앗아온다. 그래서 주위가 시원해진다.

그런데 바람이 불면 그것보다 더 시원해진다. 이유는 간단하다. 증발이 일어나면 그 부근은 물 분자들이 많아지게 되고 따라서 습도가 높아지게 되므로 더 이상의 증발이 일어나는 것을 억제한다. 하지만 바람이 불면 증발하고 있는 기체를 다른 곳으로 밀어 보내 버리기 때문에 원래대로 건조해진 그 부분에 빠른 속도로 증발이 일어나게 되는 것이다.

증발과 끓는 것의 차이점은 뭘까? 증발은 대기와 접해있는 액체가 운동에너지를 얻어 부근의 다른 물 분자와의 결합을 끊고 기체로 변해 도망가는 것이다. 따라서 증발은 표면에서만 일어나는 현상이다. 하지만 끓는 것은 통째로 증발이 일어나는 경우다. 냄비 속의 물이 끓는 것은 냄비의 물이 가스 렌지의 열에너지를 얻어 그것을 운동에너지로 바꾸는 과정이 폭발적으로 일어나는 것이다. 따라서 물은 표면의 것만 증발하는 것이 아니고 냄비 맨 아래 부분의 물도 표면의 물과 함께 동시에 증발한다. 물 분자들은 상당히 강한 수소결합으로 결속되어 있지만 어느 정도의 열 에너지를 가해주면 그 결합을 끊고 달아나게 된다.

여기에서 재미있는 질문이 하나 있다.

독자 여러분에게 아주 강력한 가스 레인지처럼 물을 데울 수 있는 도구가 있고 가스와 시간이 무한히 있다면 현재 50도인 물의 온도를 최고 몇 도까지 올릴 수 있을까?

답은 100도이다. 아무리 많은 가스를 사용하여 오랫동안 불을 때도 물은 여전히 100도이며 절대로 그 이상으로 온도가 높아지지 않는다. 왜 그럴까? 물이 100도에 끓는 현상을 보이는 것은 오직 1기압이라는 대기압 하에서만 그렇다. 1기압이라는 공기가 누르는 압력 하에서 물은 100도가 되면 주변의 물 분자들과의 결합을 끊고 공기 분자들이 누르는 압력을 떨치며 날아갈 수 있게 된다. 따라서 100도가 되는 순간, 물은 수증기가 되어버리므로 100도가 넘는 액체 상태의 물은 존재할 수 없다. 아무리 불을 많이 때더라도 물이 수증기가 되어 도망가는 속도만 빨라질 뿐, 100도 이상의 온도가 되지는 않는다. 하지만 기압이 낮아지면 그만큼 공기가 누르는 압력이 줄어들게 되므로 더 낮은 온도에서도 물 분자들은 결합을 끊고 공기 분자들이 누르는 압력을 밀쳐내면서 공기 중으로 도망 갈 수 있게 된다. 그래서 기압이 낮은 높은 산에서는 밥이 설 익는다고 한다.

반대로 만약 공기의 압력이 세게 누르고 있다면, 즉 기압이 더 높은 환경이라면 액체 상태의 물은 도망가기가 힘들어져서 끓기 위해서는 평상시의 대기압일 때보다 더 많은 에너지가 필요하게 될 것이다. 그래서 끓는 점은 더 높아져야 한다.

여기서 또 하나의 질문을 던져보겠다.

물이 빨리 끓는 것과 밥이 설 익는 것이 무슨 관계가 있을까? 낮은 온도에서 물이 끓으면 더 오랜 시간 끓일 수 있으니 밥이 더 잘 되어야 할 것 같은데. 왜 물이 빨리 끓으면 밥이 설익게 될까?

답은 끓는 온도나 시간이 아니고 물의 온도이다. 물이 끓기 시작하면 먼저 말했듯이 물은 그 이상 온도가 올라가지 않게 된다. 즉, 물이 100도에서 끓으면 그 물의 최고 온도는 100도이다. 따라서 물이 70도에서 끓으면 물의 최고 온도도 70도가 된다. 밥이 제대로 되기 위해서는 물이 끓느냐 마느냐가 중요한 것이 아니고 물이 어느 정도의 온도까지 올라가느냐이다. 즉, 쌀이 익으려면 100도 이상의 뜨거운 온도가 필요한데 찬물에서는 쌀이 불기만하

지 결코 밥이 될 수 없듯이 70도의 물에서는 밥이 충분하게 잘 익지 않게 되는 것이다. 즉, 쌀이 익는 것이 아니고 불게 된다. 바로 이것을 우리는 설 익었다고 말한다.

하지만 반대로 100도 이상의 물이 있다면 밥은 더 잘 될 것이다. 그런 사실을 이용한 것이 바로 압력 밥솥이다. 압력 밥솥의 내부는 2기압을 유지하여 물이 120도 정도에서 끓게 만든다. 따라서 밥물의 온도는 120도가 된다. 이렇게 뜨거운 온도에서는 쌀이 잘 익어서 맛있는 밥이 된다.

압력을 계속 올리면 어떻게 될까? 물의 온도는 계속 올라갈까? 어느 정도까지 물의 온도를 올릴 수 있을까? 1,000도? 십만도? 를 기대하신 분에게는 죄송하지만 그 한계는 겨우 374.2도이다. 무려 220기압에서 이런 온도를 만들 수 있지만 더 이상은 불가능하다. 374.2도에서 아무리 기압을 높여도 물은 더 이상 온도가 올라가지 않고 수증기가 되어 버린다. 이 온도를 물의 임계온도라고 한다.

냉장고나 에어컨의 원리도 이런 것을 이용한 것이다. 어떻게 영하 20도가 넘는 차가운 공기가 영상 30도가 넘는 더운 날씨에도 냉장고나 에어컨으로부터 흘러나올 수 있는 것일까?

그것은 바로 냉매의 마술이다. 예를 들어 지금은 쓰지 않지만 암모니아 가스라는 냉매는 상온에서는 기체이다. 이것을 강하게 압축하면 응축이 되면서 액화된다. 즉, 액체가 된다. 기체상태에서 넓은 공간을 활발하게 움직이던 암모니아의 분자들은 갑자기 더 많은 암모니아 분자들이 같은 공간 내로 끼어들어오게 되어 점점 조여들게 되고 따라서 움직일 수 있는 공간이 점점 작아지게 된다. 따라서 움직임은 점점 작아지고 결국 액체 상태가 된다. 이렇게 액화시킨 암모니아에는 많은 분자들이 꽁꽁 묶여있는 상태로 존재하고 있기 때문에 가해진 압력을 다시 제거하면 급속하게 원래의 형태인 기체로 돌아가려고 한다. 암모니아가 기체로 돌아가면 날개를 달게 된 기체 암모니아는 마하 2의 속도로 공기 중을 날 수 있다. 그렇다면 암모니아 분자는 이에 따른 운동에너지를 어디서 가져올 수 있을까? 암모니아는 부족한 에너지를 근처의 공간으로부터 가져온다. 그것이 우리에게는 열을 빼앗는 형태로 나타난다. 따라서 갑자기 주위가 추워진다.

이렇게 기체로 돌아가버린 냉매는 에너지를 사용하여 버렸으므로 재활용하려면 압축기(compressor)를 이용하여 다시 액화해야한다. 이런 시스템을 반복할 수 있는 기계가 바로 냉장고와 에어컨인 것이다.

물론 요즘은 위험한 암모니아 가스 대신 듀폰에서 발명한 불화염화 탄소라는 이름이 붙은 프레온 가스로 대체되었지만 그나마도 오존 파괴의 주범이 되어 몬트리올 의정서에 의해 생산을 금지 당하기에 이르렀다.

필자의 나이에는 뜨거운 물이 있어야 작동하는 이런 물컹한 손난로 보다는 속에 석탄 같은 검은 가루가 들어있는 전천후 손난로에 익숙하다. 아세트산나트륨의 손난로는 다시 사용하려면 사용해버린 열 에너지를 보충해 주어야만 한다. 따라서 손난로를 뜨거운 물 속에 집어넣어 에너지를 주입하는 방법을 쓴다. 하지만 이런 구식의 손난로는 물에 넣을 필요 없이 그냥 비비거나 흔들기만 하면 열이 난다.

이런 손난로는 공기가 통하는 기공성의 non woven* 주머니 안에 들어있다. 어렸을 때 그것을 뜯어보면서 신기해 한 적이 있다.

이 손난로에는 철 가루와 탄소가루, 톱밥 그리고 소금이 들어있다. 이것들이 무슨 일을 할까? 이 모든 것들은 제각각 하는 일이 다르다. 이 손난로는 철이 산화하는 반응이 발열반응이라는 사실을 이용한 것이다. 철이 산화한다는 것은 철이 산소와 결합하여 녹이 슨다는 것이다. 녹이

---

* Non woven: 직물은 경사 위사로 짜인 것인데 이것은 그냥 압축이나 접착을 통해서 직물 형태로 만든 것. 모자의 펠트 또는 건조제인 실리카 겔이나 홍차의 티백이 Non woven이다.

06. 살아 숨쉬는 과학

슬 때 열나는 것을 본 적이 없다고?

그것은 그 반응이 대단히 느리게 일어나기 때문이다. 그런데 손난로는 이 반응을 급격하게 빠르게 한 것이다. 반응을 빠르게 하기 위해서 철이 가루로 되어있다. 철이 가루로 되어 있기 때문에 체표면적이 일반 철보다 훨씬 더 크다.

따라서 넓은 면적에 걸쳐서 반응이 일어날 수 있고 산소와의 접촉면도 늘어난다. Non woven은 공기가 통하기 때문에 산소도 충분하다. 같이 들어있는 탄소와 소금은 철의 산화 반응을 빠르게 해주는 촉매이다. 이제 손난로를 한번 비벼보자. 그러면 철이 녹스는 산화 반응이 급격하게 일어난다. 그래서 뜨거워진다. 동시에 철이 녹슬게 된다. 철이 다 녹슬어서 없어지면 이제 이 손난로는 수명이 다 한 것이다.

어린이들이 주물럭거리며 가지고 노는 조그마한 손난로에 들어있는 놀라운 과학은 여기까지이다.

연꽃잎 효과(Lotus Effect)

사람 같은 중간계 크기의 동물은 브라운 운동을 살펴보기에는 주체할 수 없을 정도로 크다. 우리 삶은 중력의 지배를 받지만 표면장력이라는 미세한 힘은 거의 감지하지 못한다. 작은 곤충에게는 그 순서가 뒤바뀌어 있으며, 곤충에게는 표면장력이 결코 섬세하게 느껴지지 않을 것이다.

– 리처드 도킨스 The God Delusion에서 –

혹시 비 오는 날 연잎을 본적이 있는가?

크기만 거대할 뿐, 그냥 초록색의 여느 잎사귀와 다를 바 없는 이 연잎에 빗 방울이 떨어지면 놀라운 일이 생긴다. 빗방울은 연잎에 전혀 스며들지 못하고 그대로 또르르 굴러 떨어지고 만다. 물방울은 마치 연잎에 접촉할 수조차 없는 것처럼 보인다.

호수 위를 유유히 헤엄치는 오리 떼들에게 물을 끼얹으면 역시 물은 오리를 적시지 못하고 그대로 매끄러운 깃털 위로 굴러 떨어져 버린다.

어떻게 이런 일이 있을 수 있을까?

우리는 테프론(Teflon)이나 지펠(Zipel) 또는 3M의 스카치가드(Scotchgard) 같은, 사람이 만든 발수제를 뿌려야만 그런 놀라운 발수현상'을 체험할 수 있는 것으로 알았지만 자연 속에서도 얼마든지 발수의 현장을 확인할 수 있다. 어떻게 연잎이나 오리들은 발수제도 없이 그처럼 강력한 발수현상을 보일 수 있는 것일까?

도대체 발수는 왜, 어떻게 일어나는 걸까? 발수는 어떤 물체가 물을 밀어내는 것을 말한다. 방수와는 전혀 다른 개념인 것이다. 우리가 발수를 이해하려면 먼저 표면장력(Surface Tension)이라는 물리적 개념부터 소화해야만 한다.

표면장력은 액체가 최소한의 표면적을 유지하려고 하는 힘이다.

왜 그런 힘이 생기게 될까? 모든 액체의 표면은 늘 팽팽하게 당겨져 있는 긴장 상태를 유지한다. 이유는 액체의 표면 아래의 다른 분자들은 모두 서로 끌어당기는 힘을 받고 있어서 아무런 변화가 없지만 표면의 분자들은 표면 위쪽으로는 다른 분자들이 없어 인력이 존재하지 않기 때문에 안쪽으로 끌어당기는 힘만 작용하여 균형이 깨지게 된다. 따라서 위쪽으로는 최소한의 표면적을 유지하

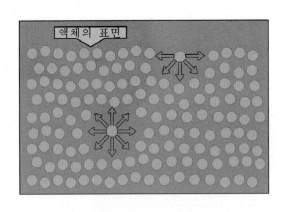

액체의 표면

---

* 發水는 방수(防水)와 다르다. 방수는 물을 완벽하게 차단하는 것을 말한다. 그에 따라 공기도 통하지 않게 된다. 하지만 발수는 물을 밀어 내기만 할뿐 물이 침투하는 것을 막지는 못한다. 그로 인해 얻는 것은 통기성이다.

려는 힘이 작용하게 된다. 이것이 바로 표면장력이다.

또한 액체가 최소한의 표면적을 유지할 수 있는 형태가 바로 구이기 때문에 물방울은 구의 형태를 가지고 있는 것이다. 즉, 표면장력이 크면 클수록 더 완벽한 구형이 되고 표면장력이 작으면 납작하게 퍼지는 형태가 될 것이다.

그런데 두 가지의 서로 다른 표면장력을 가진 물체가 만나면 어떻게 될까? 표면장력이 작은 물체 위에 표면장력이 더 큰 물체가 놓이면 표면장력이 더 큰 물체는 표면장력이 작은 물체 속에 침투하지 못하고 밀려나게 된다. 반대로 표면장력이 큰 물체 위에 표면장력이 작은 물체가 놓이면 흡수가 되어버리거나 납작하게 퍼져버리게 된다. 이런 현상은 우주전체의 모든 물질에 적용되는 힘이며 냉엄한 물리 법칙인 것이다. 우리 조상들은 이러한 물리의 법칙을 잘 이해하고 있었으며 따라서 그 법칙을 이용한 물건들을 만들어 냈다. 그 중 하나가 바로 기름 종이다.

옛날, 어떤 물건이 물에 적셔지는 것을 원하지 않았을 때 바로 기름 종이를 사용했다. 기름이 적셔진 종이는 물을 흡수하지 않고 밀어낸다는 사실을 알았기 때문이다. 그 이유는 말할 것도 없이 기름이 물보다 표면장력이 작기 때문이다. 두 물체 사이의 표면장력의 차이가 크면 클수록 발수효과는 커진다. 따라서

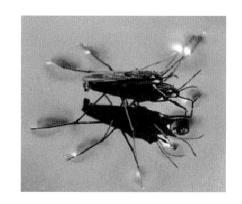

06. 살아 숨쉬는 과학

사람들은 보다 강력한 발수효과를 위해 기름보다 표면장력이 더욱 작은 물건들을 찾아 내기에 이르다. 그것들은 실리콘이나 파라핀유 같은 것이다. 그런데 실리콘이나 파라핀유 같은 발수제는 물은 강력하게 튕겨내지만 안타깝게도 같은 성분인 기름은 튕겨내지 못한다. 왜냐하면 둘 사이의 표면장력이 비슷하기 때문이다. 따라서 발수는 쉽지만 발유는 매우 어려운 것이었다.

그리고 1938년 테프론이 등장한다. 불소원자로 둘러싸인 탄소와 불소의 화합물인 테프론은 강력한 화학적 결합을 통해 기름보다도 더 작은 표면장력을 형성하기에 이른다. 테프론은 표면장력이 상당히 큰, 면직물 같은 원단 위에 불소막을 만들어 물이나 기름 등의 오염에서 벗어나게 해준다. 불소화합물의 입자가 작으면 작을수록, 그리고 입자의 수가 많으면 많을수록 불소막은 강력해지고 발수성은 좋아진다.

수은은 세상에서 표면장력이 가장 큰 물질이다.

따라서 그 어떤 표면 위에 올려놓아도 그 아래에 있는 물질의 표면장력이 더 작으므로 수은은 표면에서 밀려나 둥그렇게 구를 형성한다.

물의 표면장력은 72이다(표면장력의 단위는 Dyne/cm인데 이런 골치아픈 단위는 전혀 몰라도 된다). 면의 표면장력도 같은 크기인 72이므로 면은 물을 밀어내지 못한다. 따라서 비 맞은 면 바지는 금새 축축하게 젖어든다. 하지만 면직물 위에 표면장력이 32인 올리브기름을 바르면 물은 방울을 형성하면서 면을 투과하지 못하게 된다. 나일론(46)이나 폴리에스터(43) 같은, 물보다 표면장력이 작은 화섬 원단들은 물을 만나면 밀어내기 때문에 태생적으로 발수성을 가지고 있다. 수영복이 대부분 화섬인 까닭은 바로 그 때문이다.

만약 올리브 기름 같은 것이 하얀 면 바지 위에 묻지 않게 하려면 올리브 기름보다 표면장력이 더 작은 파라핀 유(26)나 실리콘(24) 같은 액체를

면 바지 위에 바르면 된다. 이것이 왁스코팅(Wax coating)이나 실리콘 코팅(Silicone coating)이다.

하지만 역시 표면장력의 제왕은 단연 '불소 화합물'이다. 지금까지는 불소 화합물보다 더 작은 표면장력을 가진 물질이 나타나지 않았다. 불소 화합물인 테프론의 표면장력은 15이며 따라서 물은 물론, 그 어떤 종류의 기름조차도 다 튕겨낸다. 따라서 무적이 되는 것이다.

이제 연잎으로 돌아가 본다. 연잎은 물을 밀어낼 뿐만 아니라 아예 물이 묻지도 않는 것 같다. 연잎 위의 물방울은 아래로 연잎의 초록색이 비치지 않고 하얀 색으로 보인다. 그 이유는 물과 연잎이 평탄하게 닿아있지 않아서 전반사가 일어나기 때문이다. 전반사는 밀한 매질에서(즉 여기서는 물) 소한 매질로(여기서는 공기) 임계각 이상으로 빛이 진행할 때, 빛을 모두 반사시켜버리는 현상이라고 우리는 중학교 시절에 배웠다.

연잎이 물을 밀어내는 이유는 연잎의 기름진 표면이 물보다 더 작은 표면장력을 가지고 있기 때문이다. 재보지는 않았지만 연잎의 표면장력은 아마도 식물성 기름인 올리브 기름 정도일 것이다. 즉, 32 내외라고 생각된다. 따라서 72인 물을 가볍게 퉁겨낸다.

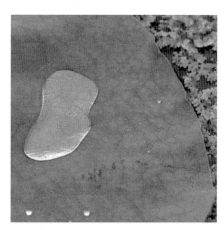

그런데 연잎이 물을 밀어낼 뿐 아니라 물방울이 연잎 위에 살포시 떠 있을 수 있게 하는 것은 어떤 이유 때문일까? 그것은 바로 다음 그림에서처럼 연잎 위에 형성된 극미한 돌기들 때문이다. 이 돌기들은 약 10마이크로미터의 크기

물이 아예 묻지 않는 신기한 연잎

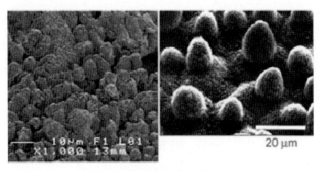

연잎의 전자현미경 이미지

인데 물은 표면장력의 차이로 인하여 연잎의 표면에서 물방울을 형성하고 물방울의 입자보다 훨씬 더 작은 그 돌기들 위에 떠 있게 된다.

따라서 물방울과 연잎 사이에는 빈 공간이 생기게 되고, 전반사가 일어나게 되며 그 때문에 연잎은 물방울이 아예 묻지도 않는것 처럼 보이는 것이다. 실제로 연잎과 물방울의 접촉 면적은 겨우 2~3%에 불과하다. 그러므로 연잎의 돌기는 물방울이 표면에 그대로 정착할 수 없도록 한다. 즉, 미끄러져 구르게 만든다. 따라서 움직이지 못하는 평탄한 면위의 물방울과 달리, 연잎은 표면에 묻어있는 기존의 먼지 등 오염 물질을 구르는 물방울이 포획하여 함께 밖으로 떨어진다. 자동적으로 오염 물질을 제거하는 自淨(자정) 역할을 하게 되는 것이다. 이것이 로터스 효과(Lotus Effect)이다.

그런데 이 연잎 위에 물보다 표면장력이 훨씬 더 작은 알코올을 부으면 어떻게 될까? 알코올의 표면장력의 크기는 23이다. 만약 연잎의 표면장력이 예상대로 30 정도라면 알코올은 방울을 형성하지 못하고 연잎을 그냥 적시고 말 것이다. 다음의 그림은 연잎에 알코올을 붓고 있는 장면이다. 알코올이 전혀 방울지지 못하고 그냥 스며드는 듯 하다. 물과는 완전히 다른 상태를 보여 주고 있다. 신기한 것 같지만 바로 이런 것이 과

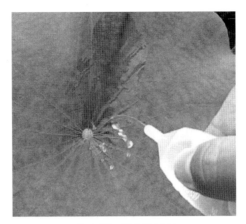

사진제공: 박순백 박사

학인 것이다.

　표면장력은 온도에 따라 달라진다. 물론 온도가 낮을수록 표면 장력은 커질 것이다. 따라서 뜨거운 물은 25도의 물보다 표면장력이 작아져서 면 바지를 훨씬 더 잘 적시게 된다. 뜨거운 커피는 결코 바지 위에서 튀지 않는다. 스며들 뿐이다. 그래서 더욱 뜨겁다.

06. 살아 숨쉬는 과학

트랜스 지방이 왜 나쁜가?

패스트푸드 업계는 뉴욕시의 발표와 식약청의 발빠른 행보에 맞춰 '조리 시 사용하는 기름을 식물성 유지로 바꾸겠다'고 서둘러 선언했다. 여기서 식물성 유지는 바로 '팜유'를 말한다. '팜유'는 식물성 기름 중 유일하게 동물성 기름처럼 포화지방이 높기로 유명하다. 따라서 패스트푸트 업계의 이러한 입장은 경화유 대신 식물성 유지로 바꾸어 트랜스 지방을 줄이는 데에는 기여했을지 모르지만, 패스트푸드를 이용하는 고객들은 트랜스 지방 대신 포화지방에 노출될 것이다. 결국 소비자의 건강 면에서는 달라질게 없는 것이다.

덴마크는 2003년, 최초로 트랜스 지방산 함유율을 가공식품의 2% 이하로 규제했다. 미국과 캐나다, 유럽연합에서는 식품영양표시에 트랜스 지방의 함량을 표기하도록 규제하고 있다. 최근 뉴욕은 트랜스 지방이 함유된 기름의 사용을 전면 금지했다.

지방은 무엇일까? 요즘의 마른 인간들은 지방이 대체로 나쁜 물질이라고 인식하고 있지만 지방의 존재 이유는 사실 400만년이나 지속되어 온 인간의 생존과 맞닿아있다. 지방은 하나의 영양분 저장소이다. 인간의 에너지는 당이며 인간이 끊임없이 에너지를 보충할 수 없는 한, 과거 수렵 채집의 시대에는 장기간의 기아에 대비하기 위하여 에너지를 저장할 필요가 있었다. 지방은 같은 무게로 탄수화물의 2배 열량을 낼 수 있는 고단위 에너지 저장소라고 할 수 있다. 따라서 먹을 것이 귀하던 시절, 섭취한 음식을 지방으로 잘 변환시킬 수 있는 유전자는 매우 성공한 유전자였고 그 후손은 대를 이어 번성했을 것이다. 그 후손들이 바로 우리들이다. 하지만 시대는 변했고 넘치는 식량자원으로 인하여 성공한 그 유전자는 오늘날 위기를 맞고 있다.

지방은 식물이든 동물이든 살아있는 생물에게는 모두 에너지의 저장소 역할을 한다. 따라서 대부분의 모든 생물은 지방을 가지고 있다. 지방 에너지는 포화 지방과 불포화 지방이라는 두 가지 타입이 존재한다. 그 둘의 차이점은 매우 중요하기 때문에 정확한 이해를 위해 어쩔 수 없이 화학을 동원해야만 한다.

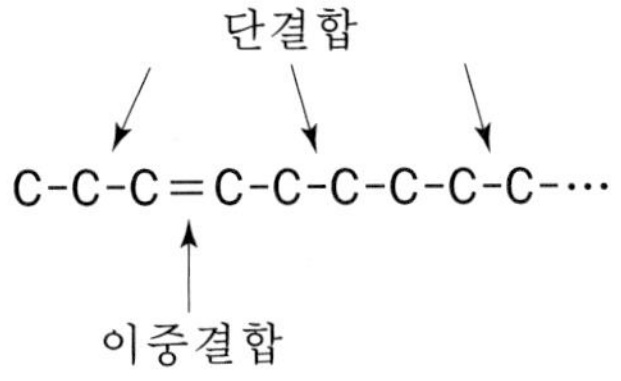

지방은 탄소(C)가 길게 연결되어있는 분자이며 각각의 탄소가 수소(H)를 가지로 가지고 있는 분자이다. 화학식은 질색이겠지만 이 정도는 초등학교 아이들의 화학이니 인내하고 봐야 한다(탄수화물이

나 단백질도 예외 없이 탄소와 수소를 주축으로 되어 있다).

위의 그림에서처럼 탄소는 4개의 손을 가지고 있으므로 양 쪽에 각각 다른 탄소와 손을 잡고 있고 나머지 2개의 손은 수소와 연결되어 있다(그림에서 수소는 생략되어 있다). 여기에서 포화와 불포화의 차이점은 단결합과 이중결합의 차이인데 이중결합을 하면 이중결합을 한 탄소는 두 개의 수소 중 한 개를 가질 필요가 없게 되어 각각 수소가 1개씩 줄어든다. 위의 그림을 참조하자. 지방은 다음 쪽의 그림처럼 3개의 지방산과 1개의 글리세롤*로 이루어져있다. 그림은 실제로 그렇게 그려있지 않지만 이로써 이중결합 부분이 꺾어지게 되며(직선이 아닌) 유동성을 가지는 액체가 되는 것이다. 즉, 포화 지방은 실온에서 버터처럼 고체이며 불포화 지방은 참기름처럼 액체이다.

우리 몸에서는 지방이 에너지 저장소 이외의 일도 하는데 그것은 세포막을 형성하는 일이다. 이때 사용되는 물질이 바로 콜레스테롤(Cholesterol)

---

* 글리세롤: 맨 왼쪽의 각 지방산에 걸쳐져 있는 CH₂-CH₂-CH₂로 화장품의 끈적끈적한 성분이며 증발을 막기 위한 방편도 된다.

06. 살아 숨쉬는 과학

포화지방

불포화지방

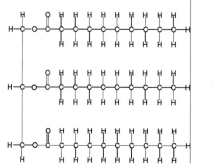
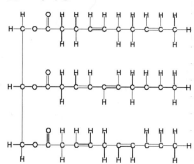

이다. 따라서 콜레스테롤이 없으면 사람은 죽는다. 그런데 콜레스테롤은 2가지의 형태가 있다. 바로 LDL*과 HDL이다. LDL은 나쁜 콜레스테롤, HDL은 좋은 콜레스테롤로 규정된다. 각각이 좋고 나쁜 이유는 명백하다. LDL은 혈관벽에 쌓여서 혈관을 좁게 만드는 역할을 하고 HDL은 그 반대의 역할을 한다고 알려져 있기 때문이다. 그런데 불포화 지방은 HDL을 형성하는 원료가 된다고 하므로 결국 불포화 지방이 몸에 좋은 지방이 되는 것이다.

불포화 지방은 주로 식물성 기름이다. 올리브 기름이나 콩기름, 참기름 등이 대표적인 불포화 지방이다. 그 외에 스낵의 튀김 기름으로 많이 사용되는 팜유는 식물성 기름인데도 대부분 포화 지방에 속한다. 그런데 불포화 지방은 한가지 단점이 있다. 그것은 보관이 어렵다는 것이다. 즉, 빨리 상한다. 기름이 상하는 것을 산패(rancidity)라고 하는데 색깔이 변하고 냄새가 나서 먹을 수 없는 상태이다. 산패는 미생물로 인해서 발생하기도 하지만 대개는 기름이 산소와 결합하거나 열을 가했을 때, 또는 금속과 닿았을 때 발생한다. 바로 튀김을 만들 때 이런 일이 발생한다.

---

* LDL과 HDL은 리포단백질로서 콜레스테롤과 결합되어 존재한다. 따라서 LDH, HDL이 콜레스테롤 그 자체는 아니다.

기름이 산패하면 맛이 나빠질 뿐 아니라 영양소도 파괴되고 심지어는 독성도 생긴다. 그래서 튀김 기름을 계속 사용할 수 없게 되는 것이다. 그런데 포화 지방은 골치 아픈 산패가 잘 일어나지 않아 장기 보관이 용이하다. 버터는 오래 두어도 잘 상하지 않는다.

그래서 20세기 초 프랑스에서는 식물성 기름을 오래 보관하기 위해 고체화 하는 방법을 생각해 냈다. 식물성 기름을 고체화 하려면 포화 지방으로 만들면 된다. 즉, 화학적으로 이중결합을 없애고 수소를 첨가해 주면 된다. 그렇게 해서 만들어진 대표적인 반 고체 상태의 기름이 바로 미국의 Crisco가 1911년에 처음 상품화한 쇼트닝이다. 쇼트닝은 콩기름이나 목화씨의 기름으로 만든다. 대부분의 기름이 80% 정도가 지방인데 비하여 쇼트닝은 100% 지방이라는 특징이 있다. 즉, 불순물이 없다는 것이다. 하지만 여기서의 불순물은 몸에는 좋은 성분이 되므로 순 설탕이라는 말과 맥을 같이 한다. 즉, 불순물이 없는 백설탕보다 불순물이 섞인 흑설탕이 몸에 좋다고 생각하는 것과 같은 논리이다. 따라서 쇼트닝은 나쁘다는 말이다.

문제는 여기서 발생한다. 인공적으로 식물성 기름을 수소 처리하여 고형화하는 과정에서 일부(30~45% 정도) 돌연변이가 발생하는데 그것이 바로 트랜스 지방이다. 대부분 자연상태에 존재하는 지방은 'cis''형태를 갖추는데 이 지방은 'trans'형태이다. 문제

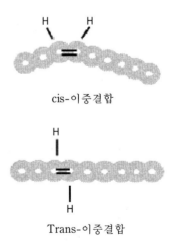

cis-이중결합

Trans-이중결합

---

* 'trans'는 기하 이성질체로 화학식은 같은데 성질은 다른 물질이다. 예컨대 d형의 글루타민산은 조미료와 화학식이 100% 같은데도 인간이 아무 맛도 느낄 수 없다.

06. 살아 숨쉬는 과학

는 돌연변이로 생긴 trans형태의 지방은 인체가 대사하기 어렵다는 것이다. 즉, 쌓이게 된다. 트랜스 지방은 앞의 그림처럼 이중결합이 있어 불포화 지방에 속하지만 일반의 불포화 지방처럼 꺾여있지 않고 포화 지방처럼 직선 형태를 유지하고 있다.

이렇게 해서 트랜스 지방은 심지어는 포화 지방보다 더 나쁘다고 한다. 마치 남의 말을 듣고 옮기는 듯한 이런 표현의 이유는 아직 이 이론이 일부의 학설에 지나지 않기 때문이지만 이미 이의 섭취를 제도적으로 금지하고 있는 나라들이 생기고 있어서 정설로 굳어지고 있는 상황이다.

돌연변이인 트랜스 지방은 원래 소나 양같은 반추 동물의 고기나 지방에서도 2~5% 정도 자연 발생하는데 따라서 천연의 버터도 3% 정도 트랜스 지방을 함유하고 있다.

과거에는 마가린이 식물성 기름으로부터 나온 것이라는 이유로 건강에 좋다고 생각하여 호떡에 듬뿍 발라서 즐겨먹은 적이 있다. 무식은 건강을 해친다. 더구나 요즘 생산되는 마가린은 동물성 기름도 일부 함유하고 있으며 거기에 수소를 첨가하는 가공을 거치기 때문에 트랜스 지방을 15% 정도나 함유하고 있다. 최근의 이슈를 반영하여 일부 업계에서는 자신들의 새로운 튀김 기름이 식물성이며 수소 처리를 거치지 않고, 따라서 트랜스 지방 0%라고 광고하는 곳이 있는데 그들이 말하는 새 식물성 기름이 대체로 팜유라면 트랜스 지방은 0이지만 포화 지방이 40%가 넘으므로 조삼모사 격이 되는 것이다. 불포화 지방의 대명사로 알려진 올리브 기름도 그대로 먹는 것은 건강에 좋지만 튀김 기름으로 사용했을 때는, 즉 열을 가하게 되면 역시 트랜스 지방을 형성한다고 알려져 있다. 비싼 올리브 기름으로 튀긴 음식, 아무 소용없다는 말이다.

남자가 바람을 필 수 밖에 없는 생물학적 이유

우린 남자가 부패하게 버려두지 않을 거예요! 우린 그를 동정해요! 나에게 오세요. 그러면 당신은 땅 위에서 썩지 않아도 돼요. 당신의 몸이 내 안에서 동화되게 해 주세요.

– 뉴기니의 기미족 여인들이 죽은 남자를 먹으면서 외치는 전통적인 곡소리 –

최근의 드라마를 보면 불륜 이야기가 넘쳐난다. 그렇게 된 단순한 이유는 불륜이라는 소재 자체가 다분히 자극적이기 때문일 것이다. 불륜은 분명히 남과 여의 1대 1 게임으로 보이지만, 이 도발적인 게임에서 주도적인 역할을 하는 것은 언제나 남성이다.

바람을 많이 피는 동물은 확실히 여자 쪽보다는 남자들인 것으로 보인다. 이 움직일 수 없는 사실은 자못 명백한 근거가 있어 보인다. 남자들은 총각 때는 물론 결혼한 후에도 늘 끊임없이 다른 여자들을 기웃거린다. 아무리 정윤희* 같이 예쁜 여자도 1년만 같이 살면 그 다음부터는 싫증을 낸다고도 한다. 30대의 건강

---

* 정윤희: 70~80년대의 최고 미인 배우. 타의 추종을 불허하는 불세출의 미녀. 필자는 베이비부머 세대여서 최근의 미인은 잘 알지 못한다.

한 남자는 15분만에 한번씩 섹스를 떠올린다는 통계가 있다.

최근 실시한 설문 조사에서도 남성의 80%가 결혼 후 기회가 된다면 바람을 피우고 싶은 욕망을 가지고 있다고 했다. 이렇게 일견 파렴치해 보이는 남자란 동물들은 대부분 호색한의 기질을 갖고 있는 듯이 보인다. "여성들은 섹스를 하는데 합당한 이유가 필요하지만 남성들은 장소만 있으면 된다"라고 '굿 바이 뉴욕 굿 모닝 내사랑'이라는 영화에서 빌리 크리스털은 말한다. 유명한 사람들도 예외는 아니다. 원래 잘 생긴 클린턴은 말할 것도 없고 그런 추문과는 전혀 상관 없을 것 같이 생긴 한 전직 대통령의 숨겨 놓은 딸이라는 사람이 나타나서 온 나라가 시끌벅적한 적도 있다.

동성애자들의 존재 이유가 자신들의 변태적인 갈망이나 욕구 때문이 아니라 모친으로부터 그런 유전자를 물려 받았기 때문에 불가피한 것이라는 학설이 지지를 얻고 있는 요즘, 논리적인 설명이 어려운, 하지만 지극히 당연한 듯이 보이는 많은 현상들에 대한 과학적인 해석이 시도되고 있다. 그래서 남자들이 자주 바람을 피우는 이유 같은, 일견 사소해 보이는 사회적 이슈도 과학적인 접근이 가능하다는 생각을 해 보기에 이르렀다. 남자들이 주로 바깥 생활을 많이 하기 때문이라는 확률론에 근거한 수학적인 이유 말고, 혹시 그 이면에 생물학적인 본능이 내재해 있는 것은 아닐까?

진화론

이 흥미로운 얘기를 시작하기 위해서, 발표된 지 150년이 넘었지만 아직도 設(설)에 머물고 있는 찰스 다윈(Charles Darwin)의 위대한 진화론을 우리가 아무런 사심 없이 받아들여야만 한다. 지구상의 모든 동물들은 자신이 왜, 어떻게 이 행성에 존재하게 되었는지 35억년 동안이나 모른 채 살아왔으며 그 이유를 최초로 일관성 있고 조리있게 설명한 사람이 바로 이 사람이기 때문이다.

극단적인 표현으로 말하자면 "이러한 의문에 대해 다윈과 월러스가 그 사실에 대한 견해를 밝힌 1859년 이전의 시도는 모두 일고의 가치도 없는 신화나 전설이다."라고 잘난 체 하는 영국의 진화론자들은 말한다.

한편 '이 세상은 위대한 창조주가 만들었고 또 그의 손에 의해 빚어진 피조물들이다.'라고 생각하는 창조론자들은 이 이야기의 논점을 이해하기 위해서 잠시 그 생각을 접고 다른 의견에도 귀를 기울여야 한다. 불가지론자인 나는 여기서 진화론이냐 창조론이냐 하는 논란에 대해서는 전혀 관심이 없으며 언급하고 싶은 생각이 추호도 없다. 다만 이 글을 읽으려면 우리는 학교에서 그렇게 가르쳤듯이 일단은 모두 진화론자가 되어야 한다.

왜냐하면 이 흥미로운 이야기를 진행하기 위해서는 진화론을 기초로 독창적이고도 기발한 생물의 진화 이론을 발표한 영국의 리처드 도킨스 (Ric hard Dawkins)가 주창한 〈이기적인 유전자 설〉을 이해해야만 하기 때문이다.

이 글은 사실 대부분, 도킨스의 저서 〈이기적인 유전자; Selfish Gene〉로부터 발췌 정리한 글이며 그를 옹호하고 지지하는 글이다.

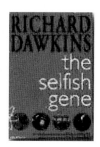

그의 저서 '눈먼 시계공'을 읽어본 사람이라면 자연 선택이라는 진화 메커니즘에 대한 간결하고도 명쾌한 설명과 탁

월한 논리, 탄탄하고 독창적인 그의 주장에 놀라게 된다. 그의 탁월한 천재성은 이 책을 빌어 마음껏 나래를 펼치고 있다. 나는 호수 공원의 트랙을 빠른 걸음으로 걸으면서 이 책을 읽었다. 그리고 여러 번, 가슴 속까지 시원한 통쾌한 웃음을 터뜨리곤 하였다. 아마도 주위 사람들이 놀랐으리라.

동물 행동 학자이자 생물학자인 그의 놀라운 주장은 다음과 같은 것이다. "지구상의 모든 생물은 유전자의 존속을 위한 생존기계일 뿐이다. 따라서 지구 상에 존재 하는 모든 생물들의 본능은 영원 불멸한 자신들의 주인인 유전자의 번영을 위해 행동한다."

이 얘기를 뒷받침하는 가장 훌륭한 증거는 지구상의 모든 살아있는 생물의 본질은 만물의 영장인 인간이든, 바닷가에 굴러다니는 조그만 고둥이든 모두 예외 없이 똑같은 기본 구조로 이루어져 있다는 것이다. 그 기본 구조는 말할 것도 없이 바로 유전자, 즉 DNA이다. 놀랍게도 유전자를 담고 있는 DNA는 개체의 수명과 관계없이 계속되는 복제를 통해 영원한 삶을 이어갈 수 있다.

물론 DNA분자 자체의 물리적인 수명은 그리 길지 않다. 하지만 그것들은 자신을 복제 형태로, 오래된 몸에서 새로운 몸으로 옮겨 다니며 1억년이 넘게 생존할 수 있다. 유전자는 우리가 오래된 집을 버리고 새 집으로 이사하듯 오래되어 노후한 개체를 버리고 항상 새집을 찾아 거기에 둥지를 틀고 산다. 그리고 영원 불멸의 삶을 이어가기 위한 복제의 수단으로 성과 생식이라는 편리한 도구를 발명하였다.

실로 특이하고도 독창적인 발상이다. 의식도 목적도 없고 살아있는 개체도 아닌 DNA라는 작은 분자가(살아있는 최소 단위는 세포이며 그보다 더 작은 단위는 살아있다고 말할 수 없으므로) 실제로 지구상에 존재하는 5천만 종의 생물을 지배하는 실질적인 주인이라는 이 놀라운 주장에 우리들은 경악을 금치 못한다.

이 이야기를 제대로 이해하기 위하여 우리는 '자연 선택'이라는 생소한 용어에 익숙해져야 한다. 자연은 자신의 경계에 머무는 모든 생물들을 선택하거나 또는 도태시킨다. 그 행위에 특정 의도나 목적 의식 같은 것은 전혀 없다. 그저 자신이 조성하고 있는 환경에 잘 맞으면 선택하고 그렇지 않으면 버릴 뿐이다. 여기에 유전자의 돌연변이라는 현상이 끼어들어 놀라운 진화가 일어나는 것이다.

기린의 목은 과거에는 그리 길지 않았다. 그러다 어느 날 목이 약간 긴 돌연변이가 생겼다. 그 돌연변이는 높은 곳에 있는 열매를 잘 따먹을 수 있게 되어 다른 기린보다 더 건강하고 튼튼해 질 수 있었다. 따라서 더 오래 살게 되었고 자손도 더 많이 거느릴 수 있게 되었다. 자연히 그 기린의 자손은 이 같은 이점 때문에 더 융성하게 되고 반대로 목이 짧은 기린들은 목이 긴 기린들 때문에 먹이를 구하는 경쟁에서 뒤지게 되어 더 허약해 지면서 점점 세상에서 사라지게 되었다. 이것이 자연 선택이며 그 결과는 진화이다.

이 이야기는 라마르크의 용불용설에 나오는 예이다. 하지만 용불용설의 논리는 습득 형질의 유전이다. 즉, 많이 사용한 기관은 커지고 (여기서는 길어지고) 그렇게 커진 기관이 자식에게 유전되었다. 라는 것이다. 하지만 습득 형질은 유전되지 않는다. 그리고 유전이 된다면 큰일이다. 습득 형질 중에는 축구를 잘 하는 좋은 형질도 있을 수 있고 그것은 바람직하지만 실제로 나쁜 형질이 훨씬 더 많이 존재한다. 즉 도둑질도 유전될 수 있다는 말이다.

사실 목이 길고 짧은 것은 매우 단순하고 작은 차이 일수도 있으나 때로는 그것이 삶과 죽음의 차이를 만들어 낼 수도 있는 것이다. 그런데 이같은 진화는 목뼈가 길어졌다는 1차적 단순 결과이므로 누구나 쉽게 상상할 수 있다. 하지만 눈과 같이 고도로 복잡한 기능을 하는 기관이 단순히 자연 선택이라는 무의식에 기초한 환경에 의해서 그처럼 진화하였다는 사실은 수긍하기 힘들다. 하지만 도킨스는 그런 것이 가능하다는 것을 너무도 명쾌한 논리로 설명한다.

자연 선택은 눈먼 시계공이다. 시계공은 자신이 어떤 것을 만들 것인지에 대한 목적의식을 가지고 작업을 하고 있지만 눈먼 시계공은 그렇지 않다. 그는 미래를 알지 못하며 장기적인 목표 따위는 가지고 있지 않다. 그것은 맹목적인 물리적 힘이다. 하지만 결과는 똑같이 시계라는 산물이다. 두 시계의 품질은 전혀 차이가 없지만 차이가 나는 것은 그 시계를 만들어낸 시간이다. 눈먼 시계공은 우리의 의식으로는 도저히 상상할 수 없는 긴 시간을 필요로 한다. 우리는 대체로 70년 정도를 살게 되므로 그 이상의 시간, 더구나 그것보다 수 십만 배, 수 백만 배나 되는 시간을 상상하기 어렵다. 따라서 그처럼 긴 시간이 개입하게 되면 그러한 복잡해 보이는 진화도 가능할 지 모른다.

하지만 진화의 이런 논리에 대응하는 창조론자들의 주장은 헤모글로빈의 예를 들어서 이에 대항한다. 헤모글로빈은 4개의 단백질 사슬로 이루어져 있으며 각각의 단백질은 146개의 아미노산으로 되어있다. 그런데 생물이 공통적으로 사용하는 아미노산은 20여 종류이다(여기서는 간편하게 20으로 하자). 20가지의 아미노산으로 특정한 146개의 아미노산을 쌓아 올려 하나의 특정한 단백질을 만들 수 있는 경우의 수는 $20 \times 20 \times \cdots$ $\cdots$ 을 146번 하는 것이 된다. 이 숫자는 끔찍하다. 이 문제의 답은 10^{190}이다. 1 뒤에 0이 190개가 된다는 것이다. '구골'(Googol)이라는 숫자가 10^{100}

이므로 이보다 더 큰 수이다. 하물며 우주 전체의 원자의 수도 4×10^{76} 정도이다. 이런 우연을 맹목적인 자연의 선택이 아무리 오랜 시간이 주어진다고 하더라도 만들어 낼 수 있을까.

게다가 헤모글로빈은 생물이라는 지극히 복잡한 산물의 극히 일부분에 불과하다. 자연이 단순하게 걸러내는 힘으로 이러한 믿을 수 없을 정도로 난해한 생물의 복잡성에 근접이나 할 수 있을까. 하지만 그는 1단계 선택과 누적적인 선택이라는 간단한 예로써 이 난제를 해결한다. 1단계의 선택은 처음과 그 이후의 선택이 늘 같은 조건으로 시작한다. 즉, 처음부터 다시 시작하는 것이다. 하지만 누적적인 선택은 처음부터 다시 시작하는 것이 아니라, 처음의 선택으로 인하여 달라진 조건에서 시작한다. 그러므로 최종적인 결과는 완전히 다르게 나타난다. 그 결과는 돌부처도 깜짝 놀랄 정도이다.

나는 여기에서 제한된 지면을 통하여 그의 화려하고 명쾌한 설명을 다룰 시간이 없으므로 이 정도에서 접어야 하겠다. 관심 있는 독자들은 그의 저서를 꼭 한번 읽어보기를 권한다.

왜 2개의 성인가?

최초는 무성생식이었다. 암과 수가 필요 없는 무성생식은 오로지 한 가지의 성만 존재한다. 그리고 유전자는 그것들의 완전한 쌍둥이 복제물을 통해서 자신의 삶을 이어간다(무성생식을 하는 개체들의 자손은 그를 낳아준 어미와 100% 똑같다).

생각해 보면 얼마나 단조롭고 지루한 삶일까? 성이 없는 삶은 우리에게는 지옥과 같다는 것을 잘 안다. 무성

생식에서의 변화는 오로지 돌연변이 밖에는 기대할 수 없으므로 진화의 길은 멀고 고달프기만 하다.

한편 다른 것들은 좀더 나은 인프라(Infra)를 구축하여 진화의 속도를 빠르게 하고 싶은 욕심쟁이들이었다. 이것들은 '異性(이성)'이라는 것을 만들어 각각 서로 부족한 부분을 보완하는 관계를 만들어내었다. 그럼으로써 각자의 다양한 개성을 혼합하여 그것을 직접적으로 다음 세대의 자손에게 전달할 수 있는 이점이 있다.

이 방법은 확실히 효율적이어서 지금 지구를 지배하는 커다란 동물이나 식물들이 채택하고 있는 인기 있는 번식 방법이다. 그런데 사실 이 얘기에는 한가지 허점이 있다. 어째서 암수 두 개체가 만나야 하는 유성생식이 하나의 개체만 있어도 번식이 가능한 무성생식보다 더 효율적이란 말인가?

유성생식은 하나의 개체만 있거나, 두 개체가 다 있어도 그들이 同性(동성)이면 번식할 수 없다. 반드시 이성이 만나야 하는 불편함이 따른다. 사하라 사막처럼 살아있는 생물체가 드문 불모지에서는 자신과 같은 동종의 생물, 더구나 이성을 만나기는 대단히 힘이 든다. 따라서 번식에 많은 어려움이 따를 것이다. 그렇다면 그런 곳에서는 무성생식을 하는 동물들만이 사는가?

더구나 유성생식 하에서는 수컷이 번식을 하지 못한다. 따라서 암수 구별 없이 어느 개체이던 번식이 가능한 무성생식에 비해서 언제나 불리하다. 예컨대 무성생식(처녀가 애 배는)을 하는 토끼 두 마리와 유성생식을 하는 토끼 두 마리를 각각 다른 고립된 풀밭에 풀어 놓았다고 하자. 토끼는 3초 만에 짝짓기를 끝내고 가임 기간도 겨우 1달이다. 그리고 새끼를 평균 6마리 정도 낳는다고 가정하자.

그러면 1달 뒤 무성생식 쪽은 두 마리가 모두 새끼를 낳을 수 있으므로 각각 6마리씩 낳고 기존의 2마리를 합치면 토끼의 수는 12+2마리가 된다. 따라서 14마리. 하지만 유성생식 쪽은 6+2이므로 8마리이다. 여기서 벌써 6마리의 차이가 난다. 2달 뒤는 어떻게 될까? 한달 뒤에라도 토

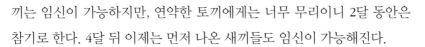

끼는 임신이 가능하지만, 연약한 토끼에게는 너무 무리이니 2달 동안은 참기로 한다. 4달 뒤 이제는 먼저 나온 새끼들도 임신이 가능해진다.

그러면 14마리 모두 6마리씩 새끼를 낳을 수 있으므로 총 토끼의 수는 무려 84마리가 된다. 그리고 유성생식 쪽은 새끼 중 3마리가 암컷이라고 하더라도 암컷이 모두 4마리가 되므로 24+8=32마리이다. 이제는 두 배가 넘게 차이가 난다. 3달 뒤에는 엄청난 차이를 보이게 된다. 무성생식을 하는 토끼는 모두 504마리가 된다. 3개월 뒤에는 3,024마리. 그리고 1년 1개월이 되면 무려 18,000여 마리에 이르게 된다. 이때 유성생식*을 하는 토끼는 2,240마리에 불과하므로 무려 8배의 차이가 나게 된다. 이런 식으로 계속되면 무성생식을 하는 토끼 쪽이 결국 농장을 모두 다 차지해 버리게 될 것이다. 이런 훌륭한 이점을 두고 대부분의 동물들이 유성생식을 하게 된 이유가 뭘까.

그것은 진화의 속도가 빠르다는 이점 때문인 것 같다. 유성생식은 서로 다른 두 개체가 서로의 장점을 섞어서 더 나은 형질의 새끼를 낳을 수 있게 한다(물론 그 반대의 경우도 있으나 그런 경우는 자연 선택이 제거하고 유리한 형질만이 살아남는다). 돌연변이 외에는 형질이 변할 수 없는 무성생식에 비해

---

* 유성생식하는 토끼의 수는 피보나치 수열과 관계있다.

06. 살아 숨쉬는 과학

서 훨씬 더 유리한 입장이 된다. 무성생식으로 번식한 토끼들은 18,000 마리 모두가 쌍둥이들이다.

천적으로부터의 공격에도 유리하다. 예컨대 박테리아를 생각해 볼 수 있다. 유성생식을 하는 동물은 여러 가지의 형질을 지니는 다양성으로 인하여 박테리아의 공격으로부터 피해갈 수 있는 개체가 항상 존재하게 되고, 따라서 어느 누군가는 반드시 세대를 이어갈 수 있다. 형질이 모두 같은 무성생식을 하는 개체는 재난이 닥쳤을 때 멸종하기가 매우 쉽다. 쌍둥이 토끼들은 전염병이 번지면 순식간에 1마리도 남지 않고 전멸한다. 따라서 다양성을 유지하는 것이 개체를 유지하는 숫자에서는 손해를 볼지언정 개체의 존속을 이어나가는 데는 더 유리하기 때문에 유성생식이 성공한 것이다.

암 수의 차이

도대체 동물에 있어서 암과 수의 차이란 어떤 것일까?

예를 들어 포유류라면 성기의 존재, 임신, 염색체의 구성 또는 치마를 입는가 바지를 입는가? 등 많은 것이 있을 수 있지만, 생물 전체를 포괄하는, 예외가 없는 분류는 별로 없다. 만약 단순히 성기만을 가지고 판단한다면 이 또한 예외가 존재하기 때문에 옳은 기준이 될 수 없다. 예컨대 개구리는 수컷이든 암컷이든 페니스가 없다. 치마를 들춰본다고 구분이 되는 것도 아니다. 방콕의 게이 바에 가 본 사람들은 그 사실을 잘 안다.

그렇다면 염색체는 어떨까? 우리가 배운대로 확실히 XX는 여자이고 XY는 남자이지만 실제로는 XX남자도 있고 XY여자도 있어서 올림픽에서조차도 염색체로 성별을 명확하게 구분할 수 없다.

암 수를 구분할 수 있는 절대적인 기준이란 없다는 것일까? 생물학자들은 그와 같은 질문에 이렇게 답할 수 있다. 암과 수의 구분은 자신이 보유한 번식 세포, 즉 성세포의 크기로 판단해야 한다. 이것이 무엇을 뜻하는지 이제는 알만할 때가 되었다. 남자의 성세포인 정자는 작고 수가 많다. 하지만 난자는 제한된 극히 적은 수만 있으며 크기가 엄청나게 크다. 즉, 유성생식을 하는 동물의 번식 도구인 성세포는 큰 것과 작은 것, 두 가지로 진화했다.

이것은 실제로 무슨 차이를 의미 하는 것일까? 누가 암놈이 되고 누가 수놈이 되고 싶어할 것인가? 그것은 유전자의 명령에 따른다.

무역 회사를 경영하는 필자는 사람을 두 가지의 타입으로 분류한다. 비즈니스에서 유용하게 쓸 수 있는 사람과 그렇지 못한 사람. 즉, 공격적이고 진취적인 성향의 '장사꾼' 기질과 연구하기 좋아하는 소심한 안전주의인 '선생님' 기질의 두 가지 타입이 바로 그것이다.

공격적인 '장사꾼' 타입은 리스크를 지더라도 한 몫 잡으려고 하는 성향이 있다. 하지만 보수적인 '선생님' 타입은 평범하게 살더라도 리스크가 없는 안전한 삶을 이어가고 싶어한다(사업가와 선생님의 비유는 지극히 개인적인 경영 철학에 따른 생각이니 괜한 오해는 마시라).

이것을 성의 형태로 분류하면 다음과 같다. 장사꾼은 자신의 유전자를 되도록 많이 남기려는 욕심에 자신이 가진 모든 것을 올인(all-in) 한다. 따라서 많은 자손을 볼 수도 있는 포텐셜(Potential)을 지닌다. 하지만 반대로 자신의 자손을 전혀 남길 수 없는 리스크도 동시에 지고 있다. 반면 소심한 '선생님'은 많은 자손을 볼 수 있는 가능성은 전혀 없지만, 확실한 몇 개 정도는 반드시 챙길 수 있다. 여러분이라면 어느 쪽을 택하겠는가?

그렇게 해서 '장사꾼' 기질의 개체는 수놈으로 진화하게 되었고, '선생님' 체질은 암놈으로 진화하게 되었다. 하지만 이런 설명은 엄밀하게 진화론적인 설명이 되지 못한다. 앞에서 설명한 것처럼 자연 선택은 미리 계획하거나 미래를 설계하지 않는다. 어떠한 의도나 의지도 없다.

진화론적인 접근은 사실 이런 것이다. 최초의 성세포들은 모두 같은 크기였다. 그러다가 어느 놈이 우연히 남보다 조금 더 큰 것을 갖게 되었다. 그런데 이 큰 놈은 다른 작은 놈들보다 더 유리한 위치를 차지할 수 있게 되었다. 더 많은 먹이 공급을 할 수 있다는 장점 때문이었다. 따라서 자연 선택은 상대적으로 유리한 개체를 선호하게 되고, 진화는 그런 방향으로 흘러가게 되며, 결국 모든 성세포들은 크기가 커지게 되었다. 그렇게 되어 얘기는 끝나게 될 것인가? 자연이란 오묘한 것이다. 이런 상황이 되면 이번에는 반드시 그걸 자신에게 유리하도록 이용하려는 개체가 발생하게 되고 곧 상황은 그 개체에게 유리한 국면으로 전개 된다.

예컨대, 어느 날 반대로 남보다 더 작은 성세포가 우연히 생겨났다고 하자. 그 놈은 작은 몸집 때문에 동작이 재빨라 질 수 있었다. 따라서 이 놈은 이런 장점을 이용해 운동성을 길러 다른 배우자를 적극적으로 찾아

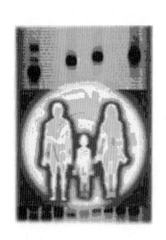

나설 수 있게 되고, 상대적으로 작은 놈들은 큰 놈들과 1대 1 교환을 통하여 자신의 종자를 늘려나갈 수 있게 된다. 결국 작은 놈이 큰 놈과 1대 1의 교환을 함으로써 착취하는 구도가 생겨나게 된다. 따라서 진화는 다시 유리한 쪽으로, 즉 작은 놈들을 늘리는 방향으로 전개된다.

이런 시이소오 게임이 반복되어 결국 생태계는 어떤 안정된 시점에 이르게 되고,

각 성세포들은 큰 놈 혹은 작은 놈으로 고도로 분화하게 되어 오늘날처럼 착취하는 수놈은 작아진 대신 수가 많아졌으며 운동성을 갖추게 되었고, 정직한 개체는 크고 수가 적어졌으며 운동성을 잃게 되었다. 그래서 착취하는 쪽은 정자가 되었으며 정직한 쪽은 난자가 되었던 것이다. 장사꾼 중에 남자가 많고 선생님 중에 여자가 많은 이유가 이로써 설명이 되었다고 억지를 부릴 수도 있다.

성 비

그렇다면 한 가지 의문이 생긴다. 오늘날 수놈과 암놈의 성비는 인간뿐 아니라 거의 모든 동물에서 50대 50의 균형을 이루고 있다. 왜 그럴까? 수놈의 정자는 암놈의 난자보다 수가 많다. 따라서 반드시 1대1이 될 필요가 없다. 하나의 수컷이 많은 수의 암컷을 상대할 수 있는 것이다. 인간 세계는 그다지 허용하지 않고 있지만, 동물의 세계에서 수놈은 자신이 가진 대량의 정자를 이용하여 수 많은 암놈을 수태시킬 수 있다. 따라서 수놈의 수는 암놈에 비해서 극히 적은 수로도 충분하다는 결론이 나온다. 따라서 종족을 유지하려는 차원에서 암놈과 같은 수의 수놈은 극히 소모적이며 낭비라는 얘기가 성립된다. 얘기가 이상한 방향으로 흐른다. 예를 한번 들어 보자.

바다 코끼리의 수놈은 한 마리가 백 마리 넘는 암놈을 거느리고 산다(이런 것을 하렘이라고 한다). 어떻

게 그럴 수 있는가 하겠지만, 앞서 설명한 것처럼 그로써 사실상 충분하다. 바다 코끼리의 세계는 아무런 문제없이 잘 유지된다. 실제로 약 4%의 수놈

이 전체의 90%에 가까운 교미에 관련되어 있다고 한다.

그렇다면 나머지 96%인 수컷의 존재는 어떻게 되는 건가. 이들은 홀아비도 아닌데 완전히 숫총각으로 늙어 죽을 판이다. 더구나 이 놈들은 종의 이익이라는 관점에서 보면 완전히 소모적인 존재이다. 이들은 새끼를 낳지도 못하고 그렇다고 새끼를 낳는데 기여하지도 못한다. 오로지 귀중한 먹이만 축내고 있다. 그 자신이 그것을 원하든 원하지 않든 상관 없다. 결과는 다르지 않다.

그렇다면 진화의 선택압은 왜 바다 코끼리의 성비를 100대 1로 만들지 않았을까? 왜 96%의 노총각들을 제거하지 않았을까? 실은 아마도 그렇게 되었을 것이다. 자손을 가질 수 없게 된 96%에 해당되는 수놈들은 점점 도태되어 없어지게 되고 결국 자연 선택의 결과로 수놈이 얼마 남지 않게 되는 구도가 어느 때인가 반드시 성립되었을 것이다.

이때 새끼를 낳는 엄마 바다 코끼리의 관점에서 상황을 견지해 보자. 지금처럼 수놈이 별로 없는 사회에서는 암놈을 낳으면 외손자를 한 마리 정도는 확실하게 건질 수 있다(4%의 슈퍼 코끼리들은 수많은 암놈들을 돌아가면서 골고루 사랑해 준다고 한다. 여기에 독수공방하는 신부는 없다). 하지만 반대로 수놈을 낳으면 수백 마리의 친 손자를 볼 수 있는 엄청난 반사 이익을 얻게 된다. 누군들 암놈을 낳고 싶겠는가? 따라서 진화의 방향은 다시 수놈을 증가하게 하는 자연 선택압을 행사하게 된다. 이렇게 하여 진자는 양 방향으로 흔들리게 되고 결국 안정된 상태에 도달하게 된다. 그것이 바로 50대 50의 성비인 것이다.

성의 전략

이제는 각 성의 입장에서 자신들의 목적인, 가능한 많은 자손을 번식할 수 있는 쪽으로 나름의 전략을 구상하고 행사할 것이다.

수컷의 목적과 전략은 사실 대단히 단순하다. 원가가 별로 들지 않는 값싼 자신의 정자를 가급적 많은 수의 암컷에게 뿌리고 사라지는 것이다. 그에 따라서 새끼를 가진  후 양육의 책임을 지게 되면 다른 암컷에게 갈 수 있는 시간을 빼앗기게 되고, 따라서 이기적인 유전자는 수컷으로 하여금 임신한 암컷을 버리도록 하는 본능을 행사하게 한다. 따라서 수컷은 상대를 가리지 않고 되도록 많은 암컷과 교미하려는 경향이 있다. 매일, 막대한 수의 정자를 생산해 내는(사람의 경우 1억 5천만) 수컷에게는 과잉이라는 것이 존재하지 않기 때문이다.

하지만 한정된 난자를 비교적 느린 속도로 생산하며 평생 키울 수 있는 자손의 한계가 정해진 암컷에게 있어서는 다른 수컷들과 공연히 많은 교미를 거듭해봐야 인간이나 돌고래처럼 성적인 쾌감을 추구하는 것이 아닌 한, 아무런 이득도 없다. 따라서 암컷은 보수적으로 행동하게 되며 그런 모습은 암컷이 수컷보다는 더 정조를 잘 지키는 기품 있는 몸가짐을 가지는 것으로 비쳐진다.

난잡하게 굴어서 자신의 씨를 많이 퍼뜨리려고 하는 수컷과는 반대로, 암컷으로서는 자신에게 주어진 제한적인 성세포인 난자를 자손을 만드는 데 가장 이상적으로 사용해야 한다. 그리고 강하고 튼튼한 자식을 가져야만 자신의 유전자가 대를 이어 잘 전달될 수 있는 굳건한 토양이 형성될 것이다. 따라서 암컷은 배우자를 선택함에 있어서 매우 신중해야 하며, 또한 자신을 버리고 도망가려고 하는 수컷을 붙들어 자식의 양육에 기여하도록 압력을 행사해야 한다.

다시 수컷의 입장으로 돌아 가보자.

수컷의 본능은 많은 암컷과 교미하는 것이지만 암컷은 위의 이유처럼 결코 호락호락 하지 않다. 자신을 버리고 떠날 것 같은 수컷에게는 결코 자신의 귀중한 난자를 내주지 않을 것이다. 동물의 세계에서 교미를 할 수 있는 최종 선택권은 암놈이 가지고 있다(대부분의 사람도 예외는 아니다). 따라서 본능에 충실한 수컷은 잘못 행동하면 자신의 자손을 단 한 개도 못 만들지도 모른다. 자신의 자손을 남길 수 있으려면 결정권을 가지고 있는 암놈에게 잘 보여야 할 것이다. 따라서 동물의 세계*에서 수놈은 예외 없이 자신을 아름답게 꾸미려고 애쓴다. 물론 힘이 세다는 것을 증명하는 일에도 전념해야 한다.

하지만 이런 노력 끝에 간신히 암놈을 하나라도 얻게 되어 교미에 성공하게 되면 이제 최소한의 목적은 달성한 것이 된다. 그렇다면 다음 단계로 옮겨가려는 이기적인 유전자의 강력한 본능이 수놈의 본성을 지배하게 된다. 따라서 무정한 수놈은 기존의 암컷을 버리고 다른 암컷을 좇아서 떠나려고 한다.

다시 암놈의 입장.

암놈은 자기 욕심만 채우고 도망가려고 하는 불성실한 수컷을 선택하는 치명적인 실수를 저지르지 않기 위해서 수컷에게

---

* 인간은 다르다고? 아마도 마찬가지일 거라고 생각한다. 동물이야 보여 줄 수 있는 것이 외모나 힘뿐이지만 인간은 그것보다 훨씬 더 많은 것을 보여줄 수 있다. 예컨대 재산을 모을 수 있는 능력 같은 것은 보통, 외모에 나타나지 않는다.

많은 시험을 거치게 한다. 따라서 괴팍하고 수줍음을 타는 행동을 보임으로써 이것을 인내하는 수컷에게만 문을 열어 주게 된다. 그것을 참지 못하는 수컷은 불성실함을 드러내 보이는 증거가 되므로 선택 받을 수 없다. 이와 같은 암컷의 본능이 정조를 지키려는 아름다운 행동으로 보이게 되어 칭찬받는 그 전략은 대를 이어 계속 되게 된다.

하지만 만약 암컷이 위의 전략과는 반대로 괴팍하고 수줍음 많은 행동을 하지 않는 경우, 즉 정조가 문란한 경우는 대부분의 수컷으로 하여금 교미 후, 즉각 떠나게 하는 자연 선택이 일어나게 만든다. 그건 암놈에게는 결코 좋은 일이 아니다. 따라서 생태계에서는 그런 일이 잘 일어나지 않는다. 그건 인간 사회의 법으로도 잘 나타나있다. '보호할 가치가 없는 정조는 보호하지 않는다'라는 대한민국 법정의 판례가 있다는 것을 기억하는 사람도 있을 것이다. 여자가 정조를 지키는 일은 생물학적인 본능임과 동시에 자신에게 유리한 생존 전략인 셈이다.

자, 그렇다면 성실하고 좋은 수컷을 고르려는 암컷의 전략은 어떻게 진화했는지 알아볼 필요가 있다.

먼저 좋은 수컷이란 어떤 놈일까. 그것은 우량한 유전자를 갖춘 놈일 것이다. 즉, 생존 능력이 뛰어난 놈이 바로 그런 놈일 가능성이 큰 것이다. 나이를 많이 먹은 수컷은 어떨까? 그들은 적어도 상당히 유리한 점을 갖고 있다. 그들의 결점이 어떻든지 적어도 그들은 오래 살았다는 명백한 증거를 가지고 있다. 즉, 장수하는 유전자를 가진 것이다. 그렇다면 암컷은 자신의 유전자에 장수하는 유전자를 확보하려고 할지도 모른다.

이것은 상당히 논리적인 전개이고 따라서 충분히 실현 가능성이 있다. 하지만 이렇게 되면 모든 암컷이 늙은 수컷만 찾게 되는 비극이 생겼을 것이다. 이런 일이 일어나면 나이가 많은 나에게는 상당히 반가운 일이겠지만 생태계의 질서를 유지하려는 입장에서는 큰 일이 아닐 수 없다. 그리고 실제로 그런 일은 일어나지 않았다(나에게도 지금까지 아무 소식도 없다).

이유는 이렇다. 장수는 좋은 것이지만 자손을 많이 남기려고 하는 이기적인 유전자의 관점에서 보면 그 자체가 왕성한 생식력을 의미하는 것은 아니다. 오래 살아도 자식을 많이 가지지 않거나 가질 수 없다면, 그 장수 유전자는 아무런 소용도 없기 때문이다. 따라서 진화는 이 방향을 선택하지 않았다. 그렇다면 먹이를 잘 포획할 수 있는 강한 근육은 어떨까? 긴 다리는 포식자로부터 빨리 도망갈 수 있는 좋은 유전자이다. 먹이를 찾는 데에도 유리할 것이다.

하지만 이 모든 것에 앞서서 암컷이 선택한 가장 좋은 수컷에 대한 증거는 바로 성적 매력이다. 성적으로 왕성하고 성적 매력이 풍부한 수컷은 그 자신의 배우자로서는 물론 그를 닮은 자식을 낳게 하여 또 그 자식이 좋은 인기를 기반으로 더 많은 자식을 갖게 할 수 있게 된다. 따라서 이런 장점은 자손 대대로 많은 개체를 늘릴 수 있는 좋은 무기가 된다. 결국 화려한 외모란 얘기이다. 이제 여자들이 원빈이나 욘사마를 쫓아 다니는 이유를 알 만하다. 물론 성적 매력이 잘 생겼다는 사실과 반드시 일치하는 것은 아니다.

엄청나게 길고 화려한 공작 수컷의 꼬리'는 먹이를 포획하거나 적으로부터 도망가는 데 있어서 전혀 도움이 되는 기관이 아니다. 오히려 그 자신을 포식자로부터 쉽게 노출시켜 생존 자체를 위협하는 고약한 부담이 된다. 하지만 거추장스러운 긴 꼬리를 가진 공작은 성적 매력을 풍기므로 암컷에게 인기가 좋으며 따라서 공작 꼬리는 길어지는 쪽으로 진화하게 되었다. 동물들은 대화를 할 수 없기 때문인지도 모른다. 외모만 보고

---

* 자하비의 '핸디캡 원리'는 부담을 지고도 생존할 수 있다는 증거를 보임으로써 스스로 좋은 유전자를 가졌다라고 광고하는 효과이다 라고 주장한다.

상대를 판단해야 하는 제한된 환경 때문이다. 따라서 외모는 별로지만 똑똑한 유전자를 가진 동물들이 자손을 늘리는데 어려움을 겪을 수 밖에 없고 끝내 이런 유전자는 자연 선택에 의해 사라지게 된다.

인간의 경우

사람의 경우는 예외가 적용된다. 때로는 정확하게 반대가 된다. 물론 성적 매력에 끌리는 본능에 있어서는 동물들의 그것과 비슷하지만 매력 적으로 보이기 위해서 애쓰는 쪽은 남자가 아닌 여성 쪽이며, 많은 부분 에서 인간은 예외적인 모습을 보여주고 있다. 왜 그럴까?

인간은 감정 외에 이성이라는 도구를 가지고 있기 때문이다. 여자의 동물적인 본능은 남자의 출중한 외모에 강력하게 끌리게 되지만 이성으 로 그런 충동을 잠재운다. 그래서 인간은 유전자가 지배하는 생존 도구 라는 입장에서는 어느 정도 자유로운 존재라고 할 수 있다.

결국 여자들은 남자의 능력은 외모와 상관 관계를 이루고 있지 않다는 사실을 밝혀내고야 만다. 따라서 인간 사회에서는 외모보다는 똑똑한 유전자를 가진 남자가 크게 유리하게 되어 사람은 꼬리가 커지는 대신 점점 더 두뇌가 발달하는 쪽으로 진화해 왔다.

놀라운 사실이다. 사람이 만물의 영장이 된 이유가 여자들의 '이성 적인 선택'에서 비롯되었다는 결론 이다. 동물의 세계에서 유일하게 구축된 빛나는 인간 문명은 모두 여자들 때문이다. 여성 만세!

하지만 여전히 태고 적부터 전해

내려온 유전자의 본능은 지금도 인간의 이성 속에 똬리를 틀고 앉아, 피곤한 날 면역이 약해진 틈을 타 입술 위에 수포를 형성하는, 고약한 헤르페스처럼 때때로 이성의 틈을 비집고 나와 그 야만성을 여지없이 드러내려고 한다.

"여성들이여, 남성들의 그러한 집착은 무정한 이기주의자인 유전자의 본능이며 자연 본연의 모습이므로 혐오감을 나타낼 것까지는 없다. 그들은 유전적으로 그렇게 프로그래밍 되었기 때문이다" 라면서 바람 피우는 남성들에게 면죄부를 부여하려는 것이 나의 속셈은 아니다. 다만, 그런 식으로 행동하는 남성은 여성들의 선택을 받기 어렵게 되므로 인간 사회에서는 언젠가는 도태될 것이고, 세상에는 가정적이고 온순한 남자들만이 들끓게 되는 진화가 일어난다!

실제로 공표한 시뮬레이션에서도 바람 피우는 수컷보다는 성실한 수컷이 우세하다는 결과를 얻었다고 한다. 하지만 만약 여성들의 정조 관념이 희박해지면 바람 피우는 남성들의 숫자가 우세해지는 선택압이 일어날 것이다. 결국 선택은 여성 자신들이 하는 것이다.

사실 이 이야기는 도킨스의 이론에 나의 억측을 대비시켜본 것에 불과하다. 진화에 관한 도킨스의 학설 역시 수많은 설(說) 중 하나일 뿐이다. 다만 그의 놀라운 독창성과 재치 그리고 뛰어난 통찰력은 내 가슴 속에 잠재하는 지적인 열망을 여지없이 뒤흔들고 말았다. 천재인 그를 존경한다.

:07

우리는 별로부터 왔다

별 이야기

호킹은 새 이론에서 블랙홀은 빨아들인 모든 것을 결코 완전히 파괴하지 않으며 대신 더 긴 시간 방출을 계속한다고 밝혀 궁극적으로 블랙홀 안으로 들어간 정보를 바깥에서 재구성할 수 있음을 시사하고 있다. 그는 "지난 30년간 이 문제에 대해 생각해 왔으며 이제 해답을 찾았다"면서 "블랙홀은 일단 형성된 뒤 나중에 문을 열어 안에 빨려 들어간 물체에 대한 정보를 방출하며 따라서 우리는 블랙홀의 과거를 확인할 수 있고 미래도 예측할 수 있다"고 말했다. 호킹의 이론에 반대주장을 제시했던 칼텍의 킵손 교수와의 내기에 졌다는 사실은 인정한 호킹은 그에게 토털 베이스볼 'Total Baseball)' 한 권 값을 지불해야만 했다.

톱 날의 각도가 정확히 몇 도인지를 왜 외워야 되는 건데?

혹시 아이가 시험 공부 하는 것을 들여다 본 적이 있는지 모르겠다. 어느날 어쩌다 들여다 보게 된 아이의 공부는 정말로 한심한 것이었다. 아이는 나무를 켜는 톱의 톱날 각도를 외우고 있었다. 허허. 그런 것을 외워야 되는 절망적인 현실이 우리 교육의 현장이다. 결국 진정 알아야 할 것은 모르되 전혀 알 필요가 없는 것들에 시간을 빼앗기는 어리석은 공부를 하고 있는 것이다.

톱날의 각도를 외우기 위해서 세익스피어(Shakespeare)나 청마의 시를 읽어야 할 귀한 시간을 빼앗기고 있는 것이다. 톱날의 각도는 아마도 그것을 직업으로 삼는 목수 자신도 잘 모를 것이다.

여러분은 매일 사용하고 있는 볼펜의 길이가 몇 cm인지 아는가? 아니면 매일 두드리고 있는 키 보드의 세로의 길이는? 전화의 무게는 얼마나 될까? 왜 우리 아이들이 그런 것을 외우고 있을까? 그런 불필요한 것들을 공부했기 때문에 오늘날 우리의 140억 개 두뇌 세포 속에는 보일 샤를의 법칙 같은 기본적인 물리의 자연법칙 조차도 남아있을 공간이 부족하게 된 것이다.

오늘날 우리는 자식들이 귀한 줄만 알았지 그 자식들에게 진정으로 중요한 것이 무엇인지 모르는 시대에 살고 있다. 오로지 좋은 대학만을 보내는 것만이 마치 온 가족 모두의 인생의 지고한 목표라도 되는 듯이 그 외의 일은 아예 식구들의 관심사에서 제외된 듯 하다.

아이들은 점점 스스로 생각하는 힘을 잃어가고 모든 아이들의 정신세계는 오로지 시험을 잘 볼 수 있는 능력에 최대 주파수가 고정되어 있다.

12월의 어느 토요일 저녁. 식구들과 찜질방이라도 가기 위해 자유로를 달렸다. 일산에서 북쪽으로 약 28km 떨어진 곳에 있는 아쿠아랜드라는 곳은 찜질방이 없고 온천만 있어서 허탕치고 돌아오게 되었다. 그런데, 돌아 오는 도중, 우리는 희한한 광경을 보게 되었다. 엄청난 속도로 달리는 자유로의 도로 주변에는 불빛이 너무나도 없었던 것이다. 가로

등이 없었기 때문만은 아니었다. 자유로 주위의 밤은 세상의 불빛과는 너무도 거리가 멀었다. 마치 자동차가 어두운 바다 속을 항해하는 배처럼 느껴질 정도였

우리 눈으로 볼 수 있는 가장 밝은 별, 시리우스

다. 불빛조차 없는 깜깜한 겨울의 밤. 그런데 남쪽 하늘 위에 나지막이 떠있는 빛나는 별이 보였다. 그 별은 시리우스(Sirius). 밤 하늘에서 가장 밝게 빛나는 별(항성)이다. 큰 게자리를 이루고 있으며 지구로부터 8.6광년 떨어져 있고 태양보다는 2배 정도 크며 질량이 2.4배인 별, 태양보다 무려 20배나 밝게 빛나고 있다. 해리포터에 나오는 시리우스 블랙의 이름이 여기서 왔다.

태양계에서 항성으로는 5번째로 가까운 별이다. 연성계(두 개 이상의 별이 서로 주위를 도는)로서 아주 작은 쌍둥이 별을 가지고 있으며 그 쌍둥이 별의 밀도는 시리우스 주성의 30만 배, 중력은 지구의 5만 배 이다. 곧 지구에서의 1kg은 거기서는 무려 50톤이 나가는 것이다.

평소 아이들과 한 여름에 밤 하늘을 보면서 무슨 얘기를 나눠 보았는가? 일산은 다행히 아직도 여름에는 밤 하늘에서 많은 별을 발견할 수 있다.

'아! 별들이 예쁘구나. 정말 아름답다. 보석 가루를 뿌린 것 같다.' 하는 서정적인 것들 이상으로 아이들에게 얘기해 줄 것은 많다. 하다못해 별자리라도 외워서 저건 전갈자리, 저건 큰곰자리 그리고 저건 카시오페아 자리 정도는 가르쳐줄 수 있어야 한다. 밤하늘을 보면서 아이들에게 이런 얘기를 들려 주기 바란다. 정말 재미있는 얘기이다.

혹시 여름 밤에 공기 맑은 시골에서 볼 수 있는 하늘 전체에 가득한 별들의 수를 세어 본 적이 있는가? 셀 수 없다고?

아니다. 셀 수 있다. 밤 하늘의 구역을 나누면 세어볼 수 있다.

그 수는 약 3천 개 정도다. 밤에 자지 않고 한 5시간 정도만 투자하면 셀 수 없는 것도 아니다. 하지만 보이는 것만이 다는 아닐 것이다. 그럼 실제로 존재하는 별들의 개수는 어느 정도나 될까? 요즘은 대기 오염 때문에 은하수를 보기 힘들지만 길다란 띠 같은 형태로 되어있어 흐르는 강물처럼 보이는, 우리의 태양계가 속해 있는 은하수는 약 천억 개의 별로 되어있다.

천억 개! 백만 개가 10만 묶음이나 있는 것이 천억 개이다. 그런데 더 놀라운 것은 이것이 항성의 숫자라는 것이다. 행성이나 위성을 포함한 천체의 숫자가 아니란 말이다. 항성은 태양처럼 스스로 빛을 내는 진짜 별을 말한다. 그렇다면 지구 같은 행성이나 심지어는 행성에 딸려 있는 달과 같은 위성까지 다 합친다면? 그 수는 아마도 5천억 개 정도는 될 것이라고 생각한다(아무도 세어 본 사람은 없으니 따지지는 말기 바란다).

우리 은하는 약 5천억 개의 천체로 되어있고 직경이 약 10만 광년 되는, 위에서 보면 둥그런 형태의 바람개비이고(바로 나선형이다.) 옆에서 보면(이것이 지금 우리가 보는 방향이다) 아주 직경이 길다란, 날개가 엄청나게 긴 원반 모양의 비행접시처럼 생겼다.

그 바람개비의 나선 팔 중의 하나, 그리고 불룩 튀어나온 비행접시의 조종실에 해당하는 은하의 중심에서 약 3만 3천 광년 떨어진 곳에 우리의 태양이 있다. 우리 은하는 천천히 그러나 실제로는 아주 빠른 속도로

태양을 기준으로 약 2억 4천만년 만에 한번씩 자전하고 있다. 우주가 생긴 이래로 지금까지 22바퀴 조금 넘게 돌았을 것이다.

다시 말하면 태양은 은하의 중심을 2억 4천만년에 한번씩 공전하고 있다는 말이다. 물론 태양의 중심에서 더 멀리 떨어진 천체는 그보다 더 오래 걸릴 것이다. 그럼 우주에 은하는 하나 밖에 없는 것일까? 그럴 리가 없다. 이 우주에 존재하는 은하는 천억 개나 된다. 천억 이라는 숫자가 너무 남발되는 것 같지만 우주적인 관점에서 천억이란 숫자는 아주 작은 숫자에 불과하다.

그럼 우리 은하에서 가장 가까운 이웃 은하는 어디 일까? 바로 안드로메다 은하*로 우리 은하로부터 약 240만 광년 떨어져 있다. 이 안드로메다 은하는 우리 은하에 점점 다가오고 있어서 약 350만년 후에는 우리 은하와 충돌할 예정이다. 그러나 당황하거나 걱정할 필요는 없다. 짐 싸서 이사 갈 필요도 없다.

은하 내의 별들은 서로 아주 멀리 떨어져 있어서 충돌 한다고 해도 천

---

* 안드로메다 은하: 가장 가까운 은하는 계속 업데이트 되고 있다. 안드로메다 은하는 M310이라고도 한다. 지구로부터의 거리는 220만~250만 광년이나 된다.

체끼리 부딪히는 경우는 거의 없다. 은하 내의 별들의 간격은 약 4광년 정도 된다. 우리 태양에서 가장 가까운 이웃 태양이 여기에서 4광년이나 떨어져 있다는 말이다. 사실 이런 단위에 익숙하지 않은 우리는 이렇게 얘기해도 이것이 얼마나 먼 거리 인지 감이 잘 오지 않는다. 4광년이라 면 빛이 4년 동안 달리는 거리이다.

한번 계산을 해 보자. 하루는 8만6천 400초 이다.

이것이 1년 동안이라면 3천 200만 초이다. 4년이면 1억 2천 6백만 초 이다. 감이 오는가? 빛의 속도는 어떻게 될까?

빛은 진공 상태에서 1초에 약 30만km를 달린다.

물 속이나 유리 속에서는 훨씬 더 늦게 진행한다. 빛은 매질에 따라서 속도가 달 라진다. 더 빨라질 수는 없지만 더 늦어질 수는 있다. 물 속에서의 빛의 속도는 30만 km보다 25%나 늦어진다. 즉, 22만5천 km이다. 유리 속에서는 33% 늦어진다. 그 속도는 20만km이다.

우주는 거의 진공에 가까우므로 30만으로 계산해도 큰 무리가 없을 것 이다. 이렇게 계산하면 37조 8천억 km 라는 계산이다. 이것이 4광년의 거리 이다.

아직도 감이 잘 안 잡힌다. 지구 한 바퀴의 둘레가 약 4만 km이므로 지구 를 무려 9억 5천만번 도는 거리이다. 지구에서 태양까지의 거리가 왕복 3억 km이므로 지구와 태양을 12만 6000번 왕복하는 거리이다.

보잉 747-400 점보 제트기로 가면

빛의 속도는 얼마인가?

07. 우리는 별로부터 왔다

얼마나 걸릴까? 맨 앞자리에 앉아도 무려 390만년이 걸린다. 만약 지구보다 109배 큰 태양의 크기를 작은 유리구슬이라고 가정했을 때에도 서울에서 대전까지의 거리인 200km나 된다.

항성과 항성 사이의 거리는 이렇듯 멀다. 따라서 충돌할 것을 걱정할 필요가 전혀 없다. 그런데 이런 사실은 동시에 우리 태양계 밖의 다른 태양계가 적어도 이렇게 멀다는 사실을 말해준다.

우리 태양계 내의 행성에 발달된 문명이 존재하지 않는다면 우리가 문명을 가지고 있는 외계인을 만나기 위해서는 적어도 4광년 밖의 우주로 나가야 한다는 말이다. 우리는 몹시도 외로운 존재인 것이다. 아니 우리는 거대한 공간이라는 결코 서로 건널 수 없는 무한 절대 감옥에 갇혀 있는 것 같기도 하다.

우주는 빅뱅 이후 점점 팽창하고 있어서 점점 멀어지고 있지만 은하 내 또는 수백 개의 은하가 모여서 된 은하단 내의 별들끼리는 멀어지고 있지 않다. 오히려 위에서 말한 것처럼 은하간의 인력 때문에 점점 가까워지고 있는 것이다.

밤하늘은 타임 머신

밤 하늘의 별들은 모두 다 하나의 별로 보이지만 실제로는 그 중의 많은 것들이 하나의 은하이기도 하다. 더 먼 것은 은하들이 모인 그룹인 은하단이기도 할 것이다. 즉, 수천억개의 별들이 단 하나의 별로 보인다는 것이다.

그 별 또는 은하들은 모두 같은 거리에 있고 크기와 빛의 세기만 약간씩 달라 보이지만 실제로는 그 모든 은하나 별들은 크기와 상관없이 제각각 다른 거리에 있다. 그래서 고대의 사람들은 하늘에 천정이 있으며 그 천정에는 구멍이 뚫려있고 그 구멍을 통해 바깥의 우주로부터 새나오는 빛이 별이라는 생각을 하기도 했었다.

태양은 지구로부터 1억 5천 만km, 빛의 속도로 약 8분의 거리에 있다. 그런데 시리우스(Sirius)는 지구로부터 약 8.6광년이 떨어져있다. 이것이 의미하는 것이 뭘까?

우리가 보고있는 밤 하늘은, 아니 우주는 타임머신 이라는 것이다. 지금 우리가 보는 태양은 8분 전의 것이다. 우리가 보고 있는 시리우스 별은 8년 전의 것이다. 어떤 별의 빛은 천년 전, 만년 전, 가장 멀리 떨어진 별의 빛은 130억년 전의 것도 있다. 태초의 우주가 생긴, 우주의 나이와 비슷한 시기이다. 물론 백억 광년 이상 떨어진 그 별들은 지금은 이미 존재하지 않을지도 모른다.

우리가 밤 하늘에 보는 별들은 각자 고유의 과거 역사를 보여 주고 있는 것이다. 이별은 10년 전, 저 별은 천년 전의 모습 등으로 말이다. 따라서 우리는 과거의 모습을 현재에 보고 있다. 이 모든 것은 빛이 가진 속도인 초속 30만 km라는 한계성 때문이다. 고로 밤하늘은 타임머신이다. 다만 과거만 볼 수 있고 미래는 볼 수 없는 타임머신 이다. 사실 우리가 바로 1m 앞에 앉아 있는 사람을 보고 있는 것도 엄밀히 따져서 그 사람의 3억 분의 1초 전의 과거 모습을 보고 있는 것이다.

태 양

이제 범위를 좁혀서 태양계 안으로 들어와 보자.

태양은 지구 보다 직경은 109배, 그리고 질량은 33만 배나 더 큰 '항성' 이다. 태양은 50억년 전부터 수소를 태우고 있다는데 어떻게 아직까지 계속 타고 있을까? 그리고 언제까지 더 탈 수 있을까?

다음 글은 필자가 Naver의 지식인에 기고한 태양의 수명에 관한 글이다.

태양은 수소와 헬륨의 기체로 된 별이다. 태양의 표면은 약 6,000도로 상당히 높은 온도이다. 그러나 다이아몬드가 녹는 온도보다 더 뜨거운 6,000도에서도 핵반응이 일어나지는 못한다. 핵 융합반응이 일어나려면 천만 도에서 1억도 이상의 고온이 필요하다. 그런 고온이 있으면 아인슈타인의 $E=MC^2$에 의한 질량이 에너지로 바뀌는 핵반응을 만들 수 있다.

태양은 현재 내부의 1,500만 도의 열로 인하여 수소를 헬륨으로 바꾸는 핵융합반응을 일으키고 있다. 정확하게 말하면 4개의 수소원자핵이 한 개의 헬륨 원자핵으로 바뀌는 반응이다. 이런 온도에서는 전자가 원자의 핵으로부터 이탈하여 자유롭게 돌아다닐 수 있으므로 수소 원자핵들이 융합할 수 있는 조건이 된다. 태양은 1초에 약 5억 9천 7백만 톤의 수소를 5억 9천 3백만 톤의 헬륨으로 바꾸며 그 차이인 400만 톤의 질량이 에너지로 바뀌어서 이것이 열과 빛 에너지의 형태로 나오는 것이다. 이렇게 1초에 400만 톤의 질량을 소모 한지 50억년이 지났지만 태양은 이제 겨우 약 0.3%의 질량을 소모했을 뿐이다.

따라서 태양은 앞으로도 1000억년 가까이 태울 수 있는 수소가 남아 있지만 실제로 핵 융합 반응을 일으킬 수 있는 수소는 10% 남짓이기 때문에 태양의 수명은 100억년이고 이제 그 중 50억년이 남아있는 것이다.

조금 어렵지만 어떻게 핵 융합 반응이 생기는지 한번 알아보기로 한다.

핵분열은 우라늄이라는, 원자량이 매우 높은 원소의 분열을 이용

---

* 이 표현이 정확하지 않다고 말한 바 있다. 전자는 구름을 형성하고 있다는 표현이 더 정확한데 그 이유는 핵 주위의 전자의 위치를 정확하게 정할 수 없기 때문이다.

한 것이지만 융합은 반대로 원자량이 가장 낮은 원소가 높은 원소로 융합해가는 과정이다. 지구상의, 아니 전 우주의 원소 중 가장 기본적이고 간단한 원소는 바로 수소이다. 원자량이 1이다.

수소는 핵을 이루는 양성자 1개와 그 주위를 도는 전자 1개로 되어 있다. 대부분의 다른 원소들은 양성자의 개수와 같은 양만큼의 중성자가 있지만 수소는 예외이다. 따라서 수소의 핵은 양성자 단 한 개로 되어있다. 태양의 중심부는 태양 직경의 25% 정도인데 이곳의 온도는 무려 1,500만도나 되고 압력은 3,000억 기압이나 된다. 밀도는 물의 150배 정도이다. 태양이 대부분 기체로 이루어진 천체라는 사실을 잊으면 안 된다. 기체로 구성된 천체인데도 밀도는 물의 150배라는 사실은 그만큼 엄청난 압력이 작용한다는 뜻이다.

밀도가 물의 150배라는 사실이 잘 이해하기 힘들 것이다. 이런 밀도는 얼마나 되는 것일까? 우리가 가장 무겁다고 생각하는 금의 밀도는 물의 19배이다. 실제로 지구상에서 가장 무거운 금속은 이리듐(Iridium)인데 그 밀도도 물의 22배 정도이다. 150배가 얼마나 압축된 무거운 물질인지 이해가 갈 것이다.

이런 조건에서 수소의 모든 원자는 이온 상태로 되어 양성자로 된 핵과 전자가 분리되어 떠돌아 다니고 있다. 이온이란 화학을 공부할 때 많이 나오는 용어이지만 여기서 알고 넘어가는 것이 좋겠다.

원자는 핵과 전자가 각각 같은 양의 플러스와 마이너스의 전위를 갖게 되어 전기적으로 안정되어 있는 상태이다. 그런데 전자가 도망가거나 또는 다른 데서 들어오게 되어서 전기적으로 불안정해지는 상태. 그래서 이 불안정한 상태를 해소하기 위해서 또 다른 원자들과 화합하기 쉬워지는 상태인 원자를 이온이라고 한다. 즉, 이온은 원자이다. 핵 융합이 발생하려면 핵과 핵이 충돌해야 하는데 양성자와 양성자는 같은 플러스

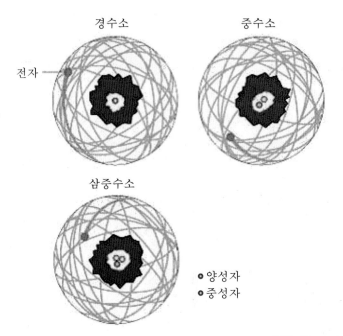

경수소   중수소

전자 ——

삼중수소

◉ 양성자
◉ 중성자

출처: ⓒ encyber.com

이기 때문에 서로 밀어내는 힘이 작용하여 처음에는 좀처럼 충돌이 생기지 않는다. 그러나 양성자의 속도가 초당 300km 정도로 빠르고 수소가 충분히 많아지면 마침내 충돌이 생긴다. 그렇게 수소의 양성자와 양성자가 충돌하면서 중수소가 만들어진다. 수소의 핵은 양성자 하나 밖에 없지만 여기에 중성자가 하나 더 생겨서 만들어진 수소가 중수소 이고 중성자가 2개 생기면 3중 수소라고 했다. 수소의 원자핵 2개가 충돌하여 중수소가 된다. 그리고 이 중수소와 또 다른 수소가 결합하여 3중 수소가 된다. 이제 수소의 핵은 양성자 1개와 중성자 2개로 이루어져 있다. 이 3중 수소와 또 다른 3중 수소가 충돌하여 융합하면 총 6개의 양성자와 중성자가 만들어진다. 그 중 4개의 핵이 융합하여 헬륨이 되고 나머지 2개는 다시 원래의 수소로 돌아가면서 핵 융합 반응을 마친다. 이 과정에서 약 0.7% 정도의 질량 결손이 생기는데 이 결손은 에너지 보존의 법칙에 의해서 다른 에너지로 바뀌게 된다. 그것이 먼저 얘기한 초당 400만 톤의 질량 결손이 만들어내는 태양 에너지의 원천이다. 이런 핵 융합 반응을 지구에서 임의적으로 만들려면 온도가 무려 1억도 이상 올라가야 한다. 그래서 핵 융합은 분열보다 더 어려운 일이 되는 것이다.

태양이 생긴지 50억년이 지난 지금, 약 27% 정도의 수소가 헬륨으로 바뀌어있다. 그래서 태양의 내부는 헬륨의 재로 쌓여가고 내부 온도는 점점 높아지고 있다. 수소가 모두 헬륨으로 바뀌면 태양은 소멸하게 될까? 그렇지는 않을 것이다. 태양이 점점 뜨거워져서 내부온도가 1억 도를 넘게되면 이로 인해서 헬륨은 다시 탄소로 바뀌는 핵 반응을 시작하게 된다. 탄소가 다시 계속 질소로, 질소는 산소로, 산소는 또... 이런 식으로 원소들이 만들어지는 것이다. 즉 지구상의 92가지 천연원소는 태양*으로 부터 비롯된 것이다.

태양의 수명

태양은 헬륨과 수소가 타는 2개의 난로가 생기게 되어 점점 더 뜨거워지고 이것이 점점 별의 표면으로 이동한다. 그래서 태양과 같은 크기의 항성은 크게 부풀어 오른다. 결국 수성의 궤도까지 잠식할 수 있는 크기인 40배까지 커질 것이며 붉은 색으로 변할 것이다. 그것을 적색 거성이라고 한다. 적색 거성이 점점 커지면서 내부 온도가 10억도 이상 올라가게 되면 탄소 핵은 다시 핵 융합하여 질소 핵으로 질소 핵은 다시 산소 핵 그리고 계속해서 네온 핵, 마그네슘 핵, 그리고 마침내 철의 원자 핵

---

* 우리의 태양이 아닌 다른 태양, 철보다 무거운 원소가 만들어지려면 초신성이 되어야 한다.

07. 우리는 별로부터 왔다

으로 융합되고 이제 그 이상은 융합이 일어나지 못하여 안정된다.

그리고 적색거성은 점점 에너지를 잃고 내부의 복사압(바깥으로 뿜어내는 압력)이 내부로 작용하는 중력보다 작아지게 되어서 스스로 안쪽으로 붕괴하여 밀도는 극단적으로 커지며 크기가 압축되어 작아지는 백색왜성으로 변한다. 이때 이 백색왜성의 밀도는 한 스푼의 무게가 1톤이나 나가게 된다. 이런 별이 위에서 얘기한 시리우스의 쌍둥이 작은 별이다. 그리고 백색왜성은 차갑게 식어 까만 색으로 변하면서 흑색왜성으로 일생을 마감한다. 이렇게 되기까지 50억년이 더 걸릴 것이다.

블랙홀

만약 태양보다 1.5배 더 큰 항성이라면 그 운명이 조금 달라지게 된다. 이 경우는 내부의 압력이 태양보다 훨씬 더 커지게 되고 온도도 더 높이 올라간다. 그래서 온도가 10억 도를 넘게 되고 압력이 극단적으로 높아지면 그 항성은 내부 압력을 이기지 못하고 갑자기 폭발해 버리는 것이다. 그것을 초신성(Supernova)이라고 한다. 약 천년 전에 지구에서 초신성의 폭발을 본적이 있다고 한다. 초신성이 한번 폭발하면 태양보다 수 억배 더 밝은 빛을 발생하며 우리 은하 전체의 빛을 합한 것보다 더 밝은 빛을 내게 된다. 바로 이때 안정한 철의 원소보다 더 무거운 금이나 은, 납 또는 우라늄 같이 철보다 무거운 원소들이 비로소 생겨날 수 있게 된다. 내 손가락의 금반지는 초신성으로부터 온 것이다!

초신성이 폭발하면, 대부분이 우주로 날아가버리고 남은 별의 일부가 너무도 엄청난 중력 때문에 원자가 가지고 있는 전자 조차도 핵 안으로 밀려들어가 버려서 양성자와 융합하여 원자 전체가 중성자가 되어버리는 일이 생긴다. 그리고 이 응축된 흐물흐물한 중성자의 덩어리로만 된 별은 엄청난 밀도를 가지게 되고 한 스푼의 무게가 백만 톤이나 되는, 어마어마한 고밀도의 별이 된다. 이것을 '중성자 별'이라고 한다.

중성자 별은 빠르게 자전한다. 1초에 1바퀴를 돌 수도 있다(이 경우 하루가 1초가 된다). 게 성운에 있는 중성자 별은 정확하게 1.337011에 한번씩 회전하고 어떤 중성자 별은 0.0016초에 한번씩 회전하는데 이 정도라면 최근 가장 정확하다고 하는 세슘(cesium) 원자시계보다 더 정확하게 시간을 측정할 수도 있다. 이렇게 빠르게 회전하는 별을 맥박이 뛰듯 정확하게 회전한다고 해서 맥동성, 즉 펄서(pulsar)라고도 한다.

그럼 태양보다 5배 이상 질량이 큰 항성의 경우를 생각해 보자.

중성자 별에서는 압축된 중성자가 물질이 추가 붕괴되는 것을 막기 때문에 직경이 10km나 되는 거대한 원자 핵이 유지된다. 원래의 원자핵은 10^{-15}의 크기이다. 100억 분의 1m보다 10만 배나 더 작은 크기인 것이다. 그러나 질량이 더욱 커지게 된다면 그런 경우에도 이런 중성자 덩어리가 중력을 이겨 낼 수 있을까? 답은 이 세상에서 만유인력을 이겨낼 수 있는 것은 아무것도 없다라는 것이다.

질량이 어마어마하게 큰 별이라도 크기는 0이고 밀도는 무한히 큰 한 점으로 수축될 수도 있다. 그것이 바로 블랙홀이다. 블랙홀은 알다시피 모든 것을 잡아먹어 버린다. 거의 무한에 가까운 밀도를 가졌기 때문에 인력 또한 그렇다. 블랙홀 주변에서는 빛마저도 흡수되어 버리고 근처를 지나는 빛은 강력하게 휘게 된다 그래서 우리는 블랙홀의 존재를 눈으로 볼 수 없다.

만약 태양 정도 크기의 항성이 블랙홀이 된다면 그 크기는 직경 약 6km 정도의 작은 것이 된다. 이 안에서는 우주를 지배하는 물리의 법칙

마저도 정지한다. 왜냐하면 여기서는 시간마저도 정지되기 때문이다. 블랙홀의 세력권에 접근하는 것은 빛마저도 파장이 무한대로 길어지고 따라서 시간도 정지하게 되는 것이다.

블랙홀은 직접 볼 수는 없지만 X선을 방출하기 때문에 그 존재를 확인할 수는 있다. 우리 은하의 중심에는 이런 블랙홀이 많이 있다고 알려져 있다. 블랙홀의 탄생은 자연적인 물리법칙에 따른 것이지만 그 내부는 초자연적이 되는 것이다. 그럼 사람이 우주선을 타고 블랙홀 안으로 여행할 수 있을까? 우리가 접근하는 순간 우리와 우주선의 모든 것은 블랙홀의 원자핵 안으로 빨려 들어가버릴 것이다 만약 죽지 않는다면 블랙홀의 내부를 통해서 다른 우주로 나갈 수도 있을 것이다.

사실 블랙홀에 대한 이론은 이해하기 어렵다. 너무도 초자연적인 것이기 때문에 범인의 상상력으로는 추측하기가 매우 어렵다. 물론 지금까지 알려진 사실도 많은 것들이 아직은 가설에 불과하다.

화성의 비밀

미국의 퍼시벨 로웰(Percival Lowell)은 24인치 굴절 망원경으로 화성을 관찰한 결과 화성에는 관수용으로 만든 운하가 화성 전체에 그물처럼 깔려 있으며 극관의 눈이 녹은 물을 적도 근처의 도시에 사는 목마른 사람들에게 나르고 있다고 말했다. 그는 또 화성은 다소 춥기는 하지만 영국 남부의 쾌적함 정도이고 공기는 산소가 적기는 하나 호흡 할 수 있을 정도라고 주장하였다.

– 칼 세이건의 코스모스 –

요즘의 신세대들은 대단하다. 80년대에 결혼한 필자만 해도 신혼여행은 제주도로 다녀왔다. 그리고 택시를 대절하여 관광했다. 택시 기사 아저씨는 사진사와 가이드를 겸하여 사진도 찍어주고 비싸고 좋은 식당을 안내하기도 한다. 1인 3역이다. 그러다 보니 많은 사람들이 같은 장소에서 같은 포즈를 취하며 사진을 찍는다. 용두암에 있는 반질반질하게 닳은, 한 유명한 바위는 놀랍게도 내 또래인 베이비 부머의 모든 신혼여행 사진첩에서 볼 수 있다. 베이비 부머의 신혼여행 사진첩은 얼굴만 바뀐, 똑같은 배경의 사진들이다. 이거야 말로 한편의 코메디가 아닌가?

그런데 필자가 경영하는 회사의 신대리는 신혼여행으로 로마와 이스탄불을 간다고한다. 로마도 부러워 죽겠는데(한번도 못 가봤다) 이스탄불이라니! 이, 갓 결혼한 젊은이들이

동양과 서양이 만나는 동로마제국, 비잔틴제국의 수도인 콘스탄티노플 바로 그 곳을 간다는 것이다.

염분의 농도 차이로 수면의 바다는 흑해에서 지중해로 흐르지만 그 아래의 물은 반대로 흐른다는, 아시아와 유럽을 가르는 경계선인 아름다운 보스포러스(Bosphorus) 해협이 있는 그 곳을 말이다.

지난 번에 미국이 보낸 화성 탐사로봇인 피닉스호가 화성에서 물의 흔적을 찾아냈다고 떠들썩 했었다. 흔해 널브러진 물을 화성에서 찾아낸 것이 뭐가 그렇게 떠들썩할 만한 뉴스거리가 될까?

인류는 지금 각종 공해와 오염으로 몸살을 앓고 있고, 토양과 자원이 고갈되어가고 있는 지구의 미래는 상당히 어두워 보인다. 500년 후의 세대도 아름다운 보스포러스 해협을 볼 수 있을까? 지구를 살아있는 하나의 유기체로 보는 '가이아 설'을 주장한 제임스 러브록(James Lovelock)이 통탄해 할 생각이지만, 이렇게 포화되고 오염된 지구를 언젠가는 버려야 할 날이 올지도 모른다는 생각이 상상으로만 그치지 않을지도 모른다.

그렇다면 이 생각을 조금 더 구체화해 보자. 이 일을 하기 위해서는 지구 이외의 행성을 도피처로 찾아야 하는데, 현재 지구인이 가진 과학으로는 도피처를 반드시 우리의 태양계 내에서 찾아야만 한다. 왜? 왜 태양계 밖으로 나가면 안 되나? 왜 이 비좁은(정말로?) 지름 2광년 남짓의 태양계 안에서만 그런 행성을 찾아야 할까? 이 질문에 대한 대답은 실로 간단한 물리학의 법칙 때문에 명확해 진다.

우주는 그 끝이 140억 광년이나 될 정도로 광대하고 상상을 초월하는 넓은 지역이지만 인류는 그 안에서 마치 우리 속에 갇혀있는 새처럼, 마음먹은 공간을 자신의 의지대로 날지 못하는 결코 자유롭지 못한 존재이다. 누가 우리를 이 제한된 공간 안에 꽉 묶어 두었을까? 그것은 바로 시간 이라는 굴레와 한계성이다.

태양계의 행성들

우리는 비록 이 광대한 지역 안에서 얼마든지 자유롭게 돌아다닐 수 있도록 생물학적으로 허락되어 있기는 하지만 80년이라는 인간 수명의 한계 안에서는 도저히 태양계 밖의 공간으로는 나갈 수가 없다.* 즉, 인류는 아니 지구상의 모든 생물은 태양계라는 비좁고(2번 나온다) 한정된 공간 안에 묶여 있는 신세라는 것이다.

따라서 천억 개나 되는 우리 은하(남의 은하가 아닌, 심지어는 바로 이웃인 겨우 240만 광년 떨어진 안드로메다 은하도 아닌 우리 만의 은하) 안의 그 많은 별들도 우리와는 별 상관이 없는, 단순히 밤 하늘을 장식하는 구경거리일 뿐이다.

도대체 무슨 소리인가? 그 이유는 이 세상에서 가장 빨리 달릴 수 있는 물질인 '빛'이 진공에서 초속 30만 km의 속도라는 한계를 가지고 있으며 더 이상 빨리 달릴 수 있는 물질이 없기 때문이다.

요즘 빛 보다 4배나 더 빠른 소립자가 발견되었다는 학계의 보고가 있기는 하지

---

* 아인슈타인의 상대성 원리에 따르면 속도가 빠를수록 시간이 늦게 흘러가므로 빛에 가까운 속도로 날 수 있다면 가능할 수도 있다.

07. 우리는 별로부터 왔다

만 여기서는 무시한다. 또 타키온(Tachyon)이라는, 최소 속도가 광속이며 허수의 질량을 가진, 빛보다 빠른 물질도 아직 실제로 발견된 사실이 없으므로 무시한다.

따라서 인간의 문명이 아무리 발달해도 이런 물리적인 한계를 뛰어넘을 수 없는 한, 우리는 한정된 공간 안에 갇혀있는 것이나 다름없다는 것이다.

마찬가지로 우리 몸 안의 박테리아와 바이러스는 우리의 몸이 자신들의 행성일 것이다. 그들에게는 생물의 몸 밖에 존재하는 지구라는 존재는 우리의 우주처럼 결코 넘어갈 수 없는 물리적인 장벽일 뿐이다.

이 좁은, 그리고 엄청나게 넓은 공간에 대한 이해가 아직 부족한 것 같다. 태양계는 얼마나 좁은 걸까. 아니 얼마나 넓은 걸까. 우리가 속해있는 이 태양계만 해도 상상하는 것보다 훨씬 더 크다. 태양계의 9개의 행성 중, 가장 바깥을 도는 명왕성의 태양으로부터의 거리가 무려 59억 Km이다(요즘 미국은 달보다 작은 얼음 왕국인 명왕성을 더 이상 행성으로 인정하지 않고 있다).

지구는 태양으로부터 1억 5천만Km 떨어져 있으니(이것을 1AU라고 한다. AU는 '천문단위'라는 뜻의 영어 약자이다.) 상당히 멀리 떨어져있는 셈이다. 현재 가장 빨리 달릴 수 있는, 태평양을 횡단하는 보잉 747 제트 여객기로 시속 1,000km의 속도로 가더라도 670년 가까이 걸리는 먼 거리이다. 비행기를 타고 가면 10대 자손 정도나 명왕성을 구경 할 수 있는 것이다(이 이야기에 반론을 제기하고 싶은 독자가 있다면 조금만 참기 바란다).

빛이 만약 명왕성에 있는 사람과 교신을 하려면 이 쪽에서 '여보세요' 하고 5시간 기다렸다가 다시 상대방이 '여보세요' 한 다음 5시간 후 다시 다음 얘기를 해야 한다. 이 정도만 해도 도저히 무선 교신이 불가능할 정도로 먼 거리가 된다. 빛의 속도로 전파가 날아가는데도 그렇단 말이다. 절대로 그보다 더 빠르게는 교신 할 수가 없다. 즉, 도저히 쌍방 교신 이

명왕성(pluto)

라는 것이 불가능하다. 만약 명왕성 부근에서 우주선이 고장 나서 고쳐야 하는데 지구 관제탑의 도움이 필요하다면….

  그러나 그런 명왕성도 사실은 태양계의 외곽이 아닌 중심에 속한다. 명왕성 너머 태양계의 바깥은 아직 명확하게 정해지지 않았지만 대략 180억 Km 정도라고 한다. 이것은 120AU(Astronomical Unit)에 해당한다. 그럼 명왕성 너머 바깥은 뭐가 있을까? 3~4만개의 작은 얼음이나 운석들의 집합인 카이퍼 벨트(Kuiper belt)와 그 너머에 혜성들의 고향인 오르트 구름(Oort cloud)이 있다. 만약 오르트 구름까지 태양계에 편입 시킨다면 그 크기는 무려 15만 AU나 된다.

보이저 1, 2호의 현재상황

적 요	보이저 1호	보이저 2호
태양으로부터의 거리(Km)	1백58억9천7백만Km	1백28억4천2백만Km
지구로부터의 거리(Km)	1백57억8천5백만Km	1백27억7천9백만Km
발사직후 총 여행거리(Km)	1백98억1천5백만Km	1백88억5천8백만Km
현재 속도(Km/h)	시속 91,846Km/h	시속 84,074Km/h
빛이 왕복할 수 있는 시간	29시간14분16	23시간40분42

5/9/2008 기준 NASA 제공

07. 우리는 별로부터 왔다

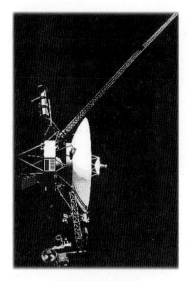

보이저 1호의 모습

필자가 대학에 입학한 해인 1977년도에 지구에서 발사된 보이저 1호가 지금의 태양계를 28년간 날아 140억 km*쯤 날아가고 있다. 제트기의 73배의 속도인 73000km**가 넘는 속도로 날아가고 있지만 아직 125 AU에 해당하는 태양권계면(Helio pause)에 이르려면 10년을 더 가야 한다. 우리의 태양계만 해도 이 정도로 어마어마하게 광대하다(아까는 태양계가 좁았다고 했다가 지금은 또 넓다고 한다. 필자가 이렇게 얘기하는 데는 이유가 있다).

그럼 이제는 우리 태양계의 바깥을 한번 살펴보자.

우리 태양계의 바깥에서 가장 가까운 이웃 태양인 켄타우루스(Centaurs) 알파성까지의 거리는 지구로부터 4.3광년이다. 4.3광년! 도대체 그게 얼마나 먼 거리일까. 1광년을 Km로 환산하면 얼마나 되는지 계산해 보자. 무려 10조 Km나 된다. 지구 둘레가 겨우 4만km이니 도저히 상상조차 하기 어려운 먼 거리이다.

따라서 켄타우루스의 알파성까지의 거리는 43조 Km이다. 위와 같은 계산으로 하면 점보 제트기를 타고 거기까지 가는데 무려 110만년이 걸린다는 계산이 나온다. 그러니 인간수명 80년으로 언감생심 꿈이나 꿀 수 있는 거리일까? 어쩌면 우리는 태평양 바닷속에 사는 작은 플랑크톤 속의 박테리아보다도 훨씬 더 작은 존재 일지도 모른다. 영화 '맨 인 블

---

* 이 글은 2006년에 쓰였다. 맨 앞의 최근 통계 참조.
** 우주는 공기가 없으므로 한번 가속도가 붙으면 계속해서 속도가 빨라진다.

랙'에서 손 안에 들어오는 조그만 수정 구슬 안에 들어있는 또 하나의 우주를 보고 우리는 신선한 충격에 빠진 바 있다. 그렇다면 거꾸로 작은 것을 한번 생각 해보자.

보통 원자의 크기는 1옹스트롬이다. 이 크기는 요즘 유행하는 단위로 0.1 나노 미터이다. 단위에도 유행이 있어서 필자의 학생 때는 옹스트롬이라는 단위를 많이 썼는데 지금은 그보다 10배 큰 나노미터가 작은 크기의 표준이 되고 있다. 그런데 원자의 핵 그리고 그 주위를 돌고 있는 전자를 이루는 원자의 모형은 우리의 태양계와 비슷하게 생겼다. 가운데의 핵이 태양이라면 주위를 도는 전자들은 행성이라고 할만 하다.

그런데 이들간의 거리, 즉 전자와 핵의 거리는 얼마나 될까? 놀랍게도 무려 10만 배나 된다 핵과 전자와의 거리는 핵의 직경의 10만 배이다(물론 어떤 원자의 전자는 하나가 아니고 궤도가 여러 개가 있으며 우라늄 같은 원소는 무려 92개의 전자가 핵의 주위에 구름을 형성하고 있다).

그런데 태양 주위를 도는 행성인 지구는 태양 직경의 겨우 150배 정도의 거리를 돌고 있으므로 중심에 가깝다고 할만하다. 태양외곽의 오르트 구름은 태양직경의 16억 배 떨어져 있으므로 원자의 핵과 전자 사이의 거리보다 16,000배나 더 멀리 떨어져있는 셈이다. 그럼 전자와 핵의 사이 그 무지막지하게 넓은(?) 공간에는 뭐가 있을까? 그렇다. 그 사이는 진공이다. 공기가 왜 없느냐? 주로 질소와 산소 그리고 이산화탄소 아

세콰이어 나무

르곤 등으로 이루어진 공기분자는 그 자체가 당연히 원자보다 더 크다. 우리는 공기를 이루는 산소나 질소의 원자보다도 10만 배나 더 작은 세계를 얘기하고 있는 것이다.

이쯤 되면 나노 세계에서의 크기가 상대적으로 우리 태양계보다 훨씬 더 큰지도 모른다. 어떤 생물학자가 이런 얘기를 한 적이 있다. "**우리 지구에서 인간의 크기는 다른 생물에 비해서 너무 터무니 없을 정도로 크다.**" 그러니 키 작다고 생각하는 사람들! 너무 기죽을 필요 없다.

몸무게가 무려 10^{19}배(10억 배의 10억 배)나 차이 나는, 1000년을 사는, 지구에서 가장 큰 식물인 세쾨이어 나무와 비교하여 터무니없이 작지만, 바이러스 보다는 훨씬 더 큰 박테리아를 비교해 볼 때, 만약 박테리아를 세쾨이어 나무의 크기로 확대한다면 세쾨이어 나무는 지구의 크기로 확대된다.

이제 다시 큰 쪽으로 돌아가보자.

그렇다면 우리가 속한 은하는 얼마나 클까? 중학교 2학년 아이들이 과학시간에 배우는 우리 은하의 직경은 10만 광년이라고 한다. 필자가 학교에 다닐 때는 결코 이런 것을 배우지 못했다. 아니 누구는 배웠다고? 어쨌든 필자는 시골학교 출신이라 배우지 못했다고 우기겠다.

도대체 10만 광년이란 얼마나 먼 거리 일까? 겨우 4.3광년 정도의 거리로 벌써 백만 년 단위의 시간이 나오고 있다. 이 정도라면 이제는 정말로 천문학적인 숫자가 동원되어야 할 것 같다. 어떤 할 일 없는 사람이 계산해보니 이 거리는 비행기로 가려면 255억년이 걸린다고 한다(하지만 실제로 우주공간을 날아갈 때는 공기 저항이 없기 때문에 보이저처럼 가속도에 가속도가 붙어 훨씬 빠른 속도로 날아갈 수 있다).

이 우주의 역사가 140억년이고 지구의 역사가 46억년이다. 이건 도저히 어떻게 할 수 없는 숫자가 나온다 우주 탄생의 시기에 출발했어도 아직 반 밖에 못 갔다. 그런데 광대한 우주는 그런 믿을 수 없을 만큼 큰 은하를 무려 1,000억 개나 가지고 있다(필자가 이건 못 세어 봤는데 더 있을지도 모른다). 상상을 초월하는 광활한 공간이다.

따라서 만약 우주를 개척하게 된다고 하더라도 우리가 원하든 그렇지 않든 그 한계는 우리 태양계 안 쪽의 지극히 작은 부분으로 제한될 것이다. 그 중에서도 태양에서 너무 멀어 차가운 행성과 너무 가까워 뜨거운 행성을 빼고 화성과 금성 정도를 우리가 개척해야 할 행성으로 생각하는 것이 논리적일 것 같다.

금성의 모습

그런데 지구와 크기가 거의 같으며, 수년 전 우리 눈앞에서 태양을 통과한, 지구보다 태양에 더 가까운 아름다운 새벽 별인 금성은 평균기온 480도에 기압은 지구의 90배인 이산화탄소 대기로 구성된 뜨거운 행성이다. 금성의 기온이 이렇게 높은 이유는 태양과 가까워서가 아니라 두터운 대기 때문이다. 결국 대기인 이산화탄소의 온실효과 때문인 것이다.

지구의 대기에는 겨우 0.03%의 이산화탄소가 있는데도 이산화탄소 배출로 인한 온실효과와 이

화성(Mars)

상고온 때문에 재해가 발생한다. 그런데 지구의 90배나 되는, 그것도 이산화탄소로만 되어있는 대기를 가진 금성의 온도가 이 정도면 오히려 적은 거라고 볼 수 있다. 더구나 금성에는 항상 축축한 황산의 비가 내린다. 이대로라면 아름다운 새벽 별에서 사는 것은 포기하는 것이 나을 것 같다. 그러나 화성은 다르다. 화성은 지구의 절반 크기로 낮 기온이 영상 26도나 되고 하루의 길이가 거의 24시간이며, 1년은 720일이지만 지구처럼 4계절이 있고 생명이 꼭 있을 것만 같은 행성이다. 화성을 개발할 수만 있다면 지구를 대체하는 땅으로 꼭 맞을 거라는 생각이 든다.

지금 화성의 대기는 지구의 겨우 5% 수준으로 희박하다. 그나마 대부분의 공기가 이산화탄소이다. 옅은 대기 때문에 온실효과가 거의 없는 화성은 밤에는 기온이 영하 70도 이하로 떨어진다. 그러나 만약 물만 있다면 이런 척박한 땅인 화성을 생명과 활력이 넘치는 행성으로 만들 수도 있을 것이다. 실제로 화성의 극관인 남극과 북극에 얼음의 형태로 물이 상당량 존재한다는 사실이 밝혀졌다.

화성을 검게 칠하면 사람이 살 수 있는 행성이 될 수도 있다고 했던 미국의 천문학자 칼 세이건(Carl Sagan)의 얘기처럼 화성에 혐기성(산소를 좋아하지 않는, 아니 산소가 필요 없는) 세균인 이끼종류의 검은 균류를 많이 키워보자. 반드시 검은 색이나 진한 색이라야 한다. 그렇게 되면 화성은 검은색으로 뒤덮여 태양빛을 지금보다 훨씬 더 많이 흡수*할 수 있게 되고 따라서 지표면의 온도가 올라가면 얼어붙어 있는 극관의 물이 녹을 수도 있을 것이다. 물이 생기면 화성에 식물을 자라게 할 수 있고, 식물이 자라면 그 식물은 화성의 대기인 이산화탄소를 마시고 산소를 내뿜는 동화작용을 한다. 이런 일이 가속화되면 대기가 점점 많아지고 그에 따라 산

---

* 알베도 효과(Albedo Effect) : 하얀 온도가 눈위는 햇빛을 흡수하지 않고 반사하여 떨어진다.

소도 또한 풍부해져서 결국 화성에는 다양한 생물이 생길 수 있는 생태계가 조성될 수 있을 것이다.

아놀드 슈왈츠네거가 나오는 영화 '토탈리콜'의 마지막 장면을 보면 화성의 얼음을 인위적으로 녹여서 대기를 생성하는 장면이 나온다. 그것이 꿈같은 얘기만은 아니라는 것이다.

:08

과학에 눈뜨다

술 못 먹는 유전자

그는 친구가 없는데 그 이유는 술을 못 먹어서이다. 술 못 먹는 거와 친구가 무슨 상관이냐고 묻는 얼간이를 위해 설명을 덧붙이자면 대한민국 남자들의 문화와 친교는 거의 술자리를 통해 일어나기 때문이다. 또 술을 빌어서야 진심을 말 할 수 있다고 믿는, 그리고 술 먹고 하는 말이야 말로 취중진담으로 진심이 틀림없다고 믿는 멍청이들에게는 카테킨 Catechin의 그윽한 향기 감도는 뜨거운 차 한잔을 마시며 말짱한 정

신으로 진지하게 얘기하는 것도 매우 진정성 있는 대화가 될 수 있다는 사실을 말해 주고 싶다.

그런데 덩치가 山만한 그는 왜 술을 잘 먹지 못하는 것일까? 더구나 그의 부친은 별명이 '酒태백'일 정도로 고향에서는 술꾼으로 이름깨나 날리신 양반이다. 자고로 安씨 하면 여자도 소주 2병 정도는 마파람에 게 눈 감추듯 할 정도로 술에는 타고난 유전자(?)를 가졌다고 알려져 있다. 그럼 그는 돌연변이란 말인가?

중성지방이나 LDL 콜레스테롤을 잘 분해하지 못해서 평생 약을 먹어야 하는 불행한 사람들이 꽤 발견되는 데 그건 다름아닌 유전자 탓이다. 그 때문에 정상인에 비해 수배 혹은 수십 배에 달하는 순환계 위험인자를 가지게 되는 것이다. 유감스럽게도 이런 불량 유전자를 가진 사람은 아무리 운동을 열심히 하고 지방섭취를 절제해도 정상치를 밑도는 수치를 가질 수 없다.

그렇다면 술을 못 먹는 유전자는 불량 유전자일까 우량 유전자일까?

그건 관점에 따라 다르다. 친구를 만들지 못하는 이 유전자의 사회학

08. 과학에 눈뜨다

적인 결론은 물론 불량 유전자이다. "컨버터블을 소유하면 삶의 질이 달라진다."라고 제레미 도킨스가 얘기 했듯이 주당에게는 알코올이 입력되는 순간, 말짱한 정신일 때와는 전혀 다른 신세계가 열리는 것이므로 인생이 자못 다채롭다고 할 수 있을 것이다.

이처럼 가상세계와 현실세계, 2개의 삶을 스테레오처럼 오가며 살수 있다고 믿는 술꾼들의 눈에는 단! 하나밖에 없는 엄혹한 현실세계에서 아등바등 살아야 하는 술 못먹는 그들이 불쌍해 보일 수 밖에 없고 이는 사실이다. 사람은 누구나 힘들 때 안식처가 필요한 법인데 술꾼들의 세계는 지척에 언제나 저렴한 안식처가 있다. 술꾼들에게 축복을!

하지만 생물학적으로는 술을 못 먹는 유전자가 더 장수한다.* 물론 간이 훨씬 더 건강하기 때문이다. 술도 못 먹고 오래 살면 뭐하냐? 라고 그의 부친은 늘 말하곤 했지만. 술 때문에 혹사 당하는 간도 휴식이 필요한데 술 권하는 사회인 대한민국에 사는 술꾼들의 간은 휴가가 없는 것 같다. 정상적인 간은 대략 1시간 동안 12cc 정도의 알코올을 분해할 수 있다. 알코올 함량이 5%인 맥주 500을 분해하는 데 2시간이 걸린다는 얘기가 된다. 알코올 도수가 12%인 와인으로 따지자면 700cc 와인 한병이 맥주 500짜리 3개와 비슷하다는 소리이다. 하지만 이건 이론일 뿐 실제와는 다른 것 같다. 그처럼 술을 잘 못 먹는 체질은 와인이나 막걸리처럼 약한 술보다 오히려 독한 술이 더 빨리 깬다. 그 이유가 뭘까?

알다시피 위스키는 증류주이다. 따라서 알코올을 제외한 대개의 불순물이 제거된 상태이다. 발효주는 많은 불순물을 함유하고 있다. 그렇다면 불순물들의 존재가 아세트알데히드를 분해하는 데 영향을 준다는 결론이 된다. 따라서 알코올의 함량이 높더라도 증류주의 아세트 알데히

---

* 최근의 BBC 보고는 술을 몇 잔이라도 마셔야 장수한다는 통계가 있다.

beer or cooler	malt liquor	table wine	fortified wine	cordial, liqueur, or aperitif	brandy	spirits
	8.5oz shown in a 12-oz glass that, if full would hold about 1.5 standard drinks of malt liquor		(such as sherry or port) 3.5 oz. shown	2.5 oz. shown	(a single shot)	(a single shot of 80-proof gin vodka, wishky, etc.) Shown straight and a highball glass with ice to show lovel before adding mixer
~5% alcohol	~7% alcohol	~12% alcohol	~17% alcohol	~24% alcohol	~40% alcohol	~40% alcohol
12 oz.	8.5 oz.	5 oz.	3.5 oz.	2.5 oz.	1.5 oz.	1.5 oz.

드는 와인이나 막걸리보다 더 빨리 제거된다. 공업용 알코올인 메탄올을 마시면 눈이 머는 이유도 알데히드 때문인데 이때의 알데히드는 포름 알데히드이다. 개미산과 더불어 포름 알데히드가 망막을 공격하여 눈을 멀게 한다. 가짜로 제조한 술에는 메탄올이 얼마나 섞여있는지 알 수 없기 때문에 매우 위험하다!

하지만 거의 모든 발효주는 에틸알콜만 생산되는게 아니라 메틸알콜도 만들어진다. 이 메틸알콜이 실제로 숙취를 일으키는 주범이다. 하지만 증류주는 증발 과정에서 메틸알콜이 대부분 제거된다. 따라서 숙취를 덜 일으킨다.

그런데 술을 먹다 보면 화장실을 자주 가게 된다. 맥주만 그렇다고? 술꾼들은 그렇지 않음을 잘 알 것이다. 그 이유는 술 자체도 대개는 물이며 (독한 양주라도 반은 물이다!) 알코올이 어느 정도 이뇨작용을 하기 때문이다. 하지만 가만히 생각해 보면 맥주 500을 마시고 오줌은 두배인 1,000cc를 배설하는 것 같다. 그리고 실제가 그렇다. 신장은 사용한 물을 되돌려 재사용하는 데 바소프레신Vasopressin이라는 호르몬을 사용한다. 즉 바소프레신은 오줌을 농축시킨다. 그런데 술을 먹으면 알코올이 바소프레신의 분비를 저하시킨다. 따라서 신장이 물을 재사용하지 못하고 배출하는 것이다.

그렇다면 술 잘 먹는 부친을 가진 술 못 먹는 그의 유전자는 어떻게 된 것일까? 혹시 술 못 먹는 모친의 유전자가 관계되는 것일까?

사람이 술을 마시면 술은 일단 알코올탈수소효소(ADH)에 의해 알데히드로 바뀐다. 그리고 아세트 알데히드는 알데히드 탈수소효소(ALDH)에 의해 아세트산(요게 초산이다)으로 바뀌면서 최종적으로 분해되는 것이다.

사람은 누구나 ADH효소는 문제가 없다. 문제는 ALDH이다. 술 먹고 머리가 아프거나 구역질이 나거나 심장이 뛰고 호흡이 가빠지는 이른바 숙취는 모두 독성을 띤 알데히드 때문이다. ALDH는 2가지가 있는데 ALDH1은 세포질에 있고 ALDH2는 미토콘드리아에 있다. 그런데 대부분의 알데히드를 분해하는 효소는 두 번째인 ALDH2이다. 그는 ALDH2효소의 활성이 좋지 않아서 알데히드를 잘 분해하지 못한다. 이 단백질을 구성하는 487번째의 아미노산의 염기서열이 정상인과 달라서이다. 그런데 알다시피 그의 미토콘드리아는 어머니의 것을 그대로 물려 받았다. 아버지의 미토콘드리아 유전자는 아들에게 전해지지 못한다. 그것들은 정자의 꼬리운동 에너지로 소모되고 수정 직후 소멸된다. 따라서 아무

리 부친이 주태백이라도 그의 알데히드 탈수소효소는 박카스 한 병 마시고 얼굴이 벌개지는 어머니의 것이고 이 유전자는 우성형질이므로 어머니의 유전자 중 대립유전자가 하나라도 문제가 있다면 그의 아들은 술 못

먹는 인간이 된다. 그렇다면 부친의 술 잘 먹는 유전자는 할아버지가 아니라 할머니로부터 비롯된 것이란 말인가?

그와 같은 유전자를 가진 사람들이 우리나라에는 약 20% 정도 있는데 일본은 44%, 중국은 41% 정도 된다. 놀라운 것은 백인들은 이 유전자를 아무도 갖고 있지 않다는 것이다. 따라서 백인들은 태생적으로 술을 잘 못 마시는 유전자라는 것이 없다. 여자라도! 백인들에게 알코올 중독자가 많은 이유가 되겠다. 아시아인 중에서는 태국 사람들만이 이 유전자가 10% 정도로 적어 유전적으로 술 잘 먹는 민족이 되었다. 장하다!

이 사실을 이용하여 알코올 중독자를 치료하는 방법이 개발되었다. 덴마크의 메디시날코(Medicinalco)라는 제약회사에서 피부 기생충인 옴약을 개발하다가 발견되었다. 당시에 개발된 약이 디아설핌이라는 약이었는데 이 약을 먹고 술을 마시면 아주 불쾌한 증상이 유발되었는데 그것이 바로 숙취였다. 이 약을 먹고 술을 마시면 ALDH의 작용을 무력화 시켜 아세트 알데히드 체내 함량이 많아졌기 때문이다. 이렇게 개발된 이 약의 이름은 '안티부스'(Antibuse)이며 알코올 중독자의 치료제로 쓰이고 있다. 결국 '안티부스'는 술 잘 먹는 사람을 그처럼 만든다는 것이다.

문제는 대사되지 않고 몸에 축적된 아세트알데히드가 발암물질이라는 것이다. 포름알데히드, 즉 포르말린이 발암물질이라는 사실은 잘 알려져 있으나 아세트 알데히드가 발암물질이라는 사실은 잘 알려져 있지 않다.

ALDH2 유전자가 정상인 사람은 술을 먹어도 아세트알데히드가 정상적으로 대사되므

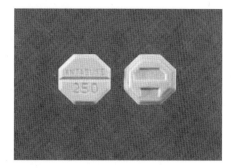

안티부스

로 큰 탈이 없지만 그처럼 비정상인 사람은 술을 조금만 먹어도 아세트 알데히드가 소화관에 오랜 시간 지체되어 위험인자가 된다.

특히 ALDH2 유전자가 비정상인 사람이 술을 많이 먹으면 어떻게 될까?

ALDH2 유전자가 정상인 사람의 경우에도 술을 거의 매일 마시는 사람은 그렇지 않은 사람보다 20배가 넘는 식도암의 위험에 노출된다. 하물며 비정상 유전자를 가진 사람의 경우는 상상할 필요조차 없다. 원래 술을 못 먹었는데 훈련에 의해 잘 먹게 되었다고 자랑할 일이 아니라는 것이다.

주당들을 위한 한가지 상식!

왜 와인은 도수가 12%일까? 그리고 왜 더 독한 와인은 없는 것일까?

와인은 포도를 먹는 효모균의 활동으로 인한 부산물이다. 그런데 알코올은 균들에게는 우리의 배설물과 같다. 즉 똥인 것이다(참 우아한 똥이다). 열심히 포도를 먹고 부산물로 똥인 와인을 만들고 난 다음에는 이놈

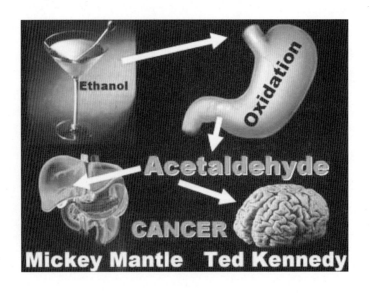

들이 인간처럼 똥을 치울 줄 모르기 때문에 결국 똥 속에 빠져 죽는다. 문제는 가끔 심하게 구타 당한 사람의 약으로도 쓰이는 사람의 똥과는 달리 이 똥이 균들에게는 치명적인 성분이라는 것이다. 알코올은 대부분의 균을 죽이기 때문에 소독약으로 쓰인다는 사실을 잘 알 것이다. 엉덩이에 주사를 맞고 난 다음 젖은 솜으로 주사 때문에 엉덩이에 뚫린 구멍에 대고 비비는데 그게 바로 알코올 솜

강화와인

이다. 와인은 최고 농도가 12%이다. 알코올 농도가 12%에 달하면 포도의 당분을 알코올로 만들던 모든 균이 죽기 때문이다. 따라서 이후에는 알코올이 더 이상 만들어지지 않고 알코올 농도는 12%에서 멈추게 된다. 물론 여기에서 더 도수를 높이고 싶으면 스페인산의 'Vermouth' 강화와인처럼 알코올을 첨가하든가 아니면 증류를 하면 된다. 증류를 해도 100% 알코올을 만들 수는 없다. 95%까지만 가능하다. 알코올에서 물을 완전히 쫓아낼 수 없기 때문이다.

50년 동안 오크통에서 숙성된 위스키는 없다.

나무통 속에서 위스키는 밀봉과정을 거치지만 그래도 매년 2%의 위스키가 증발되어 사라진다. 30년산 위스키는 이미 60%의 위스키를 날려 보낸 상태이다. 30년산 위스키가 비싼 이유는 그것이 오래 되었기 때문

오크통

만은 아니다. 위스키는 오크통 속에 50년간 머물면 한 방울도 남지 않게
된다. 위스키는 나무 통 속에 밀봉되어 있는 동안 탄닌 이나 알데히드 바
닐라 당류 등과 같은 나무 속의 성분들과 섞이게 된다. 따라서 위스키의
성분은 매우 복잡하며 도저히 흉내 낼 수 없다.

가짜 술 이야기

술을 만드는 방법은 2가지이다.

과일이나 곡물의 당을 발효시켜 만든 발효주와 물과 에틸렌을 합성하
여 만든 화학주가 그것이다. 원래 청바지의 인디고는 천연염료로 유명
했지만 오늘날 천연 인디고는 거의 존재하지 않는다. 우리가 보는 대개
의 옷을 물들인 염료는 화학적인 방법으로 얻어진 합성염료이다.

그런데 화학주나 발효주나 성분은 정확하게 같다. 사실 그것이 화학
주라도 아무 문제는 없는 것이다. 수십년동안 증류수만 먹고 산 홍콩 사

람들이 으뜸가는 장수국가 중 하나인 것처럼 화학주가 몸에 나쁜 것은 결코 아니다. 다만 가짜 술이 문제가 되는 것은 이들이 가짜 술을 만드는 데 사용하는 공업용 알코올이 인체에 치명적인 메탄올을 함유하기 때문이다. 보통의 주류에는 아주 높은 세금이 부과되어 있다. 하지만 공업용으로 사용되는 알코올은 면세다. 따라서 공업용 알코올이 시장에 유통되면 주류의 정상적인 유통이 교란되므로 사람이 먹지 못하도록 메탄올이나 포르말린, 로다민B 등과 같은 독성 물질을 포함시키는 것이다. 불과 20년 전인 1986년에 이태리에서 그런 일이 일어났고 19명이나 사망하였다. 1992년 인도의 뭄바이에서는 85명이나 사망한 적도 있다. 가짜 휘발유도 같은 이치이다. 결국 세금의 문제인 것이다.

그렇다면 천연과 합성, 둘을 실험실에서 구분할 수는 없을까? 방법이 있다. 사실은 정확하게 가려낼 수 있는 방법이 여러 가지이다. 그 중 하나는 우리에게 익숙한 탄소 동위원소방법이다. 탄소는 원래 원자량이 12이다. 그런데 0.1%의 탄소는 원자량이 14인 것이 있다. 그런 원소를 동위원소라고 한다. 이 동위원소는 방사능을 띠고 있어서 저절로 붕괴하는데 반감기가 5700년이

다. 이것이 의미하는 것은 탄소 14는 시간이 갈수록 줄어든다는 것이다. 따라서 탄소와 수소 그리고 산소로 구성된 살아있는 모든 생명체는 끊임없이 교체되는 탄소 때문에 살아있는 동안에는 탄소 14를 늘 일정량 보유하고 있다. 그러다가 생물이

　　　　　　　　　　　　08. 과학에 눈뜨다

죽으면 탄소 14가 더 이상 몸 안에 유입되지 못하므로 반감기에 해당될 때마다 줄어들기 시작한다. 이렇게 줄어든 탄소 14의 성분을 조사해 보면 그 생물이 언제 죽은 지 알 수 있게 되는 것이다. 그것이 바로 방사성 탄소동위원소 연대측정법이다. 그런데 발효주는 살아있는 포도나 곡물로 만든 것이므로 탄소 14의 양이 거의 줄어들지 않았을 것이다. 하지만 에틸렌은 석유나 석탄과 같은 화석연료로부터 나온 것이다. 이것들은 죽은지 수십 수백만년은 된 것들이므로 탄소 14가 남아있을 리가 없다. 따라서 탄소 14의 존재 여부를 확인해 보면 그것이 발효주인지 화학주인지 정확하게 알 수 있게 되는 것이다.

개고기 괴담

라지 사이즈의 팝콘 한 봉지에는 솜사탕 16만개에 들어있는 포화지방보다 더 많은 포화지방
이 포함되어 있다. 감기에 걸렸을 때 뜸부기 고기를 먹으면 대개 일주일이면 낫는다.

-과학에 미치다-

'**감**기에 걸렸을 때 개고기를 먹으면 낫는다더라.
하지만 그것은 개고기 때문이 아니고 사육하는 개에게 항생제를
많이 먹였기 때문에 그런 것이다.'

이런 얘기를 믿는가?

첫째, 동물이 항생제를 먹으면 어떻게 될까? 그것이 몸에 축적될까?

항생제는 많은 종류가 있지만 대개가 박테리아들로부터 온 것들이다. 이열치열인 셈이다. 이 항생제들은 동물이 먹으면 일정시간이 지나서 간이나 신장을 통해서 배출된다. 우리가 감염으로 인하여 항생제를 8시간 간격으로 먹어야 하는 이유는 항생제의 반감기가 대개 8시간 정도이기 때문이다.

약은 대개 반감기가 지나면 약효가 소멸되기 때문에 원하는 혈중농도를 유지하기 위해 그 전에 보충을 해줘야 하는 것이다. 항생제를 시간에 맞춰서 계속 먹어야 한다는 사실이 바로 항생제는 몸에서 배출된다는 증거를 단적으로 보여주고 있다. 개라고 해서 다르지는 않을 것이다.

그런데 가축들에게 항생제를 먹이는 이유는 우리가 잘못 알고 있는 것처럼 병 치료 때문이 아니다. 항생제를 먹은 가축은 놀랄 만큼 성장이 빨라진다는 사실을 언젠가 유럽의 가축업자들이 발견했기 때문이다.

전세계적으로 생산되는 항생제의 3분의 1 정도가 가축들에게 소비된다고 알려져 있다. 실제로는 더 많을지도 모른다.

둘째, 항생제가 죽은 개, 아니 죽어서 푹 삶아진 개 속에 남아 활동한다고 치자. 그 항생제로 감기가 치료되나?

　감기는 바이러스로부터 오고 인간은 아직 감기 바이러스를 치료할 수 있는 치료약을 개발하지 못했다. 우리가 감기에 걸렸을 때 항생제를 먹는 이유는(대개 먹지 말아야 하지만) 때로 감기로 인해 면역이 약화된 틈을 타, 활동을 재개하는 다른 박테리아의 감염을 치료하기 위함이지 감기를 치료하고자 함이 아니다. 그렇게 증상만을 다스리는 치료를 대증요법이라고 한다.

　감기에 걸려서 약을 먹고 일주일 후에는 대개 감기가 치료된다. 하지만 감기를 치료한 것은 약이 아니고 면역계이다.

　다만 면역계가 항체를 생산하는 데 3일 정도 걸리기 때문에 우리는 최소한 3일은 고생해야 하는 것이다.

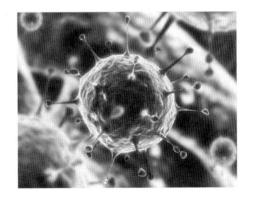

　감기에 걸린 사람이 뜸부기 고기를 먹어도 감기는 대개 일주일이면 낫게 된다. 그 역시 뜸부기를 먹었기 때

문에 감기가 치료된 것은 아니다.

극장에서 영화를 볼 때 꼭 필요한 팝콘에는 포화지방이 36mg이나 들어있다. 그런데 대체 36이란 숫자가 의미하는 것이 무엇일까? 우리의 놀라운 지성은 대개 이런 간단한 숫자 놀음에 유린되고 만다.

사실 하루에 먹어도 되는 포화지방의 적정량을 정확하게 모르기 때문에(미국에서는 20mg으로 규정)이 수치가 객관적인 데이터가 될 수는 없다. 그저 몸에 나쁘고 동맥경화를 유발할 수도 있다. 이 얘기를 보다 설득력 있게 충격적으로 전하기 위해 다른 말로 바꾸면 이렇게도 할 수 있다.

"라지 사이즈의 팝콘 한 봉지에는 솜사탕 16만개에 들어있는 포화지방보다 더 많은 포화지방이 들어있다." 대체 솜사탕 16만개는 어느 정도의 분량일까?

하지만 이 계산을 굳이 해볼 필요는 없다.

솜 사탕의 개수가 1천 6백 만개라고 해도 결과는 마찬가지이다.

솜사탕에는 포화지방이 전혀 들어있지 않기 때문이다.

이 얘기는 과학이 아니다.

다만 논리일 뿐이다.

개는 때려 잡아야 맛있다?

"개고기를 먹는 한국 사람은 야만인입니다." 2001년 12월 3일 MBC라디오 손석희와의 전화 인터뷰에서 프랑스 여배우 브리짓 바르도는 말했다. "프랑스인들도 개고기를 먹는 사람들이 있다는 사실을 아십니까?" 라고 손석희 씨가 말하자 "절대로 없다. 나는 거짓말을 하는 한국 사람과는 더 이상 얘기하지 않겠다."며 그녀는 전화를 일방적으로 끊어 버렸다.

나는 개고기를 먹지 않는다.

한국사람*이 개고기를 먹는 것을 프랑스의 동물 애호가이자 70년대의 세계적인 섹스 심벌이었던 BB(브리짓 바르도)는 별로 마음에 들지 않는 모양이지만, 그녀가 쇠고기를 먹는 것을 인도의 힌두교도 들도 좋아하지 않기는 마찬가지인 것 같다.

실제로 개고기는 남성의 스테미너에 도움이 된다는 것을 사람들은 경험으로 알고 있다. 그리고 개고기는 오리고기와 함께 동물성 지방이면서 불포화 지방을 많이 함유하여 심장병을 예방할 수 있다고 알려져 있다.

그런데 우리 조상들은 개는 몽둥

---

* 한국사람 중에는 개고기를 먹지 않는 사람이 훨씬 더 많다.

이로 때려 잡아야 맛이 있다고 하여 실제로 그렇게 했다. 개를 먹는 것까지는 국가간의 문화적인 차이로 볼 수도 있건만 이렇게까지 야만적으로 해야만 했을까? 혹시 그렇게 해야만 했던 설득력 있는 근거가 있지 않았을까? 지혜로운 우리 조상들의 행동에는 상당수 과학적인 근거가 기초하고 있다고 알려져 왔다. 따라서 이 또한 우리가 알지 못했던 놀라운 근거가 있으리라 생각해 본다.*

나는 19년 동안 거의 하루도 빠지지 않고 새벽에 육체미 운동을 하고 있는데 하루에 가슴이나 삼두근 등 2부위씩 중량운동(Weight Training)을 하고 있다. 웨이트처럼 강력한 근력을 요구하는 운동은 산소를 사용하지 않는 무산소 운동**이다. 따라서 근육은 지방을 태우지 않고 간과 근육 속에 장전된 탄수화물의 일종인 글리코겐을 소모한다.

인체는 다당류인 탄수화물을 단당류인 포도당으로 바꿔서 혈액으로 보낸 후 몸의 각 기관에 에너지원으로 공급한다. 이때 남는 포도당은 그 자체로 보관이 어려우므로 다시 다당류로 바꿔야 한다. 이렇게 다시 다당류로 형태가 바뀐 탄수화물이 바로 글리코겐이다(마라토너의 탄수화물 로딩을 참고).

그런데 열심히 운동을 한 후 이틀정도 지나면 운동을 했던 부위들이 뻐근하다 못해 손도 댈 수 없을 정도로 굉장히 아프게 된다. 이런 현상이 일어나는 이유는 근육 운동을 하면서 생기는 노폐물인 젖산 때문인데 운동을 한 날은 혈액 속에 평소보다 많은 젖산이 생겨 그것을 제때 처리하지 못하여 근육 속에 쌓이기 때문이다. 젖산은 미오글로빈 속의 산소를 모두 소모해 버리고 근육을 공격하여 아프게 만든다. 미오글로빈? 앞에

---

* 이 책은 과학을 다루고 있으므로 오로지 맛의 추구를 위해 살아있는 동물을 학대하는 야만적인 행위에 대한 잘못은 여기에서 거론하지 않기로 한다.
** 무산소 운동은 호흡이 아닌 발효대사이므로 포도당이 젖산으로 된다.

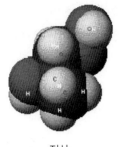

젖산

나온 적 있다.

치료 방법은 역시 젖산을 제거하는 것인데 그러기 위해서는 산소가 필요하고 따라서 원활한 산소 공급을 해야 한다. 마사지나 사우나는 근육의 혈류량을 증가시켜서 산소를 더 많이 공급할 수 있으므로 도움이 될 것이다. 하지만 별다른 조치 없이도 하루 이틀이면 저절로 통증은 사라지게 된다(매일 운동을 하는 사람의 경우이다).

동물이 편안한 상태에서 죽으면 호흡이 멎자마자 혈액의 순환이 멈추고 근육 속에 만들어진 젖산의 운반이 끊기게 되어 근육에 젖산이 남아 있게 된다. 하지만 만약 동물이 죽기 전에 강력한 웨이트를 했다면 근육 속에 다량의 젖산이 남아 있게 될 것이다.

그런데 근육 안에 생성된 젖산*은 고기 맛에 매우 중요한 작용을 한다. 젖산이 근육에 남아있으면 고기의 단백질과 화학작용을 일으키고 결합 조직들을 분해하여 고기를 부드럽게 만든다. 단백질을 변성만 일으키게 하는 것이 아니고 더 작은 분자로 분해하여 향미를 더해 준다. 또한 주변 조직들을 강한 산성으로 만들어 박테리아의 침입을 막아주므로 신선도도 유지할 수 있으므로 고기를 숙성시키거나 저장하는데도 유리하다. 따라서 거의 매일 운동하는 나의 고기 맛은 먹어보지 않아도 상당히 좋을 것이다.

개를 도살하기 전에 역기나 아령을 주어서 웨이트 운동을 시킬 수도 없고 소처럼 밭을 갈게 할 수도 없으므로 몽둥이로 구타하면 근육에 부하가 걸리게 하고 경직을 가져오게 되어 실제로 웨이트를 하는 효과가

---

* 젖산은 호흡이 아닌 발효과정의 산물이다. 젖산을 고분자젖산(PLA)으로 중합하여 섬유를 만들 수도 있다. 그것을 PLA 섬유라고 한다. 옥수수 PLA 섬유가 유명하다.

생길 수 있다. 따라서 맞아 죽은 개 고기는 맛이 있는 것이다.

영악하고 야만적인 조상들이 얄밉다.

고모와 이모의 생물학적 촌수

이모
이모는 엄마를 닮아서 참 좋다. 통통한 손가락이랑 목소리도 닮았다.
키를 낮추며 내 눈을 빤히 볼 때는 엄마와 정말 똑같다.
그러다 화들짝 웃을 때는 엄마보다 더 예쁘다.
이모는 심부름도 안 시키고 꾸짖지도 않는다. 나만 보면 좋아라 한다.
버스를 타고 이모 집에 갈 때는 이모가 빨리 보고 싶다.
이모야, 하고 부르면 급하게 뛰어나오며 이모도 내 이름을 부른다.
그 동안 잘 있었냐 무엇 먹고 싶으냐 내 마음을 들여다보듯 이것저것 물을 때는 기분이 저절로 좋아진다. 이모는 엄마 동생이지만 이모가 언니 같다.

– 윤정순 시인 –

고모와 이모는 어느 쪽이 나와 가까울까? 고모와 이모 중 어느 쪽이 유전적으로 자신과 더 가까울까를 생각해 본적이 있는가? 물론 고모는 아버지의 동생이나 누나로 작은 아버지나 큰 아버지 또는 삼촌처럼 나오는 3촌 간이다. 이모 또한 어머니의 동생이나 언니로 3촌간이 되므로 같은 촌수라는 것을 알 수 있다.

이것을 유전적으로 살펴보면, 나는 어머니와 아버지의 유전자를 정확하게 50%씩 가지고 있다. 그리고 부모님의 형제나 자매는 각각 할아버지와 할머니의 유전자를 정확하게 50%씩 가지고 있다. 물론 그렇다고 형제나 자매간의 유전자가 일치하는 것은 아니다. 그저 그들 부모님의 유전자 중 절반만을 가지고 태어나므로 각 2만개에 달하는 전체 유전자 중 어느 쪽을 가져오느냐에 따라서 많은 차이가 생길 수 있다. 하지만 유전자의 개수로 따진다면 정확하게 같은 수라고 할 수 있다. 따라서 아버지의 형제이거나 어머니의 자매이거나 유전자의 수로 따진다면 정확하게 같은 친밀도를 가진다. 그런데 왜 누구는 누구를 유독 더 많이 닮을까? 어느 형제나 자매가 유독 어머니나 아버지 쪽을 더 많이 닮은 사람이 나타날 수 있다. 또 심지어는 아버지나 어머니보다 삼촌이나 고모를 더 닮은 경우를 종종 본다. 그것은 우리가 가지고 있는 2만 가지의 유전자 중 외모나 성격을 결정하는, 금방 눈에 띄는 유전자를 우연히 한 쪽으로부터 많이 물려받은 경우, 그럴 수 있을 것이다.

즉, 실제로는 아버지로부터 물려 받은 유전자가 고모로부터 받은 유전자보다 숫자상으로는 많지만 겉으로 드러나는 유전자의 수는 더 적을 경우, 이렇게 된다는 것이다. 그것으로 아버지나 어머니보다 삼촌이나 고모를 더 많이 닮은 아이들을 설명할 수 있다.

우리나라의 전통적인 관습은 고모가 이모보다는 더 가깝다고 규정한다. 아마도 친가 쪽을 외가 쪽보다 더 중시하는 유교적인 관습 때문일 것이다. 하지만 유교적인 관습을 차치하고도, 정도의 차이가 있을 뿐이지 친가 쪽을 더 중요하게 생각하는 것은 동서양을 막론하고 전 지구적인 전통인 것 같다.

왜 그런 일이 생겼을까?

그것은 아마도 밭보다는 씨가 거기에서 태어나는 새로운 생명의 후손이 틀림없을 거라고 생각하는 막연한 비과학적 근거라고 생각된다. 수박은 밭을 옮긴다고 해서 호박이 되지는 않는다. 그것은 정자 안에 작은 인간의 모습을 한 태아가 웅크리고 있다고 생각한 호문클루스(Homunculus)설을 창안한 17세기의 과학자들의 주장에서도 쉽게 짐작할 수 있다(사실 이 생각은, 그렇다면 그 호문클루스 안에 그보다 더 작은 호문 쿨루스가 들어있어야 하고 그보다 더 작은 호문클루스 안에 또 더 작은 것이 있어야 한다는, 논리학에서 얘기하는 무한소급의 오류에 빠지게 된다. 그래서 기회는 난자 쪽으로 넘어가게 되었다).

하지만 오늘날 우리는 아들이 아버지의 복사본이 아니라는 사실을 초등학교 때 이미 깨닫게 된다(그래서 나는 부친을 닮아 서울상대에 가지 못했다).

호문클루스

그렇다면 아들들에게만 또는 딸들에게만 물려주는 유전자가 따로 있을 수 있을까. 놀랍게도 그런 것이 있다.

아버지가 딸에게는 도저히 물려줄 수 없는 유전자가 있으며 어머니가 아들에게는 도저히 물려줄 수 없는 유전자가 있는 것이다. 이를테면 색맹의 유전자 같은 예를 들 수 있는데 색맹 유전자는 아버지 자신이 색맹이라도 절대로 아들에게는 이 병을 물려줄 수 없다. 색맹을 결정하는 유전자는 X염색체 상에 있기 때문이다. 알다시피 아들은 아무리 애원한다고 해도 아버지로부터는 X염색체를 물려받지 못한다. X염색체는 오로지 어머니로부터만 물려받을 수 있을 뿐이다.

반대로 Y염색체를 가지고 있지 못한 어머니는 아들에게(물론 딸에게도) Y염색체를 나눠줄 수 없다. 아버지는 자신의 쌍을 이루는 22종의 모든 염색체 중 어느 한 쪽을 무작위로 아들 또는 딸에게 물려줄 수 있지만 23번째 염색체인 성 염색체는 그렇게 할 수 없다. 아버지의 23번 염색체는 X와 Y 두 가지가 있지만 아들은 항상 Y염색체만 받을 수 있다.

따라서 아들들은 아버지의 Y염색체를 대대로 물려받아 간직하게 된

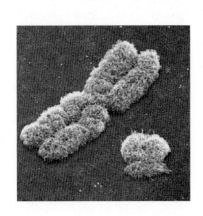

다. 즉, 나의 Y염색체는 나의 아버지, 할아버지, 증조, 고조 할아버지의 그것과 같다. 우리 전통문화가 중요시하고 있는 '씨'란 바로 이 Y염색체인 것이다.

많은 여자를 거느린 그리고 많은 여자들이 그의 씨를 받고 싶어했던 징기스칸 같은 영웅호걸 일수록 많

은 씨를 대대로 남겼을 것이다. 하지만 남자가 아들을 갖지 못할 경우 그들의 아버지와 할아버지로부터 대대로 내려온 Y염색체의 계보는 끊어지게 되는 것이다. 그것을 우리는 "대가 끊어졌다"라고 말한다.

하지만 반면에 외가 쪽은 어떨까?

어머니는 아들에게도 또는 딸에게도 다른 22쌍의 염색체와 마찬가지로 두 개의 X염색체 중 하나를 나눠줄 뿐이다. 따라서 Y염색체처럼 어느 특정의 염색체가 대대로 전해져 내려가는 경우는 없다.

그렇다면 여자 쪽은 후손에게 물려줄 수 있는 끈이 전혀 없는 것일까?

여자 쪽도 딸에게만 물려줄 수 있는 유전자가 있는데 그것이 바로 미토콘드리아의 유전자이다.

미토콘드리아는 세포 속에 존재하는 에너지를 담당하는 기관인데 수십 억년 전에 박테리아가 세포 속으로 편입되어 온 공생기관의 하나로 평가 받고 있는 세포 조직 중 하나이다. 미토콘드리아 덕분에 우리는 산소호흡이라는 매우 효율적인 에너지 대사 시스템을 갖게 된 것이다(산소호흡은 무산소 호흡보다 무려 10배나 더 많은 에너지원인 ATP를 생산할 수 있다). 원래

유전자는 세포의 핵 속에 존재하는 염색체에 대부분 존재하지만 미토콘드리아도 자신의 고유 유전자를 별도로 가지고 있다. 그런데 남녀의 결합과정에서 발생하는 수정이란 핵과 핵의 결합이다. 인간의 모든 세포에는 핵이 존재하므로(적혈구는 나중에 없어져 버리기는 하지만) 핵과 핵이 만나

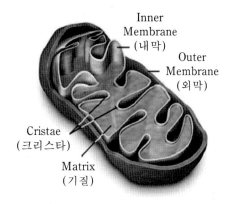

Inner
Membrane
(내막)

Outer
Membrane
(외막)

Cristae
(크리스타)

Matrix
(기질)

미토콘드리아의 구조

새로운 하나의 핵을 형성한다. 그렇다면 미토콘드리아는 어떻게 될까? 정자 또한 미토콘드리아를 가지고 있다. 하지만 유감스럽게도 정자의 미토콘드리아는 난자로 배달되지 못한다. 정자의 미토콘드리아는 난자로 헤엄칠 때까지 필요한 에너지를 제공 하는 역할만 할 뿐이다. 임무를 마친 정자의 미토콘드리아는 수정되는 순간 떨어져 달아나고 정자의 핵만이 난자의 핵과 결합된다. 따라서 그로 인해 태어난 아이의 세포에는 남자의 미토콘드리아 DNA는 찾아볼 수 없다. 수정란의 핵은 남자와 여자의 결정체가 반씩 혼합되어 들어있지만 핵의 바깥에 존재하는 세포질과 그 안에 있는 약간의 유전자는 오로지 난자를 제공한 여자의 것만으로 장차 태아의 모든 세포를 구성하게 될 것이다.

이것이 의미하는 것이 뭘까? 그것은 어머니는 딸들에게만 미토콘드리아 유전자를 전달한다는 것이다. 그것은 외할머니 증조 고조 외할머니로부터 딸들에게만 전해진다. 남자의 유전자는 전혀 섞여 있지 않은 순수함을 그대로 간직하고서. 따라서 내 어머니의 미토콘드리아 유전자는 어머니와 할머니들이 계속 딸을 생산해내는 한, 어머니의 수십 대조 외할머니의 그것과 똑 같다. 물론 어느 할머니가 딸을 낳는데 실패하면 미토콘드리아 유전자의 대는 끊기게 된다.

이것을 이용하면 인류의 기원까지도 거슬러 올라가 최초의 어머니를 찾을 수도 있게 된다. 실제로 과학자들은 그런 일을 한적이 있으며 그렇게 찾은 인류 최초의 어머니를 미토콘드리아 이브라고 한다. 지금으로부터 20만년 전 인류의 발상지인 아프리카에서 살았던 여성이다. 그렇다고 20만년 전에는 이브 혼자만 살았다는 것은 물론 아니다. 이브만이 그녀의 미토콘드리아 유전자를 대를 끊기지 않고 남겼다는 의미인 것이다.

원래의 이야기로 돌아가서 이제부터 촌수와 계보를 한번 따져보자.

필자의 부친께서 이르시길 세상의 8모 중 고모가 최고라고 한다.

8모란 따져 본적이 없지만 어떤 것일까. 고모와 이모 그리고 백모, 숙모, 외숙모, 당숙모, 정도까지 밖에 생각나지 않는다. 혹시 유모와 식모도 포함되는 것일까? 주모는 어떨까? (이건 농담이다.)

어쨌든 팔모 중 고모가 최고라고 한다.

하지만 과연 그럴까?

도저히 촌수와 유전자로는 고모와 이모 중 어느 쪽이 더 가까운지 판정을 내리기 어렵다.

혹시 다른 요인은 없을까?

여기에 나는 한가지 재미있는 가설을 제시한다.

나는 8모 중 이모가 가장 가까운 존재라고 생각한다. 물론 촌수로 따지자면 2촌에 해당하는 외조모와 친조모가 더 가깝다. 하지만 그 분들은 친척이라기보다는 부모님과 같은 존재개념이다. 그분들이 8모에 속하는지는 나는 모르겠다. 따라서 그 분들을 빼면 이모가 더 가깝다고 주장하는 것이다. 다음의 가정을 한번 생각해 보자.

C는 고모와 전혀 친척이 아닐 수도 있다. 하지만 이모는 항상 친척이 된다. 왜? 만약 C의 어머니가 바람을 피워서 C를 낳았다면 C와 고모는 전혀 유전자를 나누지 않은 완전 남남이 된다. 하지만 이모 쪽은 어떨까? 어머니가 바람을 피웠던 말았던 C는 어떤 경우라도 어머니의 아들이고 따라서 어머니의 자매인 이모와는 항상 친척이 된다.

물론 외할머니가 바람을 피워서 이모와 엄마가 같은 씨가 아니라도 여전히 어머니와 이모는 자매관계이며 따라서 이모는 언제나 고모보다 더 가깝다.

재미로 써 본 이야기* 이니 너무 심각하게 생각하지는 말자.

만약 고모가 C와 친척이 아니라면 그건 보통 일이 아니다. 아빠도 C의 친 아빠가 아닌 게 되기 때문이다.

대대로 계보가 이어 내려온 전통 있는 가문이라도 만약 바람 피운 장손의 며느리가 있었다면 그 집안의 Y염색체가 대대로 내려온 조상님의 그것과 같은 것이라고 감히 말하지 못 할 것이다.

---

* 이 얘기의 결론은 과학이 아니다. 그냥 논리의 결과일 뿐이다.

MAdFOR SCIENCE

모기는 사람을 가렵게 하지 않는다.

거머리는 특히 사람의 피를 좋아한다. 한번에 자기 체질량의 3배나 되는 피를 빨아먹을 수 있으며 피를 한번 실컷 빨아먹으면 여러 달 먹지 않고도 살 수 있다. 심지어 2년까지 사는 놈도 있다. 거머리의 체내에는 피를 엉겨 굳지 않게 하는 물질인 '히루딘(hirudin)'을 내보내는 분비샘이 있다. 20mg의 히루딘은 100g의 사람 혈액이 응고되는 것을 저지할 수 있다.

내 아이들은 모기에 민감한 반응을 보이기 때문에 여름만 되면 방역 대책에 부심해야 한다. 그렇게 해도 아이들은 가끔 아침이면 온통 갑상선 항진증에 걸린 사람 모양으로 눈이 퉁퉁 부어서 울고 나올 때가 있다. 모기가 물면 왜 그렇게 붓고 또 가려운지 하는 쓰잘데기 없는 이유를 지금부터 한번 밝혀 보겠다.

모기는 파리로부터 갈라져 나온 파리 '목'의 동물이다. 유명한 '문', '강', '목', '과', '속', '종'을 모르는 사람은 없을 것이다.

모기는 암컷만이 사람을 물고 우리의 귀중한 혈액을 도둑질 해 간다는 사실은 이제는 상식이 되었다. 암컷 모기의 수명은 여러 논란이 있지만 최대 약 6개월 정도인데 이 놈은 약 3일에 한번 정도 사냥을 하러 나가므로 일생 동안 50회 이상 사냥을 하는 셈이다. 수컷은 사실 과일 즙이나

이슬, 또는 꿀 종류의 탄수화물 식사를 하는 우아한 초식 곤충이다. 때로는 꽃가루를 옮겨주기까지 하는 이로운 동물이다. 그러니 모기를 모두 다 흡혈귀 취급하면 안된다. 일단 잡아본 다음 수컷이면 정중하게 놔 줘야 할 것이다. 하지만 잠깐! 사람에게 직접적으로 해를 끼치지 않는 수컷이라도 그냥 두어서는 안 된다. 그 놈들이 번식을 주도하기 때문이다. 수컷이 없으면 새끼도 없다(당연한 것 아닌가?).

모기에 물리면 가려운 이유는 무엇일까? 또 아이들이 모기에 잘 물리는 이유는 무엇일까? 대부분의 인터넷 검색들이 이 사실을 잘못 알려주고 있고, 특히 어린이들에게 잘못된 사실을 알려주고 있다는 것을 발견했다.

암컷 모기는 우리가 소의 선지를 아침 해장국으로 먹는 것처럼 자신의 배를 불리기 위해서가 아니라 뱃속의 난소에 공급할 영양소를 확보하기 위해서 피를 빤다. 이 영양소가 바로 동물성 단백질이다. 그리고 가장 확보하기 쉬운 동물성 단백질이 바로 주위에 널려 있는 동물들의 혈액이다.

물론 사람의 혈액도 암컷 모기의 영양분으로 예외가 될 수는 없다. 헤모글로빈도 단백질이니까. 암컷* 모기는 교미를 하고 나면 사람 같은 포유동물들과는 달리 수컷의 정자를 자신의 뱃속에 오랫동안 저장한다. 그리고 그것을 계속적으로 산란하는데 사용한다. 경제적이라고 해야 할까? 아니면 성생활이 극도로 절제된 끔찍한 삶이라고 해야 할까? 아마도 이런 경우, 교미를 하는 동안 천적에게 취약하게 노출되어 있는 불리한 상황을 최소한으로 줄이기 위해서 이렇게 진화한 것은 아닐까?

어쨌든 그리 좋아 보이지는 않는, 처절하고 고된 삶이다. 다시 태어나도 암컷 모기로는 태어나고 싶지 않다.

---

* 여왕벌도 똑같은 방식으로 뱃속에 정자를 보관한다.

그런데 모기는 사람만 물까? 다른 동물을 물지는 않을까? 이런 질문이 나와야 당연하다. 그렇다. 모기가 사람으로부터 혈액을 채취하는 것은 단지 전체의 5%에 불과하다. 나머지는 사람 이외의 동물에게서 얻는다. 사람은 손이 두 개나 있어서 날아오는 모기를 쫓을 수나 있다지만 발만 있는 동물들은 모기가 공격해 오면 어떻게 할까? 꼼짝없이 자신의 귀중한 혈액을 헌납할 수밖에 없을 것이다. 그나마 소는 휘두를 꼬리라도 있지만 특히 꼬리가 짧은 돼지는 어떻게 대처할까? 돼지로 태어나는 것도 그리 좋은 생각은 아닌 것 같다.

모기는 시각보다는 후각으로 사냥감을 찾기 때문에 자극적인 냄새를 많이 풍기거나 이산화탄소를 많이 뿜는 동물을 좋아한다. 사람은 하루에 약 1만 리터 정도의 공기를 흡입하는데 이중 21%가 산소이고 78%가 질소이다. 그리고 다시 내뱉을 때는 들이마신 산소를 모두 사용하는 것이 아니고 겨우 5%만 사용할 뿐이며 사용하지 못한 16%의 산소와 5%의 이산화탄소를 배출한다. 물론 나머지는 질소이다.

이중 모기가 관심을 가지는 기체는 이산화탄소이다. 대기 중의 이산화탄소는 겨우 0.03% 밖에 안 되기 때문에 호흡을 하는 동물 근처의 대기는 이산화탄소 농도가 10배 이상 진해진다. 모기는 그것을 재빠르게 알아채고 그 쪽으로 달려간다. 즉, 모기에게 있어서 이산화탄소 냄새는 피 냄새인 것이다. 그러니 사람보다 10배나 더 많은 호흡을 하는 소 같은 동물은 사람보다 10배나 더 많은 이산화탄소를 배출하기 때문에 모기의 타깃이 되기 쉽다.

모기는 후각으로 공격대상을 물색하기 때문에 화장을 한 여자도 주요 타깃이 될 수 있을 것이다. 반대로 목욕을 잘 안 해서 악취를 풍기는 사람도 마찬가지이다. 향기와 악취는 사람이 구분해 놓은 기준일 뿐 화학적으로는 친척간이기 때문이다. 신진대사가 어른에 비해서 빠른 아이들은 물론이고 아이를 임신한 임신부도 같은 이유로 모기에 더 잘 물린다.

아이들 심장 뛰는 소리를 들어본 적이 있는가? 굉장히 빨리 뛴다. 아이들도 그렇지만 동물도 대부분 덩치가 작을수록 심장이 빨리 뛴다. 이것은 신진대사가 빠르게 이루어지고 있다는 증거다.

심장이 뛰는 횟수는 수명하고도 관련이 있다. 대부분 동물의 심장 박동은 평생 10억 번 정도라고 한다. 그래서 심장이 천천히 뛰는 코끼리는 70년을 살고 15배 이상 빨리 뛰는 쥐 같은 동물들은 2년 이상을 살기 힘들다. 하지만 상대적인 시간 즉, 시간 사용의 질은 어떨까? 쥐는 모든 것이 코끼리 보다 더 빠르다. 빨리 뛰고, 빨리 숨쉬며, 빨리 먹고, 빨리 싼다. 쥐의 시간은 상대적으로 코끼리 보다 더 빠르다. 따라서 그만큼 빠른 삶을 불꽃처럼 살다가 간다고 생각된다. 여자가 남자보다 평균적으로 7년을 더 사는 것도 여자들의 시계는 평균적으로 남자보다 13% 정도 더 늦게 가는 탓이라고 생각 하는 것은 지나친 비약일까? (신호등에 반응하는 여자 운전자의 반응속도가 그렇다.)

이처럼 신진대사의 속도만큼 수명이 반비례하는 것이라는 고대 철학자들의 학설을 '생활등급이론(The Rate of Living Theory)'이라고 한다. 물론 모든 동물에 다 적용되는 것은 아니다. 가장 극단적인 예외가 박쥐인데 박쥐는 모든 것이 쥐와 거의 비슷하면서도 쥐 보다 5배 이상을 더 살기 때문에 생활등급 이론에 위배되는 경우가 된다.

혹시 파리를 냉장고에 넣어 본 적이 있나? 아마 미치지 않고서야 그런 짓을 했을리가 없겠지만 파리를 냉장고에 넣으면 파리의 체온이 내려가게 되고 따라서 파리의 신진대사가 느려져 파리의 수명을 더 길게 해줄 수 있다. 그럼 혹시 사람도 냉장고에 들어가면? 그렇다. 생각한 대로이다. 얼어죽는다. 사람은 추운 환경에서 신진대사가 느려지기는 커녕 신진대사가 더욱 빨라진다. 사람은 항온동물이기 때문에 낮아진 체온을 계속 보충하기 위해서 더욱 빨리 에너지를 소비해야 한다. 아마 살은 조금 빠질 것 같다. 얼어 죽지 않는다면.

다시 원래의 얘기로 돌아가자. 모기는 일단 사람의 몸에 앉으면 무려 6개의 관*을 꽂는다고 한다. 피부에 구멍을 뚫는 착암기의 역할을 하는 관이 있을 것이고, 또한 피를 퍼 올리는 양수기 역할을 하는 관이 있을 것이고, 피가 응고되지 않게 만드는 효소를 송출하는 관 등, 실제로 최소한 3개는 필요하다. 물론 모기가 실제로 피를 양수기처럼 모터로 퍼 올리는 것은 아니다. 모기의 침이 일단 모세혈관을 뚫으면 모세혈관의 높은 혈압 때문에 저절로 피가 모기의 입 속으로 빨려 들어간다(석유를 운반하는 송유관도 마찬가지이다).

사람의 피는 75%가 물이다. 따라서 일단 몸 밖으로 탈출구가 생기면 쉴새 없이 흘러나오게 마련이다. 그리고 결국 과다 출혈로 사망하게 될 것이다. 그것을 막기 위해 인체는 피를 응고시키는 작용을 하는 방어 기전을 진화시켰다. 이 때 피를 굳게** 만드는 효소가 바로 트롬빈(Thrombin)이라는 물질이다(미국 사람 발음으로는 혀끝을 물고 발음하는 쓰롬빈에 가까울 것이다. 국산 토종들은 그냥 트롬빈으로 한다).

그런데 평소 트롬빈이 혈액 속에 있으면 즉시 피를 응고시켜 혈액이

---

* 한쌍의 윗턱과 다른 한쌍의 아랫턱 그리고 아래위 입술(labium and labrum)
** 섬유의 일종인 피브린(Fibrin)을 형성하는 작용을 하여 피를 응고 시킨다. 그 전에 혈소판의 작용이 필요하다.

08. 과학에 눈뜨다

순환할 수 없을 것이다. 그래서 반대로 피가 굳지 않도록 하는 효소도 있어야 한다. 그것이 바로 헤파린(Heparin)이라고 하는 다당류이다. 병원에서 혈전을 제거하기 위해서 환자에게 주사하기도 한다. 다른 동물에게도 이런 작용을 하는 효소가 있는데 그것이 바로 거머리에게서도 발견되는 히루딘(Hirudin)이라고 하는 단백질이다. 거머리도 모기와 같은 이유로 피를 굳지 않게 만들어야 한다.

둘 사이의 차이점은 히루딘은 단백질인데 비해 사람의 헤파린은 뮤코다당류라는 탄수화물의 일종이다. 단백질은 아미노산의 집합체이고, 탄수화물은 당들이 모여서 된 물질인데 비슷한 작용을 한다는 것이 놀랍지만 결국은 이들도 탄소와 수소, 산소 그리고 질소 등 몇 가지 안 되는 원소들로 이루어졌다는 의미에서는 그 출발이 모두 비슷한 친척 유기물들이다.

이처럼 세상은 복잡한 다양성 안에서도 단순하고 간결한 아름다움을 유지하고 있다. 단순하고 간결함은 '오컴의 면도날(Ockham' Razor)'로 대변된다. 중세의 철학자인 오컴은 일찍이 세상 만물의 이치와 구조가 단순함으로써 경제 원칙을 따라야 하며, 설명이 복잡한 것은 답이 될 수 없다는 놀라운 선견지명을 밝혔다.

세상은 복잡한 것 같지만 원자단위로 내려가면 그 구조는 상당히 단순하다. 우리 몸의 설계도인 DNA는 아데닌(Adenine), 티민(Thymine), 구아닌(Guanine), 시토신(Cytosine)이라는 단 4개의 염기로 수억의 인류를 각각 다른 사람으로 구분 짓고 있다. 이 세상에는 1란 성 쌍둥이를 제외하고는 DNA가 100% 일치하는 사람은 없다. 우리의 몸이나 유기체를 이루고 있는 수 십만 가지의 단백질은 겨우 20가지 남짓한 아미노산으로 되어 있다. 이 20가지의 레고 블럭을 연결하면 특정 단백질이 만들어진다. 세상에 존재하는 수백 만가지 유기 화합물도 그 근원은 탄소와 수소 그리고 산소, 단 3가지의 원소로만 되어 있는 것들이 대부분이다. 이처럼 세상 만물은 오컴이 주장하듯이 경제성의 원칙을 자랑하면서 단순하고도 간결하게 만들어져 있는 것이다.

인터넷의 어떤 사이트를 검색해 보면 사람이 모기에 물렸을 때 가려운 이유를 이렇게 말하고 있다. '모기에게서 나온 혈액 응고 억제 제재인 히스타민(Histamine)이라는 효소가 사람의 피부를 가렵게 한다'. 이것은 반은 맞고 반은 틀리는 말이다. 히스타민은 피부를 가렵게 만드는 주범임에는 틀림없지만 이것은 모기로부터 온 것이 아니고 사람의 몸 속에서 분비된 것이다.

히스타민은 인체가 외부로부터 이물질의 침입을 당했을 때 피부 밑에서 분비가 되면서 발생된다. 항원 항체 반응과 비슷한 것이다. 히스타민은 평소에는 조직 속에 비 활성으로 잠자고 있지만 외부로부터 이물질의 침입이 생기면 즉시 출동하여 그 부근의 모세혈관을 넓히는 작용을 한다. 피가 이동 하는 경로는 혈관이므로 혈관이 넓어지면 더 많은 양의 항체가 움직일 수 있다. 따라서 혈액 속에서 활동하는 면역계가 대량으로 신속하게 출동할 수 있게 된다. 그럼으로써 그 부근의 피부는 붓고 빨갛게 되는 것이다. 놀라운 시스템이다.

즉, 다시 말해서 모기의 히루딘이 몸 속에 들어오면 몸의 방어기전으로써 히스타민이 분비되고 그래서 가려운 것이다. 일례로 헬리코박터 파일로리(Helicobacter Pylori) 균이 있는 사람의 위장이 쓰리고 염증이 생기는 이유는 균 그 자체 때문이 아니고 그 균을 물리치기 위한 면역 시스템이 너무 과도하게 작동되어서 생기는 일이다. 이런 일의 극단적인 예가 면역 체계가 오류를 일으켜 자신을 공격하는 자가면역질환인 '다발성 경화증' 같은 병이다.

결론적으로 사람이 모기에 물렸을 때 가려운 이유는 모기의 히루딘 때문에 분비되는 인체의 히스타민 때문이다. 그런데 필자의 아이는 모기에 물리면 남보다 더 심하게 붓고 부기도 더 오래간다. 그 이유는 아이가 모기의 히루딘에 꽃가루나 먼지 등과 같은 물질처럼 알러지 반응을 보여서 히스타민이 폭발적으로 증가하기 때문이다. 이것이 심하면 죽는 사람도 생긴다. 히스타민이 패닉(Panic)을 일으키면 온 몸에 두드러기가 생기게 되고, 두드러기가 내부까지 퍼져서 기도를 막게 되면 질식사하는 수도 있다. 이런 현상을 의학에서는 아나필락시스(Anaphylaxis)라고 한다. 이 때 처방하는 유명한 지르텍(Zyrtec) 같은 항히스타민제는 놀랍도록 빨리 작동하지만 때로는 알약으로 안 될 경우가 있다. 간에서 약의 해독을 진행시켜 버리기 때문이다. 이럴 때는 위와 간을 거치지 않고 약을 바로 혈관으로 투입하면 즉, 주사를 맞으면 순식간에 두드러기를 진압할 수 있다. 물론 약효과가 빠른만큼 반감기도 빨라 금방 약효가 사라진다.

말이 나온 김에 모기로부터 비롯되는 말라리아에 대한 이야기를 해보자. 말라리아라고 하면 별로 심각하지 않은 병 같지만 사실 21세기인 지금도 한해에 말라리아로 죽는 사람이 수 백만 명이 넘는다고 한다. 지금은 말라리아의 치료 약인 키니네(Quinine)*가 값싸게 많이 생산되고 있지만 18세기에는 치료약이 없었고 발견 후에도 귀해서 영국이 식민지 경영을 단지 말라리아 때문에 포기해야 할 정도로 당시에는 심각한 질병이었다.

말라리아 모기

인도는 말라리아 때문에 전 국토의 개발이 정체 상태에 있었고 아시아나 아프리카뿐만 아니라 유럽이나 미국의 일부 지역도 말라리아로부터 고통 받고 있었으며, 당시 매년 2천 5백만 명이 이 병에 걸렸고, 2백만 명이 사망하는 무서운 질병이었다.

---

* Quinine: 정확한 발음이 퀴닌이 될것이나 필자가 학생때는 키니네로 배웠다.

말라리아는 직물을 염색하는 합성염료와 깊은 관계를 맺고 있다. 우리가 입고 있는 옷들의 색이 이토록 다양하게 된 것이 저절로 이루어진 일이 아니다. 바로 이 당시, 귀하디 귀한 키니네를 화학적으로 합성하려는 대박을 꿈꾸는 시도의 부산물로 탄생된, William Perkin이라는 영국 사람이 만든 'Mauve''라는 합성 염료 때문이다.

말라리아와 관련된 인간의 진화에 대한 재미있는 얘기가 있다. 말라리아는 아프리카에 특히 만연된 질병이다. 1904년, 아프리카에서 어니스트 아이언스(Ernest Irons)라는 인턴이 흑인 남자의 질병을 확인하던 차였다. 이 남자는 몹시 심한 빈혈증으로 고통 받고 있었는데 이 환자의 혈액을 조사해 본 의사는 깜짝 놀랐다. 환자의 적혈구 모양이 이상했기 때문이다.

혈액 1cc에 500만개 정도가 있는 보통사람의 적혈구는 둥글 납작한, 구멍이 없는 도넛의 모습이다. 그런데 이 남자의 적혈구는 이상하게도 원형이 깨진, 마치 낫 같은 모습을 하고 있었다. 적혈구는 그 안에 포함된 단백질인 헤모글로빈이 철(Fe)을 이용해서 헤모글로빈 한 분자당 4개의 산소분자를 붙잡은 다음 혈관을 타고 온몸 구석구석을 돌면서 인체의 각 기관에 산소를 나르는 기능을 가지고 있다. 그 안에 많은 수의 헤모글로빈을 보유하고 원통형인 혈관을 매끄럽게 미끄러져 다니려면 그 모양은 당연히 납

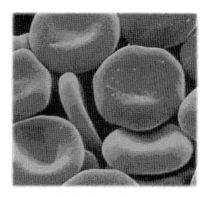

정상적인 인간의 적혈구

---

* 모우브: 인류 최초의 합성염료

작한 도넛의 모습이 이상적일 것이다.

그런데 낫 모양의 C자처럼 생긴 적혈구는 혈관을 돌아다니다가 혈전 같은 방해 물질이나 중성지방으로 둘러싸인 모세혈관에 부딪히면 금방 쌓여버리게 된다. 이렇게 되면 당연히 혈관이 막힌다. 따라서 빈혈은 물론, 여러 가지 순환계의 질병에 시달리다가 결국은 죽고 마는 무서운 질병이다. 이병의 이름은 '겸상(鎌狀) 적혈구 빈혈증'이다. 이름 그대로 Sickle Cell Anemia이다. 이 병은 588개의 아미노산으로 이루어진 헤모글로빈의 단백질 중 단 하나의 아미노산인 글루탐산(Glutamic acid)이 발린 (valine)으로 잘못 만들어져 생긴 병이다. 어떻게 해서 이런 질병이 생기게 되었나를 조사한 의사는 실로 놀라운 사실을 발견했다.

이 병은 유전병으로 대부분 흑인에게서만 나타나는 질병인 것으로 밝혀졌고, 놀랍게도 이 유전자를 가지고 있는 사람은 말라리아에 강한 저항력을 가진다는 사실을 알아냈다. 말라리아에 광범위하게 노출된 아프리카에서 이 병을 이겨내기 위해 진화된 하나의 돌연변이라고 보여진다.

다행인 것은 이병은 열성 유전병이기 때문에 이 유전자를 가진 사람은 어머니와 아버지에게서 받은 한 쌍 모두의 유전자가 돌연변이가 되면 병에 걸리게 되지만 부모 어느 한 쪽에만 유전자를 가진 사람은 병에 걸리지도 않고 말라리아에도 강한 저항력을 보인다는 것이다. 그러나 만약에 헌팅턴 병처럼 우성 유전병이라면 부모 중 한 사람만 이 유전자를 가지고 있어도 이 병에 걸릴 확률이 50%가 된다. 천만 다행이다. 따라서 흑인들은 미리 결혼 전에 이 유전자를 조사하기만 하면 이 병에 걸리지 않고 말라리아에는 강한 자손이 생겨날 수 있다.

한편, 자고 일어나 보면 아이의 몸에 한 두 군데가 아닌 여러 군데씩 물린 흔적이 나타날 때가 있다. 모기는 몇 마리 보이지 않는데 말이다. 과연 모기는 한번만 물면 만족하여 떨어져나갈까? 불행하게도 그렇지 않은 것 같다. 모기는 자기 몸무게의 2배 이상 되는 피를 먹을 수 있는 놀라운 먹성을 가졌으므로 한 밤에 여러 차례 씩이나 같은 사람을 물 수도 있다. 밤에 모기가 물면 쫓지 말고 배를 채울 때까지 그냥 있는 게 그나마 여러 군데를 물리지 않는 방법이다. 아니면 일어나서 때려 잡던지.

먹성이라면 쥐를 빼 놓을 수 없다. 포유동물 중에서 가장 작은 크기인, 주로 일본에서 살고 있는 뒤쥐라는 설치류는 몸길이가 여자들의 새끼손가락 만한 크기인데 그 작은 크기 때문에 상대적인 체표면적이 극단적으로 넓어서 대기중의 증발로 빼앗기는 수분과 체온 때문에 하루 종일 끊임없이 먹지 않으면 죽어 버린다. 하루에 자기의 몸무게에 해당하는 양의 먹이를 먹어야만 한다. 사람이라면 하루에 85kg을…… 그래서 이 쥐는 낮잠을 오래 자다 굶어 죽는 일이 생길 수도 있다.

한가지 모기에 관한 재미있는 사실. 모기가 나는 법은 날개를 퍼덕여서 나는 플랩핑(Flapping)이라는 비행술이다. 모기가 나는 것을 본 적이 있는가? 모기는 순간적으로 직각 비행을 한다. UFO나 가능하다는 놀라운 비행법! 심지어 모기는 예각 비행도 한다. 그러나 어떤 물체가 직각 비행을 하려면 가속도가 무한대가 되어야 한다. 이것은 물리의 법칙에 위배되는 사실이다. 어떻게 된 일일까?

잘 때 모기가 혹시 날아다니면 바로 잡지 말고 침대에 누워서 날아다니는 것을 한번 관찰해 보자. 정말로 직각 비행을 하는지. 파리도 똑같이 날 수 있다. 결코 둥글게 날지 않고 항상 각을 이루며 순간적으로 방향을 바꾼다.

물론 여기까지의 얘기는 농담이다. 모기나 파리의 직각 비행은 그렇게 보인다는 것이지 실제로 직각비행을 하는 것은 아니다. 파리 모기가 어떻게 우주를 지배하는 물리의 법칙을 위배할 수 있겠는가? 다만, 직각 비행처럼 보이는 놀라운 비행술은 모기나 파리의 빠른 날개짓 때문이다.

비슷하게 생긴 잠자리 같은 곤충이 1초에 50회 정도의 날갯짓을 하는 것에 비해 파리는 200회 정도 그리고 어떤 작은 모기는 놀라지 말자. 1초에 무려 1,000번 이상을 날갯짓(Flapping) 한다. 그런 고성능의 엔진을 가진 날개로부터 우리가 들을 수 있는 소리가 바로 '윙~'이다. 도대체 그런 놀라운 파워와 순발력은 어디서 나오는 것일까? 별로 쓰잘데기 없는 모기에 대한 이야기는 여기까지이다.

소문은 얼마나 빨리 퍼질까?

2007년 7월, 나는 서울에서 LA까지 가는 비행기에 혼자 타고 있었다. 그런데 옆 좌석에 연세 지긋하신 할머니가 한 분 앉아 있었다. 비록 짧은 시간이지만 나는 그 할머니와 대화를 하다가 그 할머니의 딸이 고등학교 2학년 때 우리 담임 선생님의 부인이라는 것을 알았다. 놀라운 일이라고? 그러나 그렇지 않다.

2006년 4월 22일 11시반, 남산에 있는 하이야트 호텔에서는 결코 예사롭지 않은 결혼식이 있었다. K 사장이 드디어, 반세기 만에 싱글 생활을 청산한 것이다. 놀랍게도 양 쪽 모두 무남독녀 무녀독남의 결혼이었다. 신부의 나이는 공개되지 않았지만 '매우 젊다'는 소문이 있었다.

신랑의 친구들은 젊고 예쁜 신부보다도 자신들과 연배가 비슷한 미모의 장모님에게 끌린다고 너스레를 떨었다. 그리고 반백의 나이에 새로운 인생을 시작하려는 그의 놀라운 용기에 박수와 격려를 보냈다. 티 하나 없는 청순한 신부의 모습에서 지나온 그녀의 인생을 대략 짐작할 수는 있었다. 축복받은 부러운 결혼식의 모습이다.

한달 여 전인 3월 11일.

K 사장은 나에게 귓속말로 이렇게 얘기했다.

"나 결혼해"

물론 처음 듣는 얘기는 아니었지만 이번은 예사롭지 않게 들렸다.

무엇보다도 소문이 전혀 없었다는 것이다.

신부가 누구인지 몇 살인지 무슨 일을 하는 사람인지 전혀 알 수 없었

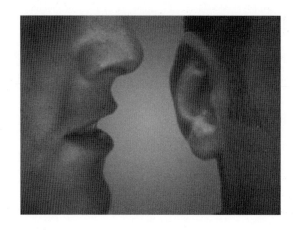

기 때문에 이번의 얘기는 자못 진지하게 들렸다.

또 그간은 "결혼할지도 몰라" 였지 "결혼 해"는 아니었기 때문에 이번에는 뭔가가 달랐다.

그리고 그는 결국 일을 내고 말았다.

그는 그 얘기를 하면서 "다른 사람들에게는 얘기하지마. 이 나이에 그리 자랑스러운건 아니니" 라고 말했다.

그래서 나는 딱 두 사람에게만 그 이야기를 전했다.

아무튼 경사 임에는 틀림없었으니 말이다.

그리고 그들에게도 친한 사람 '둘'에게만 얘기하라고 당부하고 전화를 끊었다. 하지만 그 얘기를 한 시각이 오전 9시 반이었는데 저녁 9시 반이 되니 수십 명에게서 확인 전화가 오기 시작했다. 나는 딱 두 명에게만 얘기했고 그 사람들에게도 두 명에게만 얘기하라고 했는데 불과 12시간 만에 그 소문이 온 세상에 퍼져버린 것 같았다. 성질 못된 나는 소문이라는 것이 얼마나 빠르게 전파 되는지 사람들이 오로지 추측에 의존한다는 사실이 마음에 들지 않았다.

그래서 한번 계산해보기로 했다. 어쨌든 심심한 주말 저녁이었으니까.

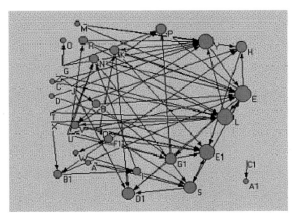

확산 계수

　내가 2사람에게 얘기하고 그 2사람이 또 다른 각 2사람에게만 얘기를 한다고 가정하고 이 과정이 완성되는데, 즉 한 싸이클이 도는데 30분이 걸린다고 생각해 보자. 따라서 오전 9시 반부터 오후 9시 반까지의 12시간이라면 총 24싸이클이 돌아가게 된다. 그러면 계산은 계속 2배씩 24번 올라가게 되므로 1+2+4+8+16+ ……2의 24승이 된다. 이 계산의 답이 얼마나 되는지 짐작이 가는가?

　나는 깜짝 놀랐다. 이 문제의 답은 무려 33,544,431이다.

　이것도 한 사람이 오로지 두 사람에게만 소문을 전달했을 때의 숫자인 것이다.

　만약 이 센세이셔널한 뉴스를 두 사람이 아니라 3사람에게 전달했다면 그 숫자는 1+3+9+……3의 24승 즉 52억 명 정도가 된다.

　이 2와 3이라는 숫자를 수학에서는 확산 계수라고 하는데 만약 확산 계수가 1이라면 내가 단 한 사람에게만 얘기하고 그 사람도 다른 한 사람에게만 얘기한다는 것을 의미한다. 이 경우는 12시간 후 그 소문을 알게 되는 사람이 겨우 24명에 그치게 된다. 따라서 확산 계수 2가 그토록 큰 숫자를 만들 수 있다는 사실에 나는 감동했다. 계산해 보지 않았지만 확산 계수가 4에 이르면 그 숫자는 상상하기도 어려운 천문학적인 수로 불어나게 된다. 지구 전체의 인구 수 보다 더 많아지게 되는 것이다.

놀랍지 않은가? 하지만 확실히 이 숫자들은 진실이 아니다.

내가 3사람에게만 이 소문을 얘기한다면 12시간 후에는 지구 사람 60억 모두가 이 소문을 듣게 되는 것은 아니라는 것이다.

그 이유는 중복 때문이다. K 사장을 아는 사람들은 대개 중복되어 서로를 알기 때문에 소문은 실제로 K 사장을 잘 아는 커뮤니티 안에서 계속 중복되다가 마침내 확산 계수가 1이하가 된다.

즉, 나중에 알게 된 사람이 다른 사람에게 소문을 전하려고 했을 때 그 사람이 이미 그 사실을 알고 있을 경우부터 급속하게 확산 계수가 낮아지면서 소문은 스스로 소멸하게 된다.

하지만 대상이 K 사장이라는 개인이 아니라 지구인이라면, 누구나 다 아는 아인슈타인 같은 유명인이 된다면 이 숫자들이 현실이 될 수도 있

케빈 베이컨

다. 하지만 그 조차도 어느 순간에서부터는 중복에 부딪히기 때문에 결코 지구 인구를 넘어서지는 못하게 되는 것이다.

'세상 사람 누구나 6 다리만 걸치면 다 아는 사람이다.' 이것은 네트워크 이론의 하나인 '약한 유대 관계의 힘'(The strength of weak ties)에서 비롯하여 케빈 베이컨의 6단계 법칙이라는 재미있는 게임으로 발전해 유명해진 이론이다.

세상 사람 누구나 6단계만 걸치면

다아는 사람이 된다는 법칙이다. 예를 들어 톰 크루즈는 '미션 임파서블'에서 존 보이트와 나오고 안젤리나 졸리는 그의 딸이다. 그녀는 '본 콜렉터'에서 덴젤 워싱턴과 같이 나오며 그는 '필라델피아'에서 톰 행크스와 함께 출연한다. 그리고 케빈 베이컨은 '아폴로 13'에서 톰 행크스와 만나게 된다. 상당히 먼 5단계를 거쳤지만 엄앵란과 케빈 베이컨을 연결하는 단계도 4단계밖에 안 된다.

엄앵란'은 '남과 북'에서 남궁원과 출연했고 남궁원은 '인천'에서 로렌스 올리비에와 만난다. 그리고 로렌스 올리비에는 '리틀 로맨스'에서 다이안 래인과 출연했고 그녀는 '마이 독 스킵'이라는 영화에서 케빈 베이컨을 만난다.

재미 있는가?

필자가 학교때 수학 시간에 확률 따위를 배우면서 선생님에게 이런 것을 어디다 써 먹느냐고 항변한 적이 있었다.

결국 '주말의 무료한 시간을 때우는 데 쓴다'가 정답이었다.

---

* 정재승의 '과학콘서트'에서 인용

물의 비밀

세상에서 가장 뜨거운 물은 몇 도일까? 백만도? 천만도? 놀랍게도 220 기압이라는 엄청난 고압에서 이룩할 수 있는 물의 최고 온도는 겨우 섭씨 374도이다. 세상에 500도의 물이라는 것은 존재하지 않는다. 32,000기압 하에서의 얼음은 몇 도나 될까? 답은 섭씨 192도이다. 이 얼음을 사람이 만지면 손을 델 것이다. 이것은 뜨거운 얼음이다.

물은 세상에서 가장 놀라운 화합물이다.

물은 조그만 수소 원자 2개와 커다란 산소 원자 한 개가 정확하게 105도 각도로 결합된 단순한 화합물이다. 대개 사람들은 물이 단 분자 상태로 있는 것처럼 생각하지만 실제로 단 분자의 물은 거의 존재하지 않는다. 항상 여러 개의 분자가 결합되어 있는 것이 우리가 보고 마시는 물이다. 물은 평범해 보이지만 사실은 이 세상에서 가장 비범한 물질이다. 마치 조물주가 세상의 모든 화합물 리스트를 다 만들어놓고, 물을 빠뜨려서 아차! 하고 모든 물리의 법칙을 무시하며 낙하산 인사처럼 갑자기 억지로 끼워 넣은 것처럼 물은 독특하고도 희한하다. 흔해 자빠진 물이 뭐가 그렇게 특이하냐고? 물은 아주 특별하다. 물의 그런 특이한 점이 없었다면 지구상에 생물은 존재할 수 없었을 것이다.

세상의 모든 물질은 3가지 상태로 존재할 수 있다. 그것은 고체, 액체 그리고 기체로 이것을 과학에서는 '3태'라고 한다. 대부분의 물질은 인간이 사는 환경에서는 1~2가지의 상태로 밖에 존재할 수 없다. 그러나 물은 희한하게도 3태를 다 확인할 수 있다. 즉 이 말을 조금 쉽게 하면 물은 분자량이 비슷한 다른 화합물에 비해 끓는 점과 어는 점이 상당히 높다는 것이다.

멘델레프(Mendelev)의 주기율
표에 의하면 원래 물 정도의 질
량과 원소로 된 화합물은 영하
100도 정도에 얼고 영하 80도
정도에 끓어야 정상이다. 즉 상
온에서 액체가 아닌 기체여야
한다. 그런데 실제로 물은 그보
다 100도는 더 높은 상태에서
얼고 끓는다. 이것은 대단한 의
미를 갖는 현상이다.

물이 대체 뭐길래?

만약 물이 지금보다 더 낮은 온도에서 언다면 어떻게 될까? 즉 다시 말
해서 원래의 성질에 맞게 어는 온도인 영하 100도에서 언다면…… 그러
면 지구상에 얼음이라는 것이 존재할 수 없게 된다. 지구상에는 영하
100도가 되는 곳이 없으므로…… 따라서 지구에 있는 현재의 육지는 대
부분 물에 잠기고 말 것이다. 그리고 만약 물이 영하 80도에 끓는다면,
지구상의 모든 물은 기체로 존재하게 된다. 그러면 바다라는 것이 없어
지고 생물은 생기지 않았을 것이다. 그런데 놀랍게도 그런 물리의 법칙
을 완전히 무시하고 물은 1기압 하에서 0도에 얼고 100도에 끓는 것이
다. 그런 이상한 일 때문에 지구상에 생물이 존재할 수 있게 된 것이다.
이 정도면 정말 대단한 의미를 가졌다고 할 수 있겠다.

그런데 잠깐. 물은 항상 0도에 얼까? 그리고 100도에서 끓을까?

18세기 스웨덴의 과학자인 '섭'(Celsius) 선생은 온도의 기준을 만들면
서 물의 어는점을 0도로, 끓는점을 100도로 하여 온도 체계를 만들었다.
한편 독일의 '화(Fahrenheit)' 선생은 물의 어는 점을 32도로 만들었다. 그리

고 끓은 점은 212도로 만들었다.

화 선생은 어쩌자고 이렇게 어려운 숫자들을 도입 했을까? 0부터 100 그리고 그 사이의 눈금이 100단계인 섭씨에 비해서 그나마 화씨는 180등분이다. 그래서 우리는 미국에 가면 온도를 제대로 알기 위해서 상당히 복잡한 계산을 해야만 한다. 빼기 32 그리고 나누기 1.8...

아마도 화 선생은 뭔가를 잘못 생각한 것 같다. 그는 화씨 0도를 인간이 인지할 수 있는 가장 낮은 온도라고 착각한 것으로 생각된다. 섭씨는 화씨가 죽은 후, 6년 뒤에 이런 쉬운 온도체계를 만들었다. 그런데도 미국 사람들은 그가 죽은지 250년이 흐른 지금까지도 이런 이상한 단위를 계속 사용한다.

대개 영국이 만든 단위라는 것이 모두 다 이렇게 이상 야릇하다. 파운드도 그렇고 야드 그리고 갤런, 마일, 피트, 인치, 파인트, 온스 등 참으로 고약하고 희한한 단위들이 많아서 우리를 괴롭게 만든다. 영국에서는 이미 쓰지 않는 이런 얼빠진 단위들을 미국 사람들이 지금까지 고집스럽게 사용하고 있다. 덕분에 미국과 무역을 해야 하는 한국인들이 외워야 할 숫자들이 많아진 것이다.

요즘은 이제 절대 온도인 캘빈(Kelvin)이 만든 온도를 사용하기 시작한다. 물론 과학계에서 주로 사용한다. 절대 온도는 섭씨 영하 273도가 0도이다. 화 선생이 착각한 것과는 달리 '캘' 선생은 정확하게 이 세상에서 가장 낮은 온도인, 더 이상은 낮출 수 없는 영하 273도를 0도로 책정했다. 이 온도보다 더 낮아지면 모든 원자의 운동이 멈추게 된다. 그러므로 사실상 이 온도보다 낮은 온도는 존재할 수 없는 것이다.

그렇다면 높은 온도의 극한은 얼마나 될까? 낮은 온도의 극한이 이렇게 낮은데 비해서 높은 온도는 우리가 아는 가장 큰 수를 동원해도 모자랄 지경이다. 태양의 표면 온도는 6,000도 이지만 내부 온도는 1,500만도나 된다. 그러나 이 정도도 아직 멀었다. 지구에서 핵융합 반응을 유도하려면 1억 도는 되어야 하니까.

온도는 열의 척도이다. 열은 원자나 분자 운동의 척도이다. 따라서 온도가 높다는 것은 원자나 분자가 빠르게 움직이는 것을 나타내는 것이다. 이 세상의 모든 분자들은 엄청나게 빠른 속도로 움직인다. 온도가 높을수록 빠르게 움직이고 충돌한다. 그러나 그 속도도 한계가 있다. 절대로 넘을 수 없는 한

계, 바로 빛의 속도이다. 그 어떤 물질도 그 속도를 넘을 수는 없다. 따라서 분자나 입자들이 빛의 속도에 가깝게 움직이는 온도가 최고의 온도라고 할 수 있을 것이다. 그 온도는 10^{48} 정도이다. 10억 도의 10억 배의 10억 배의 천만 배이다.

그런데 온도 얘기가 나온 김에 한가지 생각해 볼 것이 있다. 만약 지금이 섭씨 영상 10도 라면 지금보다 꼭 두배인 온도는 몇 도 일까? 간단히 섭씨 20도라고 할 수 있을까? 아니다. 만약 그렇게 쉽다면 문제를 내지도 않았을 것이다. 섭씨의 온도라는 것은 위에도 얘기했듯이 단순하게 물의 끓는 점과 어는 점을 100등분 하여 사용한 상대적인 숫자이다. 이해가 잘 안 가는가? 자 이것을 절대온도로 바꿔보면 사실을 알 수 있다. 섭씨 영상 10도는 절대온도로 바꾸면 283°K이다. 왜냐하면 위에서 얘기했듯이 절대 온도의 0도는 섭씨로 영하 273도이기 때문이다. 절대 온도는 마이너스가 없다. 영하 273도 아래의 온도는 존재 하지 않는 우주의 법칙이 있기 때문이다. 그래서 절대 온도인 것이다. 섭씨 영하 273도가 절

대온도 0도 이므로 절대온도로 10도는 영하 263도이다. 거꾸로 생각하면 영상 10도는 절대 온도로 283°K이다. 그러면 영상 20도는? 그렇다, 293°K가 된다.

283과 293, 두 개의 숫자가 과연 2배의 차이인가? 실제로 영상 10도의 두 배는 283×2 즉 566°K이다. 이걸 섭씨로 다시 바꾸면 293°C 인 것이다. 답은 영상 10도의 2배는 영상 293도이다. 괜한 것을 얘기해서 머리 아프게 한다고? 그렇지만 이런 것을 정확한 것이라고 하는 것이다. 정확하게 아는 것과 대충 아는 것은 이렇게나 큰 차이가 있다.

그런데 과연 섭씨의 주장처럼 물은 항상 0도에 얼고 100도에 끓을까? 그렇지 않다는 것을 우리는 안다. 이 세상에 존재하는 모든 물질은 압력에 따라서 어는 점과 끓는 점이 달라진다. 물도 예외는 아니다. 따라서 기압이 높아지면 물의 어는 점도 낮아질 것이다. 그럼 가장 온도가 낮은 액체 상태의 물은? 그것은 2,115기압인 상태에서의 어는 점이다. 그 온도는 무려 영하 22도이다. 영하 22도에서 물이 얼지 않고 액체로 남아있을 수 있다는 것이다.

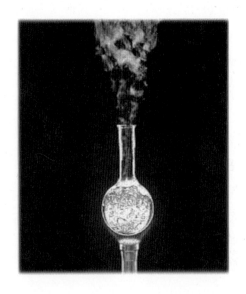

그런데 재미있는 것은 보통 냉장고 속의 물도 이런 영하의 온도에서 얼지 않은 상태로 있을 수 있다는 사실이다. 냉동고 안의 온도가 영하 5도 정도로 내려가도 아이스 통에 들어있는 물이 얼지 않고 그대로 액체 상태로 남아있을 수 있다. 이런 상태를 '과냉각'이라고 하는데 이런 물을 꺼내서 컵에 따르면 충격 때문에 순식간에 과냉각된 물이 얼기 시작한다. 놀라운 광경이지만 전혀 이상할 것이 없다. 물은 얼기 시작할 때 물 속의 어떤 불순물을 중심으로 결정을 늘려가며 전체적으로 얼음을 형성하거나 충격이 있을 때 얼음을 형성할 수 있는데 깨끗한 물을 조용히 냉동고에 두면 과냉각 상태를 만들 수 있다.

반대로 압력을 높이면 끓는 점이 올라간다. 압력 밥솥은 내부 기압이 2기압 정도이며 물이 120도에 끓는다. 만약 압력 밥솥을 220기압까지 올린다면 물은 374도가 되어도 끓지 않고 액체로 남아있을 수 있다. 물론 그 전에 폭발할 것이므로 시험해 보지는 말자. 이것이 물의 액체 상태에서의 최고 온도이다. 그 이상은 아무리 높은 압력을 가해도 375도가 되는 순간 끓어버리고 만다. 500도의 물 같은 것은 없다!

그렇다면 얼음은 어떨까? 만약 2만 기압까지 압력을 올리면 영상 74도에서도 얼음의 상태를 유지할 수 있다. 이른바 뜨거운 얼음이 되는 것이다. 32,000기압이 되면 놀랍게도 영상 192도의 뜨거운 얼음이 존재할 수도 있다. 이 얼음에 손을 대면? 영락없이 손을 델 것이다. 물론 32,000기압은 존재하기 어려운, 상상하기도 어려운 높은 기압이다. 그렇지만 이런 높은 기압은 우리 가까이(?)에도 있다. 바로 태양이다. 태양 내부의 기압은 무려 30억 기압이다.

물의 특이한 성질은 또 있다. 어떤 물질이 액체에서 고체가 되면 밀도는 어떻게 될까? 늘어날까? 줄어들까? 그렇다. 당연히 늘어난다. 즉, 밀도가 커진다. 그런데 이 물이란 놈은 다른 물질들과는 반대로 고체가 되면, 즉 얼음이 되면 이런 일반적인 물리의 법칙을 무시해 버리고 밀도가 오히려 줄어든다. 그래서 우리는 사이다를 냉동고에 넣어두면 병이 터져버리는 경험을 한다.

물이 이런 성질을 보이는 데는 심오한 이유가 있다. 물은 영상 4도가

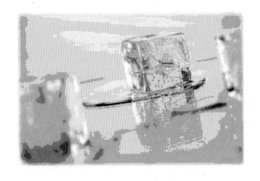

되었을 때 가장 밀도가 높아진다. 온도가 그 이하로 내려가면 다시 밀도가 줄어들고 얼음이 되면 더 줄어든다. 물론 온도가 올라가면 올라간 만큼 밀도가 줄어들다가 100도가 되면 수증기가 되면서 기체로 변하게 된다. 폭발적으로 밀도가 줄어드는 것이다.

물이 얼음이 되면 부피가 늘어나는 다른 타당한 이유도 있다. 그것은 물 속에 녹아있는 공기 때문이다. 물속에는 질소와 산소 그리고 이산화탄소 등의 기체들이 녹아있다. 그것들이 물이 얼면서 고체를 형성하면 도망가지 못하고 그 안에 갇히게 된다. 그래서 얼음 속을 보면 많은 기포가 있어서 얼음이 하얗게 보이는 부분이 있다.

그런데 좋은 호텔의 고급 레스토랑에 가서 식사를 해보면 기포가 하나도 없이 깨끗하고 수정처럼 투명한 얼음을 내놓는다. 어떻게 된 걸까? 사실 이건 간단한 마술이다. 얼음 속의 공기를 쫓아내버리면 된다. 어떻게?

물을 끓이면 된다. 물을 끓이면 물 속에 녹아있던 모든 기체들이 대부분 도망가버린다. 그리고 다시 물이 천천히 식기 전에 얼른 얼리면 된다. 물은 차가울수록 기체가 많이 녹을 수 있기 때문에 찬 물은 뜨거운 물보다 더 많은 공기를 함유하고 있다. 남극이나 북극 같은 차가운 바다 속에는 열대의 바다보다 훨씬 더 많은 산소가 있을 것이다.* 그래서 플랑크톤들이 추운 바다에서도 많이 살고 있으며 고래들은 그 뒤를 쫓아 남빙양이나 북극해로 가는 것이다.

---

* 남극이나 북극의 물속에는 2배 가까운 산소가 녹아 있다.

만약 물이 이런 성질을 가지지 않고 그냥 평범하다면 어떻게 될까? 만약 물이 얼음이 되었을 때 물보다 밀도가 높아진다면 얼음은 당연히 물에 가라앉을 것이다. 그러면 추운 겨울 날 차가운 대기와 접하는 호수의 표면이 맨 먼저 얼 것이다. 얼음이 얼면 그 얼음은 물보다 무거우므로 가라앉을 것이다. 그리고 표면은 계속 얼고, 또 언 얼음은 계속 가라앉는 일이 반복된다. 이렇게 되면 호수 밑바닥에 얼음이 차곡차곡 쌓이게 되어 결국 호수는 아래로부터 전체가 얼어버리게 된다. 당연히 그 안에 살던 모든 식물이며 동물은 다 얼어 죽게 된다.

바다도 마찬가지이다. 햇빛도 미치지 못하는 깊은 바다는 말할 것도 없다. 바다도 전체가 얼음덩어리가 되어버리고 여름이 돌아와도 아래의 얼음은 좀처럼 녹지 않을 것이다.

바로 이런 일을 막기 위해서 물은 고체가 되면서 더 가벼워지는 것이다. 어쩐지 짜고 치는 고스톱 같다고? 바로 그렇다. 바깥 날씨가 아무리 추워도 호수나 바다의 맨 아래 쪽은 항상 가장 무거운 영상 4도의 물로 되어있다. 그래서 물고기들은 영하의 추운 날씨가 되어도 살 수 있는 것이다. 참 대단하고도 신기한 일이 아닐 수 없다. 이것을 신의 섭리라고 해야 할지 아니면 놀라운 우연의 결과라고 해야 할지 도저히 알 수 없다.

우리 가까이에 있는 아세트산, 즉 식초를 보면 얼음이 물에 뜨는 것이 원래는 이상한 현상이라는 것을 알 수 있다. 아세트산이 얼면, 즉 빙초산

이 되면 얼음이 생기는 즉시, 뜨지 않고 바닥에 가라앉아 버린다. 이상해 보이지만 사실은 이것이 정상인 것이다.

또한 물은 모든 물질을 잘 녹인다. 따라서 물 속에는 많은 것이 녹아있다. 지구 상의 어떤 물질도 물을 만나면 결합 하고 있던 분자의 결합하는 힘이 수 백배나 더 약해져 버린다. 물질의 분자나 원자는 원래의 덩어리에서 스스로 떨어져 나가 물 속으로 녹아 든다.

컵 속의 커피 한 잔에 집어넣은 각설탕 한 덩어리는 낱낱이 분해되어 각각 몇 개의 분자로 흩어져 버린다. 설탕뿐일까? 심지어는 암석도 시간이 많이 걸려서 그렇지, 모두 물을 이겨내지 못한다. 실제로 바닷물에는 약 70가지의 화합물이 녹아있다. 당연히 그 중에는 금도 있을 것이다. 먼저 얘기했듯이 공기도 물에 잘 녹는다. 그래서 물에는 1리터당 약 18cc 정도의 공기가 녹아있다. 그 중 산소가 약 34%이다. 대기 중의 산소는 21%지만 바다 속에서는 34%인 이유는 산소가 물에 질소보다 2배나 더 잘 녹기 때문이다. 그래서 물 속에서도 많은 생물들이 살 수 있는 것이다.

실제로 물에 녹을 수 있는 무기물과 유기물은 140가지나 된다. 그래서 물 속은 모든 것이 풍부한 풍요로운 환경이 된다. 이런 물의 성질 때문에 최초의 생물이 발생하기에는 물 속이 최적의 장소가 되고 35억년전 지구에서 벌어진 일이 바로 그것이다.

한편, 물의 종류는 몇 가지나 될까? 경수로 얘기를 읽어본 독자라면 적어도 두 가지는 알고 있을 것이다. 경수와 중수가 바로 그것이다. 놀라지 마시라. 자연계에 존재하는 물은 모두 18가지나 된다. 어떻게? 그것은 동위 원소 때문이다. 수소는 양성자와 전자, 단 두 개만 존재하는 가장 간단한 원소이다. 일반적인 수소인 경수소를 포함한 물을 우리는 화학 기호로 H_2O라고 표시한다. 자연계에 존재하는 경수소는 99.985%이다.

만약 수소에 중성자가 하나 더 붙으면? 바로 중수소(Deuterium)가 된다.

이것은 D₂O라고 쓴다. 중성자가 2개 더 붙으면 삼중 수소(Tritium)가 된다. 이런 물은 T₂O라고 쓴다. 수소는 이렇게 3가지의 종류가 있다.

그런데 산소도 마찬가지로 동위원소를 가지고 있다. 원래 산소는 각각 8개의 양성자와 중성자를 가지고 있지만 중성자가 9개 또는 10개인 중 산소가 존재한다. 그래서 산소의 종류도 3가지가 된다. 이렇게 해서 경우의 수는 18이 된다. 여기까지는 천연적으로 존재하는 것들이고 그 밖에 사람이 인공으로 만든 동위 원소까지 따지면 물의 종류는 사실 100가지도 넘는다. 하지만 이런 중수들은 자연계에 1%도 채 안 된다. 이를테면 수돗물 1톤 안에는 중수가 약 150g만이 들어있다.

또 물은 표면장력이 크다. 알코올의 3배가 넘을 뿐 아니라 심지어는 화장품을 끈적하게 유지해주는 3가의 알코올인 글리세린 같은 점액성의 물질보다도 더 세다. 그것이 의미하는 바는 매우 크다. 바로 그 사실 때문에 물은 높은 나무꼭대기까지도 올라갈 수가 있게 되어 세콰이어 나무 같은 큰 식물이 100m 가까운 큰 키로 자랄 수 있는 원동력이 되는 것이다. 만약 표면장력이 약한 다른 액체로 식물이 살았다면 키가 큰 식물은 아예 존재하지 못했을 것이다.

육각수를 들어본 일이 있을 것이다. 육각수는 몸에 좋다고 하기도 하고 물 맛도 훨씬 낫다. 실제로 물은 차가울 때가 더 맛있다. 왜 그런지는 모른다. 물이 가장 맛이 없을 때의 온도는 30도에서 40도이다. 그렇다고 목욕탕 가서 물 맛을 볼 필요는 없다. 미지근한 목욕탕 물은 실제로 지독하게 맛이 없다.

물은 단분자로 존재하기 어렵다

고 앞에서 언급한 바 있다. 물은 평소에는 즉, 상온에는 분자끼리 5각형의 형태로 결합되어있다가 차가워지면 6각형으로 그 구조가 바뀐다. 바로 이때의 물이 육각수이다. 그러니 물은 항상 차갑게 해서 얼음을 띄운 다음에 먹는 것이 좋을 것이다. 이렇게 물을 차갑게 하면 육각수가 약 10% 정도 포함되게 된다. 육각수는 온도에 관계되는 것이므로 실제로 육각수만 100% 들어있는 물을 팔았다고 하더라도 물이 온도에 따라 분자구조가 계속 바뀌기 때문에 조금만 있으면 대부분 안정한 5각수로 변해버린다.

두 부류의 병아리들에게 한 쪽은 차가운 얼음 물을, 다른 쪽은 20도 정도의 미지근한 물을 줬더니 미지근한 물을 먹는 병아리들은 조용히 점잖게 물을 먹는데 차가운 물을 준 쪽은 시끄럽게 다투면서 물을 먹더라는 보고가 있다. 병아리들이 몸에 좋은 것을 아는 것일까? 아니면 단순히 차가운 쪽의 물 맛이 좋아서 일까? 한달 반 뒤, 두 부류의 병아리들의 몸무게를 달아봤더니 차가운 물을 먹인 병아리들의 몸무게가 훨씬 더 많이 나가더라는 흥미로운 보고가 있다. 물론 일본 쪽에서의 얘기이니 심각하게 생각할 필요는 없다. 그렇다고 차가운 물을 마시면 살이 더 찔까? 이 예가 육각수가 살이 찐다는 것을 의미 하는 것은 아니다. 몸의 신진대사를 좋게 한다는 뜻이라고 보면 될 것이다.

실제로 몸에 찬물이 들어가면 사람은 항온동물이기 때문에 그만큼 내려가는 체온을 끌어 올리기 위해서 몸은 칼로리를 써야 하고 그러다 보면 다이어트 효과가 나지 않을까? 확실히 그렇기는 할 것이다. 그러나 너무 좋아할 필요는 없다. 사실 그 효과는 아주 미미하다. 실제로 잃은 체온을 올리기 위해 필요한 칼로리는 몇 칼로리도 안 된다. 그렇지 않다면 우리는 찬물 한잔 먹고도 잃어버린 칼로리를 보충하기 위해서 또 먹어야 할 것이다. 그건 매우 비효율적인 대사이고 우리 몸은 그렇게 진화하지 않았다.

그러다 보면 코끼리보다 10만 배나 더 작아서 상대적인 체표면적이 극단적으로 큼으로 인해 끊임없이 외기에 빼앗기는 열량을 유지하기 위해 끊임없이 먹어야 사는 뾰족뒤쥐(Shrew)처럼 사람도 하루 종일 먹어야 살 수 있는, 어쩌면 누구에게는 즐거운 일이 생길 지도 모른다. 그러나 먹어서 뚱뚱해지면 다시 체표면적이 감소하게 되고 그만큼 외기에 빼앗기는 열량이 작아진다. 그렇게 해서 가속적으로 살이 찌게 될 것이다. 아이들은 끊임없이 움직여서 그렇기도 하지만 체표면적이 크기 때문에 많이 먹어도 살이 찌기가 어렵다.

아무튼 육각수가 몸에 좋다는 말은 확인된 것은 아니지만 맛이 있다는 것만은 틀림없이 필자의 미각으로 확인된 사실이다.

전자 레인지가 음식을 덥히는 것은 물의 마찰을 이용한 것이라고들 한다. 심지어는 전자 레인지의 설명서에도 그렇게 씌어 있는 것이 있다. 그러나 그것은 반만 맞는 말이다. 만약 전자 레인지에 물이 아닌 벤젠 (Benzene 휘발성이 있고 분자식이 6각형으로 된 화학물질) 같은 액체를 집어넣고 돌리면 어떻게 될까? 아무리 오랜 시간을 돌려도 벤젠은 뜨거워지지 않는다. 아주 희한한 일 같지만 이유는 벤젠 같은 물질은 쌍극자가 아니기 때문이다. 쌍극자란 분자가 어느 한 쪽은 플러스 그리고 다른 한 쪽이 마

이너스 전하를 띠고 있는 것을 말한다. 물이 바로 그렇다. 물은 조그만 수소 2개와 큰 덩치의 산소 하나가 양 팔에 수소를 하나씩 끼우고 있는 것처럼 105도로 벌린 상태로 결합되어 있다. 그래서 수소가 있는 쪽은 플러스로 그리고 산소가 있

08. 과학에 눈뜨다

는 머리 쪽은 마이너스로 대전된다. 그런데 전파는 플러스와 마이너스 전기가 교대로 바뀌면서 지나가는 일종의 파동이다.

전자 레인지의 마이크로파(Micro wave)는 전 세계 어디를 가나 똑 같이 2450Mhz이다. 이것이 의미하는 바는 이 전파가 1초에 24억 5천만 번 플러스와 마이너스가 바뀐다는 말이다. 자 이런 파동이 물을 통과하면 어떻게 될까? 쌍극자인 물은 1초에 24억 5천만 번 왔다 갔다 하게 된다(오랄 비의 전동 치솔모가 바로 그런 식으로 작동한다). 그래서 다른 물 분자들과 격렬한 충돌을 일으키게 된다. 이런 충돌이 물을 뜨겁게 만든다.

그런데 마이크로파는 물을 겨우 2~4cm 밖에 뚫고 들어가지 못하기 때문에 만약 물을 넣은 큰 컵을 전자 레인지에 넣으면 가장 자리 부분만 뜨거워질 것이다. 마이크로파의 파장이 12cm 정도로 너무 길기 때문이다. 따라서 레인지 안의 접시를 회전 시켜주지 않으면 전자 레인지 내부의 모든 곳을 커버하지도 못한다. 그래서 개미가 전자 레인지 안에 들어가도 잘만 피하면 살아남을 수도 있을 것이다.

전자 레인지의 문에 구멍이 엉성한 철망 같은 것으로 전자파를 차단하는 이유도 그런 때문이다. 직경이 12cm 이하인 구멍만 만들면 얼마든지 전자파를 차단할 수 있다. 음식이나 물이 일부분만 뜨거워지는 이유가 바로 그것이다. 그런데 얼음은 전자 레인지의 영향을 받지 않는다. 얼음이 금방 녹지 않는다는 것이다. 얼음 내의 물 분자는 쉽사리 회전하기 어렵기 때문이다. 따라서 전자 레인지는 얼음을 녹이지는 못한다. 그러면 전자 레인지의 해동기능은 어떻게 된 것일까? 그것은 전자파를 발생하는 마그네트론(Magnetron)을 껐다 켰다 하는 기능일 뿐이다. 그렇게 하면 레인지가 꺼진 사이에 얼음이 녹고, 녹은 물을 뜨겁게 만들어서 그것이 다시 얼음을 녹일 수 있는 시간을 만들어 주는 것이다.

물에 관한 신기한 이야기는 여기까지이다.

핵은 죽었다.

히로시마에서 떨어진 원자폭탄의 열량은 13킬로 톤이었다. 즉, TNT 1만 3천 톤과 같은 폭발력이다. 그런데 비키니에서 실험된 수폭은 15메가톤이었다. 만약 핵전쟁이 전면적으로 일어난다면 수백 만개의 히로시마 원폭이 전세계에 떨어지는 셈이다. 13킬로 톤의 폭탄으로 십만 명이 죽었으므로 전면 핵전쟁이 일어나면 1천억 명이 죽게 된다. 지금 지구의 인구는 66억 명이다.

– 칼 세이건 –

북핵 문제가 나오면 경수로가 자주 등장한다. 도대체 경수로가 뭘까? 결론부터 얘기하면 경수로는 원자로의 한 종류이다. 언론에서 이걸 원자로라고 하지 않고 경수로라고 얘기하는 것 자체가 나는 마음에 들지 않는다. 사실 원자로가 경수로 보다는 보편적인 단어이기 때문에 대중을 상대로 하는 언론은 이걸 원자로라고 해야 옳다고 생각한다. 실제로 언론으로부터 경수로를 접하는 대중들이 이것을 원자로의 하나라고 이해하는 사람이 얼마나 있을까? 처음부터 원자로라고 했다면 대부분이 이해를 했을 것이다.

핵분열과 원자

핵분열이 뭔지부터 알아보자. 그래야 얘기를 전개할 수가 있다.

우주에 존재하는, 또는 작용하는 4가지 모든 힘(force)* 중 가장 강한 것이 핵력이다. 다른 힘은 전기력, 자기력 그리고 중력이 있다. 자연계에 존재하는 4가지 힘만 가지고도 깜짝 놀랄만한 재미있는 얘기들이 있을 수 있지만 여기서는 이 정도로 하겠다.

---

* 전기와 자기력은 한 가지로 분류하고 핵력은 강한 핵력과 약한 상호작용 2가지로 구분된다.

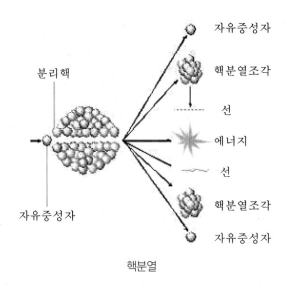

자유중성자

핵분열조각

선

에너지

선

핵분열조각

자유중성자

분리핵

자유중성자

핵분열

　핵력이 뭔지 이해하기 위해서 지금부터 기억을 더듬어서 중학교 때의 물상 시간으로 되돌아가보자. 모든 물질의 가장 작은 구조는 원자라고 생각했다. 아리스토텔레스의 시대에 철학자들이 이런 개념을 생각했고, 더 쪼갤 수 없는 물질이라는 뜻의 'atom'이라는 이름을 2500년 전에 이미 생각해 냈다. 그런데 지금은 원자도 여러가지의 뭔가로 되어있다는 사실을 알게 되었다. 바로 그렇다. 원자는 핵과 그 주위를 도는 전자로 되어 있다(사실 돈다는 표현은 정확한 것이 아니다. 구름을 이루고 있다는 것이 더 정확하다). 그리고 핵은 양성자와 중성자로 되어 있다. 양성자는 + 전기를 띠고 있고 전자는 – 전기를 띠고 있으며 중성자는 전기를 띠지 않으므로 전체로 봐서 전기적으로 중성이 된다(먼저 나왔던 얘기지만 중요하므로 반복된다).

핵 력

　이 때 양성자와 중성자가 서로를 붙들고 있는 힘이 핵력이다. 이 힘은 가장 약한 힘인 중력보다 10^{40} 배가 크다. 10^{40}, 언뜻 입력이 잘 안 될 것이다. 이 크기는 10억 배의 10억 배의 10억 배의 10억 배의 만 배이다. 이해가 안 가기는 마찬가지라고? 그럼 엄청나게 큰 수라고 생각하고 그냥 넘어가자. 그 정도로 강한 힘으로 결합되어 있는 것이 핵력이다. 어떤 물질의 원소가 쉽게 다른 것으로 변하지 않기 위해서 이런 강한 힘이 작용하는 것이다. 그러나 물론 이 힘이 작용할 수 있는 거리는 겨우 10^{-13}cm이다. 이보다 먼 거리는 적용되지 않는 힘이다.

10^{-13}이라 얼마나 작은 크기일까? 이것은 1cm의 10억 분의 1의 만 분의 1의 크기이다. 겨우 그 정도의 거리에만 작용하는 대신, 그 힘은 무지막지하게 세다.

우리 은하에는 약 1000억 개의 태양(항성)이 있다. 그런데 우주에는 그런 은하가 또 1000억 개 있다고 알려져 있다. 그러면 우주에 존재하는 항성의 총 개수는 10^{22}개가 된다. 그런데 우리가 이른 아침에 볼 수 있는, (반드시 이른 아침이다. 게으른 사람은 결코 볼 수 없다.) 영롱한 이슬 한 방울에 있는 수소와 산소 원자의 개수는 어떻게 될까? 만약 이슬 한 방울이 0.1cc라면 이 안에 무려 10^{22}개의 수소와 산소 원자가 존재한다. 항성의 개수와 같다. 어떤가, 오묘하지 않은가?

반면에 태양계 내에서 태양과 지구를 묶는 힘이기도 한, 가장 약한 힘인 중력이 미치는 거리는 어마어마하다. 지구와 태양과의 거리가 1억5천만km이고 가장 멀리 있는 명왕성까지의 거리는 무려 59억km이다. 그 먼거리까지도 태양의 중력이 미치기 때문에 명왕성이 태양 주위를 도는 것이다. 또 태양은 2억 4천만년에 한번, 은하를 한 바퀴씩 돈다. 그것도 중력의 힘이다. 은하의 지름은 무려 10만 광년이나 된다. 중력은 우주끝까지 작용한다.

그런데 이렇게 강력한 핵력을 깨뜨리고 핵을 분열시킬 수 있다는 것이 이태리의 과학자 엔리코 페르미(Enrico Fermi)에 의해 현실화된 것이다.

원자의 질량이 아주 높아서 불안정한 원소의 경우 핵을 분열시킬 수도 있다는 사실이 발견되었고 우라늄 같은, 원자의 질량이 아주 높은 방사성 물질의 핵에 중성자를 쏘면 핵이 분열되며 그것도 연쇄반응을 일으키면서 막대한 에너지를 낸다는 것을 알아낸 것이다. 2차대전이 한창인 때에 이런 사실이 발견되어 곧, 이것을 이용하면 가공할 폭탄을 만들 수 있다는 사실을 과학자들이 알게 되었다.

왜 하필 중성자로 쏴야 하느냐, 전자나 양자로 하면 안 될까? 하는 의문이 든다. 전자는 양자나 중성자의 10만 분의 1의 크기로 너무 작기 때문에 안 되고 같은 양자끼리는 전기적으로 같아서 서로 밀어내므로 불가능하다. 따라서 중성자가 적격이 된다. 중성자를 핵에 서서히 부딪히면 핵이 원래의 분자량이 더 작은 두 조각으로 나누어지면서 중성자가 몇 개 발생하고 그 중성자가 또 다른 핵에 부딪히게 된다. 이에 따라서 연쇄반응(Chain reaction)이 일어나게 되는 것이다.

우라늄

핵분열의 연료가 되는 우라늄은 자연상태에서는 원자량이 238이지만 그 중 약 0.7% 정도가 235인 동위 원소가 있다. 동위원소(isotope)는 같은 원자인데 중성자의 개수만 다른 것이다. 즉, 원자 번호는 같고 질량은 다른 원소이다. 그 중 질량이 235인 우라늄만이 핵분열이 가능하다. 안타까운 일이다. 하지만 핵분열이 생각처럼 그렇게 쉽게 일어난다면 그것도 이만저만 큰일이 아니다. 핵분열은 상상을 초월하는 막대한 힘을 내는 만큼 그런 물질은 당연히 희귀해야 할 것이다.

원자 번호가 92인 우라늄보다 질량이 더 큰 원소를 초 우라늄 원소라고 하는데, 모두 인공적으로 만든 것들이다. 이 모든 초 우라늄 원소들은 방사능을 가지고 있다. 그런데 중성자의 숫자만 다르고 양성자와 전자의 숫자는 같은 동위 원소는 사실 화학적으로는 동일하다. 단지 물리적으로만 다르다. 즉, 중량이 다르다는 것만 차이가 있다. 그러므로 동위원소를 화

고농축 우라늄

학적으로 분리하거나 구분하는 일은 불가능한 일이다. 따라서 동위원소를 분리하려면 물리적인 방법을 써야 한다.

그 첫 번째 방법으로 '기체 확산법'이라는 방법이 있다 거창한 이름과는 달리 상당히 간단한 방법으로, 우라늄을 기체로 만든 다음 미세한 구멍이 뚫린 막을 통과시키는 것이다. 그러면 질량이 더 나가는 우라늄238은 구멍을 잘 통과하기가 어렵게 되고 따라서 이 막을 통과한 우라늄은 235의 숫자가 조금 더 많아지게 된다. 이런 원리로 막을 계속 통과하게 만들면 결국 우라늄235의 숫자는 점점 많아지게 된다. 예컨대 첫 번째로 막을 통과한 235의 숫자는 0.8% 더 많아진다. 그리고 계속해서 2, 5, 10, 20, 50, 90, 99% 등으로 점점 커지게 되는 것이다.

또 다른 방법은 원심력을 이용하는 것인데 탈수기에 두 동위원소를 넣고 돌리면 무게가 다른 두 원소는 분리될 것이다. 요즘은 간편한 이 방법을 더 많이 쓰고 있다. 이런 과정을 농축이라고 한다. 농축이 왜 필요하느냐면 핵폭탄을 만들기 위해서는 최소한 90% 이상의 우라늄 235가 필요하기 때문이다.

농축우라늄

우라늄을 광산에서 캐오면 불순물을 제거하여 노란 가루상태로 만든다. 이것을 옐로우 케이크(yellow cake)라고 하며 우라늄이 70% 정도 들어 있다. 이 yellow cake는 암모니아 때문에 노란색을 띠는데 요즘은 암모니아를 제거해 버려서 까만 색이다. 그런데도 여전히 이름은 yellow cake이다.

그런데 위에서 얘기했듯이 핵연료로 쓸 수 있는 우라늄235는 순수한 우라늄 안에서도 겨우 0.7% 밖에 안 된다. 이대로는 너무 순도가 낮아서 연쇄적인 핵분열을 일으키기 힘들다. 그래서 우라늄을 농축해야 하는 것이다. 하지만 90%의 농축 우라늄이 필요한 핵 폭탄과는 달리, 원자로에서는 약 5배로 농축한 3.2%의 농축 우라늄이 핵연료가 된다.

핵폭탄

원자폭탄은 이런 핵분열을 일시에, 연쇄반응으로 일으키는 물건이다. 이때 우라늄 1g이 무려 석탄 3,000톤의 힘을 낼 수 있다. 핵폭탄 1개가 터지면 백만 분의 1초 이내에 모든 우라늄의 핵이 연쇄반응으로 분열하는데 그 힘이 약 6,000천 만도의 열과 대기압의 수십 만 배나 되는 압력을

형성한다. 가공할 위력이다(태양 내부 온도의 4배나 되는 열을 일시에 발생시킨 다). 2차 세계대전 때 히로시마에 떨어진 '꼬마소년(little boy)'이라는 이름 을 가진 약 10kg의 순도 99% 농축우라늄이 7만 명의 사람을 그 자리에서 즉사 시켰다.

핵 발전

이 무서운 핵폭발의 속도를 천천히, 제한된 장소에서 발생하게 만든 것이 원자로이고 이것을 이용하여 전기를 만드는 것이 핵 발전이다. 사 실 핵 발전은 물을 끓여서 거기에서 발생한 증기로 터빈을 돌려서 전기 를 발생시키는 면에서는 수력이나 화력 발전소와 크게 다르지 않다. 다 만 재미있는 것은 물을 끓여서 증기로 만드는 재료가 바로 물이라는 것 이다. 지구 위에서 보통의 대기압 조건 하에서는 물로 물을 끓일 수는 없다. 하 지만 높은 압력 하에서는 그런 일이 가 능하다. 압력을 100기압으로 올리면 그 안의 물은 250도의 고열에서도 액체로 존재 할 수 있게 된다. 바로 그 뜨거운 물로 대기압 상태에 있는 다른 물을 끓 일 수가 있는 것이다. 핵발전소가 대개 바다 근처에 있는 이유가 바로 물을 많 이 사용하기 때문이다.

원자로

원자로를 만들기 위해서는 핵분열을 더디게 할 감속재와 원자로가 너 무 뜨거워져서 노(爐)가 녹는 것을(melting down) 막을 냉각재가 절대적으로 필요하다. 그리고 어떤 물질을 냉각재로 또는 감속재로 사용하느냐에 따라 원자로의 종류가 나눠진다.

감속재

감속재는 또 뭘까? 왜 필요한 것일까? 원래 핵분열을 일으키려면 중성자가 느린 속도로 부딪혀야만 한다고 했다. 그런데 최초의 핵분열로 생기는 중성자는 속도가 느리지 않다. 따라서 중성자의 속도를 느리게 만들어야 연쇄 반응을 유도할 수 있다.

중성자의 속도를 느리게 하는 방법으로 물 속을 통과하게 하는 방법이 있다. 빛도 물을 통과하면 속도가 25%나 느려진다. 같은 원리로 중성자를 물 속으로 통과하게 만들면 된다. 따라서 물을 감속재로 사용할 수 있다. 감속재로 사용할 수 있는 또 다른 물질은 흑연이다.

제어봉

일단 시작된 연쇄 반응을 위험하지 않은 수준으로 천천히 일어날 수 있도록 제어하는 물질이 필요하다. 이것이 제어봉인데 카드뮴이 그런 구실을 훌륭하게 해 낼 수 있다. 카드뮴은 속도가 느린 중성자를 아주 잘 흡수한다. 따라서 빠른 연쇄 반응이 일어나려고 할 때 카드뮴 막대를 이용하여 반응 속도를 제어할 수 있게 된다. 자동차로 말하자면 브레이크라고 할 수 있는 것이 제어봉이다.

이제는 필요한 모든 것들이 갖춰졌다. 농축 우라늄을 핵연료로 그리고 냉각재와 감속재로 경수를 사용한 미국식 원자로를 바로 경수로라고 한다.

경수(light water)

경수는 무엇일까? 빨래 할 때 짜증나게 하는, 탄산칼슘이나 탄산마그네슘이 들어있는, 비누거품 잘 안 나는 그 경수(hard water)*와는 전혀 다르다.

자연에 존재하는 물은 99.75%가 경수이다. 즉, 그냥 보통 물이 경수라는

경수로

것이다. 결국 물을 어려운 말로 하면 경수인 것이다. 가벼울 輕을 쓴다. 빨래를 할 때 쓰는 물도, 집에서 마시는 물도 모두 경수이다.

그럼 나머지 물은 뭘까? 그것이 바로 중수이다. 무겁다는 뜻의 重水라고 쓴다. 그럼 어떤 물이 무거운 물이고 어떤 물이 가벼운 물일까?

먼저 얘기했던 동위 원소를 상기해 보자. 물을 이루는 수소와 산소원자에도 동위 원소가 있다. 수소는 3가지 동위 원소가 있는데 중수소와 삼중수소가 그것이다. 원래 수소에는 중성자가 없고 양자 하나만이 있어서 원자량이 1인데 중성자가 한 개 있어 원자량이 2가 되는 것이 중수소이고 중성자가 2개 있는 것이 삼중 수소이다.

마찬가지로 산소에도 3가지 동위 원소가 있는데 산소의 원자량인 16 외에도 17과 18인 동위 원소가 있다. 물의 분자인 H_2O가 중수소나 3중 수소와 그리고 17이나 18의 원자량을 가진 산소의 동위 원소로 되어있으면 중수가 되는 것이다. 중수는 끓는점도 101.7도로 더 높다. 중수는 귀

---

* 경수(hard water)와 반대의 의미를 가진 물은 연수(soft water)이다.

한만큼 무척 비쌀 것이다.

중수로

경수로 말고 중수로는 없을까? 그렇다. 원자로 중에는 중수로도 있다. 그럼 뭐 하러 비싼 중수로를 쓸까? 싸고 구하기 쉬운 경수로도 있는데.. 다 이유가 있다. 중수로는 핵 연료로 쓰이는 우라늄을 농축할 필요가 없다는 장점이 있다. 천연 우라늄을 그냥 집어넣으면 된다는 것이다. 즉 우라늄 농축 시설이 필요 없는 것이다. 따라서 다른 나라에서 얼마나 우라늄을 쓰고 있는지 모니터링(monitoring)이 되지 않는다. 경수로를 쓰면 우라늄을 농축해야 하고, 그 양만 파악하고 있으면 우라늄을 얼마나 쓰는지 자동으로 확인이 된다. 이것이 미국이 북한에 경수로를 쓰게 하려고 했던 첫 번째 이유이다. 그리고 또 하나의 장점이 있다.

플루토늄

우라늄은 그 이름을 당시에 발견된 새로운 행성 중의 하나인 천왕성(Uranus)의 이름에서 따 왔다. 따라서 우라늄 다음의 원소는 당연히 다음 행성인 해왕성(Neptune)으로 되고 마지막 행성인 명왕성(Pluto)에서 명명된 것이 바로 플루토늄이 되는 것이다.

이 플루토늄이 핵폭탄의 원료가 될 수 있다. 다만 239만이 그렇다. 플루토늄 240은 우라늄 238처럼 핵반응을 일으킬 수 없다. 히로시마에 이어 나가사끼에 떨어진 별명이, 뚱보(fat man)인 원자폭탄이 바로 플루토늄탄이다.

플루토늄은 원자로에 따라 재미있는 상관 관계가 있다. 핵 폭탄을 만들 수 있는 우라늄이나 플루토늄은 그 순도가 90% 이상이 되어야 한다. 그런데 경수로에서 나오는 플루토늄은 순도 70%를 넘지 못한다. 왜냐하면 플루토늄은 우라늄 238에서만 나오는데 경수로의 우라늄은 235의 우라늄이 많도록 농축이 되어 있어서 그만큼 농축을 하지 않는 중수로 보다 우라늄 238의 양이 적다. 따라서 플루토늄도 적게 생긴다. 그리고 플루토늄 외에 다른 80여 가지의 원소가 만들어지기 때문이기도 하다.

중수로의 경우는 우라늄 238의 농도가 99.3%이기 때문에 경수로 보다 더 높은 순도의 플루토늄을 얻을 수 있다. 그러나 중수로라고 하더라도 핵 폭탄으로 쓸 수 있는 순도 90%의 플루토늄 239는 얻을 수 없다. 왜냐하면 원자로 안에서 시간을 지체하면 기껏 형성된 플루토늄 239가 240이 되어버리고 240은 핵분열을 할 수 없는 쓸모없는 원소이기 때문이다. 그래서 90% 이상의 플루토늄239를 얻으려면 우라늄을 다 태우기 전에 꺼내서 플루토늄 239를 잽싸게 확보해야만 한다. 이런 용도로 만들어진 원자로를 NRX원자로라고 한다.

따라서 일반 경수로에서 나오는 플루토늄으로는 원자폭탄을 만들 수 없다. 플루토늄은 농축이 불가능하기 때문이다(요즘은 이런 기술이 개발되었는지도 모른다). 대신에 NRX같은 특수 중수로에서 나오는 플루토늄은 순도가 90%가 넘는다. 그래서 경수로냐 중수로냐에 따라 핵폭탄을 만들 수 있는 원료 확보면에서 군사적으로 엄청난 차이가 존재하는 것이다.

임계질량

90% 이상 농축된 우라늄도 무게가 어느 일정량 이상이 되지 않으면 연쇄 반응이 일어나기 힘들다. 이 때 연쇄 반응이 저절로 일어날 수 있는 한계 무게를 임계질량이라고 한다. 우라늄의 경우는 약 10파운드 정도가 된다. 따라서 우라늄을 10파운드 이하의 크기로 보관하면 안전하다. 그 결과로 5파운드짜리 우라늄 두 개를 부딪혀서 임계질량을 만들면 그 행위 자체가 연쇄 반응의 방아쇠(Trigger) 역할을 할 수 도 있다. 핵폭탄의 기폭 장치는 바로 그것을 응용한 것이다.

대부분의 우라늄 탄은 우라늄을 2개로 쪼개 장착한 다음, 조그만 폭발을 일으켜 두 우라늄을 합치게 만들어 임계질량을 넘어서면서 연쇄 반응이 저절로 일어나도록 한다. 플루토늄의 경우는 구형으로 설계하여 내부의 핵과 주위를 둘러 싼 구의 외부에 플루토늄을 장착한 다음 충격을 주어 구의 내측과 중심인 핵의 플루토늄이 합쳐져 임계질량에 이르게 하는 방법을 사용하고 있다.

우리나라는 9기의 원자로 중 8기가 경수로이다. 2번째에 1기를 캐나다에서 도입한 중수로로 건설했다. 하지만 이것으로도 핵폭탄의 원료가 되는 90% 순도 이상의 플루토늄을 얻을 수는 없다. NRX 원자로가 없기 때문이다. 이는 당시 인도에 NRX 원자로를 제공한 캐나다가 인도의 원폭실험에 놀라 미국과의 합의 하에 우리에게 주기로 약속했던 NRX 원자로를 주지 않았기 때문이라는 불운한 과거를 가지고 있다.

북한의 원자로는 중수로는 아니지만 또 다른 90% 이상의 플루토늄을 생산할 수 있는 흑연을 감속재로 하고 가스를 냉각재로 하는 가스 냉각로를 가지고 있다. 이것이 미국이 북한에 경수로를 건설하게 했던 두 번째 이유이다.

폐연료봉을 교체했다고 하는 말이 심심치 않게 들린다. 그것은 우라

늄을 다 태우고 생성된 플루토늄을 끄집어낸다는 뜻이다. 북한은 원자로 안에 들어있는, 한 구멍에 10개씩 들어가는 연료봉이 8,010개가 있다. 직경이 3cm이고, 길이가 60cm인 마그네슘으로 만들어진 이 봉 안에 우라늄이 들어있다. 그리고 이것이 연소하고 나면, 말했듯이 플루토늄이 생성되는 것이다.

이것을 재처리하면 원자폭탄을 만들 수 있는 플루토늄이 만들어진다. 재처리 시설만 해도 일부 국가에만 있어서 우리나라는 플루토늄이 있어도 재처리하지 못 해 폐기해야만 한다. 재처리는 몹시 까다롭다. 타고남은 우라늄과 플루토늄을 분리하는 작업을 해야하는데 어마어마하게 방사능이 높은 고 준위 폐기물을 다루려면 모든 작업을 원격조정으로 해야하는, 여간 조심해야 하는 일이 아니기 때문이다.

그런데 북한은 재처리 시설도 가지고 있다. 우리는 경수로에 쓰는 핵연료인 우라늄 농축 시설도 가지고 있지 않다. 선진국에만 있는 시설인데 북한은 이 역시도 가지고 있어서 핵을 자체 생산할 수 있는 모든 인프라를 구축하고 있는 것이다. 일본 역시도 약 46기의 원자로를 운용하고 있는데 이 두 가지 시설을 모두 갖추고 있다.

핵폭탄이 만들어져도 운반체가 없으면 소용이 없다. 핵탄두를 들고 뛰어서 공격할 수는 없는 노릇이다. 따라서 미사일이 필요한데 우리나라는 미국과의 조약으로 유효사거리가 겨우 180km 이내의 거리로 제한되어 있었다(요즘은 어떻게 바뀌었는지 모른다). 그런데 북한은 노동 1호 미사일의 사거리가 1,000km이다. 제주도까지도 날려버릴 수 있는 거리가 된다. 게다가 노동 2호는 1,500km이다. 더구나 최근 개발한 대포동 1호는 무려 10,000km로 일본 전역을 커버할 수 있다. 최근에는 미국 본토까지 다다를 수 있는 미사일이 개발되었다고 해서 난리가 난 적이 있었다.

원래 원자력 발전소를 건설할 당시에는 이것이 화력발전소보다 훨씬 더 경제적이라고 생각했었지만 실제로는 훨씬 더 비싼 비용을 치르고 있다. 그래서 미국은 이미 1979년 이후부터는 원자력 발전소의 건설을 중지하고 있다. 사실 원자력 발전소에서 처음 생각과 달리 비용이 예상외로 많이 들어가는 부분이 바로 핵 폐기물의 처리다.

우라늄이 고유의 방사능을 잃고 붕괴하려면 수 십억 년이 걸린다 반감기가 7억 년이기 때문이다. 플루토늄의 반감기도 만만치 않아서 2만4천 년이나 된다. 따라서 원자로를 가진 각국은 막대한 비용이 들어가는 핵 폐기물 처리 때문에 골머리를 앓고 있다. 우리나라도 예외는 아니다 몇 년 전까지만 해도 이 일로 한반도 전체가 시끄러웠었다.

덧붙여, 필자가 정리하는 이 이야기들은 사실 상당히 오래 전의 자료들을 참고하였기 때문에 그 동안 많은 것들이 변했을지도 모른다. 다만 저자는 핵발전소와 경수로에 관한 기본원리를 이야기 하고자 했을 따름이므로 달라졌을 수도 있는 최근의 Data들의 변화까지는 챙기지 못했다. 이 글은 북한이 핵폭탄 실험을 하기 전에 쓰여졌다.

검은색 옷은 겨울에 입어야 할까?

나의 지식이 독한 회의를 구하지 못하고
내 또한 삶의 애증을 다 짐 지지 못하여
병든 나무처럼 생명이 부대낄 때
저 머나먼 아라비아의 사막으로 나는 가자
거기는 한번 뜬 백일(白日)이불사신같이 작열하고
일체가 모래 속에 사멸한 영겁의 허적(虛寂)에
오직 알라의 신만이
밤마다 고민하고 방황하는 열사(熱沙)의 끝
그 열렬한 고독 가운데
옷자락을 나부끼고 호올로 서면…… (중략)

청마 유치환의 시 '생명의 서'의 일부분이다. 청마는 사막을 태양
이 불사신처럼 작열하는 지옥으로 묘사하였다. 실제로 열사로
달구어진 사막은 기온이 섭씨 40도를 넘나드는 지구상에서 가장 더운 곳
중의 하나이다. 그런데 이 혹독한 환경에 삶의 터전을 일군 베드윈족 들
의 옷 색깔은 놀랍게도 까만 색이다. 흰색이 아니라…… 이는 우리가 가
진 직관과 상식에 정면으로 충돌한다. 하지만 그들이 검은 색 옷(Robe)을
입는 것은 수천 년간 사막에서 살아온 축적된 경험에서 비롯된 것이다.
"검은색은 겨울에 그리고 흰색은 여름에 입는 것이 더 좋다." 라는 것은
상식으로 통한다. 과연 그럴까? 검은 색이 의미하는 것은 태양빛의 가시
광선을 모두 흡수한다는 것이다. 그리고 흰색은 모두 반사한다. 하지만
가시광선은 태양으로부터 오는 빛의 극히 일부분일 뿐이다.

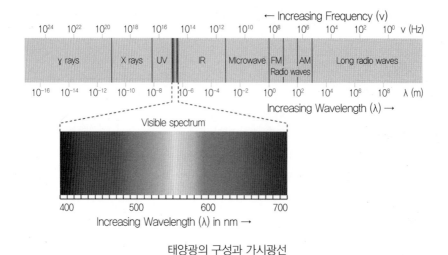

Increasing Frequency (v)

태양광의 구성과 가시광선

위 그림을 보자. 태양빛의 영역은 가장 짧은 파장인 감마선에서 가장 긴 장파까지 무려 10의 24승 즉, 10뒤에 0이 무려 24개가 붙을 정도로 넓은 영역인데 그 중 가시광선이 차지하는 영역은 겨우 400에서 700 나노미터까지로 매우 협소하다. 그런데 우리가 따뜻하다고 느끼는 실체는 사실은 가시광선이 아닌 적외선이다(IR로 표기된 영역).

따라서 어떤 색의 의류가 실제로 따뜻해지려면 적외선을 흡수해야 한다라는 가정이 성립한다. 가시광선과는 무관하다. 즉 옷의 색깔과는 전혀 상관없다. 적외선은 눈에 보이지 않기 때문이다. 하지만 적외선은 위의 그림처럼 영역도 넓고 태양광의 50%* 정도에 해당한다.

그렇다면 가시광선을 모두 흡수하는 어떤 컬러의 소재는 적외선도 흡수할까? 답은 그렇다 이다. 여름날 여러 컬러의 소재를 햇빛에 놓고 있으면 검은 색이 더 빨리 뜨거워진다. 문제는 적외선의 흡수량이 의복 내부

---

* 태양광의 전체 성분과 지구대기 내부까지 도달하는 성분은 다르다.

의 온도를 결정하는 것이 아니라는 사실이다. 왜냐하면 적외선은 흡수도 일어나지만 반대로 방사/복사도 일어난다.

키르히호프의 복사 법칙에 의하면 많이 흡수되는 적외선은 그만큼 방사도 많이 일어난다. 라는 것이다.

그렇다면 어떻게 된 것일까? 검은색은 가시광선뿐만 아니라 근처에 있는 적외선도 잘 흡수하는 것 같다. 하지만 즉시 외부로 방사된다. 많은 흡수는 많은 방사를 의미한다. 따라서 흡수되는 적외선의 양은 실제로 의류 내부의 온도와 상관없다. 하지만 흡수가 아닌 투과는 어떨까? 빛은 반사, 흡수 투과 3가지 현상이 일어난다.

적외선은 파장이 길어서 자외선이나 가시광선보다 투과성이 좋다. 따라서 투과된 적외선은 즉시 의류의 내부에 도달한다. 그렇다면 검은색과 흰색 중 어떤 색이 더 투과가 잘 일어날까? 흰색 양산과 검은색 양산을 써보면 알 수 있다. 검은색은 흰색에 비해 투과가 잘 일어나지 않는다.

햇빛이 많은 적도에 사는 사람들의 피부색을 생각해 보자. 왜 검은 색일까? 검은 피부는 멜라닌이 만들어낸 것이다. 그 장치는 당연히 햇빛의 차단이다. 피부에 관계되는 햇빛은 주로 자외선이 된다. 자외선은 파장이 짧아 에너지가 크므로 피부의 DNA를 파괴할 수 있다. 그런데 자외선을 잘 차단할 수 있는 색은 어떤 것일까? 바로 검은색이다. 검은 피부는 마치 양산 같은 역할을 한다. 따라서 흑인은 언제나 태양 아래에서 양산을 쓰고 다니는 것과 같다. 하지만 자외선은 피부의 비타민 D 합성에도 관여한다.

흑인이 태양의 조사가 적은 추운 지방에 살면 비타민 D의 합성이 잘 일어나지 않아 칼슘이 부족해진다. 반대로 백인이 적도에 살면 자외선을 잘 차단하지 못해 피부암에 걸린다. 황색인종이 적도에 살면 적응이 일어나 멜라닌 합성이 증가하여 어두운 피부가 되고 추운 곳에 살면 피

부가 더 하얗게 된다. 태양빛이 적은 지방에서는 자외선을 차단할 필요가 없다. 자외선이 비타민 D를 합성하고 칼슘을 만들기 때문이다. 위도가 높은 지방에 사는 사람들이 백인인 이유이다.

그렇다면 흑인들은 같은 햇빛에서 백인보다 더 덥게 느껴질까? 피부가 느끼는 햇빛의 열은 백인과 흑인의 차이가 전혀 없다고 알려져 있다.

종합해보면 베드윈족의 검은색 Robe는 적외선을 흡수하여 바로 방사한다. 투과는 거의 일어나지 않는다. 흡수된 적외선은 바로 방사되므로 표면만을 따뜻하게 할 수 있다. 한편, 인체도 피부에서 끊임없이 적외선을 방사하고 있다.

몸에서 나온 적외선은 검은 옷이 흡수하여 외부로 방사한다. 방사의 방향은 언제나 온도가 더 낮은 쪽이기 때문이다. 흰 옷은 몸의 적외선을 반사해서 되돌린다. 한편 검은 옷의 따뜻한 표면은 내부와의 온도 차이를 발생하여 공기의 이동을 만들어 낸다. 바로 바람이 부는 원리이다. 물론 그런 일이 일어나기 위해서는 옷이 피부에 밀착되어서는 안되고 내부에 공기를 많이 포함하는 상당히 부풀어진 모습이어야 한다.

Robe가 바로 그런 옷이다. 검은색 Robe는 자외선과 적외선을 차단하고 내부에 공기가 잘 유통되게 하여 시원하게 해준다. 결론은 검은색 옷

북극에 사는 동물들

으로 보온효과를 보려면 피부에 밀착된 형태여야 한다. Robe형태의 의류는 결코 보온에 도움이 되지 않는다. 겨울 외의류에 적합한 컬러는 결국 흰색이다. 흰색은 적외선을 많이 투과시켜 따뜻하게 만들고 방사는 최소화 한다.

북극곰은 대표적인 사례이다. 북극곰의 털은 속이 빈 중공 형태이다. 따라서 적외선을 내부로 잘 투과시켜 털 내부의 공기를 데울 수 있다.

지금은 멸종하고 없는 매머드의 털 색깔도 흰색이었을 것이다. 의류의 표면 온도로 보온의 정도를 측정하는 것은 내의나 셔츠 같은 피부 표면에 밀착되는 의류만이 유효하다. 아우터웨어(Outerwear)의 보온효과는 Clo 값이 유효하며 소재의 표면 온도는 아무 상관이 없다는 결론에 도달한다.

매머드

08. 과학에 눈뜨다

사람의 실제 나이

동아시아의 나이 계산법은 한국, 중국, 일본, 베트남 등, 동아시아 국가에서 전통적으로 널리 쓰였던 나이 세는 방법으로 세는 나이 또는 햇수 나이라고 한다. 이 나이 계산법은 사람이 태어남과 동시에 한 살을 부여하고 그 후 새해의 1월 1일마다 한 살을 더하는데, 이는 원년(元年)을 '0년'이 아닌 '1년'으로 보는 역법(曆法)의 햇수 세는 방식에 기초한 것이다.

– 위키피디아 –

사람의 생물학적 실제 나이는 어떻게 될까?

동양과 서양의 나이 개념은 차이가 있다.

우리나라에서 아이들이 태어나자마자 한 살을 먹는 이유는 서양과 달리 수정란을 사람으로 쳐준다는 고귀한 뜻을 가지고 있기 때문이다. 우리나라를 포함한 동아시아의 나이 개념은 인간이 태어난 날이 아닌 임신한 날 즉, 최초로 수정이 발생한 날로부터 출발한다. 따라서 태어나면 이미 한살인 것이다. 하지만 서양 사람들은 태어나기 전의 아이는 사람으로 간주하지 않았다. 일단 모태에서 태어나야 그때부터 사람으로 쳐줬다.

영국 사람들은 우리가 1층이라고 부르는 건물의 첫 층을 0층이라고 한다(G라고도 한다). 홍콩에 가보면 엘리베이터에 0층이 있어서 매우 혼란스럽다. 그들의 주장은 이것이 더 과학적이라는 것이다. 1층과 지하 1층의 차이는 1층 차이가 나는데 계산을 해보면 1 마이너스 마이너스 1층이 되어 답은 2층이다. 그런 그들이라도 햇수를 셀 때는 0년 이라는 것이 없다. 21세기는 원래 2001년부터 시작되어야 한다. 하지만 우리는 서기 2000년을 21세기의 시작이라고 한다. 서기 0년이 없어서이다. 만약 0년이 있었으면 21세기는 정확하게 2,000년부터 2099년까지이다.

어느 쪽의 인간 존중이 더 숭고한지는 철학적인 문제이므로 여기서 따지지 않겠다. 하지만 두 나이 개념도 엄밀하게, 생물학적으로 따지면 사실 정확한 셈법은 아니다.

나이라는 것이 어떤 개체의 탄생일 또는 수정란이 발생한 날이 아니라 더 엄정하게 최초로 유래하는 세포의 생성일로부터 출발한다면 우리의 계산은 모두 틀렸다. 지구상의 모든 생명체는 동물이든 식물이든 단 한 개의 세포로 시작하며 인간 또한 예외가 아니다. 따라서 우리의 나이는 2개의 세포로부터 유래한 수정란이 아닌 최초의 세포가 만들어진 날로부터 계산해야 한다.

사실 우리는 생각보다 훨씬 더 오래 전에 만들어지기 시작하였다.

수정란은 난자와 정자가 만나서 발생하는 두 DNA의 결합이다. 그런데 놀랍게도 난자와 정자는 두 동갑의 결합이 아닌 매우 큰 격차의 연상과 연하의 만남이다.

정자는 남자의 생식기관에서 매일 새롭게 3억 개씩 만들어지고 있지만 (완성되는 데 72일이 걸린다.) 난자는 여자가 어머니의 뱃속에 있던 태아상태일 때부터 갖고 있던 것이기 때문이다. 즉 난자가 되는 난모 세포는 여자가 태어나기 전부터 갖고 있었다. 그리고 이후, 절대로 더 이상 만들지 않는다(최초의 난모 세포는 400만개 정도다). 정자처럼 매일 수억 개씩 대량생산되는 싸구려가 결코 아니다. 따라서 둘이 만나 결합할 때, 정자는 신생아와 마찬가지지만 난자의 나이는 그걸 가진 여자의 나이와 동일하다.

정자는 매우 젊다. 정자는 체외에서 2~3일을

zygote

살지 못하지만 자신이 태어난 집인 정관 내에서도 수명이 10일을 넘지 못한다. 즉 열흘 이내에 사출되지 않으면 죽는다. 이후, 체내에 단백질로 흡수된다. 따라서 정자는 70살 먹은 할아버지의 것이라도 언제나 신품이며 바로 그날 만들어진 것일 수도 있다.

만약 이 글을 읽고 있는 당신의 모친이 당신을 25세에 낳았다면 당신은 나이에 25를 더해야 한다. 그것이 당신의 진짜 생물학적 나이이다. 물론 수정이 이루어지기 이전의 역사는 아버지가 없는 반쪽이지만 어쨌든 당신의 실체는 명백하게 그때부터 유래한 것이다. 혹시 나이를 그런 식으로 세는 지구상의 종족이 어딘가에 있을지도 모른다. 같은 날 태어난 동갑이라도 노산인 어머니를 둔 친구는 실제로 나이가 더 많다고 할 수 있을 것이다. 어느 쪽이 더 합리적일까?

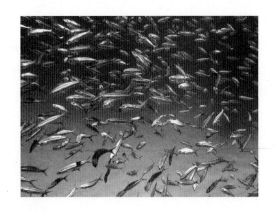

색이란 무엇인가?

色이란 무엇일까?

우리가 무심하게 보고 있는 색깔이라는 것은 현대인에게는 고도로 중요한 ISSUE이다. 사람이 얻는 정보의 70%는 눈으로부터 비롯되며 대부분의 이미지는 착색되어 있기 때문이다. 색이란 무엇일까? 왜 어떤 것은 빨갛게 보이고 어떤 것은 파랗게 보이는 것일까?

색을 인지하는 것은 눈이다. 눈으로 색을 본다는 것은 대단히 복잡한 뇌의 대뇌피질과 눈 신경계의 해부학적인 메커니즘(mechanism)이 연결되어 있지만 여기서는 간단히 생각해보기로 한다. 눈은 빛을 받음으로써 생긴 자극을 시신경을 통하여 뇌에 전달하고 뇌는 이의 이미지를 해석한다. 그런데 이 생물학적인 작용은 사람의 두뇌와 눈의 구조가 저마다 조금씩 다르기 때문에(DNA가 다르기 때문이다) 각자의 뇌가 만들어 내는 이미지도 똑같을 수는 없다는 것이다. 물론 DNA가 정확하게 같은 일란성 쌍둥이는 100% 똑같은 이미지를 볼 수 있을 것이다(과연 그럴까? 쌍둥이라도 지문도 다르고 홍채도 다르다). 따라서 우리는 서로 같은 색을 본다고 생각하지만 저마다가 느끼는 색깔은 약간씩 차이가 있다는 사실을 알 필요가 있다.

그렇다면 색깔이 다르게 보이는 원리는 무엇일까?

태양광이나 빛을 내는 전자 복사파는 여러 가지로 구성되어 있다. 그것들은 파장이 길거나 짧은 것으로 구분되어 전파 혹은 전자파와 적외선

THE ELECTRO MAGNETIC SPECTRUM

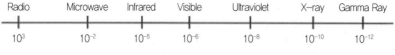

Wavelength (metres)

Radio	Microwave	Infrared	Visible	Ultraviolet	X-ray	Gamma Ray
10^3	10^{-2}	10^{-5}	10^{-6}	10^{-8}	10^{-10}	10^{-12}

Frequency (Hz)

10^4	10^8	10^{12}	10^{15}	10^{16}	10^{18}	10^{20}

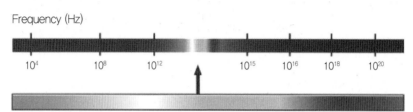

태양광 중에 뉴트리노라고 불리는 중성미자가 있는데 이 미립자는 우리가 태양을 쳐다볼 때 1초에 약 10억 개가 우리 눈을 뚫고 머리를 뚫고 지나서 지구마저 뚫고 지구 뒤쪽으로 나가 버린다. 만약 해가 진 다음에도 해가 있는 쪽으로 얼굴을 돌리면 그 때도 뉴트리노는 지구 반대편을 뚫고 들어와 눈과 머리를 통과하여 우주 바깥으로 날아간다. 다행히 뉴트리노의 에너지 값은 너무 적어 몸에 영향을 미치지 않는다. 뉴트리노는 100만분의 1초 정도만 존재하지만 광속의 99%로 날 수 있으므로 시간 지연이 나타나 지구를 관통할 수 있다.

가시광선 자외선 X선 그리고 감마선 등으로 구성된다. 전자파는 라디오를 들을 때 필요한 중파 단파 등이 있고 레이다에 쓰는 초단파 그리고 전자레인지에 쓰이는 2450MHZ의 micro wave가 있다. 이 중 눈으로 감지할 수 있는 파장은 390~700nm(Nano Meter는 10의 마이너스 9승meter) 사이로 이것을 가시광선이라고 한다.

390nm보다 작은 파장은 에너지가 너무 작아 우리 눈이 감지할 수 없으며 700nm 이상은 우리 눈의 수광부를 활성화 시킬 수 없기 때문에 보이지 않는다. 만약 볼 수 있다면 눈을 다칠 것이다(파장이 짧을수록 에너지가 크다). 그래서 가시광선 보다는 자외선이 몸에 미치는 영향이 크다. X선

은 몸의 일부를 통과하고 감마선은 모두 통과한다. 파장이 가장 짧은 감마선은 몸에 몹시 해롭다. 에너지 값이 크기 때문에 몸의 분자 구조를 뒤흔들 수 있다.

그런데 가시광선은 스펙트럼을 통과시켜 보면 알 수 있듯이 각 파장에 따라서 7가지 색을 가지고 있다(실은 수십만 가지 색이 있다). 그래서 각 색깔의 파장이 눈에 들어오면 이를 시신경이 감지해서 뇌로 보내는 것이다. 가시광선 중 가장 파장이 짧은 것은 보라색이며 반대로 가장 긴 것은 빨강이다. 그래서 보라색 바깥쪽의 볼 수 없는 복사선을 이름 그대로 紫外線(ultra violet) 빨간색 바깥쪽의 복사선을 赤外線(infra red)이라고 부른다. 가시광선은 대략 1초에 약 600조개의 파동으로 안구를 때린다. 빛의 속도는 초속 30만km, 즉 300억cm이기 때문에 가시광선의 파장은 500nm가 된다. 빨간색의 진동수는 초당 약 460조이고 보라색은 약 710조 정도이다. 이렇게 각각의 색은 고유의 파장과 진동수를 가진다. 그러면 선천적인 시각장애자에게 색이 어떤 의미를 갖는가? 그 대답은 고유 진동수이다. 시각장애자가 이 고유 진동수를 감지할 수 있으면 색을 느낄 수 있다.

그럼 눈은 왜 가시광선만 볼 수 있도록 진화 되었을까?

각각의 물질들은 선호하는 빛의 진동수와 파장이 각각 다르다. 그래서 다른 색깔을 가진다. 그런데 지구상에 있는 대부분의 물질들은 가시광선을 잘 흡수하지 못한다. 그러나 감마선 같은 파장이 짧은 복사선은 어떤 물질이던지 무차별 흡수한다. 심지어는 공기도 흡수해 버린다 따라서 감마선은 지상에 도달하기 전에 대기에 흡수되어 사라져 버린다(얼마나 다행인가). 만약 감마선을 볼 수 있는 눈이 있다면 그리고 감마선이 지상에 도달한다면 모든 물체들이 검은색으로 보일 것이다. 그리고 태양의 복사선은 대부분 가시광선으로 되어있다. 아주 뜨거운 별은 대부분의 빛을 자외선으로 방출한다. 차가운 별은 적외선을 방출할 것이다

(black hole은 X선을 방출 한다. 그것이 우리가 black hole의 존재를 확인할 수 있는 이유이다).

그렇다면 어떤 물체가 어떤 특정한 색을 가진다는 것은 무엇일까?

모든 물체는 빛으로부터 각자가 흡수할 수 있는 가시광선 에너지의 파장 대역이 존재한다. 그것이 그 물체의 색을 결정하는 것이다. 우리가 볼 수 있는 물체의 색은 그 물체가 흡수하는 광의 보색이다. 다시 말하면 그 물체가 반사하는 색의 조합을 보는 것이다. 예를 들면 빨간 토마토는 500nm 부근의 파장을 흡수한다. 즉 초록과 파랑에 해당하는 가시광선이다. 그러므로 그 보색관계인 빨강으로 보이는 것이다. 쉽게 말하면 빨강은 반사를 해버리고 파랑과 초록은 흡수한다. 눈은 토마토가 반사하는 빨간색을 보고 인지하는 것이다.

빛의 삼원색은 빨간색과 초록 그리고 파랑이다.

이 3가지 색만 있으면 자연에 존재하는 어떤 색도 만들어 낼 수 있다. TV도 3가지 색상을 만드는 다이오드로 이루어져 있다. TV의 영상은 매우 작은 수천 개의 빨강과 초록 그리고 파랑의 반짝이는 점들이 모여 이루어진다. 빨강과 초록이 섞이면 노란색이 되고 빨간색과 파란색이 만나면 보라색이 파란색과 초록색이 만나면 청록색이 된다. 어느 정도 섞느냐에 따라 다른 색이 되며 수십만 컬러를 만들어낼 수 있다. 색의 삼원색이 있으면 어떤 색상도 출력할 수 있다. 컬러 프린터의 토너는 3원색과 검정으로 되어있다. 식물들이 주로 초록색인 이유는 식물 내에 일어나는 화학작용인 광합성이 주로 빨간색을 필요로 하기 때문이다. 식물의 잎이나 줄기에 있는 엽록소라는 색소를 통해서 태양광의 빨간색을 흡수하고 나머지는 반사해 버린다.

그런데 어떤 물체는 가시광선을 전혀 흡수하지 않고 모두 반사해 버린다. 그런 물체는 흰색으로 보인다. 눈(snow)이 바로 그렇다. 반대로 모든 가시광선 대역의 파장을 모두 다 흡수해 버리는 물체가 있다. 이것은 검은 색으로 보일 것이다. 어떤 검은 물체가 다른 검은 것보다 더 검다는 것은 그 물체가 가시광선의 그 어떤 파장도 반사하지 않기 때문이다. 즉 흡수율이 높을수록 더 검게 보인다. 이 세상에서 가장 검은 물질은 바로 검댕이 이다. 99% 탄소로 된 굴뚝의 검댕이는 빛을 99% 이상 흡수한다. 그런데 검은 색이라도 표면이 매끄러우면 일부분이 하얗게 보일 수도 있다. 정반사가 일어나기 때문이다. 반짝 반짝 닦아놓은 검은 자동차의 표면을 보면 정반사 되는 부분은 하얗다. 그러나 표면이 거칠면 거칠수록 빛의 반사는 적어지고 따라서 그러한 검은 색은 더 검게 되는 것이다. 검은색과 흰색의 차이는 색깔의 문제가 아니라 얼마나 많은 양의 빛을 반사하는 가의 문제이다. 상대적인 개념인 것이다.

아마도 자연에서 가장 밝은 물질은 방금 내린 눈일 것이다. 그러나 그 눈 조차도 사실 가시광선의 75%만이 반사한다. 하늘이 푸르게 보이는 이유는 대기, 즉 공기가 가시광선 중 주로 파란색을 산란시키기 때문이다. 이는 바다가 푸른 이유와 마찬가지이다. 나머지 색은 대부분 그냥 통과해서 지표면에 도달한다. 따라서 대기가 없는 달과 같은 천체는 하늘이 검게 보인다. 지구 보다 엷은 대기를 가지는 화성은 하늘이 붉게 보인다. 지구의 90배나 되는 대기를 가진 금성의 하늘은 아주 파랄 것이다. 지상에는 비록 황산의 비가 내리고 지표면의 기온이 480도에 달하지만……

그런데 빛의 삼원색과 색의 삼원색은 같은 색일까?

왜 빛의 삼원색은 섞으면 흰색이 되고 색의 삼원색은 검은 색이 될까? 색의 삼원색과 빛의 삼원색은 같은 색이 아니다. 빛의 3원색이야말로 순수한 단색광이고 색의 3원색은 약간 다르다. 예컨대 색의 3원색인 빨간색은 Magenta라는 color로 빨간색의 빛과 파란 색의 빛이 섞인 색이다. 파란색은 약간의 초록과 섞인 색으로 Cyan이라는 color이다. 인간의 힘으로는 순수한 단색광의 색을 만들 수 없기 때문에 빛의 3원색에 가장 비슷한 color를 색의 3원색으로 정해놓은 것이다. 색은 섞을수록

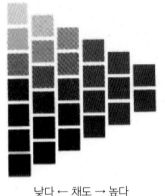

낮다 ← 채도 → 높다

명도와 채도가 어두워지는 반면에 빛은 그 반대이다. 물감의 색은 섞을수록 반사하는 색이 그만큼 적어지고 흡수하는 쪽의 색이 많아지게 된다. 결국 모든 색을 모두 다 흡수하면 검은 색이 되어 버린다. 색을 섞을수록 색을 흡수하는 물질을 더 많이 가지게 되기 때문이다. 반대로 빛은 7가지의 스펙트럼에서 나오는 모든 색을 다 합친 색이 우리가 보는 흰색이다. 햇빛이 백색광인 이유가 바로 그것이다. 그 중에서 일부의 색을 제거하면 그 색만 우리가 볼 수 있다.

화가들은 요리사들의 레시피처럼 자신만의 고유한 색을 만든다. 수십 종류의 물감을 섞어서 수십만 종류의 색을 만들 수 있지만 문제는 물감이 다양하게 섞일수록 표현한 그림은 어둡고 탁한 느낌이 날 수 밖에 없는 즉, 채도가 낮아지는 구조적인 단점을 안고 있다. 그런데 프랑스의 화가인 쇠라가 이런 문제를 해결한 그림을 그렸는데 '그랑자뜨의 일요일'이라는 유명한 그림이다. 그는 화가이면서도 광학을 공부한 놀라운 인물이었는데 사람의 눈은 그리 정교하지 않아서 각각 다른 색의 작은 점이 섞인 것을 각각의 별도 색으로 구분하지 못하고 섞어서 인식한다는 사실을 발견하였다. 즉, 작은 점을 찍어 그림을 그리면 우리 눈은 그것들이 섞였다고 판단하고 섞인 색상으로 보게 된다. 따라서 원색에서 채도와 명도가 떨어지지 않고 오히려 높아진다. 이것이 바로 점묘화이다.

이해를 돕기 위해 흰색에 대해 얘기해 보자.

흰색의 웃옷을 입고 파란색 바지를 입고 있는 사람에게 보통의 조명을 비춘다. 백열전구처럼 모든 색을 다 갖추고 있는 색이다. 당연히 이 사람은 우리가 보는 것처럼 흰티에 파란색 바지를 입은 것으로 보인다. 다음

그랑자뜨의 일요일

은 보통의 조명 대신 다른 모든 색을 제거하고 빨간색으로만 구성되어 있는 조명을 비춰보자. 어떻게 될까? 흰티는 빨간색으로 빛난다. 왜냐하면 흰티는 모든 색을 다 반사하는 색인데 그 중 빨간색만 입사되므로 반사하는 모든 색 중에는 빨간색 밖에 없다. 즉, 빨간색만 반사한다. 그래서 빨간색으로 보인다. 그렇다면 파란색 바지는 어떻게 될까? 바지는 파란색만 반사하고 나머지 색은 다 흡수한다. 따라서 빨간색은 흡수되지만 바지가 반사할 수 있는 파란색은 조명 안에 존재하지 않는다. 이 바지는 아무 색도 반사하지 못한다. 따라서 이 바지는 검은색으로 보인다. 나트륨 등이 켜있는 터널 안으로 들어가면 사물들이 다른 색으로 보인다. 나트륨 등은 주황색만 방사하기 때문에 그 밖의 색은 보이지 않는다. 주황색을 반사하는 물질은 주황색으로 주황색을 흡수하는 물질은 검은색으로 보인다. 그 외 다른 색은 없다. 주황색과 검은색의 세상이 된다.

색을 나타내는 데는 색상(Hue) 말고도 채도(Saturation)와 명도가 있다.
채도는 색의 순도이다. 즉 색상이 얼마나 순수한가를 나타내는 척도인데 물체에서 반사되어 나오는 빛 중 보색의 세기가 적을수록 채도가

08. 과학에 눈뜨다

높다 하겠다. 예를 들면 순도가 높은 빨강에는 파랑부분의 빛이 없어야 한다. 빨간색에 청록색이 섞이면 빨강의 순도가 떨어져 회색 빛을 띠게 된다. 순도가 높은 색은 밝게 보이며 순도가 낮은 색은 어둡게 보인다. 명도는 반사되어 우리 눈에 도달하는 빛의 세기의 척도이며 0에서 10까지의 수치로 나타낸다. 따라서 흰색은 명도가 10이며 검은색은 0이다. 만약 색상과 채도가 결정되어 있다고 할 때 명도가 커지면 연한 색으로 보이고 명도가 작아지면 그 색은 진해지고 동시에 생동감이 적어진다.

형광색이란?

형광색은 세상에서 가장 채도가 높은 색이다. 채도는 색의 순도를 말한다. 즉 다른 색과 섞이지 않은 반사되는 빛 중 보색의 세기가 적은 척도를 말한다. 따라서 채도가 높은 색은 밝게 보이며 채도가 낮은 색은 어둡게 보인다. 물론 명도의 개념과는 다르다. 물감에서도 삼원색이 가장 채도가 높고 이들에 다른 색을 섞어 만든 색들은 채도가 낮아진다. 다양하게 색을 더 섞을수록 채도는 더 낮아진다. 인간이 볼 수 있는 35만 가지 색은 여러 색들을 섞어서 만들어 낼 수 있다. 그러나 삼원색은 단색이다. 섞어서 낼 수 있는 색이 아닌 그 자체로 단색이라는 말이다. 즉 채도가 가장 높은 색이다. 색의 삼원색은 마젠타(Magenta) 시안(Cyan) 그리고 Yellow이지만 실제로 색의 삼원색은 단색이 아닌 단색에 가장 가까운 색이다(얼마간은 다른 색이 섞여 있다는 뜻이다). 빛의 삼원색이야말로 아무것도 섞이지 않은 단색이다. 그런데 삼원색보다 더 채도가 높은, 눈이 부실 정도로 채도가 높은 형광색이 있다.

형광색은 어떻게 그렇게 환하게 빛날 수 있을까? 마치 방사성 물질처럼 스스로 빛을 내는 것처럼 보인다. 실제로 형광색은 스스로 빛을 낸다고 봐도 무방할 정도이다. 형광색은 에너지가 높은 눈에 보이지 않는 짧은 파장의 빛을 흡수해 그보다 긴 파장의 눈에 보이는 빛으로 재 복사하기 때문에 색상이 선명해진다. 형광색소나 일반색소나 빛으로부터 원하는 파장의 빛은 흡수하고 나머지는 반사한다는 면에서는 차이가 없다. 하지만 일반색소는 빛을 흡수해서 받은 에너지를 전부 색소 분자가 진동하는데 쓰거나 주위의 다른 전자와 충돌하면서 빼앗기게 된다. 하지만 형광색소는 흡수한 에너지를 일부만 진동하는데 쓰고 나머지는 파장이 더 긴 빛의 형태로 방출하기 때문에 낭비하는 빛 에너지가 없어져서 더 밝게 보인다. 일부를 진동하는데 에너지를 빼앗기게 되므로 재 반사되는 빛은 들어올 때의 입사광선 파장에 비해 원래보다 파장이 더 길어지게 된다.

　예를 들어 눈에 보이지 않는 자외선을 흡수해 눈에 보이는 파란색을 재복사하는 경우, 이 색채는 물체에 비춰진 빛 중, 파란색 파장대의 빛에 대한 물체의 분광반사(일반적인 색채)에 자외선의 형광효과에 의한 파란색 대의 빛의 재복사(형광색채)가 합해져서 훨씬 더 선명하게 보인다. 분광이란 빛을 스펙트럼으로 나눠 놓은 각각의 빛이다. 투명한 빛은 모든 색들이 합쳐져서 그렇게 보인다. 파란색은 파란색과 초록색 대의 파장을 많이 반사하고 노란색이나 빨간색 대의 파장은 아주 조금만 반사한다.

　햇빛에는 여러 종류의 빛이 섞여있다. 그래서 전자복사파라고 한다. 그것은 라디오나 TV에 쓰이는 장파 단파 초단파를 비롯하여 레이더나 전자 레인지에 쓰이는 극초단파 같은 전파를 포함하는 적외선 자외선 가시광선 그리고 X선, 감마선 같은 것들이다. 그 중 사람의 눈에 보이는 것은 가시광선뿐이다. 나머지 광선은 어떤 물체에 부딪혀서 반사되던 흡수되던 사람의 눈에는 보이지 않으므로 상관없다(사실 자외선은 상관이 많다). 그런데 어떤 물질은 자외선을 받아 다시 반사하는 과정에서 약간의 에너지를 잃고 자외선의 파장이 약간 더 길어진 상태로 반사한다. 그렇게 됨으로써 이 자외선은 가시광선 대역으로 에너지가 떨어져 사람 눈에 보일 수 있게 된다. 가시광선 중 파란 색의 파장/에너지가 자외선과 가장 근접하므로 에너지가 떨어지면 자외선은 푸른 빛을 내게 된다. 분명히 말하지만 형광등은 자외선의 색이 아니다. 자외선은 눈에 보이지 않는다. 다만 파란색으로 보이게 될 수도 있다는 것이지만 파란색으로 보일 때는 이미 자외선이 아니다.

이런 이유로 형광색은 기존의 색상과 자외선이 결합하여 원래보다 더 밝은 빛을 내게 되는 어떤 것이다. 여기서 말하는 어떤 것이란 형광물질이다. 일반 색상이 빛을 반사하는 반사율은 많아야 70~80% 정도에 불과하지만 파란 형광색의 자외선에 대한 반사율은 150% 또는 200% 이상이 될 수도 있다. 이는 보통 70~80%의 반사율을 보이는 일반 색채보다 두 배나 더 밝아 보인다는 것을 의미한다(너무 밝아서 설맹을 야기할 수 있는 방금 내린 새하얀 눈의 반사율도 75% 정도이다). 따라서 채도가 100보다 더 높아지며 어떤 경우는 비춰진 파란색 파장대의 입사량보다 더 많은 재복사가 이루어져 마치 물체가 광원처럼 특정한 색채로 빛나는 경우를 볼 수 있다. 이렇게 해서 최대 4배까지 밝기가 증폭될 수 있다.

이처럼 주로 자외선을 많이 포함한 빛을 물질에 조사하면 여러 물질들이 이런 형광색을 보이게 된다. 그리고 자외선을 포함한 빛에 대하여 이런 반응을 보이는 물질이 형광물질이다. 물론 태양광선에도 자외선이 포함되어 있기 때문에 태양광에 의하여 형광색을 보면 매우 밝은 색으로 보이는 것이다. 자외선 램프도 마찬가지이다. 클럽의 조명 때문에 흰색 옷이 푸르게 빛나는 것을 볼 수 있다. 클럽의 자외선 조명등이 옷에 묻어

있는 형광염료를 만나서 그렇게 되는 것이다. 반대로 자외선을 거의 내놓지 않는 일반 전구 밑에서는 형광색이라도 다른 색과 다르지 않다.

그런데 흰색 옷에는 누가 형광물질을 칠해 놓았을까? 흰색의 원단은 예외 없이 형광염료를 바른다. 흰색은 더 희게 보이게 하기 위해 염색공장에서 형광염료를 첨가한다 그러므로 같은 흰색이라도 형광염료가 없는 옷은 클럽에서 푸르게 빛나지 않는다. 또 집에서 쓰는 세제에도 어떤 것은 형광염료가 들어있다. 이 형광염료는 원단의 흰색인 부분에 들어가면 파르스름하게 빛을 낸다. 따라서 흰색 빨래를 더욱 희게 보이도록 만든다. "흰 빨래는 더욱 희게"라는 광고 카피가 의미하는 것이다. 청바지도 빨고 나면 희게 색이 바랜 곳에는 형광염료가 묻어 있다가 나이트클럽에 가면 빛을 발하기도 한다.

이런 형광염료를 만드는 회사는 미국의 Dayglo라는 회사이다(http://www.dayglo.com). 몇 년 전만 해도 이 회사가 전 세계에서 형광물질을 만드는 유일한 회사였다. 처음은 몇 가지밖에 없던 형광 color들이 이제는 수십 가지 정도로 다양해 졌다.

형광등은 내부에 전극을 설치하여 수은 증기를 만들어 자외선을 발생한다. 그러면 자외선을 받은 형광등 내부에 칠해진 형광물질이 푸른색과 녹색의 가시광선으로 바뀌면서 푸르스름한 빛을 내게 한다. 만약 형광물질이 발라져 있지 않으면 아무런 색도 내지 못할 것이다. 이것을 블랙라이트 Black Light라고 한다. 형광색이 프린트된 티셔츠를 입고 블랙라이트 앞에 서면 형광물질이 파르스름하게 빛나는 것을 볼

수 있다.

그런데 형광등은 1초에 120번을 깜박인다. 하지만 우리는 그것을 느끼지 못한다. 이것은 영화를 볼 때 잔상을 이용해서 필름이 1초에 24프레임을 지나가게 하여 눈에는 사진이 움직이는 것처럼 보이게 하는 것과 마찬가지 원리이다. 형광등이 1초에 120번이나 깜박거리는 이유는 형광등이 60Hz인 교류를 사용하기 때문이다. 60 헤르쯔의 교류란 1초에 전기의 극성(플러스 마이너스)이 60번씩이나 바뀐다는 뜻이다. 즉, 형광등은 전기가 1초에 60번을 왕복해야 하기 때문에 120번 깜박거린다. 필자가 즐겨 듣는 MBC FM라디오는 95.9Mhz이다. 이 숫자가 의미하는 것은 MBC 라디오의 전파가 1초 동안에 95,900,000번 플러스와 마이너스가 바뀌는 전파라는 뜻이다.

이처럼 사람의 눈은 쉽게 속일 수 있기 때문에 형광등 같은 물건은 직류가 아닌 교류를 써도 문제가 없다. 그런데 라디오나 TV같은 전자 제품은 속일 수 없다. 전기의 방향이 이처럼 자주 바뀌면 전자제품들은 스트레스를 받게 된다. 그래서 이것들은 같은 가정에서의 전기를 써도 반드시 직류로 바꿔 쓰는 것이다. 물론 배터리는 모두 직류이기 때문에 문제없다. 교류를 직류로 바꾸는 기계를 정류기 또는 컨버터(Converter)라고 한다. 이 컨버터가 전자제품 안에 내장되어 있는 것이다. 전기가 처음 발명되었을 당시 에디슨은 직류를, 그의 영원한 적수인 공학자 니콜라 테슬라는 교류를 지지했다. 전기를 멀리 보내도 손실이 적다는 교류의 장점 때문에 결국 이 싸움은 테슬라의 승리로 끝이 난다.

스탠드에 많이 쓰이는 인버터(Inverter)는 어떤 것일까? 그것은 컨버터와 반대로 직류로 바꾼 전기를 다시 교류로 바꾸는 장치인데 이렇게 해서 주파수를 조정할 수 있게 된다. 형광등은 주파수가 60hz이기 때문에 매초 120번 깜박인다. 우리 눈은 잘 느끼지는 못하지만 오래 쓰면 그래도 이것 때문에 눈이 상당히 피로해 지게 된다. 그런데 인버터가 하는 일은 형광등의 주파수를 60에서 무려 44,000hz로 증폭시켜주는 것이다. 그렇게 되면 형광등은 1초에 88,000번 깜박이게 되고 따라서 눈은 깜박임을 전혀 느낄 수 없기 때문에 피로하지 않게 된다. 그것이 바로 인버터 스탠드이다.

여름에 에어컨을 많이 쓰게 되면 전압이 떨어져서 에어컨이 불안해진다. 이때 인버터를 내장한 에어컨을 쓰면 전압이 떨어지지 않고 일정하게 유지시킬 수 있으므로 불안해 지지 않고 쓸 수 있다. 그런데 모든 집에서 다 이런 식으로 인버터 에어컨을 쓰게 되면 전체적으로 과부하가 걸리게 되고 결국 정전사태가 생길 것이다.

얘기가 나온 김에 전기 얘기를 좀 해보자.

전류는 뭐고 또 전압은 무엇인가? 왜 미국이나 일본은 110v를 쓰는데 우리나라는 220v를 쓸까? 전류는 전기의 양이다. 전압은 이를테면 전기를 어느 한 쪽 방향으로 밀어대는 힘이다. 높은 곳에 서 있는 사람이 있다고 했을 때 언덕이 높을수록 전류가 많은 것이다. 떨어지면 많이 다친다. 이 사람을 떠미는 힘이 전압이다. 사람의 크기는 저항이다. 전압은 아무리 높아도 전류가 적으면 사람은 감전되어 죽지 않는다. 즉 아무리 떠미는 힘이 세더라도 낮은 곳으로 떨어지면 다치지 않는 것과 마찬가지다. 반대로 아무리 높은 곳에 서 있어도 떠미는 힘이 충분하지 않으면 떨어지지 않는다. 그리고 저항이 크다면 즉 서있는 사람이 너무 크다면 전압이 높아도 절벽으로 떠밀 수가 없다. 상대적으로 그만큼 전압이 더 높아져야 한다. 이를 테면 배터리 같은 것은 아무리 전압이 높아도 전류의 양이 적어서 사람이라는 큰 저항을 감전시키지 못한다. 정전기도 마찬가지이다. 정전기는 수천 볼트의 고전압이지만 그것 때문에 사람이 죽는 일은 없다. 전류의 양이 적기 때문이다.

전류는 전자의 흐름이다. 전자가 흐름으로서 전기가 통하게 되고 전자제품이라는 저항을 움직인다. 그런데 가만히 있는 전류를 움직이게 만들려면 전압이 필요하다. 멀리 보내거나 저항이 큰 물건에 전류를 흐르게 하려면 전압이 높아야 한다. 가정용의 전류는 발전소로부터 오는 것이기 때문에 그 양은 사람을 충분히 죽일 수 있을 정도로 많다. 전류는 보통 1암페어이면 매우 큰 단위이다. 그것보다 1,000배 적은 것이 1밀리 암페어인데 20밀리 암페어만 되어도 인체의 근육이 경련되고 마비가 온다. 그래서 높은 전기가 통하면 전기를 잡은 손을 놓을 수가 없게 된다. 200mA 정도면 심장이 멎는다. 자동차의 배터리의 전류는 100mA 정도가 되는데 이 정도의 전류면 사람에게는 상당히 위험하다. 그런데도 자동차 배터리에 감전되어서 사람이 죽었다는 소리는 못 들어봤다. 왜 일까? 그것은 전압이 낮기 때문이다. 자동차의 배터리는 덩치는 크지만 다른 작은 배터리와 마찬가지로 전압이 겨우 12V에 불과하다. 왜냐하면 자동차에 쓰이는 전기들은 저항이 적기 때문에 아주 작은 힘으로도 전류를 흐르게 할 수 있다.

　그런데 110V와 220V의 차이는 어떤 것일까? 쉽게 말해 110V의 전기로는 사람이라는 큰 저항에 전류를 통하게 만들 수 있을 정도로 충분하지 않다. 그래서 감전이 되어 충격을 받기는 하지만 죽지는 않는다. 그럼 220V는 어떨까? 이것은 충분히 사람이라는 큰 저항을 통과해 전류가 땅으로 흐르게 한다. 그러면 사람은 감전되어 죽는다. 그럼 안전한 110을 쓰지 왜 굳이 위험한 220을 쓸까? 그것은 전류를 보내는 효율과 관계있다. 전압이 높을수록 전류를 보낼 때의 손실이 적기 때문이다. 그러나 부자나라는 그런 것보다는 사람의 안전에 더 신경을 쓰기 때문에 손실이 있더라도 안전한 110을 사용한다. 따라서 220을 쓰는 우리는 위험한 전기를 쓰고 있는 것이다. 일반 전구는 텅스텐을 뜨겁게 달구어서 그 뜨거운 열에서 나오는 복사광선을 사용하는 것이다. 그런데 그 열이 가시광선으로 바뀌는 에너지의 변환이 겨우 5%이다. 따라서 나머지 95%는 우리가 원하지 않았던 적외선의 형태, 즉 열로 모조리 방출되어 사라지는 것이다(거꾸로 이비인후과에서 사용하는 뜨거운 붉은 전등은 이 95%의 Loss를 손실이 아닌 효율로 적절하게 사용한다).

이에 비해 형광등은 위의 작용에 따라 작동되므로 효율이 더 좋을 것이다. 그렇지만 아무리 형광등이라도 열로 인한 손실은 어쩔 수 없다. 형광등을 만져보면 형광등도 약간은 뜨겁다는 것을 알 수 있다. 이렇게 도망가는 에너지가 형광등이라도 75%나 된다. 따라서 형광등은 효율이 25%에 달한다. 그래도 전구보다 5배나 더 효율이 좋은 조명 기구이다.

인조섬유는 어디로부터 왔는가?

모든 식물의 기본 구성 성분이 셀룰로오스라는 사실에 착안하여 나무로부터 경작하기 까다로운 면 섬유를 얻으려는 시도가 영국에서 비롯되었다. 나무 역시 셀룰로오스가 주성분이지만 강도(Strength)를 유지하기 위하여 리그닌이라는 수지 성분으로 채워져 있다(키가 80m가 넘는 세콰이어 나무를 생각해 보라). 하지만 나무 속의 셀룰로오스는 복잡하게 뒤엉켜 있어서 섬유를 만들 수 없다. 다만 나무를 갈아서 셀룰로오스만을 추출하여 평평하게 펼 수는 있다. 그것이 바로 종이이다.

– 섬유지식 –

나무를 섬유로 만들고 싶다면 이렇게 분쇄된 상태의 셀룰로오스를 일단 녹여야 한다. 화학적인 처리가 필요한 것이다. 그 결과로 셀룰로오스를 녹이기 위한 용제가 필요하였고 영국의 Courtaulds사에서 가성소다와 이황화탄소를 용매로 셀룰로오스를 갈색의 걸쭉한 용액으로 녹이는 데 성공하였다. 이를 가느다란 노즐을 통해 섬유로 만든 것이 바로 유명한 비스코스 레이온이다. 용매는 조금씩 다르지만 셀룰로오스를 녹인

CELLULOSE

용액을 종이처럼 평평하게 뽑으면 셀로판이 되고 공 모양으로 만들면 탁구공이 된다. 비스코스는 면과 같은 성분이므로 타면 같은 냄새가 나지만 면보다 결정영역이 적어 구김이 잘 타고 강도가 약하다는 것이 단점이다.

비스코스는 실크와 비슷한 촉감과 찰랑찰랑한 드레이프성을 가져, 한때 대단한 인기를 누렸지만 약하고 생산 과정에서 유독성인 이황화탄소를 사용하므로 발생하는 공해 때문에 문제이다. 나무로부터 유래한 펄프가 아닌, 목화씨의 잔털을 모아 구리 암모니아 용액에 녹여 만든 섬유를 큐프라 암모늄 레이온(Cupra Ammonium Rayon)이라고 하고 만든 회사의 이름을 따 'Bemberg'(벰베르크)라고도 한다. 최초의 Rayon이 바로 이것이다.

비스코스 레이온을 레이온이라고 하지 않고 비스코스라고 해야 하는 이유는 아세테이트 레이온이 있기 때문이다. 아세테이트는 펄프를 비스코스처럼 초산 화합물의 용제에 녹이는 과정은 같지만 셀룰로오스의 성질이 그대로 살아 있는 비스코스와 달리, 완전히 성질이 달라져 합성섬유화해 버리기 때문이다. 실제로 아세테이트는 탈 때 폴리에스터처럼 검은 연기를 내면서 탄다. 하지만 둘은 친척간이므로 아세테이트가 비누화라는 과정을 거쳐서 비스코스로 바뀌는 경우가 가끔 나타난다.

한편 분자들이 모여 고분자를 이루는 천연물질은 또 있다. 단백질은 아미노산이라는 작은 분자들이 모여서 만들어진 고분자이다. 세상에는 20가지의 특별한 아미노산이 존재하는데 그것들을 조합하여 고분자를 이룬 물질을 단백질이라고 한다. 아미노산은 가장 간단한 글리신부터 조미료로 쓰이는 글루타민산, 쥬라기 공원에 등장하는 라이신 등 우리가 주위에서 접할 수 있는 것들이 다수 있다. 인체에서 산소를 나르는 헤모글로빈도 580개의 아미노산으로 조합된 단백질이다. 인체는 뼈와 물을

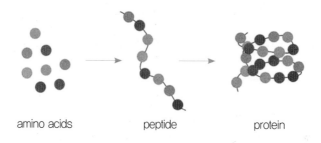

amino acids   peptide   protein

제외하고는 대부분 단백질로 이루어져 있으며 손톱이나 머리카락도 단백질이다. 따라서 양의 털인 Wool도 단백질이다. 단백질은 아미노산들의 조합이므로 탄소수소 산소만 있는 셀룰로오스와 달리 황이나 질소 등이 들어 있어 태우면 특유의 냄새가 난다. 그것은 같은 단백질인 silk도 마찬가지이다.

인간의 욕심은 자연이 만든 천연 중합을 직접 실험실에서 시도해보려는 욕망으로 발전하였다. 즉 인공중합을 시도하기에 이른다. 레이온은 단순히 셀룰로오스를 녹여 다른 형태로 재조합한 것에 불과하므로 개념적으로는 물리적인 변환이라고 할 수 있다. 천재 화학자 Carothers(캐로더스)는 지금으로부터 70년 전인 1935년, 아디프산과 이름도 끔찍한 헥사메틸렌 디아민이라는 두 가지 분자를 중합하여 하나의 멋진 고분자를 만들

었다. 인류 최초의 인공중합에 성공한 것이다. 그것이 바로 '나일론'이다. 나일론은 단백질의 중합인 펩타이드 결합과 닮아서 아마이드(Amide)라고 부르고 그것들이 중합하여 모인 고분자이므로 정식명칭은 Poly Amide이다. 이 최초의 Nylon은 각각의 분자인 아디프 산과 헥사메틸렌 디아민이 6개의 탄소로 구성되어 있어 66nylon이라고 부

르게 된다. 이후, 단 하나의 카프로락탐 분자를 중합하여 만든 새로운 나일론이 독일에서 중합되었는데 이 나일론을 Nylon 6라고 부른다. 나일론에는 면에는 존재하지 않는 질소가 들어있고 아미노산의 아민기를 포함하고 있어서 굳이 말하자면 단백질 쪽에 가까운 섬유라고 할 수 있다.

면과 나일론은 천연과 인조라는 완벽하게 서로 대척점에 서 있는 소재라고 생각된다. 하지만 둘은 거꾸로 올라가 기원을 따져보면 상당히 가까운 친척간이다. 1935년 당시 듀폰은 나일론의 원료가 석탄, 물 그리고 공기라고 하였다. 그런데 석탄은 식물이 퇴적되어 생성된 결과물로 셀룰로오스가 원료이다. 결국 나일론은 셀룰로오스에 세월과 압력을 보탠 오래된 친척이라는 사실을 알 수 있다. 석탄을 건류하여 원료를 만들었기 때문이다(요즘은 석탄 대신 석유를 사용한다).

합성섬유 생산 중 65%를 차지하는 폴리에스터는 에틸렌 글리콜이라는 2가의 알코올과 테레프탈산이라는 유기산이 중합하여 만들어진 합성고분자이다. 알코올과 산의 결합을 에스테르 반응이라고 하므로 폴리에스터라고 불리게 되었다. 하지만 정식 이름은 폴리에틸렌 테리프탈레이트 즉 PET이다.

폴리에스터 역시 탄소와 수소 그리고 산소의 화합물로 면의 구성성분과 다를 것이 없다. 다만 박테리아의 먹이가 되기 어려워 분해되는데 500년이 걸리고, 면이 친수성이어서 흡습성이 좋은데 비해, 물을 싫어하는 소수성이며 친유성이어서 흡습성이 나쁘고 때가 잘 탄다는 단점이 있다. 폴리에스터가 타면서 검은 연기를 내 뿜는 이유는 산소부족으로 인

terephthalic acid   ethylene glycol

한 불완전한 연소 때문이다.

대부분의 합성섬유가 실크를 모방하기 위해서 태어난 것과 달리 아크릴은 Wool의 대체품이다. Nylon이 Silk와 닮았다면 아크릴은 Wool을 닮았다. 아크릴은 비닐계 합성섬유이다. 즉 우리에게 친근한 PVC나 PVA의 친척인 것이다. 역시 질소가 포함되어 있으며 따라서 동물성 섬유의 특징을 가진다. 시안화 비닐이라고도 하는데 캐로더스가 레몬 주스에 넣어 마시고 죽은 청산가리, 즉 시안화 칼륨(KCN)과 친척간이 된다. 그렇다고 아크릴이 몸에 나쁘다는 소리는 아니니 걱정할 필요는 없다.

적외선으로 보기

태양광에서 나온 가시광선의 영역에 해당하는 빛은 안구를 통해 망막에 있는 7백 만개의 원추세포와 그 20배 정도에 해당하는 간상세포에 닿게 된다. 그 중, 원추세포는 색을 인지하는 세포이고 간상세포는 명암을 인지한다. 동물 중 사람과 원숭이 같은 영장류 외는 거의 원추세포를 가지고 있지 않거나 조금 밖에 없으므로 대부분의 동물들은 색맹이다. 흑백에 가까운 세상을 보는 것이다. 실제로 개의 눈은 심한 근시인데다가 색맹이다(잘 안 보이는 눈을 개 눈깔이라고 경시해서 부르는 것이 이 때문이다. 농담이다). 그래서 개는 후각이 대신 발달한 것이다.

개의 후각세포는 사람의 20배 정도이지만 실제로 후각능력은 사람의 천 배에서 백만 배나 된다. 그것으로 눈 밝은 사람보다 수 천만 가지 냄새로 가득 찬 이 세상을 훨씬 더 명료한 세계로 살아간다. 그에 비해 사람은 후각적으로는 장님이나 다름 없다. 사람은 아둔한 화학적 귀머거리인 셈이다. 사람이 똥 냄새를 맡게 되는 기전이 똥의 작은 분자가 후각세포에 닿아 작동 되는 시스템이라면 냄새는 얼마나 더러운 것일까? 실제로 냄새를 느끼려면 어떤 물질의 분자가

후각세포를 자극해야만 한다. 따라서 똥 분자가 코에 들어오는 것이 맞기는 하다. 그러나 다행히 똥 냄새는 똥 그 자체는 아니다. 다만 일부분이라고 할 수 있다. 왜냐하면 똥에서 가장 휘발이 잘 되는 성분, 즉 증기압이 가장 높은 부분이 먼저 코를 자극하는 것이기 때문이다. 마찬가지로 꽃은 꽃 그 자체의 냄새가 아니고 꽃을 이루는 분자 중 휘발이 잘 되는 성분의 냄새를 후각세포가 인지하는 것이다.

명암을 인식하는 간상세포의 숫자가 많으면 적은 빛으로도 세상을 볼 수 있게 된다. 색을 감지하는 원추세포는 감각이 무뎌 조금만 빛이 어두워도 기능 부전에 빠진다. 그래서 밤에 보는 세상은 컬러가 아니고 흑백인 것이다. 밤에도 컬러를 본다고 생각하는 것은 착각이다. 낮에 봤던 색의 기억이 남아 그렇게 보이는 것일 뿐이다. 매는 원추세포가 사람보다 5배나 더 많다. 그래서 사람보다 월등히 선명한 세상을 볼 수 있다. 만약 매의 눈을 사람에게 이식할 수 있다면 눈매만 매서워지는 게 아니라 마치 UHD TV를 보는 듯한 고해상도로 세상을 볼 수 있을 것이다.

원추세포는 각 색의 진동수에 따라 반응 하는데 그 중 빨간색에 해당하는 진동수에 반응 하는 세포가 있고 또는 파란색과 초록색에 반응하는 세포가 있어서 일단 색이 들어오면 그 쪽으로 해당되는 세포만 반응하여 대뇌피질에 신호를 보낸다. 따라서 삼원색에 해당하는 각각의 원추세포

를 통해 인간은 350,000컬러를 볼 수 있게 된다. 예를 들어 우리가 주황색을 보고 있을 때는 빨간색과 초록색을 인지하는 원추세포가 반응을 일으켜 합쳐진 신호를 뇌로 전달하기 때문이다. TV 화면도 같은 원리

이다. TV 화면을 자세히 보면 아주 작은 빨간색과 파란색 그리고 초록색의 작은 입자들(RGB)로 구성되어 있다. 이것들이 서로 섞여 수 십만 가지 색을 내는 것이다. 하지만 사람은 가시광선만 볼 수 있도록 진화되었다. 그렇다면 적외선이나 자외선을 볼 수 있는 동물은 없는 것일까?

아놀드 슈왈츠네거가 주연한 프레데이터라는 영화가 있었는데 주인공인 외계전사가 적외선을 감지하는 눈을 가졌다. 덕분에 우리는 실제로 적외선으로 보는 세상이 어떤 것인지 이 영화를 통해 확인할 수 있다. 가시광선은 볼 수 없는데 적외선만 볼 수 있다는 것은 사실 대단한 의미가 될 수 있다. 사람의 경우 알몸을 볼 수 있다는 것이다. 모든 생물 특히 항온 동물은 적외선을 대량으로 내뿜고 있다. 적외선은 그 자체가 열은 아니지만 어떤 물체가 흡수하면 바로 열이 된다. 적외선을 감지할 수 있게 되면 옷을 입었어도 옷을 뚫고 나온 적외선을 통해 그 사람의 윤곽을 볼 수 있다. 이것이 투시 카메라의 원리이다. 다만 이것으로 칼라를 볼 수 는 없다. 칼라는 가시광선의 영역에서만 존재하는 것이기 때문이다. 그런데 동물의 세계에는 적외선을 볼 수 있는 동물들이 많다. 가장 친숙한 동물이 바로 뱀이다. 뱀은 옷을 입고 있는 사람의 알몸을 본다. 적외선으로 보면 밤에도 볼 수 있다.

이 영화에서 아놀드는 밤에도 볼 수 있는 적외선의 눈을 가진 외계인

을 피하기 위해 온 몸에 진흙을 뒤집어 쓴다. 과연 그런 방법으로 적외선을 볼 수 있는 눈을 피할 수 있을까? 진흙을 뒤집어 쓰면 3가지 작용이 일어날 수 있다. 첫째로 진흙은 적외선을 흡수, 차단 한다. 둘째로 진흙의 미세한 입자가 채 흡수하지 못하고 빠져 나오는 일부 적외선을 산란시켜 버린다. 셋째로 진흙 속에 있는 물의 입자가 적외선을 흡수한다. 물은 가시광선만 투과하고 나머지 적외선이나 자외선은 흡수해버린다. 그래서 태초 막대한 양의 자외선이 지구 위로 쏟아지는 혹독한 환경에서도 물 속의 동물들은 문제가 없었다. 따라서 영화의 그 대목은 상당히 과학적이라는 것을 알 수 있다. 어떤 영화에서는 벽을 뚫고 사람을 보는 장면이 나오는데 그렇게 하려면 X선이나 감마선 정도의 파장이 짧은 광선이 필요한데 X선을 볼 수 있는 눈이 있다고 하더라도 이것은 불가능하다. 왜냐하면 반사되는 X선을 눈이 감지해야 하는데 유감스럽게도 X선은 잘 반사하지 않기 때문이다.

내친김에 투명인간까지 가보자. 어떤 물체가 투명하다는 것이 의미하는 것은 뭘까? 투명하다는 것은 빛의 굴절률이 공기와 같다는 것이고 아무 빛도 흡수 또는 반사하지 않는다는 것이다. 즉 투과만 일어난다. 유리가 투명하다는 것은 유리를 이루는 주성분인 이산화규소라는 물질이(어렵게 말했지만 이것이 모래이다) 빛의 가시광선 영역을 굴절 또는 흡수나 반사시키지 않고 아무 것도 없는 것처럼 통과시킨다는 말이다. 가시광선 영역이라고 한 것은 유리는 자외선의 일부분인 자외선 B는 흡수하기 때문이다. 따라서 유리를 통과한 빛은 자외선 B가 없는 자외선 A만을 가진 빛이다. 그러나 몸을 멋지게 구리 빛으로 태우는 것은 자외선 A 이므로 유리 밑에서 일광욕을 하더라도 까맣게 그을릴 수 있다. 자외선 B는 폴리에스터 섬유를 광분해 하여 상하게 만들기 때문에 유리 창문 뒤에 설치된 폴리에스터 섬유로 된 커튼은 일광에 삭지 않고 오래갈 수 있다. 만약 유리가 없는 창문이라면 금방 삭아 걸레가 되어 버린다.

그런데 사람이 유리처럼 투명하게 되려면 피부 조직의 대부분인 단백질과 뼈를 이루는 칼슘 그리고 가장 중요한 피를 해결해야 한다. 피는 헤모글로빈 때문에 빨간데 이는 산소를 운반하는데 철이 필요하기 때문이다. 철 대신에 이산화규소 같은 물질이 산소를 운반할 수만 있다면 피도 투명해질 수 있다. 규소는 아니지만 철 대신 구리를 쓰는 동물이 있다. 녹색 피를 흘리는 가재나 게 같은 갑각류이다. 이 단백질은 헤모시아닌이다. 그런데 그렇다고 하더라도 필연적으로 발생하는 몇 가지 문제가 있다. 예컨대 눈을 이루는 수정체나 시신경 정도는 투명해져도 상관없지만 망막이 투명하다면 어떻게 될까? 이는 영화를 보는데 스크린이 흰 천이 아닌 유리처럼 투명한 화면으로 되어 있는 것과 마찬가지이다. 당연히 아무것도 볼 수 없다. 눈도 마찬가지이다 투명인간이 되면 사람들이 그를 못 보는 것처럼 그도 사람들을 볼 수 없다. 이래서야 투명인간이 되어 봐야 소용이 없다. 또 몸을 이루는 주성분을 투명하게 만들 수는 있다고 하더라도 외부로부터 끊임없이 받아들이는 음식물 같은 물질들은 몸 속에 들어가면 어항 속의 물고기처럼 훤히 들여다 보일 것이다 이것은 어떻게 할까? 그러나 무엇보다도 투명인간이 되면 눈꺼풀이 투명하게 변해버려서 항상 눈을 뜨고 있는 것처럼 되어 잠들기가 무척 어렵게 될 것이다.

그런데 물은 투명한데 그 물이 얼어서 생긴 눈은 왜 투명하지 않고 하얗게 보일까? 그것은 전반사와 관계가 있다. 전반사란 물로 입사되는 빛이 임계각을 넘어서면 물속으로 들어가지 못하고 다시 물 밖으로 반사되어 버리는 것을 말한다. 물에 비치는 햇빛이 비스듬해지면 물은 햇빛을 그대로 반사해 버린다. 그래서 해가 질 때쯤의 호수 물은 눈이 부시다. 낮이라도 호수의 물이 일렁이면 눈이 부시게 보일 때가 있다. 시계를 차고 물속에 들어가 시계의 유리를 보면 물론 속이 잘 보인다. 그런데 시계를 물 가까이로 접근 시켜 어느 각도에 이르면 갑자기 시계 유리 속의 바늘과 다이얼이 하나도 보이지 않고 거울처럼 하얗게 변해 버리는 순간이 있다. 그것이 바로 전반사이다. 빛이 시계의 다이얼에 반사되어 그 빛을 눈으로 전해주지 못하고 그냥 물 위에서 다이얼까지 도달하지 못한 상태에서 바로 반사되어 버리기 때문에 그 빛에는 시계의 영상이 없다.

눈은 투명한 결정으로 되어있으므로 색이 있으면 안 된다. 그러나 그 결정들이 여러 각도로 모든 방향을 향해 있다. 마치 시계의 유리와 같은 것이 무수하게 많은 상태 라고 보면 된다. 그 많은 작은 투명한 유리들이 각각 전반사를 일으키기 때문에 하얗게 보이는 것이다. 전반사를 일으킬 때는 어느 빛은 반사하고 어느 빛은 선택적으로 흡수하지 않고 모든 색을 그대로 반사하기 때문에 흰 색으로 보인다.

체표면적의 과학

– 릴리퍼트 사람들보다 키가 12배 큰 걸리버는 12x12x12 즉, 소인들의 1,728배나 되는 음
  식을 먹어야 한다고 어느 학습지가 주장한다. 사실일까?
– 추운 곳에 사는 동물들은 인간을 포함하여 더운 곳에 사는 동물보다 대개 체격이 크다.
– 개미는 높은 곳에서 떨어져도 절대 죽는 일이 없다. 당연한 일인 것 같지만 설명해보라.
– 일본 청주는 뜨겁게 데워 마셔야 하는데 작은 잔에 따라놓은 술은 주전자에 있는 술보다
  훨씬 빨리 식어 버린다. 왜 그럴까?
– 극세사 원단의 세탁견뢰도가 나쁜 이유를 설명해보라.
– 벙어리 장갑이 손가락 장갑보다 더 따뜻한 이유는 무엇인가?

세상에서 가장 유용한 과학의 예를 들라고 한다면 나는 주저 없이 체
표면적에 대한 이론을 꼽을 것이다. 가장 단순하면서도 직관을 벗어난
다는 이유로 사람들이 어렵게 생각하는 체표면적에 대한 놀라운 비밀을
벗겨 보려고 한다. 위에서 제기한 모든 의문을 체표면적의 과학 단 하나
의 이론으로 명쾌하게 설명할 수 있다.

체표면적(Body Surface Area. 이하 BSA)이란 말 그대로 3차원 물체의 표면
을 둘러싼 면적이다.

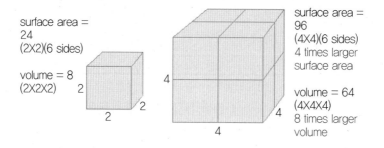

surface area =
24
(2X2)(6 sides)

volume = 8
(2X2X2)

surface area =
96
(4X4)(6 sides)
4 times larger
surface area

volume = 64
(4X4X4)
8 times larger
volume

위 그림을 한번 보자.

한 변이 2m인 새끼 정육면체의 부피는 8이다(단위 생략). 그런 정육면체 8개를 오른쪽 그림과 같이 쌓았다. 이 어른 정육면체의 부피는 당연히 8×8=64이다. 그런데 만약 BSA를 따져보면 새끼의 BSA는 한 변이 2×2=4라는 면이 6개이므로 24가 된다. 그렇다면 어른의 BSA는 8배가 될까? 그렇지가 않다. 실제로 계산을 해보면 16×6=96, 즉 4배가 된다.

이 예로써 부피는 8배 무게 또한 8배이지만 BSA는 4배가 되어 어떤 물체의 크기가 커질수록 무게 또는 부피 대비 BSA가 작아진다는 것을 알 수 있다. 이 사실은 물리적으로뿐만 아니라 생물학적으로도 매우 중대한 결과를 가져온다.

베르크만의 규칙(Bergmann's Rule)

인간은 항온동물이다. 항온동물은 체온을 언제나 일정하게 유지하며 따라서 주위 환경에 따라 체온이 변하는 변온동물에 비해 더 많은 에너지를 필요로 한다. 하지만 체온이 낮아지면 활동이 불가능한 변온동물에 비해 항온동물은 전천후로 활동이 가능하다는 장점이 있다. 항온동물이 더 많은 에너지를 필요로 하는 이유는 끊임없이 외부로 체온을 빼앗기고 있기 때문이다. 체온은 아주 더운 곳을 제외하고는 대개 주변의 외기보다 높기 때문에 평형을 유지하기 위한 물리법칙이 작용한다. 그로 인해 항온 동물이 체온을 유지하기 위해 투자하는 에너지 비용은 막대하다. 단지 체온을 유지하기 위해 하루에 필요한 에너지의 25% 이상을 이에 투입해야 한다. 따라서 항온동물은 이를 절약하려는 전략을 진화시켰을 것이다.

어마어마한 크기의 북극곰

그런데 BSA가 큰 동물과 작은 동물 중 어느 쪽이 체온을 덜 뺏기게 될까? 체온은 피부를 통해 빠져나간다. 따라서 피부가 부피에 비해 상대적으로 넓은 쪽이 불리하다. 답은 BSA가 작은 쪽이다. 그러므로 BSA가 작은, 즉 체구가 큰 동물이 추운 지방에 살기에 더 적합하다는 결론이 된다. 그에 대한 가장 멋진 사례가 바로 북극곰이다.

인간의 경우도 적도에 가까운 남부지방에 사는 사람들보다 북부의 추운 지방에 사는 사람들이 체격이 더 크다는 사실을 생각해 보면 된다(세상에서 가장 키가 큰 사람들은 네덜란드 사람들이다).

알렌의 규칙(Allen's Rule)

한편, 베르크만의 규칙을 확대하여 반대로 적용해 보면 극히 더운 지방에 사는 동물들은 더위를 이기기 위하여 체표면적이 큰 쪽으로 적응이 일어났을 것이라는 예측을 해볼 수 있다. 그렇다면 만약 같은 크기(부피)일 때 어떤 모양이 상대적인 체표면적이 더 클까? 아래 그림을 한번 보자.

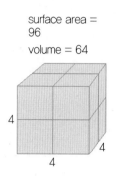
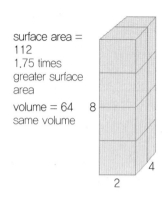

surface area =
96

volume = 64

4

4

4

surface area =
112
1.75 times
greater surface
area

volume = 64
same volume

8

4

2

위의 두 육면체는 무게와 부피가 같다. 하지만 BSA는 다르다. 오른쪽의 길쭉한 모양이 17%나 BSA가 더 크다. 따라서 동물들의 팔다리가 긴 쪽으로 적응이 일어났을까?

위 그림은 Azelouan이라는 적도에 사는 개의 한 종류이다. 알렌의 규칙에 대한 사례를 훌륭하게 보여주고 있다. 이 개는 적도의 더운 날씨에서도 잘 활동할 것이라는 예상을 할 수 있다.

극단적인 예를 들어보자.

크기가 작은 동물일수록 체온을 빨리 그리고 많이 빼앗긴다면 작은 동물일수록 상대적으로 더 많은 에너지가 필요할 것이다. 따라서 항온동물의 크기는 한계가 있을 것이다. 너무 크기가 작은 항온 동물은 하루 종일 먹어도 필요한 에너지를 감당할 수 없다는 결론이 나온다. 따라서 곤충 같은 작은 동물들은 변온동물일 것이다. 항온동물 중 가장 크기가 작은 동물은 손가락 한마디 크기에 불과한 뾰족뒤쥐이다. 이놈은 그야말로 하루 종일 먹어야 산다. 이놈은 가끔 낮잠을 오래자는 바람에 아사(餓死)할 수도 있다.

아이들이 목욕탕에서 나오면 어른보다 더 추위를 타는 이유는 엄살이 아니라 아이들의 체표면적이 어른들보다 상대적으로 크기 때문이다. 이의 연장선상에서 보면 마른 사람들은 가만 있어도 더 많은 에너지를 소모하며 반대로 뚱뚱한 사람들은 상대적으로 에너지를 덜 사용하여 비만이 가속화 될 수 있다. 조그만 잔 속의 술이 주전자에 담긴 그것보다 더 빨리 식는 이유도 역시 BSA가 크기 때문인 것으로 설명된다. 마찬가지로 겨울에 벙어리 장갑이 손가락이 있는 장갑보다 더 따뜻한 이유는 벙어리 장갑의 BSA가 손가락 장갑의 BSA보다 훨씬 더 작기 때문에 체온을 그만큼 덜 뺏기기 때문이다.

걸리버의 의문으로 돌아가보자. 걸리버는 릴리퍼트 사람들보다 1,728배나 더 큰 부피를 가졌지만 그렇다고 해서 그들보다 1,728배나 먹어야

종단속도를 높이는 방법은 공기저항을 줄이는 것이다

하는 것은 아니다. 바로 BSA 때문이다. 이 오류는 명백하게 생물학적인 것이 아니라 물리적인 것이다. 실제로 걸리버 보다 릴리퍼트 같은 작은 사람들이 상대적으로 많은 양의 음식을 먹어야 살 수 있다. 그들이 변온 동물이 아니라면 하루 종일 먹어야 살 수 있다.

종단속도(Terminal Velocity)

갈릴레오는 모든 물체의 무게와 상관없이 낙하속도는 같다는 것을 증명하였다. 하지만 이런 물리의 법칙은 직관적으로 와 닿지 않는다. 왜냐하면 이 법칙은 '진공일 경우'라는 전제가 깔려있기 때문이다. 우리는 진공 속에 살지 않는다. 만약 우리가 진공 속에 산다면 갈릴레오의 법칙에 의해 비에 맞아 죽을 수도 있다. 높은 곳에서 떨어지는 모든 물체는 중력 가속도에 의해 매초 9.8m씩 빨라진다. 10초면 98m 20초면 196m가 되는데 초속 196m라는 속도는 무려 시속 700km에 해당한다. 점보 제트기의 속도와 비슷하다. 35초 후에는 음속을 돌파하게 된다. 5분 후에는 시속 10,000km가 된다. 문제는 아무리 작은 물체라도 속도가 빠르면 막대한 파괴력을 가질 수 있다는 사실이다. 운동에너지는 속도의 제곱에 비례하기 때문이다. M16 탄환의 운동에너지가 1,700줄이므로 만약 빗방울이 1g 정도라면 5분 후의 빗방울의 운동에너지는 M16 탄환의 절반 정도가 된다. 하늘에서 총알이 날아오는 것과 같다. 하지만 현실에서 그런 일은 일어나지 않는다. 그것은 공기저항 때문이다. 그리고 공기저항은 곧바로 BSA와 직접적인 관계가 있다. 공기와의 마찰 면적이 큰 BSA가 큰 쪽이 공기저항이 크다. 즉 작은 물체의 공기저항이 크다는 말이 된다. 따라서 크기가 작은 빗방울은 BSA가 매우 크므로 그렇게 빠른 속도에 도달 할 수 없다.

다른 모든 물체에도 이 논리가 적용되는데 따라서 어떤 물체의 공기저항에 따라 자유낙하 속도는 한계를 가지게 된다. 최대 자유낙하 속도는 공기저항과 중력가속도가 같아지는 시점이 되며 이후 물체는 등가속도 운동을 하게 된다. 이 지점을 종단속도라고 한다. 스카이다이버의 종단 속도는 대략 시속 220km 정도이다. 빗방울은 2mm 정도의 크기가 겨우 시속 25km이다. 걱정할 필요는 없을 것 같다. 낙하산은 BSA를 극단적으로 크게 하여 종단속도를 낮추는 역할을 한다. 개미는 크기가 작으므로 BSA가 엄청나게 큰 동물이다. 따라서 아무리 높은 곳에서 떨어져도 공기저항이 크기 때문에 종단속도가 느려 그만큼 충격이 작다.

마약김밥의 비밀

서울의 광장시장에 가면 마약김밥이라는 기묘한 이름의 김밥이 있다. 매우 맛있다는 뜻이거나 너무 맛있어서 중독성이 있다는 의미를 강조하기 위해 그런 이름을 붙였을 것이다. 마약김밥은 다른 김밥에 비해 확실히 맛있을까? 확실히 그렇다고 생각한다. 더 맛있는지는 모르겠지만 다른 김밥보다 맛이 더 강하다. 그 이유는 바로 마약김밥의 크기이다.

그림에서 보다시피 마약김밥은 손가락 굵기로 일반김밥보다 더 가늘다. 즉 더 사이즈가 작다. 체표면적은 말할 것도 없이 일반 김밥보다 더 크다. 실제로 이런 김밥을 만들어보면 일반 김밥보다 김이 훨씬 더 많이 필요하다는 사실을 알게 될 것이다. 김밥은 사이즈가 커질수록 김은 점점 더 적어지고 대신 밥이 더 많이 들어간다. 어느 쪽이 더 맛있을지는 굳이 먹어보지 않아도 알 것이다.

Decanting

 와인의 맛을 조금 더 순하게 하고 싶을 때 디켄팅을 하는데 두가지 효과가 있다. 더 많은 산소와의 접촉 그리고 찌꺼기의 제거이다. 대기에는 21%의 산소가 있다. 와인에 더 많은 산소를 녹이려고 하면 더 많은 산소와의 접촉이 필요하다. 따라서 Decanter는 최대한 산소와 접촉할 수 있도록 체표면적이 커지는 방향으로 설계되어 있다.

고양이도 아는 체표면적의 과학

 고양이는 추울 때는 몸을 움츠려 체표면적을 작게 하고 더울 때는 체온을 발산하기 위해 몸을 길게 늘여 뜨려 최대한 체표면적을 크게 한다. 사람은 할 수 없는 동작이다.

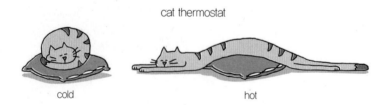

cat thermostat

cold   hot

진화와 체표면적

진화는 체표면적의 과학을 어떻게 이용하고 있을까? 진화는 지난 35억년 동안 자연도태라는 도구를 이용하여 모든 생물을 제한된 자원의 낭비를 최소화 하여 가장 효과적으로 작동하도록 압력을 행사하고 있다. 따라서 동식물의 기관에서 체표면적의 과학을 확인할 수 있다. 폐는 제한된 공간 안에서 흡입한 최대한의 산소를 포획해야 하는 기관이다. 따라서 산소와의 접촉을 최대화하기 위해 체표면적이 극대화할 수 있도록 진화되었을 것이다. 소장은 제한된 시간 동안 마치 컨베이어 벨트 위에 놓인 부품을 정해진 시간 내에 조립해야 하는 공장과 마찬가지로 일정 속도로 흘러내려가는 음식물로부터 영양분을 최대한 흡수해야 하며 제때에 포획하지 못한 열량이나 영양분은 그대로 배설될 수 밖에 없다. 그러므로 소장은 음식물과의 접촉을 최대화해야 하며 따라서 제한된 사이즈로 최대한 체표면적을 늘린 형태로 진화되었다.

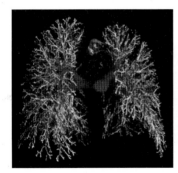 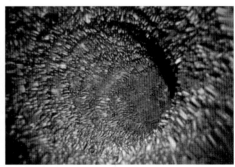

체표면적이 최대화 되어 있는 폐와 소장의 내부

:09
과학의 눈으로 본 세계
Travel Science

마우이 익스페디션(Maui Expedition)

코페르니쿠스가 지동설을 주장하고 나설 때까지 사람들은 1500년 동안이나 '지구'가 우주의 중심이라고 믿고 있었다. 인간은 지름이 겨우(?) 2광년 남짓 밖에 되지 않는(우주의 크기는 140억 광년이므로 정말 작다……) 조그만 태양계 밖으로조차 단 한 발짝도 나갈 수 없는 미미한 존재이면서도(747점보 제트기 보다 56배나 빠른 보이저 2호 로켓은 1977년에 발사되었는데 명왕성의 궤도까지 도달하는 데 12년이 걸렸고 태양계를 완전히 벗어나는 데에만 앞으로도 4만년을 더 달려야 하는 거리이므로) 지식의 한계는 믿을 수 없을 만큼 크고 넓다.

중국이 경제성장을 늦추겠다는 폭탄선언을 하자 우리나라의 증권시장은 곧바로 패닉에 빠졌다. 그 위에 엎친데 덮친 격으로 국제 원유값이 사상 최고 값을 경신했다. "미국 서부텍사스 산 중질 원 유가격이 배럴당 100불을 눈앞에 두고 있다."라는 뉴스는 이제 우리 귀에도 매우 익숙하게 들리는 국제 뉴스거리 중의 하나가 되었다.

최근에 터진 이 두 개의 초대형 악재가 우리 가족을 3년 만에 휴가를 떠나게 만든 원흉, 아니 은인이었다. 그로 인해 반 토막 난 주식의 손실 금액이 내 고향에 있는 53평짜리 아파트의 가격과 동일해 졌을 때 우리 집의 재무이사이자 실질적인 권력자인 아내에게 이 한여름에 떠 오른 생각은 '아끼다 똥 된다.'라는 단순하고도 명확한 우리 조상의 진리다.

그녀가 하와이, 그것도 마우이(Maui)까지 들르는, 막대한 금액이 소요되는 어마어마한 여행계획을 뒤도 한번 돌아보지 않고 일사천리로 세운 일은 평소 천원 한 장 허투루 쓰지 않는, 서울 시내 유명 유통업계에서도 알아주는 악명 높은 환불의 여왕다운 결정은 아니었다. 그 사건이 그 정도로 상실감과 충격이 컸었던 모양이다. 지성 밖에 내재한 감성의 힘이 나보다 훨씬 더 큰 아내의 결정에 어쨌든 이런 허망한 결과를 몰고 온 재난을 초래한 죄인인 나는 그녀의 결정을 고스란히 받아들일 수 밖에 없었다.

무려 4식구가 하와이로 가서, 또 현지 Local비행기로 Maui섬까지 들르는 장장 5박 7일 동안의 휴가는 역대에 없던 기나긴 대장정의 파란만장한 가족사로 기록될 터이다. 그런데 더욱 기적 같은 일은 요즘 같은 성수기에는 돈 주고도 얻기 힘든, 귀하디 귀한 하와이행 비행기표를 내 마일리지와 자신의 마일리지를 합쳐서 1원 한 장 들이지 않고 만들어낸 것이다(이것이 얼마나 놀라운 일인지는 실제로 이 기간에 비행기 자리를 예약하려고 시도했던, 휴가를 찾아먹으려고 마음먹은 전 세계의 피곤에 지친 남편들은 잘 안다).

사정이 이러하니 홧김에 떠나는 자린고비 여행은 출발부터 걱정이었다. 4식구가 인천공항을 가려니 버스비만도 무려 28,000원, 왕복이 56,000원이다. 거기에 버스정류장까지 왕복 택시비를 감안하면 60,000원이나 들었다. 더구나 이 사전 원가는 택시비도 아니고 대중교통요금이다. 때문에 더이상의 절감은 불가능한 한계비용이었다.

하지만 도저히 빈틈을 찾기 어려운 이런 불가능해 보이는 상황에도 결코 포기를 모르는 여왕벌은 잠시 얼굴을 찌푸리며 머리를 쥐어짜더니 마침내 번득 찬란한 지혜를 창출하기에 이르렀다. 그것은 '차를 가져가 공항에 주차하자'라는 매우 단순해 보이는 발상이었다.

갑자기 허를 찌른 아내의 놀라운 수평적 사고에 나는 허둥지둥했다.

늘 수직적인 사고만을 고집하며 생물학적으로도 열등한 Y염색체를 가진 나는 이렇게 외쳤다. "주차비가 하루에 얼만데 아녀자가 세상물정 모르기는……" 그녀의 뛰어난 수평적 사고를 짐짓 깔아 뭉개려는 시답잖은 시도다. 태곳적으로부터 전해 내려온 치졸하고 비겁한, 수컷이 가진 생존의 방어 본능이다.

대개 여자들은 하나의 사물을 바라봤을 때 다른 여러 가지를 연상할수 있는 수평적 사고(Lateral Thinking)를 지녔으며 남자들은 그 사물에 대한 철저한 해부 내지는 분석을 좋아하는 수직적 사고를 지닌다. 예컨대 휴대전화를 바라 본 남자의 수직적 사고는 이렇게 전개된다. "이 전화는 MP3 기능이 있고 800만화소의 디카가 가능하며 동영상이 지원되는구나. 접사기능에서 AI servo기능도 있는걸? 뭐 최신 모델이니 가격은 60만 원 정도겠군." 하지만 수평적 사고를 가진 여자들은 휴대전화를 바라 보면서 "아 참 오늘 슈퍼 가서 비누를 사기로 했지"라거나 오늘이 전기세내는 날이었지. 또는 시아버지의 제삿날 같은 것을 연상해 내기도 한다(도저히 적절한 예를 들기 어렵다. 나는 수직적 사고를 가졌으므로).

이런 남녀의 사고 차이 때문에 종종 우리 부부의 대화는 막히기 일쑤이다. 그녀는 이야기 도중 수시로 다른 화제로 점프한다. 영문을 모르는 나는 그런 그녀에게 논리적이지 못하다고 힐난한다. 하지만 여자의 수평적 사고는 논리적이라고 자부하는 남자보다 한 단계 위에 있다는 사실은 부인하기 힘들다. 그래서 여자들은 몇 시간 동안, 별 다른 충돌 없이 친구들과 엄청나게 많은 양의 수다를 풀어낼 수 있는 것이다. 여기에 남자가 끼면 대화가 도저히 이어지지 못한다. 점프를 할 때마다 계속 이해를 구하는데 실패한 남자에게 내레이터가 설명을 해줘야 할 판인 것이다. 그래서 남자들은 대체로 여자들의 수다를 싫어한다.

다시 원래의 애기로 돌아 가자. 그건 도저히 말이 안 되는 외계 생명체의 백색잡음*(White Noise)이어야만 했다.

6일 동안의 주차비에 도로 통행세까지 어떻게 6만원 이하로 커버할 수 있단 말인가? 내가 가진 상식의 테두리에서는 있을 수 없는 일이다. 라며 나는 짐짓 분노했다. 하지만 전화로 확인해 본 인천 공항의 주차비는 하루에 8천원 그것도 5일 이후부터는 50% 할인…… 따라서 도합 44,000원. 이럴수가……

이렇게 해서 아줌마라는, 세계 역사상 유래를 찾아보기 힘든 복잡하고 거대하면서도 지극히 실용적인 수평적 사고의 세계는 나의 초라한 그것과는 명백하게 차원을 달리 한다는 사실을 인정해야만 했다. 또한 길고 짧은 것은 반드시 대봐야 안다는 평범한 옛 선배들의 차가운 진리가 나의 얄팍한 경거망동을 조용히 잠재운 것이다.

호놀룰루에서 약 2시간여를 기다려 Maui섬으로 들어가는 하와이언 항공(Hawaiian airline)의 로칼 비행기를 갈아 타고 약 40분 만에 섬과 섬 사이를 점프하여 마우이에 도착하였다. 마우이에 도착한 첫 느낌은 그것이 '화산섬'이다.라는 것이었다. 이 이국적인 섬은 원래는 상당히 떨어져 있던 2개의 화산이 폭발하면서, 이어진 것처럼 불규칙한 8자의 땅콩 모양으로 되어 있다. 그

리고 최초에 용암을 뿜어냈을 두 개의 봉우리는 이제는 차갑게 식어 구름에 감싸여 있어 얼마나 높은지 짐작도 할 수 없다. 에메랄드 빛 뜨

---

* 0에서 무한대까지의 주파수 성분이 같은 세기로 골고루 다 분포되어 있는 잡음. 출력이 무한대이므로 실제로는 존재하지 않는다.

거운 적도의 바다에서 증발된 수증기들이 산 허리의 낮은 기압에 붙들려 짙은 그늘을 만들고 있다. 아마 그 쪽은 항상 어둡고 서늘할 것이다 당연히 백인들의 좋은 서식처일 것이고 이처럼 항상 뜨거운 적도 근처는 바다보다는 육지가 더 덥기 마련이다. 태양빛으로 바다를 덥히는 일이 육지의 땅을 덥히는 것보다 더 어렵기 때문이다. 따라서 바다가 상대적으로 더 시원하다. 과학자들의 언어로 '물이 땅보다 비열이 더 높기 때문이다.' 같은 양의 햇빛을 받아도 물은 땅을 이루고 있는 암석이나 규소보다 열용량이 커 육지보다 덜 뜨거워진다.

따라서 뜨거운 육지 위의 공기분자는 훨씬 빠르게 움직이면서 팽창한다. 그렇게 해서 습도가 낮아진 곳의 공기는 상대적으로 다른 부분보다 양이 적어져 공기의 압력이 낮아진다. 그것을 우리는 저기압이라고 부른다. 반대의 논리로 차가운 공기를 가진 바다 위는 고기압이 될 것이다. 또 뜨거운 공기는 차가운 공기보다 훨씬 더 많은 수증기를 함유할 수 있다(겨울에 너무 추우면 눈도 안 온다 라는 말이 있는데 이것은 너무 추우면 대기가 수증기를 함유하고 있는 양이 너무 적어 지기 때문이다. 그 한계 온도는 대략 영하 40도 정도이다).

따라서 열대의 바다로부터 증발된 많은 양의 수증기들이 육지로 몰려오고 그쪽으로 구름이 많이 형성되기 마련이다. 그것을 증명해 주기라도 하듯 구름은 섬 부근에만 몰려있고 바다 쪽에는 거의 형성되어 있지 않다. 바람은 역시 고기압에서 저기압으로, 즉 바다에서 육지로 분다. 그래서 항상 섬의 바람은 바다 냄새가 나는 것이다(같은 원리로 밤이 되면 반대가 된다).

대중교통이 거의 없는 마우이는 차가 없으면 꼼짝도 할 수 없으므로 차부터 빌려야 한다. 미리 예약한 '달러 렌터카'에서 붉은 자두(Plum) 색깔이 나는 크라이슬러 스트라스투스(Stratus)를 하루 40불에 빌렸다. 렌탈은 40불인데 부대 비용인 보험료와 세금 등이 하루 34불이란다. 그래서 미국에서 차를 빌리면 항상 속은 기분이다. 미국에서 밥 먹고 나면 식사 값의 10% 세금, 다시 거기에 20%의 팁을 더 주고 나면 늘 더러운 기분이 드는 것과 마찬가지이다.

공항에는 약 10여 군데의 렌터카 업체가 있었지만 달러(Dollar)에만 사람들이 몰린다. 이유는 단순하다. 싸기 때문이다. 미국은 냉엄한 경제의 원칙이 놀랍도록 질서있게 유지되는 자유경제국가이다. 도대체 에이비스(Avis)나 허츠(Hertz) 같은 비싼 렌터카는 누가 쓸까? 중진국인 우리나라는 돈 푼이나 만지며 사회적으로 방귀깨나 뀌는 사람이 골프를 칠 수 있지만 선진국민인 미국 사람들은 누구나 칠 수 있다. 다만 누구는 20불짜리에서 누구는 1,000불짜리에서 치는 것이 다를 뿐이다(2016년 현재 우리나라는 선진국이다). 그것이 자유시장 경제체제라는 것이다.

마우이의 공항을 빠져 나와 아직 도로에 적응하기도 전에 나는 놀라운 것을 발견 했다. 도로 초입의 모퉁이에 크리스피 크림(Krispy Kreme)이 있는 것이다. 이름도 요상한 이 도넛 가게는 미국에서도 그리 흔치 않은, 80년이나 된 유명한 도넛가게이다. 기본적인 맛이 살벌하게 달다는 것이 흠이기는 하지만 혀에 짝짝 달라붙는 그 쫄깃쫄깃하고 크리스피(Crispy)한 질감이 타의 추종을 불허할 정도로 맛있다. 하루에 500만개나 되는 도넛을 팔고 있는 오래된 이 가게는 자극적인 맛을 좋아하는 미국 사람들에게는 대단한 인기이다. 이 맛의 유혹을 떨치려면 실로 엄청난 고통을 감내해야 한다. 그 고통을 이기지 못하는 사람들은 어김없이 뚱보가 되는 것이다. 내가 미국에 살았다면 틀림없이 뚱보가 되어 있었을 것이다. 먹는 것에 대한 유혹이 별로 없는, 기름기 없고 담백한 음식문화를 가진 대한민국의 땅에 축복 있으라.

20여 가지가 넘는 이 가게의 도넛 중 최초로 상품화된, 가운데 둥그런 구멍이 뚫려 있고, 녹인 설탕이 표면에 빈틈없이 발라져 있는 글자 그대로 'Original Glazed'가 가장 인기있고 맛있는 아이템이다. 하지만 처음 맛을 본 식구들의 반응은 한마디로 냉담했다.

쫄깃하기는 하지만 어떻게 이런 야만적인 단 것을 먹느냐는 추상 같은 지적이었다. 손에 몇 다스(여러분이 예상하듯이 다스는 12개이다.)씩의 주문서를 들고, 가게 앞에 줄을 길게 늘어선 뚱보들의 진풍경이 그들의 비난을 정당화 한다. 하지만 나는 침을 튀기는 식구들의 집중포화를 뚫고 1다스를 사서 들고 나왔다. 그거 한 다스 먹는다고 절대로 살 찌지 않는다. 인슐린을 일시에 낭비되어 중성지방이 조금 걱정이 되기는 하지만, 도너츠 몇 개 먹는 걸로 그리 쉽게 문제가 생길 정도로 인체의 방어체계가 허술하지는 않다. 뚱보가 많은 미국인이 한국인보다 평균 수명이 낮은가? 그렇다. 하지만 겨우 1~2년 차이이다.

내 자식들의 소화기관은 모계의 유전자를 선택한 것이 분명하다. 동물이라면 당연히 그래야 함에도 불구하고 인간의 주요 에너지원이며 광합성을 통해 태양에너지로부터 만들어낸 탄수화물이자 이당류인 자당을 유별나게도 싫어하는 아이들이라는 것이 나에게는 언제나 생소하기만 하다. 내가 어렸을 때는 명절 선물로 가장 인기 있는 품목이 바로 설탕 한 포대이다. 시작부터 조짐이 좋다. 어쩐지 모든 것이 잘 풀릴 것 같은 예감이다. 날씨도 청명하다. 비를 몰고 다니는 나의 징크스도 적도 근처의 뜨거운 태양 아래에서는 먹히지 않는 것 같다.

시내를 벗어나자마자 길 양편으로 보이는 풍경은 이 섬 원주민들의 주요 밥줄이었을, 바로 사탕수수(Sugar Cane)밭이다. 섬의 끝까지 이어지는, 키가 2미터가 넘는 사탕수수 밭 너머로 넘실대는 푸른 바다가 보인다. 목적지는 서쪽의 해안인 카아나팔리(Kaana pali) 지역이다. 주요 호텔들이 바닷가에 포진해 있다. 즉, 호텔의 앞 마당이 Beach인 것이다. 바다가 서쪽을 보고 있어 일출은 볼 수 없지만 대신 아름다운 석양이 있다.

로얄 라하이나 리조트(Royal La haina Resort)는 별 4개 정도 급의 호텔로 서쪽으로는 실론(Ceylon)의 아름답고 파란 블루 사파이어(Blue sapphire) 빛깔을 띠는 바다와 동쪽으로는 킹 코코넛 나무와 안쑤리움(Anthurium)이나 하와이 무궁화* 같은 열대의 화초들이 군데군데 심어져 있는, 트로피칼 분위기 물씬 나는 멋진 곳이다. 놀라운 것은 18홀의 골프장이 호텔 주위를 둘러싸고 있는 것이다. 호텔비는 가장 싼 가든뷰가 140불 정도이다. 오션 프론트 뷰는 400불이 넘는다.

아이들은 경치를 잘 볼 줄 모른다. 먼 곳을 보는 힘이 약하기 때문이다. 아무리 아름다운 경치라도 아이들에게는 별로 감동을 줄 수 없다. 아이들의 시선은 대략 반경 10M 이내의 가까운 곳에만 머물 수 있다. 10살짜리 내 아들은 하늘과 바다가 맞닿아있는 지상 최대의 장엄한 경관을 보는 대신 손바닥 위의 게임보이에 몰두해 있었다. 저 멀리 솜털 같은 하얀 구름을 손가락으로 가리키면 겨우 추녀 끝에 매달린 솔방울을 보고 있음이다.

이 곳의 바다는 투명하다. 비치 가까이는 투명한 물색으로 시작해서 점점 연한 제이드의 빛을 띠다가 조금 더 가면 녹빛의 에메랄드 색으로 진해진다. 그리고 더 깊은 바다로 나가면 나중에는 푸른 남색, 그리고 진

---

* 하와이에도 무궁화가 있다. 우리나라 무궁화와는 많이 다르다.

한 네이비로 감동적인 천연의 옴브레 패턴을 만들어낸다.

그 푸른 남색 빛깔의 바다는 손을 넣으면 푸른 물이 들 것 같은, 태양 복사선의 스펙트럼이 바다물의 굴절과 산란으로 만들어낸 대자연의 경이로운 마스터피스(master piece)이다. 개나 소들은 결코 볼 수 없다. 700만개의 원추세포(Cone Cell)*를 가진 인간만이 느낄 수 있는 아름다운 색의 향연이다.

마우이섬은 일부러 75% 이상을 개발하지 않고 자연 그대로 둔 것이 특징이다. 산과 계곡은 계곡대로 바다는 바다대로 아름다운 멋을 간직한 곳이다. 하지만 관광객을 상대로 바가지를 씌우려는 상혼이 가는 곳마다 확인되는 철저한 관광지임에는 틀림이 없다. 이런 곳에 올 때 반드시 명심해야 할 일 하나는 '기꺼이 바가지를 쓰자'고 마음을 먹는 것이다. 이런 곳에서 바가지를 피하려는 몸부림은 어차피 절망적인 시간과 에너지의 낭비이며 그러한 시도는 결코 유효하지 않을 뿐 아니라 결국 기분만 잡치게 되기 때문이다. 관광지의 모든 시설과 인프라는 그들의 봉으로부터 최후의 1전까지 뜯어내기 위해 조직된 최적의 시스템으로 운영되기 때문에 관광객이 항거할 수 있는 유효 적절한 수단은 존재하지 않는다. 포기하고 몸을 맡기자. 그러면 기분이 좋아진다.

이곳에서 바닷물과, 순수한 실리콘(Si)으로 되어 있는 하얗게 빛나는

---

* 색을 감지하는 망막에 존재하는 시세포, 간상세포(rod cell)은 명암을 구분한다. 물론 인간만이 원추세포를 가진 것은 아니다.

모래 외에 공짜는 없다. 움직일 때마다 모든 것이 돈이다. 심지어는 무료 전화를 쓰기 위해 수화기를 들어도 차지(Charge)된다. 기꺼이 바가지를 쓰겠다는 해피 모드로 전환하지 못한 나는 그 때마다 상처 받

고 콜티솔*을 뿜어낸다. 하지만 결국 무감각해 질 것이다. 사람에게 지속적인 자극은 대뇌 피질로 전달되지 않는다. 그래서 우리는 재래식 변소에서 똥 냄새 때문에 기절하지 않아도 되고 소음이 100데시 벨이 넘는 시끄러운 공항 주변에서도 얼마든지 살 수 있는 것이다.

식민지 치하의 원주민들은 대부분 불친절하다. 지배민족인 백인들의 강요로 돈으로 만들어진 웃음을 띠고 있기는 하지만 그들 대부분은 행복한 얼굴이 아니다. 더구나 원주민 대부분은, 특히 여자들은 백인들의 야만적인 식습관을 무분별하게 받아들인 탓에 대책 없이 뚱뚱하다. 사실 뚱뚱하다는 표현은 상당히 예의를 갖춘 것이라고 할 수 있다. 제대로 말하자면 하마나 코끼리 수준이다. 선조부터 해왔을 농업과 고기 잡는 일을 포기하고 3차 산업에 종사하게 되면서 극단적으로 적어졌을 운동대사량으로 인한 지방의 축적도 한 몫 했을 것이다.

누차 느끼는 것이지만 백인들의 식습관은 정말 끔찍하다. 그들은 무지막지하게 짜게 먹고, 정신이 혼미하게 달게 먹으며, 위장이 찢어지도록 엄청나게 많이 먹고, 먹는 음식은 대부분 고칼로리의 지방이 듬뿍 든

---

* Cortisol: Stress 호르몬, 스트레스가 생기면 분비된다. 일종의 스테로이드(steroid).

기름진 것들이다. 그것이 그들을 뚱뚱하게 만든 근본적인 이유이다. 하지만 이상한 것은 그래도 그들이나 우리나 평균수명은 크게 다르지 않다는 것이다. 이 모든 것이 지구 상의 모든 생명체가 35억년 동안이나 진화하며 분자적 지혜를 갈고 닦아 갖춘 신비이다. 인체의 자동적이고 정교한 방어시스템과 프로그램 덕분에 정상적인 유전자를 가지고 있는 한, 몸을 마구 혹사하거나 굴려도 단시일에 그렇게 심하게 망가지지는 않는 것 같다. 얼마나 다행인가. 그래서 나는 오늘 한 다스의 크리스피 크림 도넛을 맛있게 먹을 수 있는 것이다. 크리스피 크림 도넛에 축복을……

마우이의 바닷가는 어디든 해수욕장이 되지만 우리나라의 동해안처럼 3m만 나가도 뚝 떨어지는 절벽이라 아이들에게는 위험하다. 하지만 바닥이 선명하게 보이는 그 투명한 물빛과 고운 설탕 같은 새하얀 이산화규소 모래사장을 보고도 물 속에 뛰어들지 않을 사람은 아무도 없으리라.

이곳의 호텔키는 황동으로 된 고전적인 열쇠인데 2개를 주면서 '잊어버리면 20불을 물어내야 한다'고 프론트 데스크에서 으름장을 놓았다. 그래서 'Made in Italy'에 혹하여 구입한, 면과 폴리에스터의 교직물로 된

'모자이크(Mosaic)'라는 Brand의 푸른 수영복 뒷주머니에 잘 넣은 다음 벨크로(Velcro)*를 단단히 채우고 놀았다. 그런데 물 속에서 같이 놀던 딸 아이가 바다 속으로 금속성의 물체가

---

* 손쉽게 붙다 떼었다 할 수 있게 만든 테이프, 한쪽은 까실하고 다른쪽은 부드러운 털이 심어져 있다.

떨어지는 것을 봤다며 소리를 질렀다. 서늘하게 등골을 스쳐가는 20불에 대한 경고…… 까짓 20불인데…… 하지만 나는 파도 때문에 계속 새롭게 물밑 모래 위에 속수무책으로 쌓이는 수심 3m 정도의 바다 속 모래를 헤치며 필사적으로 열쇠를 찾기 시작했다. 그 절망적인 상황…… 단순히 현금 20불을 잃어버린 것 때문이 아니다. 내 식구들의 안식처를 의미하는 열쇠를 잃어버렸다는 자괴감인 것이다. 찾아야만 했다. 찾지 못하면 안 된다는 막연한 느낌이 압박했다. 그리고 마침내…… 찾아내고 말았다. 겨우 새끼 손톱의 반 정도만큼 모래 속에 서 고개를 내밀고 있는, 별로 반짝이지도 않는 노란 금속성의 물체를 발견하고는 마치 보물이라도 찾은 것처럼 의기양양했다. 사람은 이처럼 작은 일에도 펄쩍 뛸 정도로 기뻐할 수도 있고 그런 만큼 쉽게 절망에 빠질 수도 있는 나약한 존재이다.

마우이의 재미는 뛰어난 바닷가의 풍광도 좋지만 이 섬이 있게 만든, 3,000만년 전에 바다 속에서 솟아오른 할레아칼라(Haleakala) 화산의 분화구를 보는 것이다. 하와이 군도에 있는 마우나케아(Maunakea)가 바다 밑으로 뻗어있는 높이까지 합치면 히말라야의 에베레스트 보다 더 높은 산이다. 마우이의 할레아칼라 산은 해발 3,055m로 백두산보다도 높았다. 제주도보다 조금 더 큰 화산섬에 해발 3,000m가 넘는 산이 있다는 사실이 놀랍지 않은가?

우리는 마지막 날 공항으로 가기 전에 이 화산의 분화구(Crater)를 구경하기로 했다. 사실 이곳에서 아침 일출을 보는 것이 좋은 관광코스라고 여행사에서 귀띔해 주었었다. 그런

데 요즘의 일출은 새벽 5시 정도인데 호텔에서 꼬박 2시간 반이 걸린다. 말이 되는가? 2시 반에 호텔을 떠나려면 여자들은 1시에는 일어나야 한다. 밤을 꼬박 새워야 한다는 말이다. 세계 최고의 일출도 좋지만 무리다.

우리는 일출을 포기하는 대신 느지막하게 일어나서 물빛 고운 비치에서 해수욕 한번 더 하고 생전 처음 보는 경이로운 화산의 분화구를 구경하기 위해 호텔을 떠났다.

양 쪽에 끝없이 펼쳐지는 사탕수수밭을 끼고 산의 정상을 향해 가까이 다가갈수록 할레아칼라 산의 아랫부분은 지리산의 풍광과 많이 닮아있는 것 같다. 그 완만한 산의 기복 때문에 아무리 자동차가 속력을 올려도 눈 앞에 펼쳐지는 광경은 전혀 가까워 지지 않고 마치 멈춘 것 같다. 아니 심지어는 뒤로 물러나는 것 같기도 하다. 정상까지 계속되는 이 잘 닦여진 길은 오로지 관광을 위하여 무려 10년 동안이나 중국인들이 건설한 길이라고 한다. 산의 중간부터 구름에 뒤덮여 있어서 과연 정상에서 분화구를 볼 수 있을지 의심이 되었다. 산의 중간에 백인들이 건설했을 여러 열대의 화초농장과 아기자기하게 예쁜 동화 속의 집들이 많다. 1시간을 달려 간신히 구름 층에 도달하고 구름 속을 헤치며 차를 계속 달렸더니 놀랍게도 정상 부근은 구름 한 점 없는 맑은 하늘이었다. 구름은 산의 허리 중간쯤에만 걸쳐있었던 것이다. 우리는 신선처럼 구름 위에 서 있었다. 정상 부근에 구름이 없는 것은 당연하다. 그 곳은 아래 더운 곳보다 대기가 차갑기 때문에 고기압이 되고 차가운 공기는 수증기를 별로 함유하고 있지 않기 때문인 것이다.

산 아래는 섭씨 32도가 넘는 뜨거운 적도의 여름이지만 고도가 높아질

수록 기온은 점점 서늘해져 갔다. 대류권*(지표에서 고도 10,000m까지의 대기권)에서는 높은 곳으로 가면 태양의 복사열로부터 멀어지기 때문에 고도가 100m 높아질 때마다 어김없이 섭씨 0.65도만큼 온도가 떨어진다.** 따라서 예측 가능한 물리법칙에 따라 이 근방의 기온은 겨우 12도가 조금 넘을 것이다. 갑자기 불어오는 차가운 바람이 칼처럼 매섭게 코 끝을 스친다. 나는 적도의 차가운 태양아래 서 있었다.

짧은 관목과 풀들로 이루어진 풍경이 계속된다. 더 이상 사람이 살 수 없는 버티컬 리미트(Vertical Limit)를 지나고 있는 것이다. 그리고 더 나아가 발 아래 멀리 구름이 내려다 보이는, 정상을 300m쯤 앞둔 고도에서는 지구상의 모습과는 전혀 다른 기괴한 풍경이 펼쳐져 있었다.

그곳은 마치 TV에서 본 화성의 표면과 많이 닮아 있었다. 완벽하게 붉은 산이다. 화산재 중의 철 성분들이 산화되면서 산화철로 변해 붉게 보이는 것이다. 실제로 정상 부근에는 작은 산 하나가 통째로 자석으로 된 마그네틱 힐(Magnetic Hill)이란 것도 있었다.

정상의 분화구에서 250년 전 용암이 바다로 흘러내려간 광대한 흔적은 대 자연의 창조적 신비가 빚어낸 장관이었다. 세계에서 가장 크다는 그 분화구는 뉴욕의 맨하탄을 통째로 담을 수 있을 정도로 거대하다. 아득히 펼쳐진 분화구 밑에서 영겁을 거쳐 이어져 온 차가운 해양의 바람이 소용돌이쳐 불어 올라온다. 그 아득한 분화구 밑으로

---

* 제트여객기의 고도가 대략 10,000m 정도 된다.
** 성층권에서는 반대로 고도가 높을수록 기온이 올라간다.

실처럼 가느다란 한 줄기 길이 있고, 그 길을 말인지 낙타인지 모를 짐승을 타고 먼지를 휘날리며 트랙킹(Track ing)을 하는 사람들이 있다. 이 부근의 풍광은 영화 토탈리콜(Total Recall)에 나오는 태양계의 다른 행성 같은 분위기다. 화성에 착륙하여 사진을 보내온 스피릿(Spirit)과 오퍼튜니티(Opportunity)가 화성사진을 이곳에서 찍었다고 해도 될 만큼 근처의 풍경은 화성의 표면을 꼭 닮아 있었다. 기온이 지표면보다 무려 20도 이상 내려간 고산의 차가운 바람이 부는 정상에서 분화구를 보고 있으니 대자연의 경이로움에 저절로 처연한 심정이 되면서 가슴 속으로 카타르시스(Catharsis)가 몰려오는 것이 느껴졌다.

정상의 전망대 아래에서 마치 바다 속의 산호처럼 생긴 이상한 식물을 보았다. 하얀 색의 잔털로 뒤덮인 양파 모양의 큰 비치볼 만한 식물인데 용설란처럼 둥그런 모양으로 가지를 뻗고 있다. 만져 보니 표면에 얽혀 있는 가느다란 마이크로*(Microfiber) 같은 하얀 털들이 아주 부드러운 느낌을 주었다. 우리 식구가 이것들을 만져보고 있는데 다른 관광객들이 놀라는 표정으로 쳐다보는 것을 느꼈다. 이상하다고 생각했지만 아뿔싸!

은검초

그 경악의 의미를 깨달은 것은 나중에 산을 내려온 다음이었다. 마우이에만 자생하는 은으로 만든 칼처럼 생긴 그 식물은 사람이 만지면 죽어버린다는 은검초(Silver sword)라는 희귀식물이라는 것이었다. 정말로 내가 만진 그 은검초는 죽었을까?

---

* 아주 섬세하게 가는 합성섬유. 주로 폴리에스터와 나일론의 혼성으로 만든다.

은검초는 하와이에만 39종이 있는데 놀랍게도 이 식물의 조상은 다른 대부분 식물들의 조상이 호주나 동남아인 것과는 달리 북아메리카의 타르위드(Tarweed)라는 식물이라고 한다. 북미와 하와이 사이에는 섬 하나도 없는 4천Km의 대양이 펼쳐져 있다. 타르위드는 어떻게 이런 망망대해를 건너와 이곳에 싹을 틔웠을까?

이곳의 특징은 단 한 명의 잡상인도, 단 한 개의 기념품 가게도 볼 수 없다는 것이다. 이렇게 길이 잘 닦여 접근성이 양호한 인프라를 보유하고 있는 관광지에 온 섬을 뒤덮고 있는 그 끈덕진 바가지 상혼이 못 올라오다니 알다가도 모를 일이었다.

섬의 남쪽 끝에 있는 하나(Hana)라는 아름다운 계곡에 가보고 싶었지만 아쉽게도 그럴 시간이 없었다.

다시 문명의 세계, 진짜 하와이 호놀룰루와 진주만과 와이키키가 있는 곳 오아후(Oahu) 섬으로 되돌아간다. 호놀룰루의 호텔들은 아무리 고급이라도 입구라는 것이 없다. 어디나 호텔 로비가 도어 없이 개방되어 있는 것은 하와이만의 특징인 것 같다. 언제나 바다냄새 물씬 나는 시원한 바람이 로비를 감돌고 있다.

놀라운 것은 종로나 명동에 해당하는 번화한 길 바로 바깥쪽에 비치가 있다는 것이다. 바로 유명한 와이키키 해변이다. 생각해 보라. 을지로의 롯데백화점이 있는 거리의 건너편이 모두 파도가 몰려오는 해수욕장이라면…… 이 얼마나 가슴 뛰는 광경

와이키키

 인가? 멀리 오렌지 색의 태양이 바다로 떨어지고 있는 와이키키 해변의 석양은 숨막힐 정도로 아름다운 것이었다. 아내와 어깨동무를 하고 태양의 위대한 혼돈과 질서가 빚어내는 태평양 바다의 낙조를 하염없이 바라보았다. 이 아름다운 광경을 절대로 망각하지 않을 영구회로처럼 대뇌피질에 단단히 심어놓기 위하여……

오아후의 둘째 날, 차를 빌려 섬을 일주하기로 했다. 아침 일찍 크라이슬러의 세브링(Sebring 미국 사람들은 씨~브링이라고 욕처럼 말한다). 컨버터블(Convertible)을 빌려 차의 지붕을 걷어내고 약 150Km에 달하는 섬 일주에 나섰다.

불순물 없는 깨끗한 대기를 통과한 자외선 많은 햇빛이 몹시 따가워 차양을 치는 것이 좋았지만 컨버터블(Convertible)을 타고 흥분하며 즐거워하는 아이들을 위해 참기로 했다. 오아후 섬은 이미 10년 전에 같은 코스를 차로 돈 적이 있었건만 전혀 두뇌의 기억세포에 입력되지 않은 듯 했다. 하지만 아름다운 진주빛 해안과 위로 화살표들이 달려가는 듯한, HBT*(Herring Bone Twill) 무늬 같은 희한한 초록색 산들은 위대한 자연이 만들어낸 벅찬 감동이었다. 길가다 15분에 하나씩 나오는 해수욕장들은 어느 것 하나도 손색없는 훌륭한 것들이었고 좁아터진 우리나라처럼 사람들이 들끓지 않는, 우리 만의 비치가 된다. 상인들도 없었다. 하와이에

---

* 헤링본 트윌: 생선 가시 모양의 무늬가 연속되는 패턴의 직물 Herring bone은 청어의 가시를 뜻한다.

서는 멋진 자연경관을 중심으로 한 지역들은 장사치들의 접근을 금지하는 룰이 있는 것 같다.

낮의 태양으로부터 투명한˙ 적외선을 흠뻑 흡수한 바닷물이 따뜻했다. 대륙붕 얕은 바다는 수심이 낮아 태양의 복사열이 바닥까지 닿을 수 있다. 그러나 산호가 없는 한, 모래만 있는 바닷가에는 고기가 별로 살지 않는다. 이산화규소(SiO₂)가 먹이가 될 리 없기 때문이다. 이곳의 열대어들은 산호에 붙은 작은 해조류를 먹고 사는 것 같다.

길가에서 더위에 지친 험상궂은 원주민 할머니가 파는 야생 파인애플과 파파야를 싼 값에 사 먹었다. 열대의 뜨거운 태양 그 영원한 에너지를 그대로 과당으로 간직하고 있는 파인애플의 달고 시원한 맛은 껍질을 벗기느라 거친 칼을 놀리고 있는 고약한 인상의 무뚝뚝한 할머니마저도 유쾌하게 느끼게 한다.

셋째 날, 하나우마 베이(Hanauma Bay)에 가기로 했다. 하나우마 베이는 화산의 분화구가 전체적으로 바다로 내려앉아 그 안으로 바닷물이 들어와 많은 해양동물들과 식물생태계의 보고가 된 곳이다. 대부분 초승달 모양으로 남아있다. 이 곳은 바닷속 식어버린 용암 위에 산호들이 형성되어 있고 색색의 열대어들

이 전혀 사람을 겁내지 않고 유유자적하게 돌아다녀 스노클링(Snorkeling)을 즐기러 오는 곳이다. 이곳의 생태계를 보호하기 위해 예전에는 일주일에 3일 정도만 개방하는

---

* 사람은 적외선을 볼 수 없다. 뱀은 가능하다. 따라서 뱀은 밤에도 동물을 식별할 수 있다. 모든 살아있는 동물은 적외선을 뿜어내기 때문이다.

하나우마 베이

데 지금은 넘치는 관광객들을 소화하기 위해 일주일에 하루만 닫고 있다. 그렇다면 물빛이 예전 같지는 않을 것이다.

덕분에 들어가는데 곤욕을 치러야만 했다. 아침 6시부터 저녁 7시까지 개방인데 모든 입장객들이 30명 정원의 방에 들어가 자연보호에 대한 비디오를 의무적으로 시청해야 입장이 가능하다. 우리처럼 10시쯤 느지막이 간 사람들은 앞의 사람들이 비디오를 다 보고 나올 때까지 30명당 15분 간격으로 장시간 동안 줄을 서 뜨거운 뙤약볕 아래에서 고행을 해야만 했다.

정보가 부족하면 몸이 고생을 해야 한다. 하나우마 베이는 아침에 아주 일찍 오던가 아니면 아주 늦게 와야 한다. 고생 끝에 간신히 내려간 하나우마 베이의 아름다운 바닷물도 예상대로 예전에 비해 많이 혼탁해 있다. 하지만 물고기들은 여전히 눈을 즐겁게 해줄 만큼의 개체수는 유지하고 있다. 수심이 채 2m가 되지 않는 이곳에 70cm가 넘는 고기들이 헤엄치고 있는 광경은 대단한 장관이다. 원래 스노클링을 즐기려면 배를 타고 나가야 하지만 비치에서 걸어 들어가 스노클링을 할 수 있는 곳은 여기뿐일 것이다. 수심이 낮으므로 아이들도 놀 수 있다. 열대어들의 아름다운 색깔은 경이로움 그 자체이다. 그런 화려한 원색컬라의 동물들을 봤다면, 동물이 천적을 피하기 위해 보호색을 띤다고 주장했던 곤충학자 파브르(Fabre)는 뭐라고 했을까? 수 만 년전, 지구가 만들어놓은 생태계의 다양성이 거룩한 아름다움으로 빛나고 있는 이곳도 이제 10년 후면 혼탁해져 영원히 문을 닫게 될지도 모른다. 사람은 자연을 황폐하게 한다. 지구상의 모든 생물들은 나름대로 생태계를 유지하는 역할을 하면서 살아가지만 인간만은 자연을 파괴하고 Entropy*가 증가하는 속도를 부추긴다. 나 또한 이 아름다운 푸른 색 행성을 파괴하고 있는 호모 사피엔스(Homo Sapiens) 중 하나인 인간인 것을 어찌하랴.

이렇게 장장 5박 7일 대장정은 아쉬움 없이 막을 내리고 열대의 자외선**으로 새까맣게 타서 벗겨져 버린 등의 피부조직만 이 추억의 흔적으로 남게 되었다.

---

* 엔트로피(Entropy): 질서가 무질서로 바뀌는 상태, 열역학 제 2법칙에서 엔트로피는 항상 증가한다고 되어있다. 예컨대 물이 높은 곳에서 낮은 곳으로 흐르는 것은 엔트로피가 증가하는 것이다(제레미 리프킨).
** 피부를 까맣게 태우는 성분은 자외선 중 UVB이다.

폭주 커맨더

우리는 그 일이 일어나지 않을 거라는 사실을 모르기 때문이 아니라 그런 일이 일어나지 않을 거라는 막연한 믿음 때문에 위험에 처하게 된다.

– 마크 트웨인 –

8월 22일인데도 서울은 아직 더웠다. 낮에는 아직도 찌는 듯 무더웠고 밤에도 27도 가까운 열대야가 계속되었다. 미치기 일보직전, 나는 서울을 탈출하였다. 샌프란시스코에서 Old Navy와의 상담이 있었기 때문이다. 1년에 단 두 차례만 주어지는 중요한 상담이다. 이 상담을 위해 거의 4개월을 준비해야 한다.

샌프란시스코는 지금, 아마도 선선할 것이고 밤에는 춥기까지 할 것이다. 마크 트웨인(Mark Twain)*은 자신의 일생 중 가장 사무치게 추웠던 날이 바로 샌프란시스코에서의 여름이었다고 했다. 그의 말이 전해진 다음부터 샌프란시스코의 여름밤은 관광객들에게 공포의 대상이 되었다.

지금이 트웨인이 얘기했던 바로 그 때이다.

마크 트웨인

---

* "The coldest winter I ever saw was the summer I spent in San Francisco."

– Mark Twain –

M A d F O R S C I E N C E

하지만 나는 어리석게도 긴 팔 옷을 준비하지 않았다. 서울이 너무도 더웠던 탓에 긴 팔 옷의 존재 같은 것이 말끔하게 대뇌피질의 기억 세포에서 지워져 버린 탓이었다. 비행기가 이륙하고 3만 피트 고도로 올라가자 에어컨이 힘차게 돌아가기 시작했고 나는 그제서야 샌프란시스코로 가고 있다는 사실을 생각해 냈다.

사실 비행기의 에어컨은 이상한 것이다. 비행기의 바깥 기온이 영하 50도 가까운데 히터가 아닌 에어컨이 필요한 이유가 뭘까?

고도 3만 피트 상공은 공기가 희박하다. 따라서 바깥 공기가 그대로 비행기 안으로 유입되면 승객들이 산소부족으로 숨을 쉴 수 없게 된다. 하지만 제트기 엔진은 공기를 압축하여 사용하므로 이렇게 압축된 공기는 사람이 숨을 쉴 수 있을 만큼 산소 농도가 충분하다. 따라서 엔진을 통과한 압축공기를 사용하면 된다.

문제는 엔진을 통과한 압축공기가 뜨겁다는 것이다. 180도에서 230도 정도이다. 물론 이것은 제트 분사열 때문이 아니라 공기를 압축하는 행위, 그 자체만으로도 공기가 뜨거워 지는 것이다. 자전거 타이어에 바람을 넣는 것은 공기를 압축하는 것과 같은데, 바람을 빵빵하게 넣은 후 타

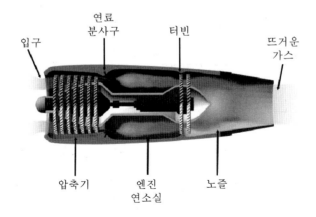

이어를 만져보면 놀랍게도 타이어가 상당히 뜨거워 졌다는 것을 알 수 있다.[*] 그런 이유로 기내에는 강력한 에어컨이 필요한 것이다.

우리는 4일 동안 미국에 머물기로 되어있었으므로 공항에서 차를 빌리는 것이 더 낫다고 판단하였다. 평소 할리 데이비슨 오토바이를 동경하며 험비가 드림카인 최이사는 찝차를 빌리자고 고집하였다. 우리는 여행 중 비포장 도로를 달릴 계획이 전혀 없었으므로 나는 반대했지만 그의 쇠고집을 꺾을 수 없었다. 우리는 험비보다 더 커 보이는 7인 승 커맨더 찝을 타고 공항을 빠져 나왔다. 노르만디 상륙 작전에 투입되었던 미제 장갑차처럼 투박하게 생겼지만, 유명한 아우디 Q7, X5, Lexus Rx400을 제치고 2007년 최고의 SUV로 뽑힌 바 있는 인기 모델이다. 덩치와 걸맞게 강력한 8기통의 5,700cc 가솔린 엔진을 갖추고 있는 이 미제 머슬카는 부드럽게 움직였고 엔진 배기음도 비교적 조용하다.

샌프란시스코의 도로는 산 위에 형성된 것들이 대부분이어서 30도가 넘는 경사를 올라가거나 내려가야 할 때가 많다. 집들은 마치 절벽 위에 세울 수 있는 건축물의 온갖 노하우를 보여 주기 위한 각축장 같다.

Jeep commander

가장 잘 알려진 곳이 유명한 소살리토(Sausalito)이다. 금문교 다리를 지나 오른쪽 작은 길로 내려가다 산 모퉁이를 돌면 돌연 나타나는 이 아름다운 마을은 깎아지른 듯한 경사도 높은 산 속에 여기저기 지어놓은 그림 같은 집들로 사

---

[*] 공기가 압축되면 공기분자가 많아지는 것이다. 분자간의 충돌이 잦아져 뜨거워 진다.

람들의 넋을 빼놓기
충분하다.

언덕 배기에 주차
해 놓은 차들은 모두
핸들을 잔뜩 도로 쪽
으로 꺾어놓았다. 혹
시라도 브레이크가
풀리면 그대로 언덕
아래까지 굴러 내려
가지 않도록 한 배려이다. 하지만 그 잔인한, 경사각 급한 고갯길들을 올
라가다 마치 차가 그대로 뒤로 뒤집어질 것 같은 공포에 빠진다. 만약 엔
진이 꺼지기라도 한다면……

그런데 대부분이 편도 2차선 정도의 좁은 1way인 도로들 중, 왕복차
선이 가끔가다 있는 것이 문제였다. 왕복차선을 주행하다 보면 느닷없
이 길 전체가 일방통행으로 바뀌면서 그대로 역 주행이 되고 마는 어
이없는 경우가 있었다. 하지만 그런 도로에 주의표시라고는 둥그렇고
빨간 바탕에 하얀 선이 수평으로 가로질러 있는 진입 금지표시판과
'Do not Enter'라고 조그맣게 써있는 문구가 전부였다. 위험천만한 일
이었다.

우리의 상식으로는 도저히 이해가 가
지 않는 일이어서 나는 그 표시를 보고도
믿기지가 않았다. 잘 진행하던 도로가 갑
자기 1way, 역 방향으로 바뀌며, 그런 길
에 신호등 표시도 없다니…. 이건 마치
누군가 일부러 교통사고 건수를 높이기

위해 꾸민 악랄한 음모 같았다.

때문에 여러번 주의를 했건만 결국 최이사는 아침에 상담을 나서다 역주행을 하고 말았다. 그건 정말 황당하고 충격적인 경험이다.

샌프란시스코의 도로는 신호등이 귀하다. 10m에 교차로가 하나씩 나타날 정도로 워낙 교차로가 많아서인지도 모른다. 길 중앙에 신호등이 있는 곳도 있지만 대부분은 횡단보도 신호등 옆에 붙어 있는 플래쉬 불빛만한 아주 작은 신호등에 의존한다.

우리는 처음에는 아주 조심스럽게 차를 몰고 다녔지만 며칠 지나니 교만한 마음이 생겨 주의력이 흩어지기 시작했다. 서울에서는 도저히 만져볼 수도 없는 강력한 엔진의 4륜 구동 찝을 살살 몬다는 것은 엄청난 고통이었다. 우리는 곧 차를 거칠게 몰게 되었다. 그리고 그런 부주의에 대한 대가는 우리를 처절하게 응징하였던 것이다.

샌프란시스코에서의 마지막 날 밤, 미팅에 참석한 한국 회사들과 바이어들이 함께 모여 유명한 Tony's toy restaurant에서 저녁식사를 하기로

되어있었다. 음식은 최고였다. 랍스터와 북경오리를 위시한 6가지 최고급 코스요리가 제공되었는데 가격은 겨우 60불이었다. 서울이었다면 20만원은 되었을 것이다.

마지막 날, 마지막 식사를 마치고 집에 돌아갈 일만 남자, 그동안 쌓였던 노독이 한꺼번에 밀려오는 것을 느낄 수 있었다. 미국에 온지 3일이 지났지만 아직 시차조정도 못하고 있는 상태였다. 나이 탓에

멜라토닌*이 고갈되어 하루에 3시간 정도 밖에 잘 수 없었다. 눈은 충혈
되고 아랫도리가 물속에 잠겨있는 듯 무거웠다.

9시 반이 되어서야 아쉬운 자리를 마감하고 일어섰다. 레스토랑이 있
던 몽고메리 스트리트에서 호텔이 있는 Sutter까지의 거리는 불과
3~4km, 나는 운전대를 잡고 Powell을 지나 Sutter를 향해 차를 몰았다.

피곤했다. 운전대를 잡고있는 눈꺼풀이 천근만근 이었다. 나의 자율
신경계는 아세틸콜린(Acetylcholine)이 분비되면서 서서히 부교감 신경의
지배 하로 들어가고있었다. 심장 박동이 느려지고 기도가 좁아지며 혈
압이 하강하고 있었다.

사람은 낮에는 교감신경의 지배를 받아 노르아드레날린(Norad renalin)
이 분비되어 대사가 활발해지지만 밤이 되면 부교감신경의 지배 하에 들
어가게 된다.

교차로를 건너는데 갑자기 최이사가 외쳤다. "앗 빨간 불인데 그냥 가
면 어떡해요."

그 소리를 듣는 순간, 섬뜩한 얼음 송곳이 뒷덜미에 꽂히는 느낌이 들
었다. 오른쪽 창문으로 신호를 받고 고갯길에서 탄력을 받아 쏜살같이
내려오는 75년형 시보레
가 보였다. 나는 순간, 이
대로라면 틀림없이 차의
뒷 부분을 시보레에게 받
힐 것 이라고 생각했다.
그 차는 바닥에 납작하게
엎드려 있어서 고도가 높

75년형 시보레

---

* Melatonin: 대뇌의 송과선에서 분비하는 호르몬. 생체시계의 역학을 한다고 알려져 있다. 따라서 밤에 분
  비된다.

은 짚커맨더를 받으면 전복할지도 몰랐다. 구형차이므로 시보레는 에어백도 없을 것이고 강력한 찜을 들이받으면 시보레 운전자는 크게 다칠 것이다. 뒤로 다른 차가 따라오는 것을 보지는 못했지만 또 다른 충돌이 있을 수도 있다. 재앙이다. 차를 얻어 탄 다른 두 사람도 무사하기 힘들 것이다. 그 와중에 경비를 아끼기 위해 보험을 Basic으로 들었다는 생각이 들었다. 발등을 찍고싶은 기분이었다.

이 모든 생각이 0.1초 사이에 이루어졌고 나의 자율 신경계는 급히 교감 Mode로 변환되었다. 노르아드레날린이 분비되면서 두뇌 활동이 재개되었다. 신경전달 물질의 속도는 시속 350km로 F1경주 자동차의 속도와 맞먹는다. 대뇌의 종합 판단에 의해 나의 체성 신경계는 결국 브레이크 대신 액셀레이터를 밟기로 최종 결정하였다. 나는 액셀을 힘껏 밟고 핸들을 왼쪽으로 꺾으면서 충돌에 대비했다. 확실히 찜은 가속에 대한 응답이 느리다. 끼이익~ 브레이크가 비명을 토해내는 거친 마찰음이 들렸고, 뒷부분을 강하게 추돌 당한 내 찜은 곧 와장창 소리를 내면서 심하게 돌아갈 것이다. 전복이 될지도 모른다. 운전대를 잡은 손에 힘이 들어갔다. 하지만 브레이크의 파열음 뒤로 더 이상 아무 소리도 들리지 않았다. 내 차는 미꾸라지가 기름 묻은 손에서 빠져나가듯 미끄럽게, 최이사의 표현대로라면 깻잎 한 장 차이로 시보레와의 충돌을 면했다. 시보레의 오래된 그리스 냄새를 맡을 정도로 내차와 그차는 가깝게 있었다.

나는 그 자리에서 벗어나고 싶다는 생각에 더욱 더 세게 가속페달을 밟았다. 화가 잔뜩 난 시보레 운전자가 쫓아오는 것 같았다. 근육은 빠르게 움직이기 시작했고 근육에 되도록 많은 혈액을 퍼 붓기 위해 심장이 기관차처럼 빨리 뛰기 시작했다. 교감 신경이 최대한으로 활성화 되면서 땀샘에서 땀이 나오는 것이 느껴졌다. 혈액에 더 많은 산소를 공급하기 위해 폐가 바쁘게 움직이는 모양이다. 아드레날린이 분출되면서 혈

압이 상승하고 있음
이 느껴졌다.

다음 신호가 빨간
불로 바뀌어서 급히 우
회전을 한 다음 다시
좌회전 하였다. 그런
데 좌측 길로 들어서자
마자 경찰이 보였다.
빨간 플래쉬를 들고 있
던 그는 차도에 서 있

크라운 빅토리

다가 나를 향해 1way! 라고 고함을 질렀다. 경찰차 옆에 시보레 한대가 엎어
져 있었고 나는 순간, 사고 현장으로 다시 돌아왔다는 착각에 빠졌다. 길을
다시 돌아 나오면 경찰과 마주쳐야 할 것이다. 나는 잠시 생각 하다 그대로
역주행 하였다. 덕분에 심장은 폭발하기 일보 직전이었다. 경찰차가 싸이렌
을 울리며 쫓아올 것이다. 샌프란시스코에서 경찰의 크라운 빅토리아와 추
격전을 한판 벌이게 되었다. 하지만 다행히 경찰은 사고 난 차를 수습하느라
쫓아오지 않는 것 같았다. 마주 오는 차도 없어서 위기를 모면할 수 있었다.

우리 일행은 한숨을 몰아 쉬고 호텔 로비에 들어섰다.

진정이 잘 되지 않았다. 경찰이 금방이라도 쫓아올 것 같았다. 그 시보
레가 멈추면서 다른 충돌을 하지는 않았는지 뒷자리에 앉은 친구에게 물
어보았다. 다른 사고는 없이 무사히 정지 했다고 말해주었다. 그래도 불
안했다. 경찰차가 호텔 앞으로 금방이라도 들이닥칠 것 같다는 불안감
에 사로잡혔다.

만약 그 사람이 다치기라도 했다면 나는 뺑소니가 되고 보석금을 10만
불은 내야 풀려날 수 있을 것이다.

망할 놈의 샌프란시스코 도로였다. 다시는 샌프란시스코에서 운전 하지 않으리라 다짐했다.

시상하부에서 떨어진 체온을 올리기 위해 피부의 혈관들을 최대한 수축'시키며 한차례 진동을 지시하였다. 몸이 부르르 떨렸다. 트웨인이 옳다.

샌프란시스코의 8월 밤은 염병나게 추웠다.

---

* 항온동물은 일정온도를 유지하기 위해 피부의 혈관을 이용한다. 더우면 혈관들이 팽창하여 체온을 낮춘다.

유로투어 사이언스

서기 840년 프랑크 왕국, 카를 대제의 손자인 루트비히 1세가 죽고 장남 로타르 1세가 왕위를 상속하자 두 동생들이 반발, 연합하여 형과 전면전을 벌인다. 결국 843년 8월 11일 베르덩(Verdun)조약의 체결로 왕국은 분열되었다. 그 결과 로타르 1세는 프로방스 · 이탈리아 · 부르고뉴 지역을 차지하는 중프랑크 왕으로, 카를은 서프랑크 왕으로서 현재의 프랑스 지방을, 루트비히는 동프랑크 왕으로 현재의 독일지역을 차지함으로써 독일과 이탈리아 프랑스의 기원이 시작되었다.

중량과의 전쟁
　　불안했다……

처음 가보는 생면부지의 이 땅은 내게는 복잡한 서울역 앞에 내동댕이쳐진 코흘리개 아이처럼 생소하고 낯선 곳이다.

나는 역사를 좋아해 유럽의 역사나 지리에 대해 짧은 지식이 있기는 하지만 직접 대하는 백인들의 나라, 그 미지의 땅덩이에 대한 불안감은 그런 얄팍하고 일천한 잔재주로 커버할 수 있는 성질의 것은 아니다. 그러나 그런 것과는 다른 정체 모를 불안함이 엄습하는 것을 막을 수가 없다. 여행을 좋아하는 내게 유럽여행이라는 대단히 매혹적인 사건이 눈앞에 닥쳐있는데도 출발 전까지 우울하고 불안했다.*

---

* 프로작(Prozac)은 이럴 때 필요한 처방이지만 건강한 성생활을 방해하는 물건이다. 또 프로작이 오히려 자살률을 높인다는 보고도 있다.

그런데 갑자기 문득 타기로 한 비행기가 익숙한 국적기가 아닌 KLM 로얄더치(Royal Xutch) 항공이라는 생각이 들었다. 그렇다면 지금까지 국적기에서 누려왔던 단골손님으로서의 모든 Advantage(모닝캄 또는 다이아몬드 회원이라는 권리)가 여기서는 통하지 않는다. 그렇게 되면?

내 짐…… 너무 무겁다. 그간 애용하던 항공사들에게서는 그리고 미주에서는 상당히 온화했던 짐의 무게에 대한 관대함이 여기서는 허용되지 않을 것이라는 불안감이 들었다.

그렇다면? 오쓰*를 받아야만 했다. 그리고 떠나기 2일 전 금요일 오후 6시 30분, 나는 할 수 있는 모든 가능한 조치를 취해봤다. 그리고 너무 늦었다는 것을 알았다. 따라서 이제는 스스로 해결하는 수 밖에 없다.

보름간의 출장이지만 코트도 빼고 양복은 구겨지지 않는 가죽으로 단벌, 팬티도 때 안 타는 얼룩말 무늬로 두 장만, 양말은 회색으로 4켤레, 전기면도기는 일회용으로, 하다못해 리스터린(Listerine)**까지도 정확하게 15일분만…… 그렇게 해서 줄인 게 겨우 10kg 그리고 Hand Carry로 기내가방 하나, 면세점 봉투 하나쯤 해서 20Kg 정도만 추가로 들고 가면 된다 라고 생각하며, 또 다행히 중량에 대한 이 모든 불안이 기우이기를 바라면서 체크인(Check In) 카운터로 진격.

하지만 툰드라***처럼 차갑고 퉁명스러운 창구직원은 수하물은 20Kg에서 소수점도 허용하지 않는다며 눈을 부라린다. 믿었던 핸드 캐리도 단한 개만 허용된단다. 그것도 10Kg 이내. 저울로 달아보기까지 한다. 나는 내 돈 주고 타는 비행기에서 이런 무례한 경우를 당해본 적이 없다.

---

* 오쓰 란 Authorization을 짧게 부르는 항공사의 용어로 짐이 많을 때 미리 오쓰를 받으면 Over charge 를 내지 않고도 짐을 실을 수 있다.

** 영국의 Lister가 발명한 구강 청정제, 엄청나게 독하지만 효과는 만점이다. 하지만 멸균이 항상 좋은 것은 아니다.

*** 툰드라: 시베리아의 차가운 땅, 연평균기온이 5도 이하이다.

그렇다면 체크인 후 면세점에서 사는 물건은 어떻게 되나? 하고 물어보니 그건 또 괜찮다고 한다. 후안무치가 따로 없다.

이어서 무정하고 냉정한, 창구직원이 낮은 목소리로 내뱉었다. "오버차지(Over charge)를 내셔야 하겠는데요." 등줄기가 서늘해 졌다. "얼만데요……" 설마 제까짓 게 …… 물려 봤자 Kg당 2만원이면 되겠지…. 하지만 비수처럼 돌아오는 창구직원의 대답은 근거박약한 내 희망을 일시에 박살내 버리기에 충분했다. "750유로 인데요" 750유로? 턱이 빠질 뻔했다. 그럼 백만원?. 유럽 5개국을 돌 수 있는 내 왕복 티켓이 150만원짜리인데 짐 값만 100만원? 그것도 편도? 이런 천인 공로할. 솟구치는 에피네프린*과 수축하는 혈관들로 인해 나는 거의 까무러칠 지경이었다.

부족해진 산소를 보충하기 위해 심장은 더 빨리 펌프질하고 있고, 남이야 혈압이 올라 뇌혈관이 터지던 말던 이 상황이 강 건너 화재인 인정머리 없게 생긴 창구직원은 "가실 건지 아니신 지 빨리 결정하세요."하고 줄 서있는 다른 사람들에게 날 빨리 쫓아내달라고 요청하듯이 쳐다보며 위협적으로 채근하고 있다.

---

* Epinephrine: 아드레날린

09. 과학의 눈으로 본 세계 Travel Science

네덜란드 왕국의 부자 임금이 소유한 로얄더치 항공은 초면인 내게 이렇듯 무자비한 만행을 저지르고 있었다. 하지만 침착해야 한다. 이 상황이 언뜻 난감해 보이기는 했지만 결론은 생각해 보나마나이다. 이미 40여 바이어들과 약속해 놓은 것이다. 그 사실은 짐 값이 천만 원이라고 하더라도 깰 수 없는 성질의 것이었다.

남자와 여자의 운임은 다르다?

혈압이 내려가면서 이마에 땀이 났다. 나는 내 물건을 사지 않는 시장에서는 되도록 돈을 쓰지 않으려고 한다. 이것이 장사 32년 철학의 불문율이다. 내 물건을 사주는 나라에서는 기쁘게 돈을 쓸 수 있다. 그런데 이 발칙한 아이들이 내게 출발부터 욕을 보이는 것이다. 하지만 높은 고개가 의미하는 것은 그 다음은 내리막이라는 사실. 짧게 위안하고 자리를 떴다. 왜 이런 일이 생겼을까? 천천히 논리적으로 생각해 볼 일이다. 나는 터미널에서 비행기를 기다리며 곰곰이 생각에 잠겼다.

언뜻 생각해 봐도 이건 비논리적이다. 왜냐하면 계산이 그게 아니기 때문이다. 초과된 짐은 겨우 30kg 남짓이다. 사실 30kg은 어떤 것에 비교하면 별 것이 아니다. 그 어떤 것이란 바로 승객의 몸무게이다. 짐이 많은 비행기 승객은 그 짐의 무게로 인하여 당연히 불이익을 받게 마련이지만 이상하게도 몸무게가 많이 나가는 승객은 전혀 그렇지 않다. 여성들은 남자들에 비해 20~30kg 정도 가벼운 것은 기본이다. 하지만 승객들의 몸무게는 Check in할 때 전혀 문제삼지 않고 있다.

짐이든 사람이든 그것이 비행기의 노고를 더하는 Load 즉, 부담중량임에는 틀림없는 사실이다. 그렇다면 왜 승객의 몸무게는 운임에 영향을 미치지 않는 것일까?

항공사의 입장에서 보면 비행기의 무게는 연료의 소비와 직접적인 상관관계에 있으므로 될 수 있으면 기체를 가볍게 하는 것이 원가절감에 도움된다. 기체의 무게를 줄일 수 있는 방법은 두 가지 이다. 첫째는 승객의 몸무게를 제한하는 방법, 그리고 두번째는 짐의 무게를 제한하는 것이다. 항공사는 둘 중 후자만을 통제하고 있다. 왜 그럴까?

그냥 통제 정도가 아니라 사실은 혹독하게 금지하고 있는 것이다. 30kg 정도의 초과 중량으로 사람 1인의 운임보다 더 무거운 벌금(?)을 물리고 있는 셈인데 이렇게 되면 차라리 2人이 비행기를 이용하는 것이 더 낫다는 명백하게 불합리한 결론이 나온다(KXM을 탈 때 짐이 많은 사람은 공짜 유럽 비행기를 1명 태워줄 수 있다).

아무도 그러고 있지는 않지만 만약 항공사에서 승객의 몸무게를 제한한다면 어떻게 될까? 중국 상해에서 외국인 회사가 직원으로 상해인을 고용하려면 비용이 외지인*보다 60%나 더 든다. 상해시의 법이 그렇게 규정하고 있다. 시민의 권익을 위해서 만들었을 이 법은 오히려 상해인이 외국인 회사에 취업하는 길을 가로막는 악법이 되고 있다. 마찬가지로 그런 규정이 있으면 몸무게가 많이 나가는 사람은 꼭 필요한 경우를 빼고는 비행기를 잘 타려고 하지 않을 것이다. 특히 남자들은 여자들보다 늘 거의 두 배에 가까운 운임을 내야 하므로 결국 전체 승객의 70%가 넘는 남자 승객들과 뚱뚱한 사람들의 항공여행을 막는 부정적인 원인이 될 것이다. 그렇게 되면 항공사의 입장에서는 빈대를 제거하기 위해 초가삼간을 태우는 어리석은 우를 범하는 결과가 생기게 된다. 이것은 결코 항공사가 바라는 바가 아니다.

몸무게는 비행기에 탑승할 때 내려놓거나 줄일 수 없지만 짐은 그럴 수 있다. 따라서 짐은 제한해도 승객의 감소에 직접적인 영향을 미치지

---

* 상해시민이 아닌 타지방 사람

는 않는다. 그리고 어차피 승객은 체중과 상관없이 차지하는 좌석의 개수는 마찬가지이다. 이 경우는 짐도 마찬가지이다. 짐은 아무리 무거워도 좌석을 차지하지는 않는다. 하지만 그것도 역시 돈이다. 항공화물은 비싸게 받을 수 있기 때문이다.

만약 항공사에서 반드시 비행기의 무게를 줄여야 하는 입장에 처해있다면 사실 짐의 무게보다는 승객의 무게를 제한하는 것이 훨씬 더 효과적이다. 하지만 위의 논리 때문에 실제로는 반대의 입장을 취하고 있는 것이다. 더구나 Over charge를 무겁게 물리면 항공사의 입장에서는 1석 2조의 효과를 누릴 수 있다(승객을 1명 더 태운 거나 마찬가지이다).

승객의 중량에 따라 운임을 정하면 무게가 많이 나가는 승객이 줄어드는 효과가 생기지만 짐의 무게에 따라서 운임을 정하면 승객은 짐을 줄이면 그뿐이다. 짐이 많다는 이유로 비행기를 타지 않겠다는 결정을 내릴 사람은 아무도 없다. 따라서 항공사의 결정은 합리적이다.

머피의 법칙

Gate는 7번…… 당연히 맨 끝이다. 어느 시간 어느 나라, 또는 어떤 항공사의 비행기를 타도 내 보딩패스에 찍힌 게이트는 항상 맨 끝이다. 이건 정말 이상한 현상이다. 왜 그럴까? 이제 고 1이 되는 딸이 나에게 물어 본 적이 있다.

"아빠 옷은 왜 그렇게 빨간 옷이 많아? 촌스럽잖아" 나는 이것도 경제교육의 일종이랍시고 딸에게 이렇게 대답해 주었다. "아울렛에는 그런 옷이 많기 때문이란다. 왜? 많은 사람들이 너와 비슷한 생각을 하기 때문에 그런 옷은 잘 팔리지 않아서 Outlet으로 오게 되지." 하지만 그것은 경제교육을 위한 가상의 사건이 아니라 실제적인 사실이다. Outlet에 하필 촌스러운 빨간색 옷만 많이 있다는 사실은 우연이 아니다. 그것은 머피의 법칙과는 아무 상관없다. 내가 타는 비행기의 게이트는 항상 맨 끝이라는 사실이 우연이 아니라 위의 빨간 옷처럼 주체자의 이해관계에 따른 어떤 특정사실'과 관계 있을지도 모른다. 사실 머피의 법칙을 과학과 수학을 동원하여 좀 더 자세히 들여다 보면 해결 가능한 것들도 있기는 하다. 첫 번째는 우리가 머피의 법칙이라고 생각하는 것들이 실제로는 선택적 기억(Selective memory)이라는 것이다. 우리는 일상 중 많은 경험을 하고 있지만 그 모든 것들을 기억하지는 못한다. 나는 비교적 색깔과 숫자 같은 것은 잘 기억하는 편이지만 사건 사고는 그렇지 못하다. 덕분에 아내와 데이트 하던 시절의 중요한 순간에 대한 기억, 예컨대 첫 키스를 하던 순간이나 손을 처음 잡던 날 따위를 기억하지 못해 곤경에 처한 적이 많다. 하지만 우리 회사의 오 부장은 이 방면에 탁월한 기억력''을 가지고 있어서 언제 무슨 사건이 어떻게 전개되었는지를 날짜와 시간까지 확실하게 기억하는 놀라운 재주가 있다. 과잉기억증후군 환자인 것이다.

하지만 아무리 오 부장이라도 모든 사건과 사고를 기억할 수는 없다. 다만 기억에 남을만한 사건과 사고를 기억할 뿐이다. 그렇지만 어떤 것이 기억에 남을만한 사건인가? 바로 기분이 나빴다거나 아주 재수가 없다고 생각했을 때인 것이다. 따라서 다른 좋은 기억들은 퇴색해서 희미해지고 나쁜 기억들만 남아서 머피의 법칙을 성립시키는 것이다.

하지만 모든 머피의 법칙을 선택적 기억으로 설명할 수는 없다. 퇴근할 때 차선은 뒤에서 누가 잡아 당기기라도 하는 것처럼 꼼짝하지 않고 다른 차선들은 기름칠한 셔틀(Shuttle)처럼 쑥쑥 잘 빠진다고 생각되는 것은 이런 논리로 설명할 수 없다.

---

* 가격이 싼 티켓 같은
** 과잉기억증후군(Hyperthymestic Syndrome) : 미국의 Jill Price가 대표적인 환자인데 그녀는 수십년간의 사건을 사진처럼 기억한다.

09. 과학의 눈으로 본 세계 Travel Science

이 경우는 내 차선이 아무리 잘 빠진다고 하더라도 도로 한 가운데의 차선에 서 있는 한, 나 자신은 객관적인 평가를 할 수 있는 위치에 있지 않다는 것이다. 만약 별다른 사고 없이 그냥 차들이 잘 흘러가는 상황이라고 했을 때라도 그 상황을 Bird's view로 보고 있지 않는 한, 내가 서 있을 때는 늘 다른 차선의 차들만 빠진다는 착각을 할 수도 있다.

이제 비행기에서 내리면 이민(Immigration) 창구 앞에 줄을 서게 된다. 특히 후진국에 가면 그렇지만 장시간의 여행으로 피곤하고 지친 몸이 창구 앞에 오래 서 있는 것은 상당한 괴로움이다. 보통 Immigration창구는 10여 개가 넘게 있지만 그 중 외국인(Foreigner)에게 할애하는 것은 5~6개 정도이고 그나마 담당자에 따라 줄의 속도는 천차만별이다. 나는 20년 넘게 출장으로 다져진 나름의 노하우와 눈치 그리고 잔재주를 통해 가장 빠를 것이라고 생각하는 줄을 고른다. 하지만 내 줄이 대개 다른 줄 보다 더 늦다는 사실을 발견한다. 이것은 선택적 기억이라기 보다는 수학적으로 분명한 이유가 있다.

6개의 줄이 있다고 하자. 그 중 일처리를 잘하는 공무원이 있어서 빨리 줄어드는 줄이 분명히 한 개는 있을 것이다. 내가 그런 줄에 서있을

확률은 6분의 1이다. 반대로 내가 그런 줄에 서있지 않을 확률은 6분의 5, 과연 나는 대개 어느 줄에 서 있게 될까.

이건 확률의 법칙이 말해주는 것이다. 보통의 경우, 주사위

를 던져 단 한번에 자신이 원하는 숫자가 나올 것이라고 기대하는 사람은 아무도 없다. 확률이 6분의 1에 불과하므로 당연히 다른 숫자가 나올 것이라고 생각한다. 하지만 이런 경우, 나는 평상시에는 말도 되지 않을 형편없이 낮은 확률에 도전하고 거기에 부질없는 희망을 건다. 그리고 맞지 않으면 실망하고 짜증을 내는 것이다.

내가 서 있는 줄에서 보면 다른 줄 중의 하나가 줄어드는 것을 볼 확률은 6분의 5이다. 만약 내 줄이 2등이라고 할지라도 나보다 빠른 줄이 있는 한, 나는 내 줄이 그 줄보다 늦다는 것을 확인할 수 있고 따라서 항상 내 줄이 가장 늦는다고 착각한다. 그리고 혹시 우연히 1등 줄에 서 있는 행운을 잡았다 하더라도 기억세포(Memory Cell)는 그 사건을 저장하지 않는다.

머피의 법칙에 따르는 유명한 예는 바쁜 아침시간 버터 바른 빵을 실수로 놓쳤을 때 늘 버터를 바른 쪽이 밑으로 떨어진다는 사실이다. 영국의 BBC방송에 우리의 호기심 천국 같은 프로가 있어서 실험해 봤다고 한다. 그랬더니 300번을 던졌을 때 152 : 148의 결과가 나왔다(어느 쪽이 148이던 상관은 없다). 이건 머피의 법칙을 정면으로 부정하는 결과이다. 하지만 실험과정을 살펴보면 그게 그렇지가 않다. 그 실험에서는 빵을 위로 던졌다고 한다. 하지만 실제로는 그런 식으로 빵을 던져서 떨어뜨리는 경우는 없기 때문에 그 실험은 나비효과로 인하여 전혀 다른 결과가 생긴 경우가 된다.

우리가 빵을 들고 있을 때는 반드시 버터를 바른 쪽이 위로 나와있게 마련이다. 그렇다면 빵을 떨어뜨렸을 때 360도 한 바퀴를 회전할 수 있으면 버터를 바르지 않은 쪽이 떨어질 것이고 180도 반 바퀴만 회전하면 그 반대가 될 것이다. 그것은 중력과 식탁에서 마루 사이의 거리와 관계이다(공기와의 마찰은 무시하기로 한다). 중력은 늘 일정하므로 결과는 식탁다리의 길이와 관계가 있다. 거리가 멀수록 토스트가 회전하는 수는 많아질 것이다. 실제로 실험을 해 본 결과, 빵은 한 바퀴를 채 돌 수 없었다.

만약 인간이 지금보다 훨씬 더 크게 진화하고 그래서 식탁다리의 길이가 지금보다 더 길어졌다면 빵은 늘 안전하게 바닥에 착륙할 수 있을 것이고 바쁜 아침시간에 빵에 버터를 다시 바르고 기름투성이의 마루 바닥까지 닦아야 하는 가혹한 현실과 부딪히지 않을 것이다. 하지만 어쩌랴 지금의 중력과 지구환경에서 두 발로 서서 넘어지지 않고 살기에는 현재 사람들의 평균 키가 가장 적당하다고 하버드 대학의 어느 천체 물리학과 교수가 그랬는걸(사실 그건 나도 증명할 수 있다. 그건 바로 다윈의 자연선택이다. 너무 크거나 너무 작아서 불편한 종족들은 지구상에서 번성할 수 없었기 때문이다). 어쨌든 나는 그러한 사실을 남들 보다 조금 더 빨리 깨달았으므로 짜증으로 인한 나쁜 스트레스 호르몬인 콜티솔(Cortisol)의 분비를 억제할 수 있다. 따라서 휘파람을 불며 머나먼 게이트(Gate too far)를 향해 팔자 걸음으로 걷는다. 그에 따른 운동대사량의 증가로 지방축적이 감소되면 그건 예기치 않은 보너스다. 이제 출발이다.

룰렛 이야기

2005년 1월 16일 오후 4시 30분 유럽대륙에 첫 발을 내딛다.

유럽의 관문, 네덜란드의 암스테르담까지 비행시간은 11시간. 네덜란드는 내게 전혀 볼일이 없는 곳인데도 이곳까지 온 이유는 그렇게 하면 비행기 값이 더 싸기 때문이었다. 하지만 그것은 어수룩한 나의 계산 착오였다는 것이 출발도 하기 전에 밝혀진 것은 앞에 나온 바와 같다. 과거, 구 소련과 중공이 존재하던 냉전시대에는 유럽까지의 비행시간이 무려 18시간이나 되었었다. 비행기가 소련이나 중공의 영공을 통과할 수 없었기 때문이다. 무려 7시간의 단축! 그만큼 유럽까지의 접근성이 양호해졌다. 결과는 저렴한 항공료와 학생들의 배낭여행 러쉬이다.

스키폴(Schiphol)공항은 세계 각국에서 날아온 국적불명의 수많은 인파들로 혼잡을 이루고 있다. 이

름도 부르기 좋게 상큼한 스키폴공항은 인천공항을 지을 때 모델로 삼은 공항인 만큼, 아름답고 럭셔리한 인테리어로 예쁜 공항이다. 하지만 인천공항과는 달리, 공항 구석구석을 커머셜(Commercial)하게 상업본위로 꾸며 놓은 것이 인상적이다. 사람들이 뭔가를 사기 쉽도록, 아니 반드시 사야 한다는 강박을 일으키도록 끊임없이 구매욕을 자극시키는 진보된 시스템을 갖추고 있었다.

'여기에서 안마하는 곳까지 5분', '맛있는 맥주 파는 곳까지 7분' 자동보도로 이동하는 동안에도 눈길이 닿는 곳 구석구석마다 끊임없이 여행객들에게 광고카피를 읽게 만들고 있다. 이곳에서는 광고문구를 읽는 일 외의 다른 한눈은 도저히 팔 수 없는 홍보시스템이 구축되어 있는 것 같다. 광고가 홍수를 이루고 있는 요즘, 3살짜리 아이라도 일주일에 평균 700개의 광고를 보고 있다는 믿기 어려운 통계가 있을 정도이다. 승객들의 주머니를 털기 위해 다양하고 독창적인 아이디어로 무장한 선진기업들의 약삭빠른 마케팅 전략들이 시야를 어지럽힌다. 이 공항에서 본능에 몸을 맡기면 빈털터리가 될지도 모른다.

기발한 아이디어는 화장실에서도 발견할 수 있었다. 공항 남자화장실

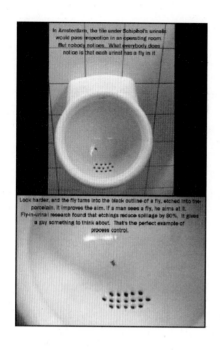

의 변기에 희한한 그림이 하나 있
었다. 눈부시게 하얀 변기 중앙의
약간 좌측에(왜 중앙이 아닐까?) 조그
만 벌 한 마리가 그려져 있었는데
상당히 정교하다. 이 벌은 탁하고
치면 금방 날아가버릴 듯이 생동
감 있게 그려져 있었는데 대체 용
도가 무엇일까?

변기 앞에는 그 벌의 의미에 대
한 어떠한 설명도 없었지만 신기
하게도 남자들은 마치 약속이라
도 한 듯, 100% 그 벌에 정조준 하
고 있다(만약 그렇게 하지 않는다면 그

사람은 결코 남자가 아니다).

그렇게 해서 이 조그마한 놀라운 그림은 뿜어내는 힘을 주체하지 못하
는 팔팔한 청년들의 오조준으로 인하여 얼룩지는 변기 주변의 청결을 비
약적으로 개선시킨 것이다. 자세히 보니 변기의 모양자체도 'Y'자 형의
일반적인 것들과 달리 원형 경기장처럼 둥그렇게 설계되어있다. 그럼으
로써 변기는 배설물이 Bound되어 변기의 외부로 튀어나가는 것을 막기
위한 목적을 최대한 수용할 수 있는 공학적 기반' 아래 건설되어 있었다.
사람의 심리를 고도로 이용한 simple하고도 효율적인 이 놀라운 아이디
어가 누구의 머리에서 나왔는지 궁금하다.

이런 것을 선택설계(Choice Architect)라고 부른다. 누군가의 양심이나 도

---

* 최근 미국은 벽에 노상방뇨하는 것을 막기 위해 반대되는 설계를 했는데 벽을 발수 처리하여 방뇨자에
  게 소변이 튀게 만들었다. 발수제가 소변의 접촉각을 바꾼 것이다.

덕에 호소할 필요 없이 누구나 그렇게 행동하도록 설계하는 것이다. 스키폴 공항에는 카지노가 두 개나 있었는데 (카지노가 있는 공항은 라스베가스를 빼고는 처음 본 것 같다.) 한 Casino에서 검은 수염이 덥수룩하고 돈이 있어 보이는 Latin계통의 백인 하나가 박하향 풍기는 Selem담배를 뻑뻑 피우며 Roulette을 돌리고 있었다. 룰렛 게임은 어렸을 때 우리 동네에서도 가끔 구경할 수 있는 고급 게임이었다. 다만 예전의 우리 동네에서는 회전하는 원형 경기장처럼 생긴 룰렛 판과 37개의 칸 중 하나로 굴러들어가 득점할 수 있는 하얀 플라스틱 구슬대신 함석으로 만든 커다랗고 낮은 깊이의 대야와, 구슬 대신 물방개를 사용한 것이 서양 룰렛과 달랐다. 하지만 결국 자동이 아닌 수동으로 게임을 진행한다는 점에서는 동일한 메커니즘이라고 할 수 있다.

룰렛은 판이 회전하는 물리적인 역학 구조이지만 물방개 룰렛은 구슬이 스스로 움직이는 생화학적인 동역학 구조로 되어있는 친환경적인 게임이다.

물이 반쯤 채워져 있는 함석 대야의 가운데에 원통형의 다이빙대가 설치되어 있고 여기에 커다란 미제 군용 숟가락으로 물방개를 떠서 넣으면 물방개가 대야의 중간에 떨어지게 되어 있다. 혼비백산한 물방개는 허둥

물방개 룰렛

지둥 가장자리 어두운 곳으로 숨으려 하고 따라서 수십 개의 칸 중, 어느 칸이든지 헤엄쳐 들어가면 게임의 성패가 결정된다.

이 물방개 룰렛은 절대로 애들은 할 수 없는, 당시에는 아주 흥미로운 어른들의 게임이었다. 상품이 다름아닌 담배였기 때문인데, 50원을 걸고 한판을 할 수 있는 이 재미있는 룰렛에서 타 낼 수 있는 가장 큰 상은 300원짜리 태양이나 거북선 담배 2갑이었다. 돈을 건 사람은 조마조마한 심정으로 대야를 들여다봤지만 훈련을 받은 것이 분명한 그 놈의 물방개는 언제나 꽝 아니면 잘해야 30원짜리 환희담배가 들어있는 칸으로만 들어갔다. 독한 환희담배는 잘 피우지 않지만 그거나마 당첨된 사람들은 단지 꽝이 아니라는 사실에 기뻐하며 실제로 20원이 손해났다는 사실을 모르는 것처럼 소중하게 경품을 들고 총총걸음으로 사라졌다(물방개를 훈련시킬 수 있을까? 그것보다는 잭팟이 있는 칸에 물방개가 싫어하는 물질을 발라두면 더 나을 것 같다. 아마도 야바위 아저씨는 그렇게 했을 것이다).

서양에서 정착된 룰렛은 훨씬 빠른 시간에 우아하게 손님들의 주머니를 털 목적으로, 우리처럼 대야와 물방개 없이도 손쉽게 작동할 수 있는 고도의 기계적인 시스템 을 도입하였다. 룰렛은 0부터 36까지의 37칸에 구슬을 던져넣는 게임으로 딜러의 학습을 통해 특정 칸에 구슬을 몰아넣

기 불가능한 시스템으로 되어 있어서 오늘날 카지노의 상징으로 자리잡은 게임이다. 하지만 그것보다 훨씬 더 흥미로워 보이는 물방개 룰렛

은 물방개를 훈련시킬 수도 있다는 가정이 존재하고 또 실제로 그렇게 했으므로(내 눈으로 확인한 것은 아니다.) 공평하지 못한 게임이다. 따라서 물방개 게임은 아이들이 커가면서 그런 사실을 깨닫게 됨에 따라 천천히 우리의 기억 속에 사라져 갔다.

룰렛은 원래 많은 사람들이 왁자지껄하게 떠들면서 즐기는 게임이지만 딜러의 손을 떠난 카드가 테이블을 스치는 소리만 나는 우아한 블랙잭이라면 몰라도 어느 누가 공항에서 이런 번잡한 짓들을 벌이고 있겠는가? 외로운 이 친구는 혼자서 20군데가 넘는 곳에 칩을 놓고 고독한 배팅을 하고 있었다. 좋은 구경거리다! 출발시간에 여유가 있었던 나는 공항에서 이런 희한한 짓을 벌이고 있는, 재미있게 생긴 이 친구의 명운(命運)을 확인하고 싶었다. 나는 짐을 내려놓고 그 백인친구의 고뇌를 담고 있는 찌푸린 표정을 관찰했다.

1칸에만 배팅을 해서 맞으면 36배를 받을 수 있는 것이 이 게임의 규칙*이지만, 이 친구는 여기저기 무려 20군데가 넘는 곳에 칩을 놓고 있었다. 저런 방식이 과연 성공을 거둘 수 있을까? 공항에서 한 시간이나 하릴없는 시간을 보내야 했던 나는 그 게임이 되도록 오래 가기를 간절히 바라는 마음이었지만 이 친구의 운은 그다지 좋은 편이 아니었던 모양이다.

꽤 많은 칩을 쌓아놓고 있었던 그 친구의 게임은 겨우 4번의 승부로 끝나고 말았다. 37칸 중 20칸이면 반이 넘는 확률인데도 무정한 하얀 구슬은 마치 훈련이라도 받은 듯 오로지 꽝만 알아서 찾아가는 것 같았다.

---

* 따라서 특정숫자 한개에 걸었을 때 당첨될 확률은 $\frac{1}{37}$ 이다. 그런데 상금이 건돈의 36배이므로 게임당 평균 손해액은 $1 - \frac{36}{37} = \frac{1}{37}$ 이 된다. 즉 2.7%이다. 이는 복권의 평균 손해액인 50%보다 훨씬 더 인도적인 것 같다. 그러나 과연 그럴까? 이 계산은 룰렛게임을 오로지 한게임만 했을 때의 확률이다. 따라서 2 게임을 하면 평균손해액은 5.4%가 되고 20게임을 계속하면 54%가 된다. 그 이후는 오히려 복권의 손해액을 상회한다. 과연 룰렛이 인도적인 게임인가?

단 한번의 승리도 챙기지 못한 군은 표정의 이 친구, 칩들을 쓸어서 던져 버리고 싶은 간절한 마음을 누르고 벌개진 얼굴로 카지노를 나서고 있었다.

기름을 듬뿍 먹인 무거운 타이타닉의 舵輪(타륜)처럼 부드럽게 돌아가는 이 우아하고 아름다운 게임기가 라틴계의 백인 친구를 홀딱 벗겨놓은 시간은 불과 15분. 되도록 비참한 표정을 하지 않으려고 안간힘 쓰는 모습을 보기가 안쓰러웠다.

이제 떠날 시간이다. 스키폴 공항에서 비행기 몸체에 커다란 검은 글씨로 City hopper라고 써있는 작은 비행기로 갈아타고 독일 중부의 도시인 뒤셀도르프로 가야 한다. 그것이 여기에 온 목적이다. 유럽 내, 그리 멀지 않은 주요 도시 간을 메뚜기처럼 뛰어 다닌다는 뜻의 City hopper라는 항공사의 이름이 너무 멋지지 않은가. 영어가 가진 간결하고도 단순한 아름다움이다.

시속 240km

유럽여행의 첫 번째 목적지인 도이칠란트, 독일에 도착하였다. 뒤셀도르프 공항에서 조그마한 소읍인 Haan이라는 곳으로 가서 호텔에 들었다(지금 쓰고 있는 많은 지명들의 U나 A위에 독일어의 움라우트 표시인 점 2개가 빠져 있을 수도 있음을 양해 바란다).

역시 독일다운 깨끗하고 정갈한 호텔이다. 호텔이 위치한 조그만 타운도 그렇고, 모든 것이 제 위치에 깨끗하게 정돈되어있다. 지저분하다거나 정리되지 않은 물건들은 독일 땅에서는 허용되지 않거나 아예 존재조차 하지 않는 것처럼 보인다. 이 나라는 결벽증 유전자를 가진 사람들만 모여서 만든 나라임에 틀림없다. 독일이 좋아질 것 같다.

2,400년 전, 로마의 용맹스러운 군인들은 치마를 입고 다녔다. 당시에 바지라는 매우 독특한 패션을 발명한 켈트인들의 땅을 갈리아라고 했는

데, 그곳은 지금 프랑스라는 이름으로 불린다. 카이사르가 갈리아 땅을 정벌하고 더 나아가 게르마니아로 진군을 계속하려고 했지만 라인강 너머 춥고 어두운 땅은 애초에 그들의 관심대상이 될 수 없었다. 덕분에 독일은 로마의 문명으로부터 소외되었던 버려진(?) 땅으로, 무려 500년 간이나 서유럽의 뒷골목으로 남아있었다. 로마는 그들이 거들떠 보지도 않았던 야만족인 게르만에게 결국 멸망 당하고 말았지만 예리하고 정교한 돌도끼를 만들던 그 사람들은, 오늘날 프랑스의 동쪽 라인강 너머 동프랑크 땅에서 고성능의 BMW와 Benz 그리고 포르쉐를 만드는, 유럽최고의 기술문명을 자랑하는 선진시민이 되어 있었다.

마중 나온 키가 껑충한, 이름을 Jacobi*라고 부르는 맹랑한 독일인은 신장이 190cm는 훨씬 넘고 거대한 덩치를 가진 전형적인 독일병정의 모습을 하고 있다.

등급을 알 수 없는 BMW 왜건(자신에게는 국산차인)을 몰고 나타난 그는 공항에서 호텔까지의 짧은 거리를 시속 200Km가 넘는 속도로 질주하여 나를 까무러치게 하였다. 지상에서 이런 속도로 달려본 것은 제트비행기가 이륙하기 위해서 활주로를 달리고 있을 때 말고는 처음이다. 미그 29 정도의 작은 전투기는 충분히 활공이 가능할 정도로 무시무시한 속도이다.

자동차의 속도계 바늘이 200을 넘어가자 시야가 점점 좁아지면서 정신 집중이 어려워지는 증상이 나타났다. 이것이 말로만 듣던 독일의 아우토반인가 싶었다. 하지만 아우토반치고는 너무 좁은 편도 2차선의 도로이다. 그는 놀랍게도 60도가 넘는 각도의 커브 길에서도 전혀 브레이크를 밟지 않은 상태로 질주했다. 국산 차 같았으면 소름 끼치는 타이어의 마찰음과 함께 차가 아우성치며 도로 밖으로 튀어나갈 듯 몸부림칠 터였다.

---

* 야코비라고 읽어야 한다. 영어의 제이콥, 성경에 나오는 그 히브리인 야곱에서 온 이름이다.

속도미터의 바늘을 보시라!
직접 찍은 사진이다!

하지만 그의 BMW는 마치 원심력이라는 물리의 법칙을 무시하기라도 하듯 전혀 미끄러짐이나 요동 없이 아스팔트에 착 달라붙어 엄청난 예각의 커브를 유유히 휘돌아 나가고 있다. 눈으로 직접 보고서도 그 사실을 믿기가 어렵다. 놀라운 성능! 혀를 내 두르게 하는 8기통 4,400cc(나중에 확인해 보았다) BMW의 위력이다.

시속 220km를 넘나드는 살벌한 속도로 달리는 중에 전화벨이 울렸다. 나는 진땀을 흘리고 있었다. 이런 속도라면 밑에서 살짝 쳐 주기만 해도 차는 공중으로 붕 떠서 그대로 하늘을 날을 수 있을 것이다(위의 사진은 속도가 220에서 210으로 내려가고 있는 장면을 찍은 것이다. 카메라가 흔들려 화질은 별로 좋지 않다).

야코비 이 친구, 오늘 내가 놀라는 모습을 보려고 아예 작정을 한 것 같았다. 바짝 긴장하여 손이 하얗게 되도록 시트를 움켜 쥐고 있었던 나는 전화벨 소리가 너무나 반가웠다. 이제는 속도를 줄일 수 밖에 없을 것이기 때문이다. 하지만 이 친구 속도를 줄이기는커녕 한 손으로 전화를 받더니 다른 한 손으로는 뭔가를 받아 적기까지 한다. 핸들 위에는 마땅히 그것을 단단히 그러쥐고 있어야 할 손이 하나도 없다. 시속 200km에서 핸들을 잡은 손을 놓다니 '이 놈이 미쳐도 유분수지'라고 소리 지르고 싶었지만 엄청난 기세의 속도에 질려 가위 눌린 것처럼 꼼짝도 할 수 없다. 손 없이 운전하는 비결은 터무니없는 서커스다. 그는 수첩에 뭔가를 적으면서 왼 무릎으로 핸들을 돌리고 있었다. 그것도 전혀 요동 없이 부드럽고 유연하게…… 점입가경이었다.

아직 50도 못 먹었는데 이 처음 보는 웬수를 만나서 유럽 땅에 뼈를 묻고 가는구나 하는 생각이 번개처럼 스쳐 지나갔다. 아뿔싸 그는 그 상태로 몸을 뒤로 편안하게 젖히기까지 했으며 전화를 끊고 나서는 두 손으로 망할 놈의 제스처를 하기 위하여 또 다시 핸들에서 손을 떼고 무릎으로 운전하여 공포에 떨게 하였다. 대화하다 말고 느닷없이 손가락으로 콧구멍을 찌를지도 모르는, 두 손으로 제스처를 하는 사람들이 나는 예전부터 싫었다.

그런데 놀라운 것은 독일인들은 대부분 다 이런 천인공로할 만행을 저지르는 재주가 있다고 K사장님이 내게 귀띔을 해준 것이다. 바쁘게 사는 독일인들의 단순 무식함을 보여주는 좋은 예이다. 자동차에 핸즈프리 장치를 할 일이지 무릎으로 핸들을 돌리는 운전을 배우다니 이것이 세계 최고의 자동차와 기계를 만드는 선진기술대국 국민의 모습인가?

두 번째 날은 비가 왔다. 이슬비가 촉촉히 내리는 고속도로는 미끄러워서 상당히 위험해 보이는데도 우리의 독일병정은 전혀 속도를 줄일 생각이 없다. 빗길에서 시속 220km…… 이 친구의 무모함은 바로 차에 대한 과신 때문이다. 하지만 곧 그것은 과신이 아니라는 사실이 드러났다. 갑자기 끼어든 앞차 때문에 급 브레이크를 밟게 되었는데 이 환상적인 BMW의 브레이크는 빗길에서도 거의 미끄럼 없이 정확하고 효율적으로 작동하였다. 시속 200km로 달리다가 멈추는데 1.5초도 채 안 걸렸다. 이 정도의 브레이크라면 그런 속도를 내 볼만도 하겠다는 생각이 들었다. 우리도 언젠가는 이런 강력한 차를 만들 수 있을까?

독일의 고속도로가 재미있는 것은 1차선은 우리와 마찬가지로 추월선인데 뒷차가 와서 가만히 앞차의 꽁무니에 접근하면* 신기하게도 군말

---

* 요즘의 젊은 드라이버들은 이른바 똥침을 준다고 말한다.

아우토반

없이 자리를 비켜 준다는 것이다. 우리나라의 경우는 아무리 빵빵거려도 들은 척도 하지 않는다. 심지어 자신은 빨리 갈 생각이 전혀 없으면서도 바쁜 다른 차의 추월을 방해하는 심술쟁이 악질도 자주 볼 수 있다. 하지만 독일의 아우토반에서는 어떤 차이던 뒤에 가서 얌전히 따라가고 있으면 앞 차는 조용히 자리를 내 준다. 마치 일본의 백화점에서 바쁘지 않은 사람들이 바쁜 사람들을 위해 에스컬레이터의 오른편에 서서 자리를 비켜 주는 것과 같은 모습*이다. 아름다운 질서의 현장이지만 이것을 민족성으로까지 비약하는 일부 사람들의 의견에 나는 동의하지 않는다. 국민 모두가 잘 살게 되면 이런 종류의 질서는 스스로의 안전과 부를 지키기 위해 자동적으로 표출 되는 방어본능의 소산일 것이다.

가난한 사람들이 많은 사회는 부에서 소외된 인간들이 중산층 이상을 중심으로 조직된 사회시스템에 불만을 품게 되고 따라서 이런 사람들은 늘 일탈을 꿈꾸며 사회질서를 파괴하려는 본능이 잠재하기 때문에 공공의 질서가 유지되기 어려운 것이다. 빈한한 자들의 일탈을 막고 사회를 건전하게 유지하려는 최소한의 노력이 바로 자선이다. 따라서 돈 잘 버는 사람들은 가난한 자들을 위해 선심을 베풀어야 한다. 그래야 건강한 사회가 만들어지고 따라서 내 딸과 내 아내가 밤길을 안심하고 다닐 수가 있는 것이다. 결국 스스로를 위하는 일이다.

---

* 처음 일본에서 이 모습을 보면 누구나 질리게 된다. 그리고 그 다음부터는 모든 행동거지를 조심하게 된다.

독일인들이 이처럼 Speed mania가 된 것에 대해서 나는 어느 정도 공감 하는 부분이 있다. 이 친구들은 지금 까지의 전력으로 보아 매우 호전적인 민족이다. 역사상의 세계대전은 모두 이 인간들이 일으켰다.

M6 컨버터블 : 가공할 스피드머신

그런 호전성과 야만성을 가슴 깊이 억누르고 살아야 하는 지금, 그 울 분을 스피드를 통해 푸는 것은 아닌가 생각해 본다. 시속 240km˚의 조용 한 폭주는 인간에게 카타르시스를 불러올 수 있다. 분출하는 아드레날 린으로 인하여 심장은 기관차처럼 뛰고 치솟는 혈압에 손은 땀투성이가 될지언정……

이들은 또한 그들의 울분을 스포츠를 통해 푸는 것 같다. 독일인뿐만 아니라 전 유럽인들이 축구에 그토록 열광하는 것은 동물적인 공격본능 을 축구라는 통로로 발산할 수 있기 때문이다. 평소 고도로 잘 조직된 통 제 사회에서의 억눌린 본능은 축구장에서 유감없이 발산되고 약간의 과 도한 행동도 이 합법의 울타리 안에서는 어느 정도 용납될 수 있다. 도저 히 그 흉포한 행동을 이해할 수 없는 영국의 홀리건들을 같은 맥락에서 이해할 수 있다. 그 울분은 그들이 만드는 기계의 정교 함에서도 나타난 다. 독일 차는 High End의 BMW이건 국민차인 폭스바겐이든 놀라울 정 도로 훌륭하고 깔끔하게 마무리 되어 있다. 이런 물건을 만드는 사람들 은 아마도 대단한 긍지와 자부심을 가지고 있을 것이다. 그에 비하면 국 산차는, 지금은 좋아졌다고들 하지만 내가 보기에는 멀어도 한참 멀었

---

* 현존하는 최고의 스피드를 내는 양산차는 부가티 베이롱으로 시속 400km를 낼 수 있다. 이 속도를 내 려면 별도의 자동차 키를 써야 한다. 치타와 마찬가지로 400km의 속도로 달릴 수 있는 시간은 겨우 12 분이다. 연료가 바닥나 버리기 때문이다. 치타도 최고속도로 5분 이상 달릴 수 없다.

다. 그 차이는 바로 명품과 고급품의 차이이다. 잘 모르는 사람들은 명품을 Brand 때문에 괜히 값비싸다고 생각하지만 명품이 명품인 이유는 바로 아주 작은, 눈으로 보기 힘든 Detail의 차이, 자존심의 차이라는 사실을 모르기 때문이다. 그리고 그런 아름다운 디테일을 만들기 위해서는 눈에 보이지 않는 '영혼'이라는 막대한 비용을 지불해야 한다는 사실을 모르기 때문이다. 그런 차이를 모르는 사람은 그런 돈을 지불할 필요도 없지만.

자동차뿐만 아니라 독일의 유명한 솔링겐(Solingen)에 가보면 쌍둥이 칼을 비롯한 칼과 가위들을 제조하는 공장들이 몰려있는데 그 칼과 가위들은 정말이지 경탄하지 않을 수 없을만큼 아름답고 정교하게 다듬어져 있어 거의 예술에 가까운 경지라고 할 수 있다. 늘 완벽을 추구하며 '대충'이라는 것은 절대로 있을 수 없는 그들 특유의 민족성이 짐작되는 부분이다. 이들은 하다못해 단어의 묵음(Silence)조차도 그들의 언어 안에서는 허용하지 않는다. 예컨대 독일인들은 프랑스의 정신 Esprit를 프랑스인들이 에스쁘리라고 발음하는 데 불만을 가지고 있다.

도대체 왜 T자는 써 놓고도 발음을 하지 않는단 말인가? 그러면서 그들은 태연하게 그것을 에스프리트라고 힘주어서 발음한다. 정말 못 말리는 사람들이다. 하지만 모든 것을 '절대로' 대충하지 않는 결벽한 이 사람들이 나는 마음에 든다.

체표면적의 법칙

독일은 두말 할 것 없이 백인들의 나라이다. 히틀러가 인종 청소를 해 버린 탓일까? 흑인은 물론 그 많다는 터키인들조차도 여기서는 잘 보이지 않는다. 뒤셀도르프가 시골인 탓인지도 모른다. 이들의 공통점은 키가 몹시 크고 덩치가 크다는 것이다. 여러 나라를 여행하면서 느낄 수 있는 것은 남쪽의 더운 지방보다는 북쪽의 추운 지방 사람들이 덩치가 크다는 사실이다. 즉 이태리나 스페인 등의 남쪽나라 Latin 계열들은 북쪽의 게르만이나 슬라브계 백인들보다 키나 덩치가 작다. 아시아에서도 태국이나 필리핀 사람들이 왜소하다는 것은 누구나 다 아는 사실이다. 이것은 동물의 생태계에서도 예외는 아닌데 북극에 사는 백곰이 남쪽의 곰보다 훨씬 더 크다는 사실은 바로 곰이 다른 포유동물처럼 정온동물이라는 이유 때문이다.*

정온동물은 항상 일정 체온을 유지해야 하며 그 때문에 외기에 끊임없이 빼앗기는 체열을 보충해줘야 한다. 기온에 따라서 체온도 변하며 체온이 낮아짐에 따라 동작도 느려지는 변온동물보다 기온에 관계없이 늘 같은 속도를 유지할 수 있는 정온동물 쪽이 훨씬 더 많은 칼로리의 소모가 일어나며 따라서 많이 먹어줘야 한다. 또한 외기에 빼앗기는 체온을 최소화하기 위해서는 체표면적이 작은 것이 당연히 유리하다. 부피 대비 체표면적이 적으려면 덩치가 커지면 된다. 요컨대 뚱뚱한 사람은 마른 사람보다 체표면적이 작다.

주전자에 담긴 물 보다 체표면적이 큰, 컵에 따라 놓은 물이 빨리 식듯이 체표면적이 작을수록 체열을 빼앗기기 어려워 칼로리 소모가 적다. 그런 이유로 추운 지방에 사는 정온동물은 예외 없이 덩치가 상대적으로

---

* 이것이 베르크만의 규칙이다.

크다. 그것이 살아남기에 유리하기 때문이다.

뚱뚱한 사람은 그렇지 않은 사람보다 칼로리 소모가 적다. 그래서 뚱뚱보는 더욱 더 뚱뚱해지기 쉬워진다.

멋진 V자 지붕이 가진 의미

뒤셀도르프의 남쪽 엣센(Essen)의 시골길을 달리다 보니 독일의 집들은 대부분 1층이든 2층이든 지붕이 특이하다. 층 수와 상관없이, 평평한 지붕이 아닌, 60도 정도의 예각을 이루는, 굉장히 커다란 V자를 엎어놓은 듯한 지붕이다. 단순하게 우리 식으로 옥상대신 V자를 엎어 놓은 것이 아니고 1층에서 2층에 이르기까지 굉장히 큰 지붕을 얹었다는 것이다. 이렇게 해서 집의 전체적인 모양은 오각형이 된다. 물론 그런 구조가 의미하는 것은 채광의 극대화일 것이다. 햇볕을 구경하기 힘든 고위도 땅에서 햇볕이 들었을 때 태양에너지를 최대한 많이 받을 수 있는 면적과 각도가 바로 그 구조인 것이다. 북반구의 북극에 가까운 곳에 사는 사람들은 연중 태양의 남중 고도가 낮기 때문에 태양에너지를 상대적으로 덜 받게 된다. 평평한 지붕보다 평평한 옥상을 빗변으로 한 삼각형의 두 변의 길이의 합이 언제나 빗변보다 길다는 것은 초등수학이다. 하지만

그것들을 제곱하면 빗변과 다른 두 변의 합이 같아진다. 이것이 피타고라스가 발견한 놀라운 사실이다.

또 정오에만 태양의 직사광선을 받을 수 있는 평평한 지붕에 비해

서 이런 식의 지붕은 거의 하루 종일 직사광선을 받을 수 있는 면적을 확보할 수 있다. 이런 잔머리를 굴릴 필요가 없는, 우리처럼 태양빛이 늘 넉넉한 나라에서 사는 것은 축복이다.

등급표시 없는 BMW

한가지, 이들의 실리와 합리주의를 엿볼 수 있는 부분이 있다. Giorgio Armani에도 Emporio Armani나 Armani Exchange가 있고 Gap에도 Old Navy가 있고 Banana Republic이 있듯이 모든 자동차는 대부분 뒤에 그 차의 등급이나 배기량을 표시하고 있다. 물론 BMW나 Benz같은 고급 차들도 예외는 아니다. 따라서 그 등급과 배기량을 차 뒤에 메탈의 양각으로 표시하는데 이런 등급에 따라 차 값이 2~3배 이상 차이가 날 수 있다. 그러므로 어떤 등급을 타느냐에 따라서 같은 브랜드의 차라도 가격이나 성능에 많은 차이가 있는 것이다.

따라서 자동차를 아직도 부의 척도로 생각하는 우리나라의 경우, 가짜 계급장이 상당히 많다는 것은 놀랄만한 사실이 아니다. 예컨대 BMW의 525라면 5시리즈 즉, 소나타 급의 2,500cc엔진이라는 뜻이다. 7시리즈는 5시리즈 보다 더 큰 체어맨 급이 되며 3시리즈는 그 반대로 엘란트라처럼 작은 소형차급이다.

그래서 속물인 우리네 엽전들은(나도 예외는 아니지만) 예컨대 525를 슬쩍 540으로 바꿔서 마치 자기 차가 5시리즈의 최상급인 것처럼 행

야코비가 자신의 차에 기름을 넣고 있다. 아무런 등급 표시도 없는 BMW의 뒷부분이 신기하다.

세하려고 한다.

벤츠도 C180보다는 S500이 훨씬 더 크고 고급이다(벤츠의 최고급 형*은 S600이고 BMW의 그것은 760Li이다). 그런데 놀랍게도 독일에서는 어떻게 보면 부의 척도이기도 한 이 등급표시 마크를 모두들 떼고 다닌다. 그래서 보는 사람으로 하여금 그게 과연 어느 등급의 차인지 몹시 궁금하게 만드는 것이다. 어느 책에서는 이런 일이 과시하기 싫어하는 겸손한 국민성 때문이라는데……

나는 그것이 별로 설득력이 있어 보이지 않는다. 보다 더 타당하고 논리적인 이유는 없을까? 이 알 수 없는 행동에는 자신의 부를 과시하는 것을 부끄러워하는, 도저히 우리는 이해할 수 없는 민족성이 깔려 있다고 주장한다. 하지만 나는 그것을 인정할 수 없다. 베블렌이 주장했듯이 인간이 자신을 과시하고자 하는 욕망은 유전적으로 타고난 것이며 본능인 것이기 때문이다.

그렇다면 이런 학설은 어떨까?

BMW의 좋은 등급을 가진 몇몇 사람들이 겸양의 미덕으로 또는 다른 피치 못할 이유로 등급 표시를 떼어내게 되었다. 그것을 본 다른 사람들이 그것을 좋은 아이디어라고 생각하고 다시 몇 사람들이 따라 했다. 그런 사람들이 많아짐에 따라 하지 않은 사람들은 마치 자신의 차를 과시하는 모양이 되어 할 수 없이 뒤를 이었다. 그러다 보니 등급표시를 뗀 차들이 이제는 등급이 높다는 것을 의미하게 되었다. 이제는 낮은 등급을 가진 사람들은 스스로 자신의 차가 낮은 등급이라고 광고하고 다니는 꼴이 되었다. 할 수 없이 이들은 먼저의 사람들과 전혀 다른 이유로 등급표시를 떼어내게 된다. 따라서 다른 사람들이 자신의 차가 낮은 등급의 것인지

---

* 물론 SL65AMG나 SL73AMG 같은 종류도 있기는 하다.

알 수 없게 된다. 물론 여기에는 그렇게 함으로써 자신의 차를 높은 등급으로 오해해 주기를 바라는 얄팍한 심리도 깔려있음을 배제할 수 없다. 그래서 독일 전역의 BMW와 Benz는 등급표시가 붙은 차가 거의 사라지게 되었다.* 하지만 상당히 논리적으로 보이는 이 주장에도 불구하고 알 수 없는 것은 택시들마저도 그렇게 한다는 것이다. 사실 택시의 예는 내 논리와 맞지 않는다. 택시는 그렇게 할 하등의 이유가 없기 때문이다.

Essen의 시골풍경

이상하게 이곳의 잔디는 아직도 푸르다. 눈이 오기까지 했는데도 푸른 잔디가 이상하기만 하다. 가을이 되면 누렇게 변하는 우리나라의 잔디와는 달리, 사계절 푸른 벤트 그라스(Bent Grass)나 켄터키 블루 같은 서양 잔디이기 때문일 것이다. 대부분이 도토리 나무인 다른 모든 수목들은 잎이 떨어진 앙상한 가지만 남았는데 잔디만이 푸르다는 것이 생소하다. 낮은 구릉들, 푸른초원 그 위로 옹기종기 모여있는 그림 같은 집들이 쏜살같이 스쳐 지나간다. 이곳은 Buyer들이 우리처럼 서울 한 곳에 모여 있지 않기 때문에 전국을 이처럼 자동차로 돌아다녀야 한다. 프랑크푸르트에서 함부르크로 그리고 뒤셀도르프로, 본으로 새벽부터 호텔을 나와 먼 길을 가야 한다. 이제 야코비가 왜 그렇게 차를 빨리 모는지 이해가 되고 있는 중이다.

차를 달리다 보니 정확하게 아침 8시 45분이 되어서야 해가 떴다. 서울보다 한 시간이나 늦게 뜨고 한 시간이나 먼저 진다. 우리보다 더 북반

---

* 필자는 77학번인데 당시의 대학생들은 학교에 관계없이 누구나 대학 배지를 달고 다녔다. 지금은 그런 관습이 사라졌는데 맨 처음 배지를 가슴에서 떼어낸 학생들은 서울대학생들이었다. 한동안 배지를 달지 않은 유일한 대학생은 서울대학생이었으며 이후, 다른 대학생들도 위와 같은 이유로 배지를 떼게 되었다. 지금은 어느 대학생도 배지를 달지 않는다.

구에 있어서 태양의 남중고도가 낮아서이다. 그러니 그나마 해가 떠도 별로 따사로운 기운이 없어 어둡고 침침한 것 같다. 2주의 출장 후 귀국해 서울에 도착한 날은 매우 청명한 날이었다. 그런데 비록 뜨겁지는 않았지만 어찌나 햇살이 눈부신지 하늘과 태양만 보고도 담박 우리나라에 돌아온 것을 실감할 수 있었다.

점심때가 되어 시골식당에 들르게 되었다. 손님은 별로 없었지만 작은 시골식당의 인테리어가 장난이 아니다. 남한강변에 모여있는 아기자기하게 꾸며 놓은 작은 카페들이 죽도록 닮고 싶어하는 그런 아름다운 레스토랑이다. 단 돈 10유로 정도에 일류 호텔에서나 즐길 수 있는 우아한 분위기를 느낄 수 있었다. 선진국에 산다는 혜택이 아마도 이런 것일 것이다. 손님은 단 두 테이블, 농부로 보이는 한 백인 노부부가 느긋하게 담소하며 점심식사를 즐기고 있었다.

소다수 이야기

유럽의 Buyer들은 친절하기도 하지*…… 가는 곳마다 상담 전에 어김없이 음료를 내 놓는다. 미국에서는 절대로 그런 일이 없다. 그것도 성의 없는 인스턴트 커피나 티백의 싸구려 녹차가 아닌, 상당히 값나가 보이는 소다수나 미네랄 워터를 병 채로 내온다. 커피를 내오는 경우는 반드시 커피포트와 함께이다. 나는 소다수라는 것을 여기서 처음 마셔 보았다. 느끼한 버터와 치즈 종류로 구성되어 있는 유럽 음식에 내 소화기관들이 적응하지 못해 기능성 소화불량에 시달리는 중이었다.

소다수는 물 속에 이산화탄소가 녹아 있어서 소화에 도움을 준다. '중조'라고도 부르는, 빵을 부풀리는 데도 쓰는 탄산수소나트륨은 알칼리

---

* 덴마크의 Billund에 있는 Brandtex는 아침식사까지 제공했다. Buyer가 직접 빵을 골라서 버터까지 발라주는 친절함에 어리둥절하기까지 하다.

로 위산을 중화시킬 수 있어서 제산제 작용을 한다. 마시자마자 트림이 나오면서 소화가 저절로 되는 것 같다. 나는 소다수를 소화제로 생각하고 소태를 집어 먹은 사람마냥 벌컥벌컥 마셨는데 이 맹물 사이다가 의외로 감칠 맛이 있다. 하지만 탄산수소나트륨은 당장은 제산제 역할을 하지만 나중에 다시 위산을 생성시키는 작용*을 하므로 너무 많이 마시면 역효과가 생기는 수도 있다.

소다수는 물 맛이 지독하게 나쁜 독일을 비롯한 유럽에서 정수한 물에 각종 미네랄과 이산화탄소를 녹여 파는 것으로 유명한 페리에**를 비롯한 수많은 종류의 소다수가 있었다.

미국에는 '알카셀처'(Alka-Seltzer)라고 우리나라에도 한때 '발포정'이라는 이름으로 유행한 적 있는 감기약을 겸한 소화제가 있다. 500원짜리 동전만한 커다란 하얀 정제 2개를 물컵 속에 떨어뜨리면 폭발적으로 기포를 발생하며 녹는데 이 물을 마시면 그대로 소다수 같은 맛이 난다. 로버트 드 니로가 나오는 영화 '택시드라이버'***에서 택시 운전수인 트레비스가 밤새 운전하고 집에 돌아와 알카셀처를 물컵 속에 떨어뜨리는 장면이 인상 깊게 남아있다.

알카셀처는 탄산수소나트륨 즉, 소다를 이용하여 물 속에 이산화탄소를 발생시키고 아스피린을 첨가하여 두통까지 해결할 수 있는 감기약의 일종이지만 트레비스 같이 고된 노동에 종사하는 사람에게는 우리의 박

---

* 위산 반동이라고 한다.

** 한때 페리에에서 벤젠이 검출되어 발칵 뒤집힌 적이 있다. 이후 전 세계 생수시장을 에비앙이 지배하게 되었다.

*** 뉴욕의 밤거리가 배경인 이 영화를 나는 4번이나 봤다. 아직 보지 못한 분은 반드시 보도록 권하고 싶다.

카스 같은 효력을 발휘하는 피로
회복제인 셈이다.

나는 몸 속에 마그네슘(Mg)이 부
족하여 눈꺼풀이 떨리는 증상이
가끔 나타나는데 유럽의 소다수에
는 고맙게도 철분이나 칼슘은 물
론 마그네슘도 함유하고 있어서
맛도 좋고 소화도 잘되며 부족한
무기질까지 보충시켜준다. 덕분
에 유럽출장 내내 피곤함을 잊고
에너제틱한 상담을 할 수 있었다.

사실 센물인 경수(Hard water)가 약한 소다수의 일종이 되는데 빗물이
대표적인 경수이다. 비는 하늘에서 떨어지면서 대기 중의 이산화탄소를
머금게 되고, 그렇게 붙들린 이산화탄소는 물에 녹으면 바로 탄산이 된
다. 이 물이 바위 사이로 흐르면서 석회석이나 바위에 있는 탄산칼슘* 또
는 탄산마그네슘을 녹여서 칼슘이나 철, 마그네슘 등의 미네랄을 함유하
게 된다. 천연의 미네랄 워터인 셈인데 우리나라의 초정약수가 그 한 예
이다. 그런데 경수는 왜 비누가 잘 녹지 않아서 골치를 썩일까?

비누는 꼬리와 머리에 각각 親水基(친수기)와 親油基(친유기)를 가지고
있어서 물에 녹지 않는 기름기를 물과 결합할 수 있다. 그런데 경수에는
철이나 마그네슘 등의 미네랄이 들어 있어서 이것들이 물과 결합해야 할
비누의 친수기를 차지해 버려 비누가 물에 잘 녹지 않게 되는 것이다.

---

* 계란껍질은 대부분 탄산칼슘($CaCO_3$)으로 되어 있다. 산호도 그렇다.

풍력발전기

독일의 북쪽 함부르크 쪽으로 달리고 있다. 이곳이 바람 많은 독일 땅이라는 것을 증명이라도 하듯, 야트막한 산 기슭에 여기저기 풍력발전기 (Wind Turbine)들이 보인다. 모두 한결같이 남서쪽을 향하고 있다. 북동풍이 항상 강하게 분다는 뜻이다. 풍력발전기는 그 현실적인 용도와는 다르게 내게는 늘 SF에 등장하는 거대하고 초자연적인 구조물로 비쳐진다. 나는 왠지 모르게 거대하게 우뚝 솟은, 마치 오벨리스크를 닮은 풍력발전기만 보면 가슴이 설레고 가까이 다가서서 보고 싶어진다.

오벨리스크는 이집트에서 태양신의 상징으로 만든, 끝으로 갈수록 가늘어지는 석조 탑으로 피라미드와 달리 단 1개의 돌을 깎아서 만든, 수백 톤의 무게에 길이는 수십 미터에 달하는 석조물이다. 이것을 본떠 크기를 극대화한 구조물이 높이가 무려 169m나 되는 워싱턴 기념탑 (Washington Monument)이다.

미국의 국회의사당 앞에 있는 이 유명한 첨탑은 톰 행크스 주연의 포레스트 검프를 본 사람들은 누구나 선명하게 기억하고 있을 것이다. 오리지널 오벨리스크는 19세기에 이집트에서 발굴하여 유럽인들이 대부분 가져갔고 지금 이집트에는 두어 개만이 남아있는데 파리의 콩코드 광장에도 하나 있다. 꼭대기 부분에 누런 금박을 칠해서 천박하게 보이는 이 오벨리스크는 프랑스가 식민지에서 가져간 수 많은 보물들 중 하나이다. 빼앗아온 물건을 자랑이라도 하듯 자신들의 수도 한복판

워싱턴 기념탑

09. 과학의 눈으로 본 세계 Travel Science

에 세워놓은 프랑스의 오만함이 놀랍지 않은가?

내 막내동생들은 이란성 쌍둥이여서 성별이 다르다. 사람들의 일반적인 생각과는 달리 성격 차이가 심한 이 아이들은 어렸을 때는 한 시간이 멀다하고 싸우곤 했다. 그 아이들이 이제 벌써 30 후반인데 똑같이 미국의 샌디에고에 살고 있다. 때로 동생들을 방문하기 위해 LA에서 샌디에고로 가는 1번 국도를 차로 달리다 보면 어김없이 샌 고고니아(San Gorgonia)협곡을 지나가게 된다. 이 협곡에 들어서서 위를 올려다 보면 실로 대단한 장관을 만날 수 있다. 협곡 이곳 저곳에 어마어마한 크기의 풍력 발전기들이 아래를 내려다 보고 있는데 그 수가 무려 3,000여 개에 달한다. 이 광경을 한번 본 사람은 가슴 속에 평생 잊을 수 없는 감동을 간직하게 된다. 미국 어딘가에 17,000개나 되는 풍력 발전기들이 돌아가고 있는 곳도 있다고 하는 데 그 곳에는 아직 가보지 못했다. 실로 대단한 광경일 것이다.

비만유전자

독일의 전원 풍경은 우아하고 아름다운 집들에도 불구하고 왠지 변화무쌍한 날씨 때문에 오래되고 우중충하게 보이는 미국 동부의 워싱턴이나 뉴저지와 매우 닮았다. 하지만 실제로 미국과 현저하게 다른 것 중 하나는 이곳에서는 덩치는 크되 비만한 사람들을 보기 어렵다는 것이다. 맥도날드 같은 Junk food는 여기에도 흔하게 널려있는데 왜일까? 지방을 몸 속에 다량 보유할 수 있는 기능을 가진 비만유전자는 시도 때도 없이 며칠씩이나 굶주려야 했던 홍적세의 인간들이 수렵과 채취를 하던 시절에는 생존에 아주 중요한 유전자다. 하지만 인간이 농경을 할 수 있게 되어 정착 생활이 시작되면서 굶는 일이 적어지고 따라서 비만 유전자는 오늘날에는 건강을 위협하는 나쁜 유전자가 되는 운명에 놓이게 되었다. 유럽인들의 몸은 오랜 세월 유제품을 선호하는 식생활을 통해 아마도 버터나 치즈류의 지방을 잘 통제할 수 있는 유전자를 보유할 수 있게 되었을 것이다. 또 최근처럼 풍요로운 환경에서는 비만과 GDP는 반비례하는 추세이다. 따라서 GDP가 높은 나라 국민들은 정신적으로뿐 아니라 생물학적으로도 비만을 통제할 수 있게 된다. 즉 몸의 생화학적 구조가 그렇게 진화하는 것이다. 만약 그렇게 진화하지 않은 사람들이 Fast food류에 들어있는 지방을 많이 먹으면 상당한 위험에 노출된다. 특히 백인들이 진출하여 식습관이 갑자기 바뀌게 된 남태평양의 섬 주민들에게서 그런 일이 일어나고 있다. 잠깐! 여기서 말하는 비만은 우리의 짐작으로 돼지 정도가 아니라 코끼리나 하마를 닮은 사람들의 수준이다. 키가 168cm인 여성의 체중이 55kg인 것은 결코 비만이 아니다.

Flush Button

독일에서 가장 기이하고도 이상한 물건은 바로 화장실에 있는 Flush Button이다. 응가 후, 물 내리는 그 단추 말이다. 보통은 하얀 도자기로 만들어진 변기의 물통 왼쪽 윗부분에 달려있으며, 손가락만한 작은 레버이다. 희한한 일은 독일의 호텔에서 볼일을 본 후에 일어났다. 아무리 Flush lever를 찾아도 없는 것이다. 레버가 있어야 할 자리에는 때운 자리도 없이 깨끗한 세라믹 도기부분만 있을 뿐, 구멍의 흔적 조차 보이지 않는다. 일본의 ToTo는 때로 이 레버가 물통 뚜껑의 중앙에 버튼 형식으로 달려있는 것도 있다. 하지만 이건 그도 아니다. 이건 보통 일

변기 뚜껑만한 버튼

이 아니다. 벨보이를 불러야 하나 고민하다가 한참 만에 간신히 그 장치를 발견할 수 있었다. 빌어먹을 그 레버는 바로 燈下不明(등하불명)이라는 속담 그대로 변기 위에서 의젓하게 그 자태를 뽐내며 당당하게 아래를 내려다보고 있었다.

이건 손으로 누르라는 건지 머리로 받으라는 건지 아니면 엉덩이로 밀어붙이라는 건지 알 수 없을 정도이다. 어쨌든 손가락으로 누르기에는 터무니 없이 크다. 나중에 알고 봤더니 독일의 변기는 대부분 이런 식이다. 왜 그럴까? (사진의 변기는 물통이 내장된 변기라서 버튼이 머리 뒷부분에 달려있다. 보라! 변기뚜껑 의 사이즈와 똑같은 어마어마한 버튼을…… 직접 실사한 사진이다.)

파리의 도둑들

독일을 떠나 프랑스의 파리로 가는 비행기는 German Wing*이라는 작은 제트 비행기이다. 그나마 프로펠러 비행기가 아닌 것이 다행이다. 유럽내의 도시간을 운항하는 비행기는 마치 로컬 비행기처럼 가격이 싸다고 들었지만 이건 상상을 초월하는 요금이다. 독일의 쾰른에서 파리까지의 구간운임이 겨우 19유로, 25,000원 정도인 것이다. 서울에서 대구로 가는 새마을보다 더 싼 요금이다. 일찍만 예약한다면 10유로 미만의 티켓도 널렸다고 한다. 하지만 역시 나로서는 짐이 문제이다. 대부분이 종이와 원단인 내 짐은 물론 값으로 따지기 어려운 물건이지만(돈으로도

---

* 최근 부기장이 고의로 비행기를 추락시켜 자신과 승객전원이 몰사하였다.

살 수 없는 25人의 3개월간 노동력이 들어 있으므로 도저히 돈으로 가치를 따질 수 없는). 그렇다고 해도 숨쉬고 밥 먹고 똥싸는 인간인(생각은 별로 안하니 원가계산에서 빼자.) 내 운임보다 무려 5배나 더 비싼 90유로라니 눈이 튀어나올 노릇이다. 내 몸무게가 85kg이니 초과 무게 20kg인 위대한 나의 짐 값은 사실상 사고하는 인격체인 나보다 20배나 더 비싼 것이다.

최대 정원이 140명이고 날개 길이만 34m(가장 큰 포유동물인 흰수염고래의 길이와 같은)에 달하는 에어버스 A319 비행기는 최고속도가 840km나 된다. 이런 덩치가 하늘에 뜰 수 있는 힘이 바로 베르누이의 정리로 설명되는 양력이라고 학교에서 배웠다. 날개의 역학적인 구조로 인하여 거리가 먼 윗부분으로 흐르는 공기가 거리가 짧은 날개의 아랫부분보다 더 빠르게 된다. 따라서 날개 위의 압력이 아래보다 작아져, 뜨는 힘 즉, 양력이 생긴다는 것이다. 하지만 나는 이것을 믿지 않는다. 만약 이것이 사실이라면 비행기는 절대로 뒤집어서 날 수 없다. 하지만 과연 그런가? 곡예비행을 하는 전투기들은 기체를 뒤집어서도 잘만 날아 다닌다. 만약 기체를 뒤집으면 비행기는 바로 아래로 고꾸라져야 하지만 결코 그렇게는 되지 않는다. 실제로 비행기의 양력은 仰角(앙각)을 포함한 훨씬 더 복잡한 역학관계가 존재한다.

파리의 택시

독일에서 편하게 남이 운전해 주는 차만 타고 다니다 갑자기 의지할 곳 없는 파리에서 유럽의 살인적인 택시비를 실감했다. 프랑스의 Agent는 근거지가 리용이라 그 자신도 파리는 객지이다. 따라서 공항에 마중나온 사람은 아무도 없다. 20km가 채 안 되는, 공항에서 호텔까지의 짧은 거리에 50유로 6만 5천원이다. 호되게 비싸다. 설상가상으로 파리의 택시 요금체계는 나를 한동안 어리둥절하게 만들었다. 파리에서는 승객이

파리의 택시

택시를 전화로 부르면 택시는 전화를 받은 곳에서 승객이 있는 목적지까지 미터기를 미리 꺾고 온다.

이렇게 되면 택시가 멀리서 올수록 승객은 시간과 돈 모두 손해, 운전수는 그만큼 이익이 된다. 멀리에서 오면 출발 전부터 이미 3만원씩 요금이 올라가 있는 것은 보통이고 게다가 그만큼 승객은 오래 기다려야 한다. 어떻게 이렇게 철저하게 비논리적이고 불합리하며 비이성적인 제도가 있을 수 있는가.

파리에서 망명생활을 하며 택시운전을 했던 논객 홍세화씨도 이런 지적을 하지는 않았다. 그 자신이 택시운전을 했기 때문에 승객의 입장은 헤아리지 못했던 것일까? 이런 나를 보고 K사장님은 '투덜이'라고 놀리고만 있다. 그분이 옳다. 내가 파리의 시장이 아닌 한, 파리의 택시요금 체계는 내 영향권 밖의 일이다. 따라서 불평해봐야 나만 손해다. 하지만 세상일이라는 것이 반드시 그렇지만은 않다. 세상에 컴플레인(Complaint)이 없다면 개선도 없고 개혁도 존재하지 않으며 혁명도 일어나지 않는다. 이곳 파리는 프랑스 혁명(French Revolution)이 일어난 바로 그 땅이 아닌가. 200년 전 이곳 콩코드 광장에서 불학 무식한 폭도들이 내가 존경해 마지 않는, 한 세기에 나올까 말까 한 천재 화학자인 라부아지에(Lavoisier)*의 목을 단두대에서 날려버리기는 했지만 말이다.

---

* 잠시 세금 걷는 일을 했다는 이유로 100년에 한번 나올까 말까한 안타까운 천재 화학자인 라부아지에의 머리는 몸과 분리되어 대나무로 만든 버들고리 위로 떨어져서 공포에 질린 눈을 뜨고 한동안 어리둥절해 하고 있었다고 전해진다. 그의 눈은 무엇을 보았을까?

프랑스인은 외모로 판단할 수 없다.

파리는 아름다운 도시이고 구석구석 눈을 떼기 어려운 예술품들로 넘쳐나고 있었지만 예술의 도시답게 사람들은 자유분방하고 독일처럼 잘 짜인 체계 같은 것은 눈을 씻고 찾아봐도 없다. 이렇게 다른 두 곳이 1,000년 전에는 같은 나라였다는 것이 믿어지지 않는다. 1,134년 전 프랑크 왕국은 베르덩 조약과 메르센 조약을 거쳐 결국 독일과 프랑스, 이탈리아 세 나라로 분리되었던 것이다.

프랑스인 기루동을 만나기로 한 생 라자르(St Lazare)의 한 까페는 담배 연기로 앞이 안 보이고 바닥은 담배꽁초 투성이다. 금방 침대에서 기어 나온 듯한 모습의, 실베스터 스텔론을 닮은 친구 하나가 바케트 빵을 뜯어 에스프레소 커피에 적셔 우걱우걱 씹으며 우리를 쳐다 본다. 아침식사 중인 모양이다. Cohen이라는 유대인 이름을 가진 이 파리의 에이전트는 아침부터 짙은 선라스를 끼고 나타나서는 담배를 낀 한 손으로는 연신 눈곱을 떼고 있다. 지저분한 모습이지만 옷차림은 빠리장답게 예사 모습이 아니다(이 친구의 목에 두른 스카프를 보라).

그러고 보니 파리 시내를 다니는 사람들의 옷차림이 하나같이 개성적이다. 대충 걸쳐 입고 나온 사람은 없다. 모두 다 거울 앞에서 상당한 시간을 보냈음직한 차림들이라는 것을 쉽게 알 수 있다. 그런데 특이한 것은 파리의 유행은 어떤 공통된 Trend가 보이지 않는다는 것이다. 즉 유행에 구심점이 없다. 자신의 옷 차림이 다른 사람들과 같음을 강

력하게 거부하는 개성이라고 할 수 있다.

　빵을 먹고 있으면서도 끄덕끄덕 졸던 이 친구 지저분하게 휴지로 연신 눈곱을 훔쳐내는 꼴이 각결막염에 걸린 것 같다. 아폴로 눈병! 아직 출장 초반인데 눈병 걸리면 일정 모두 취소하고 돌아가야 한다는 생각에 몸이 저절로 움츠려졌다. 이런 지저분하고 게을러 보이는 인간이 과연 일을 제대로 할 수 있기나 할까 싶었지만 실전에서 코헨은 대단히 뛰어나고 집요한 모습으로 Buyer가 한 아이템이라도 더 고를 수 있도록 하기 위해 필사적으로 노력하는 진지한 모습을 보였다. 그는 진정한 Professional 이다. 리용에서 온 또 다른 에이전트인 모히스 기루동은 Mr. Bean을 닮은 모습에 제스처까지도 비슷해 파리에 있는 동안 내내 우리를 즐겁게 해줬다.

　하지만 이 친구 역시 생긴 것과는 딴판으로 일할 때는 진지하고 노련한 모습을 보여주었다. 그는 늘 자신에 차있었다.

Petite와 Grande(쁘띠뜨와 그랑데)

　우리가 머물고 있는 Hotel은 라데팡스(La Defense)라는 지역으로 시내 외곽에 있는 일종의 뉴타운이다. 외곽이라고 해 봐야 강북과 강남의 차이 정도이지만 파리의 도심은 개발제한으로 묶여있어 고층 빌딩이나 새롭게 지은 빌딩은 도심 내에는 전혀 없다. 따라서 대부분의 모든 현대식 고층빌딩은 라데팡스 지역에 몰려있다. 이 새로운 지역은 천년의 고도인 빠리의 도심이 이제는 협소하고 답답하다는 것을 보상하려는 심리가 작용한 것처럼 모든 것이 큼직큼직하고 널찍하게 조성되어 있다. 공원의 조형물이나 시설들은 터무니 없이 크고 화려했다. 파리에서의 쁘띠뜨(Petite)와 그랑데(Grande)의 대조적인 조화를 여기서 확인할 수 있다. 그런데 희한한 것은 다른 현대 도시들의 도시계획 구간들이 바둑판처럼 반

듯한 것과는 반대로 이 라데팡스 지역의 길들은 구불구불 제멋대로다. 도대체가 어디가 어디인지 택시 운전수들 조차 이곳으로만 오면 길을 헤맬 정도로 복잡하게 되어 있다. 왜 그럴까? 이것이 잘못된 도시계획이 아니라면 마치 이 나라는 세상의 모든 정형적인 것들을 거부하는 것처럼 모든 것들이 자유분방함 그 자체로 이루어져 있는 것으로 보인다. 과연 창의가 넘치는 도시임에는 틀림없다.

파리의 도심들은 천년의 고도답게 몇 개의 대로를 제외하고는 길들이 모두 마차길 정도의 넓이이다. 그 몇 개의 대로에는 샹 제리제 거리도 포함되는데 그것들을 그렇게 넓게 만든 이유가 폭도들이 바리케이트를 치지 못하게 하기 위함이었다는 역사적 사실이 숨어있다고 한다. 그나마 대부분 아스팔트가 아닌 울퉁불퉁한 작은 석조의 블록으로 되어 있다.

한가지 놀라운 것은 엘리베이터이다. 파리의 엘리베이터는 두 사람이 타기에도 비좁은 것이 특징이다. DC 10여객기에 있는, 갤리(galley)로 내려가는 작은 승강기를 연상하면 된다. 비록 3층 건물이라고 해도 대부분 엘리베이터는 갖추고 있었지만 터무니 없이 작았다. 짐이 있으면 두 사람이 타기에도 버거운 엘리베이터를 생각해보라. 더구나 바깥 문은 반드시 손으로 열고 내려야 한다. 이유인즉슨 원래 엘리베이터가 없는 건물에 억지로 공간을 내어 만들다 보니 그렇다는 것이다. 하지만 나는 그 말을 믿을 수가 없었다.

왜냐하면 거대하게 조성된 라데팡스 지역의 엘리베이터들도 도심의 그것들 보다 조금 낫긴 했지만 터무니 없이 작다는 것은 역시 마찬가지기 때문이다. 왜 그럴까? 결국 그 궁금증은 해결되지 않고 뒤로 남겨졌다.

불황은 서민들만의 것

이곳, 예술의 도시 파리는 인간이 생각해 낼 수 있는 온갖 상상력과 창

조정신이 마음껏 발휘되고 있는 현장인 것 같다. 눈에 보이는 모든 것이 신기하고 기발하며 아름답고 독창적이다. 명품샵들이 모여있는 샹제리제 거리의 루이비통 본점도 상상을 초월하는 모습을 하고 있다. 그 유명한 L과 V가 겹쳐져 있는 Signature 디자인인 모노그램 캔버스의 거대한 여행가방이 샵의 한쪽 벽 그 자체이다(그런데 이 기발한 구조물이 잠시 공사 중인 내벽을 가리기 위한 병풍 역할을 하고 있다는 사실). 지금이 세계적인 불황이라고 그 누가 얘기 했던가 60만 원짜리 노에(Noet) 백이 가장 싼 물건이라는 그 유명한 가게에 서로 먼저 들어가려고 진을 치고 있는 사람들을 보면, (대부분 일본인과 홍콩사람 그리고 요즘은 중국인) 지금이 불황이라는 사실이 도저히 믿기지 않는다. 그런데 신흥부자인 중국인들의 쇼핑 행태는 일본사람들마저도 놀라게 한다. 루이비똥이 자신들의 브랜드 값에 편승해 최근에 출시하고 있는 신발이나 기타 잡화들도 터무니 없이 비싸기만 한데 중 국인들은 가방을 구입하고 그에 맞춰 신발이나 옷들까지 한꺼번에 산다.

노틀담 성당

파리에서 가장 아름다운 건축물 중 하나인 노틀담 성당을 가보기로 했다. 우리는 메트로'를 타고 루브르 박물관 앞에서 내려 세느강을 끼고 내

---

* 파리의 지하철, 영국에서는 튜브라고 부른다.

려가 강 한가운데 삼각주에 위치하는 노틀담 성당을 찾았다. 중간에 영화에 나왔던 유명한 퐁네프의 다리가 있었다. 퐁(Pont)은 Bridge이고 네프(Neft)는 9를 뜻하는 거라고 하는데 New의 뜻도 있다고 한다. 따라서 이 다리의 이름은 신교 즉, New Bridge인 셈인데, 아이러니하게도 파리에서 가장 오래된 다리이다. 프랑스에서는 뭐든 예측하면 틀리게 되어 있다. 이런 곳에서 어떻게 라부아지에 같은 과학자가 나왔는지 모를 일이다. 작은 단서를 유추하여 전체의 본질을 밝혀내는 환원주의의 과학은 프랑스와는 상극으로 보이는 데 말이다.

노틀담 성당은 그 자리가 파리의 발상지라고 한다. 즉 파리의 중심이 된다. 그 동안 노틀담에 대한 상식은 영화에서 보았던 콰지모도와 에스메랄다의 사랑 정도 밖에 몰랐던 나는 아름답고 카리스마 넘치는 우아한 건축물에 반하고 말았다. 어느 한 곳도 소홀한 구석이 없는 이 장엄한 성당은 가톨릭신자들은 한번 들어와 보기만해도 신을 향한 경배심이 저절로 우러나올 수 밖에 없게 만들어져 있다. 창문을 장식하고 있는 아름다운 스테인드 글라스의 문양들은 너무도 거대하고 아름다운 색채로 만들어져 있어 보는 이로 하여금 저절로 탄성이 나올 수 밖에 없게 한다. 수많은 사람들이 있었지만 조용하게 진행되고 있는 미사와 신부님의 축성 그리고 장엄하게 울려 퍼지는 찬송가와, 10m가 넘는 거대한 크기의 파이프 오르간과 그 크기에 걸맞는 웅장한 바이브레이션……

여기에서는 티벳의 승려조차도

노틀담 성당

두 손을 맞잡고 오 주여 하고 부르짖을 것만 같은 분위기이다. 4유로만 내면 우리나라 사찰처럼 초를 한 개 놓고 소원을 빌 수 있다.

런던

짐 때문에 또 한차례의 곤경을 치른 끝에 어렵사리 런던을 향해 날아올랐다. 지도상으로는 헤엄을 쳐도 건널 수 있을 것처럼 가까운 도버해협을 건너 비행기는 런던 상공으로 Approach하고 있었다. 위에서 내려다본 런던 시가지의 전경은 마치 퍼즐조각들로 이루어진 그림으로 보인다. 재미있는 것은 프랑스는 큰 조각의 퍼즐, 영국은 작은 조각의 퍼즐이라는 차이점이다. 런던에 도착한 첫 소감은 작고 낡고 노후하다는 것이었다. 그리고 유난히 빨간 차가 많았다. 왜 그럴까? 1년 내내 우중충한 날씨 탓일까 아니면 Outlet에서 나온 자동차들인가(Outlet에는 빨간 옷이 많다).

피카딜리 서커스가 있는 옥스퍼드 거리가 겨우 왕복 4차선인 좁은 길이라는 사실이 놀랍다. 종로 뒤 골목 정도 넓이 밖에 되지 않는다. 이것이 'Great Britain' 대제국의 수도 런던의 그 유명한 옥스퍼드거리라니 대 실망이었다. 때로 자전거도 지나가기 힘든 좁은 길을 차가 다니는 그 절묘함. 그런 길들을 누벼야 하는 런던 택시 운전수의 고충은 어떠할까? 그래서 런던의 택시 운전수는 복잡한 런던 시내의 25,000개나 뇌는 길들을 잘 숙지하고 있는지에 대한 주행시험*

런던

---

* 런던의 택시 운전사 시험은 어려워서 3년은 공부해야 한다.

을 통과해야 한다고 한다. 런던에서는 택시 운전수가 되는 것이 쉬운 일이 아니다.

또 일반 승용차가 시내에 들어오려면 혼잡세인 무거운 Congestion charge를 물어야 한다. 벤틀리나 롤스로이스를 아무데서나 볼 수 있었다.

런던의 택시

런던의 지하철은 Tube라고 부르는데 몇 년 전 이와 똑같은 이름의 한국영화 제목을 보고 지하철을 Tube라고 부른 것에 대한 기발함에 놀란 적이 있다. 하지만 그것이 바로 런던 지하철의 이름이었다니. 과연 Tube라고 불릴 만 했다. 너무도 좁은 지하철 통로와 작은 기차들, 덩치 큰 앵글로 색슨족의 사이즈에 맞지 않은 앙증맞은 규격이다. 이 지하철은 틀림없이 작은 체구의 남부 프랑스인이나 로마인들이 건설했을 것이다. 심지어 어떤 통로는 두 사람이 어깨를 맞대고 같이 갈 수 없을 정도로 좁은 곳도 있었다(아래 사진은 어느 건물의 지하실로 내려가는 계단이 아니라 Tube의 실제 통로 중 하나이다). 1830년 영국인의 평균 신장은 겨우 164cm다. 100년전 우리나라 성인 남자의 평균 신장과 같다. 신장의 차이는 영양 상태로부터 오는 것이 아닐까?

런던의 민박

런던의 호텔비는 살인적이다. 일본의 호텔이 그런 줄은 알았지만 런던이 그런 줄은 몰랐다. 런던 시내에서 제대로 된 호텔에 묵으려면 적어도 160파운드는 필요했다. 32만원…… 그나마 결코 충분하다고 할 수 없는 최소한의 공간만을 갖춘 곳이다. 나는 Guest house를 수배해 보기로 했다.

민박은 싸다는 것. 그리고 식사를 저렴하게 한식으로 할 수 있다는 점. 그리고 마지막으로 초고속 인터넷을 무료로 이용할 수 있다는 점에서 상당히 매력적인 조건을 가지고 있다.

사실 그 정도의 Infra를 갖춘 호텔을 런던 시내에서 찾으려면 아마도 200파운드는 줘야 할 것이다. 런던의 민박은 대부분 배낭여행을 하는 학생들을 위한 시설인 것으로 보인다. 하루 밤에 15파운드를 받고 이층 침대를 놓은 조그만 방에 십 수명의 학생들이 잠을 자고 있다. 독방은 50파운드이지만 지저분하고 추우며 씻기도 힘든 열악한 곳이었다.

재미있는 것은 민박집 주인이 학생들로 하여금 담배를 사오게 해서 그것으로 숙박비를 대신하게 한다는 것이었다. 그런 일이 가능한 것은 지독하게 비싼 런던의 담배 값 때문이다. 런던에서 담배 한 갑은 5파운드 우리 돈으로 만원이나 한다. 그걸 민박집 주인이 갑당 1파운드에 사서 손님들에게 3파운드에 되판다. 엄청난 폭리가 아닐 수 없다. 하지만 그래도 런던 시내보다 2파운드나 더 싸니 때로는 손님들에게도 좋은 일이 된다.

하지만 학생들에게서 조금 더 좋은 가격에, 예를 들어 2파운드에 사거나 팔아도 충분히 남는 장사가 되므로 누구도 욕하지 않고 이런 구조의 상거래는 오래 지속될 수 있다. 하지만 시장논리와 마케팅이론에 무지한 주인은 3배씩 폭리를 취하는 이런 불합리한 시장구조가 계속 유지될 것으로 믿고 소탐대실의 만행을 학생들에게 자행하고 있다.

0.8파운드에 사와서 5파운드의 값어치가 나가는 물건을 어떤 바보가 그냥 1파운드에 넘기겠는가? 이런 취약한 구조의 시장 거래는 금방 붕괴하게 되어 있다.

유럽의 겨울

유럽은 위도상 우리나라보다 더 북쪽에 위치하는데 겨울에 덜 춥다. 왜 그럴까? 위도는 적도를 중심으로 놓고 북쪽으로 90등분 남쪽으로 90등분하여 북위 남위로 표시한다. 물론 적도가 가장 덥다. 그리고 적도에서 멀어질수록 점점 추워진다. 적도의 북쪽 즉, 북반구에 위치하는 우리나라는 북위 38도선이 반도 중앙을 가로지르고 있다. 서울은 37도 정도된다. 그런데 파리는 48도 런던은 51도나 된다. 우리나라보다 상당히 더 북쪽에 위치하며 따라서 북극에 더 가깝다. 그러므로 당연히 더 추워야 정상이지만 1월의 평균 기온은 서울과 비슷하다. 눈이 오는 경우도 별로 없고 잘 얼지도 않는다.

그런데 위도상 런던보다도 훨씬 더 아래 쪽에 위치하는 북위 44도의 하얼삔은 1월 평균기온이 영하 15도이다. 1월에 하얼삔에 가보면 모든 것이 꽁꽁 얼어붙어 있는 툰드라 동토를 실감할 수 있다. 바로 유명한 빙등제가 열리는 곳이다.

나는 1월에 하얼삔에 간 적이 있었는데 빙등제 보려고 밤에 나왔다 얼어 죽을 뻔했다. 숨 쉴 때마다 코 속이 빠작 빠작 얼어붙는 것은 물론 겉감(Outshell)이 나일론 타슬란(Taslan)*으로된 오리털 잠바가 얼어서 딱딱해져 세게 치면 부서져버릴 것 같다는 생각이 들 정도로 혹독하게 추웠다.

---

* 듀퐁의 나일론 브랜드 중의 하나. 천연섬유처럼 꼬불꼬불한 크림프가 있다.

그 때의 기온이 무려 영하 45도였던 것으로 기억한다. 이런 기온에서는 아무리 옷을 많이 껴 입어도 5분 이상 밖에서 걸어 다닐 수 없다. 혈관이 수축하여 몸이 바작바작 죄어오는 느낌이 나고 점점 감각이 둔해지며 머리가 띵해지는 경험을 하게 된다. 침을 뱉으면 그 자리에서 바로 얼어 얼음조각이 된다.

하지만 서울과 비슷한 위도상에 위치한 샌프란시스코는 유럽의 경우보다 더 심하다. 여기는 결코 눈이 오지 않는다. 1월 평균기온은 무려 10도 가까이 된다. 왜 이런 일이 생길까? 그것이 대륙의 서안이 동안보다 더 따뜻하다는 사실에 기인한다(우리나라도 예외는 아니다). 그리고 그 이유는 서에서 동쪽으로 부는 편서풍 때문이다. 또 서유럽이 따뜻한 다른 이유는 따뜻한 멕시코만류 영향 탓이다. 따라서 바다에 면한 곳은 따뜻하지만 대륙으로 들어가면 더 추워진다. 즉 따뜻한 바다에서 먼 거리에 있는 러시아를 비롯한 내륙인 동유럽은 같은 위도 상이라도 서유럽보다 훨씬 더 춥다. 내가 있는 동안에도 이곳의 기온은 줄곧 영하 1도 이하로는 내려가지 않는다. 하지만 습도는 상당히 높다. 따라서 별로 낮은 기온이 아닌데도 뼈 속까지 추운 것 같은 느낌이 난다. 관절이 좋지 않은 사람들은 여기서 살기 어려울 것 같다. 이런 습기 찬 곳에서 관절에 통증 없이 살려면 글루코사민(Glucosamine)*을 젊을 때부터 장복해야 할 것이다.

---

* 최근의 의사들은 글루코사민의 효과를 인정하지 않는다.

아름다운 덴마크

덴마크는 독일과 비슷한 환경 그리고 비슷한 사람들로 이루어진 동화처럼 멋진 곳이다. Lego의 본사가 있는 빌룬트(Billund)라는 작은 도시에 왔다. 수도 코펜하겐에서 자동차로 3시간 정도 거리에 있는 조용한 소도시인 이곳에 덴마크 대부분의 Buyer들이 있다는 사실이 상당히 의외이다. 아마 우리로 치면 대구쯤 되는 곳인 모양이다. 곳곳에 염색공장이나 제직공장들의 흔적과 봉제공장들이 산재해 있는 것을 볼 수 있다. 도착하기 전 날 눈이 왔는지 아름다운 덴마크의 시골 풍경을 전혀 볼 수 없게 되고 말았다. 빌룬트의 작은 호텔은 아름답고 깨끗하며 친절하고 또 쌌다. 하루에 90유로 정도의 돈으로 상당히 사치스러운 분위기를 즐길 수 있었다.

덴마크는 영국처럼 유로화를 쓰지 않는 몇 안 되는 유럽국가이다. 화폐 단위가 크로네인데 결과적으로 그런 보수적인 결정이 막대한 국가적인 손해로 이어지게 되었지만 작은 덴마크는 여전히 아름답고 깨끗하며 건실한 선진국이다. 모든 가게들이 sale을 하고 있었다. 'UDSOLG' 이것이 여기 말로 sale인 모양이다. Buyer 사무실은 하나 같이 모두 입구에 멋진 조형물을 해 놓아 이곳이 유럽에서도 손꼽히는 복지국가이며 선진국임을 실감하게 만들고 있다. 이곳의 부가세는 놀랍게도 25%. '복지는 세금으로부터'

한가지 놀라운 것

은 레고 본사가 있는 이곳의 레고 가격이 일산의 이마트 보다 훨씬 더 비싸다는 사실이다.

다시 암스테르담

도시 대부분이 바다 아래에 있는 땅, 암스테르담은 내게는 비즈니스에 연관된 아무런 연고도 없는 곳이지만. 벌써 두 번째이다. 이제는 집에 돌아가기 위해서 이곳에서 하루를 보내야만 한다. 비행기를 탈 때까지 남은 4~5시간 동안 시내 중심가에서 사진도 찍고 시간을 잠시 보내기로 했다. 암스테르담 중앙역 주변은 평소 사진에서 보던 암스테르담의 모든 것을 한꺼번에 볼 수 있는 편리한 곳이다. 이곳에서는 히딩크와 튤립만 빼고 네덜란드의 모든 것을 볼 수 있다. 따라서 많은 관광객들이 들끓고 있었다.

세계에서 평균신장이 가장 크다는 이곳 네덜란드이지만 길이가 3M가 채 될 것 같지 않은 작고 예쁜 장난감 같은 건물들이 다닥다닥 붙어있는 거리 모습은 경이롭다 못해 환상적이기까지 했다. 중앙역 부근은 놀랍

고 신비로운 것들로 가득했다. 그 중에서도 많은 관광객들의 흥미를 끄는 한 가지는 바로 섹스숍이다. 이곳에는 놀랄 만큼 수 많은 섹스숍들이 즐비했다. 인간이 생각해낼 수 있는 온갖 음란하고 외설적인 물건들이 태양 가득한 벌건 대낮에 버젓이 전시되어 있었다. 이곳에 흥미를 가지는 사람들은 남자들만이 아니었다. 여자들을 포함한 많은 사람들이 부끄럼 없이 떠들썩하게 웃고 까불며 이런 물건들을 구경하며 즐기고 있다. 또 이들 가게 주변에는 홍등가가 있어 요란하게 차려 입은, 인종도 다양한 창녀들이 지나가는 관광객들을 유혹하고 있었다. 벌건 대낮에 말이다. 이 주변의 느낌은 한마디로 성경에 나오는 '소돔' 같다는 느낌이 들었다.

온갖 타락과 음탕함과 퇴폐적인 것들이 도시 가득 넘쳐 흘러나오고 있다. 시내 곳곳을 물길로 연결하는 운하를 가로지르는 화려한 유람선의 선착장 옆에 처박혀 있는, 누군가가 버린 자전거의 처참한 몰골이 화려함 뒤에 감춰진 이 도시의 우울한 배경을 말해주는 듯하다. 네덜란드도 역시 복지국가인 만큼 세금이 무거운 곳이다. 온갖 종류의 희한한 세금이 존재하며 부는 바람마저도 세금을 매긴다는 바람세라는 것이 있는 나라이다. 살인적인 부가세는 놀랍게도 45%.

2주 동안의 긴 유럽여행은 환희와 쓸쓸함을 뒤로 한 채, 변함없는 KXM의 푸대접을 온몸으로 느끼며 대단원의 막을 내리게 된다. 이번 여행으로 마음 속에 오랫동안 지니고 있었던 유럽에 대한 환상을 절반 정도는 깨버렸다. 여행이란 원래 그런 것이다. 나는 이코노미 좌석의 아일(Aisle)도 창가도 아닌 가운데 끼인 중간 좌석에 앉아 몸을 잔뜩 움츠리며 이 글을 쓰고 있다. 무심한 A300 Air bus 비행기는 불안정한 기류(Turbulence) 때문에 기체를 위 아래로 펄럭이며 러시아의 동토 툰드라 상공 33,000피트 위를 날아가고 있다.

참 / 고 / 문 / 헌

가브리엘 · 롤프 프로뵈제, 「침대 위의 화학」, 이지북

게르하르트 슈타군, 「생명의 설계도를 찾아서」, 해나무

게르하크트 슈타군, 「우주의 수수께끼」, 이끌리오

과학동아 편집부, 「세븐 프런티어」, 아카데미 서적

구자옥, 「우주, 광년의 시네마」, 동아 사이언스

그레고리 펜스, 「누가 인간복제를 두려워 하는가」, 양문

그레이엄 헨콕, 「신의 거울」, 김영사

그레이엄 헨콕, 「신의 봉인」, 까치

그레이엄 헨콕, 「신의 암호」, 까치

그레이엄 헨콕, 「신의 지문」, 까치

김경인 외, 「색채과학 개론」, 대광서림

김도연, 조욱, 「나는 신기한 물질을 만들고 싶다 : 재료공학」, 랜덤하우스 코리아

김상수, 「생활 속의 화학이야기」, 크레파스

김정욱, 유명희, 이상엽 외 지음 ; 정재승 기획, 「우주와 인간 사이에 질문을 던지
　다」, 북하우스

김제완, 「자연과 우주의 수수께끼78」, 서해문집

나카하라 히데오미, 사가와 다카시, 「진화론이 변하고 있다」, 전파과학사

니콜라우스 렌츠, 「지구에 관한 1000가지 비밀」, 자음과 모음

닉 레인, 「산소」, 파스칼 북스

MAδFOR SCIENCE

다닐 알렉산드로비치 그라닌, 「시간을 정복한 남자 류비세프」, 황소자리

데이바 소벨, 「행성 이야기」, 생각의 나무

데이비드 E 던컨, 「내 DNA를 가지고 대체 뭘 하려는 거지?」, 황금부엉이

데이비드 W 울프, 「흙 한 자밤의 우주」, 뿌리와 이파리

데이비드 보더니스, 「일렉트릭 유니버스」, 생각의 나무

데일 칼슨, 「틴 사이언스」, 휴머니스트

도널드 E. 시머넥 · 존 C. 홀든, 「웃기는 과학」, 한승

도쿠마루 시노부, 「전파가 어디에 쓰이느냐구요」, 아카데미 서적

디팩 초프라, 「더 젊게 오래 사는 법」, 한언

라이얼 왓슨, 「자연의 수수께끼를 푸는열쇠」, 물병자리

라인하르트 베네베르크, 「당신이 고양이를 복제했어?」, 들녘

랍 드사르 데이빗 린드레이, 「DNA와 쥬라기공원」, 한승

레이 모이니헌 · 앨런 커셀스, 「질병 판매학」, 알마

레이 스트랜드, 「약이 사람을 죽인다」, 웅진 싱크빅

레이첼카슨 「침묵의 봄」, 에코

레프 G. 블라소프 · 드미트리 N. 트리포노프, 「유쾌한 화학 이야기」, 도솔

렌 피셔, 「슈퍼마켓 물리학」, 시공사

로렌스 M 크라우스, 「외로운 산소 원자의 여행」, 이지북

로버트 E 아들러, 「사이언스 퍼스트」, 생각의 나무

로버트 길모어, 「양자나라의 앨리스」, 해나무

로버트 매튜스, 「로버트 매튜스의 기상천외 과학대전」, 갤리온

로버트 버크만, 「기생생물에 대한 우리몸 관찰노트」, 휘슬러

로버트 월크, 「아인슈타인이 이발사에게 들려준 이야기」, 해냄

로버트 월크, 「키친 사이언스」, 해냄 출판사

로버트 쿡 디간, 「인간 게놈 프로젝트」, 민음사

로버트월크, 「아인슈타인도 몰랐던 과학이야기」, 해냄

로버트월크, 「아인슈타인이 요리사에게 들려준 이야기」, 해냄

로빈 베이커, 「정자전쟁」, 이학사

로빈 베이컨, 「달걀껍질 속의 과학」, 몸과 마음

로빈쿡, 「바이러스」, 열림원

로저 르윈, 「진화의 패턴」, 사이언스북스

로저 코그힐, 「빛의 치유력」, 생각의 나무

로저 하이드, 「해리 포터의 과학」, 해냄 출판사

롭 이스터웨이 · 제러미 윈텀, 「왜 월요일은 빨리 돌아오는 걸까?」, 한승

롭 이스터웨이 · 제레미 윈드햄, 「왜 버스는 한꺼번에 오는걸까?」, 경문사

루돌프 E. 랑, 「샤넬 No.5가 뇌에 이르기까지」, 이손

루돌프 키펜한, 「내 서랍 속의 우주」, 들녘

루돌프 키펜한, 「암호의 세계」, 이지북

루이스 월퍼트, 「하나의 세포가 어떻게 인간이 되는가」, 궁리

리처드 도킨스, 「눈먼 시계공」, 사이언스북스

리처드 도킨스, 「만들어진 신」, 김영사

리처드 도킨스, 「악마의 사도」, 바다

리처드 도킨스, 「에덴밖의 강」, 동아출판사

리처드 도킨스, 「이기적인 유전자」, 동아출판사

리처드 도킨스, 「조상이야기」, 까치

리처드 도킨스, 「확장된 표현형」, 을유문화사

리처드 리키, 「오리진」, 세종서적

리처드 파인만 · 로버트 레이턴 · 매슈 샌즈, 「파인만의 물리학 강의. 1-2」, 승산

린 마굴리스 · 도리언 세이건, 「섹스란 무엇인가」, 지호

마가렛 체니, 「니콜라 테슬라」, 양문

마르시아 안젤, 「제약회사들은 어떻게 우리 주머니를 털었나」, 청년의사

마르코 라울란트, 「호르몬은 왜?」, 웅진씽크빅

마르틴 슈나이더, 「테플론, 포스트잇, 비아그라」, 작가정신

마셜 브레인, 「만물은 어떻게 작동하는가」, 까치

마이클 , 루크 오닐, 「생명이란 무엇인가 그후 50년」, 지호

마이클 셔머, 「과학의 변경지대」, 사이언스북스

마이클 크라이튼, 「쥬라기 공원」, 김영사

마크 베네케, 「노화와 생명의 수수께끼」, 창해

마크 뷰캐넌, 「넥서스」, 세종 연구원

마티아스 글라우브레히트, 「진화 오디세이」, 웅진 닷컴

마틴 가드 , 「아담과 이브에게는 배꼽이 있었을까」, 바다출판사

마틴 리스, 「인간생존확률 50:50」, 소소

마틴 리즈, 「우주가 지금과 다르게 생성될 수 있었을까?」, 이제이 북스

마틴 하위트, 「우주의 발견」, 민음사

마틴데일리 외, 「남자」, 궁리

막스 페루츠, 「과학에 크게 취해」, 솔출판사

말론 호아글랜드 · 버트 도드슨, 「생명의 파노라마」, 사이언스북스

매리앤 J 리카토, 「이브의 몸」, 사이언스북스

매리언 켄들, 「세포전쟁」, 궁리

매완호, 「나쁜 과학」, 당대

매트 리들리, 「게놈(23장에 담긴 인간의 자서전)」, 김영사

매트 리들리, 「매트 리들리의 본성과 양육」, 김영사

매트 리들리, 「붉은 여왕」, 김영사

메이 R. 베렌바움, 「살아있는 모든 것의 정복자」, 다른세상

무라타 히로시, 「원자력이야기」, 한국원자력 재단

박성근, 「작은 나노의 큰 세상」, 과학과 문화

박성진, 「만화 항생제」, 군자출판사

배정오, 「짚신벌레도 다이어트 한다」, 북로드

버나드 딕슨, 「미생물의 힘」, 사이언스북스

벤 보버, 「빛 이야기」, 웅진닷컴

벤 셀링거, 「수박은 왜 겨드랑이에서 나지 않을까?」, 흥부네 박

보드앵 밴 라이퍼, 「대중문화 속 과학 읽기」, 사람과 책

브라소프 트리포노프, 「재미있는 화학」, 전파과학사

브라이언 사이키스, 「아담의 저주」, 따님

브라이언 사이키스, 「이브의 일곱 딸들」, 따님

브라이언 이니스, 「법의학과 과학수사 모든 살인은 증거를 남긴다」, human & books

브루스 르윈스타, 「과학과 대중이 만날 때」, 궁리

빌 브라이슨, 「거의 모든 것의 역사」, 까치

빌터크래머, 「확률게임」, 이지북

사라 앵글리스, 「손끝으로 보는 과학의 세계」, 대한교과서

사마키 타케오 이나야마 마스미, 「부엌에서 알 수 있는 거의 모든 것의 과학」, 휘슬러

사이먼 가 드, 「모브」, 웅진 닷컴

사이먼 싱, 「빅뱅」, 영림카디널

사이먼 윈체스터 외, 「지구의 생명을 보다」, 휘슬러

사이언티픽 아메리카, 「다음 50년」, 세종연구원

사이조 게이이치 호라구치 도시히로, 「우주 질문상자」, 가람기획

사쿠마 이사오, 「(3일만에 읽는)동물의 수수께끼」, 서울 문화사

사키가와 노리유끼, 「즐거운 화학탐구여행」, 태을 출판사

살렘 리오네, 「신비스러운 분자」, 전파과학사

새런 버트시 맥그레인, 「화학의 프로메테우스」, 가람기획

수 넬슨 리처드 홀링엄, 「판타스틱 사이언스」, 웅진닷컴

수잔 시트론, 「한 손에 잡히는 인간의 역사」, 모티브북

수전 그린 드, 「브레인 스토리」, 지호

슈테판 예거 · 실비아 엥글레르트, 「카페 안드로메다」, 이글리오

스튜어트 B 레비, 「항생물질 이야기」, 전파과학사

스티브 존스, 「자연의 유일한 실수 남자」, 예지

스티븐 제이굴드, 「풀하우스」, 사이언스북스

스티븐 주안, 「인체의 오묘한 신비」, 시아출판사

스티븐 호킹, 「시간의 역사」, 청림출판

스티븐 호킹, 「호두껍질 속의 우주」, 까치

스티븐헤로드뷰 , 「식물의 잃어버린 언어」, 나무 심는 사람

시드니 맥도날드 베이커, 「해독과 치유」, 창조문화

아더카플란, 「똑똑한 쥐 vs 멍청한 인간」, 늘봄

아이작 아시, 「아시모프의 외계문명 이야기」, 풀빛

아이작 아시모프, 「우주의 비밀」, 현대 정보문화사

안상태, 「생물학」, 화학

안종주, 「인간복제 그 빛과 그림자」, 궁리

알베르 자카르, 「과학의 즐거움」, 궁리

알브레히트 보이텔 슈파지허, 「수학의 세계」, 이끌리오

앤드루 파커, 「눈의 탄생 : 캄브리아기 폭발의 수수께끼를 풀다」, 뿌리와 이파리

앨런 그래펀 · 마크 리들리 엮음, 「리처드 도킨스」, 을유문화사

야마모토 다이스케, 「(3일만에 읽는)뇌의 신비」, 서울문화사

얀 아르튀스 외, 「발견」, 새물결

에드 레지스, 「나노테크놀로지」, 한승

에르베디스, 「냄비속 물리화학」, 여성신문사

에른스트 페터 피셔, 「사람이 알아야 할 모든 것(인간)」, 들녘

에른스트 페터, 「과학의 파우스트」, 사이언스북스

에릭뉴트, 「미래속으로」, 이끌리오

에모토 마사루, 「물은 답을 알고 있다」, 나무심는 사람

에버하르트 로사, 「심심풀이로 읽는 화학」, 김영사

엘렌 러펠 쉘, 「배고픈 유전자」, 바다출판사

여민경, 「생물의 세계」, 형설출판사

오카타 토킨도, 「세포 사회」, 아카데미 서적

오쿠 무라고, 「(3일만에 읽는)면역」, 서울문화사

올리버 색스, 「엉클 텅스텐」, 바다 출판사

와타나베 츠토무 · 야오노 유리, 「(3일만에 읽는) 유전자」, 서울문화사

외르크 블레흐, 「없는 병도 만든다」, 생각의 나무

요네야마 마사노부, 「물의 세계」, 이지북

요네야마 마사노부, 「열의 정체」, 이지북

요네야마 마사노부, 「원자의 세계」, 이지북

요네야마 마사노부, 「유기화학」, 이지북

요네야마 마사노부, 「화학반응」, 이지북

요네야마 마사노부, 「화학반응식」, 이지북

요네야마 마사노부, 「화학이야기」, 이지북

요아힘 부블란트, 「우주의 비밀」, 생각의 나무

우병용, 「과학으로 만드는 배」, 지성사

윌리엄 H. 쇼어, 「생명과우주의 신비」, 예음

윌리엄 더프티, 「슈거블루스」, 북라인

월터 보드머 · 로빈 매키, 「인간의 책」, 김영사

이기영, 「자연과 물리학의 숨바꼭질」, 창비

이노우에 마유미, 「곰팡이의 상식 인간의 비상식」, 양문

이대택, 「저랑 우주여행하실래요?」, 지성사

이우형, 「우리 몸의 질병」, 교학사

이윤호, 「줌 인 생물학」, 궁리

이재열, 「우리 몸 미생물 이야기」, 우물이 있는집

이종호, 「영화에서 만난 불가능의 과학」, 뜨인돌 출판사

이케우치 사토루, 「우리가 알아야할 우주의 모든 것」, 아세아 미디어

이향순, 「우리가 알아야할 우리태양계」, 현암사

장 마리펠트, 「지독하게 향기로운 자연의 언어」, 한경북스

잭 캘럼 · 버트 벅슨 · 멜리사 D. 스미스, 「탄수화물 중독증」, 북라인

전방욱, 「수상한 과학」, 풀빛

정석조, 「바닷속 생물 123가지 이야기」, 아카데미 서적

정종호, 「환자의 눈으로 쓴 약 이야기」, 종문화사

제니퍼 애커먼, 「유전, 운명과 우연의 자연사」, 양문

제레미 러프킨, 「소유의 종말」, 민음사

제레미 리프킨, 「수소 혁명」, 민음사

제레미 리프킨, 「육식의 종말」, 시공사

제레미 리프킨,「엔트로피」, 세종연구원

제이콥 브루노우스키, 「인간 등정의 발자취」, 바다출판사

제임스 K 웽버그, 「곤충의 유혹」, 휘슬러

제임스 러브록, 「가이아」, 갈라파고스

제임스 브루지스, 「지구를 살리는 50가지 이야기 주머니」, 미토

제임스 왓슨 앤드루 베리, 「DNA 생명의 비밀」, 까치

조 던 와이 ,「 파리의 기억」, 이끌리오

조셉골드, 「비블리오테라피」, 북키앙

조셉레빈 데이비드 스즈키, 「유전자」, 전파과학사

존 그리빈, 「거의 모든 사람들을 위한 과학」, 한길사

존 그리빈, 「한번은 꼭 읽어야 할)과학의 역사」, 에코리브르

존 그리빈 · 마틴리즈, 「우주진화의 수수께끼」, 푸른미디어

존 네이피어, 「손의 신비」, 지호

존 린치, 「날씨」, 한승

존 말론, 「21세기에 풀어야할 과학의 의문」, 이제이 북스

존 포스트 게이트, 「극단의 생명」, 들녘

존 플라이슈만, 「과학이 몰랐던 과학」, 들린아침

존 호건, 「과학의 종말」, 까치

죠 스워츠, 「장난꾸러기 돼지들의 화학 피크닉」, 바다

주앙 마게이주, 「빛보다 더 빠른 것」, 까치글방

지안 프랑코 비달리, 「신비로운 초전도의 세계」, 한승

진정일, 「프로야구, 왜 나무 방망이 쓰나」, 동아일보사

짐 알칼릴리, 「블랙홀, 웜홀, 타임머신」, 사이언스북스

차종환, 「핵 이야기」, 좋은글

찰리 길리스피, 「객관성의 칼날」, 새물결

츠즈키 타쿠지, 「상대성 이론」, 홍

츠즈키 타쿠지, 「맥스웰의 도깨비」, 홍

칼 세이건, 「에덴의 용」, 사이언스북스

칼 세이건·앤드루얀, 「잃어버린 조상의 그림자」, 고려원미디어

칼 세이건, 「창백한 푸른 점」, 민음사

칼 세이건, 「코스모스」, 사이언스북스

케이스 데블린, 「수학 유전자」, 까치글방

콜린 윌슨, 「우주의 역사」, 범우사

쿠로타니 아케미, 「교과서보다 쉬운 세포 이야기」, 푸른숲

쿠와지마 미키·카와구치 유키토, 「뉴턴과 괴테도 풀지 못한 빛과 색의 신비」, 한울림

크리스토퍼 그린, 「ADHD의 이해」, 민지사

크리스토퍼 완제크, 「불량의학」, 열대림

크리스토퍼 토마스 스콧, 「줄기 세포」, 한승

클로드 리포, 「인류의 해저대모험」, 수수꽃다리

클리퍼트 피코버, 「우주의 고독」, 경문사

클리퍼트 피코버, 「하이퍼 스페이스」, 에피소드

타까기 진자부로오, 「원자력 신화로부터의 해방」, 녹색평론사

테리 번햄·제이 펠란, 「비열한 유전자」, 너와나 미디어

토마스 디칭어, 「할아버지가 들려주는 물리의 세계」, 에코 리브르

페니 르 쿠터·제이 버레슨, 「역사를 바꾼 17가지 화학이야기」, 사이언스북스

프랭크 H 헤프, 「판스워스 교수의 생물학 강의」, 도솔

프리먼 다이슨, 「색상의 세계」, 사이언스북스

프리 프 카프라, 「히든 커넥션」, 휘슬러

피터 바햄, 「요리의 과학」, 한승

피터 앳킨스, 「원소의 왕국」, 사이언스북스

필립 볼, 「H2O」, 양문

하세가와 마리코, 「당신이 솔로일 수밖에 없는 생물학적 이유」, 뿌리와 이파리

하워드 에번스, 「곤충의 행성」, 사계절

한상길, 「향료와 향수」, 신광출판사

한스 울리히 그림 · 예르크 치틀라우, 「비타민 쇼크」, 21세기북스

해리 콜린스 · 트레버 핀치, 「과학의 뒷골목 골렘」, 새물결

헤이즐 리처드슨, 「어떻게 타임머신을 만들까?」, 사이언스북스

헬렌 칼디코트, 「원자력은 아니다」, 양문

후쿠에 준, 「아인슈타인의 숙제」, 문학 사상

A.L 바라바시, 「링크(21세기를 지배하는 네크워크과학)」, 동아시아

amanda Kent, 「과학 속으로」

Carl Sagan, 「악령이 출몰하는 세상」, 김영사

Carl Sagan, 「에필로그」, 사이언스북스

Carl Sagan, 「콘택트」, 사이언스북스

David Childress, 「신들의 문명」, 대원출판

Isaac Asimov, 「아시모프의 과학이야기」, 풀빛

K. 메데페셀헤르만 · F. 하마어, H.-J. 크바드베크제거, 「화학으로 이루어진 세
    상」, 에코 리브르

Kerry K. Karukstis · Gerald R. Van Hecke, 「날마다 일어나는 화학 스캔들
    104」, 북스힐

Mary.J, Mycek · Richard A.Harvery · Pamela C.Chanpe, 「리 코트의 그림으
    로 보는 약리학」, 신일상사

Neil A campbell외, 「생명과학의 원리」, 월드 사이언스

川合知二, 「나노테크놀로지 입문」, 성안당